中国科学院大学研究生教材系列

存储器工艺与器件技术

◎ 霍宗亮 夏志良 靳磊 王颀 洪培真 编著

清华大学出版社

北京

内 容 简 介

本书根据中国科学院大学"存储器工艺与器件技术"课程讲义整理而来。在撰写的过程中,本书以中国科学院大学办学方针为指导,"科教融合、育人为本、协同创新、服务国家",明确了注重基础知识建设,培养创新精神的教学目标。本书共 12 章,包括半导体存储器分类、NAND Flash 技术、3D NAND Flash 制造工艺、3D NAND Flash 器件单元特性、3D NAND Flash 模型模拟技术、3D NAND Flash 阵列及操作、3D NAND Flash 可靠性特性与测试、NAND Flash 电路设计和系统应用、DRAM 技术以及新型存储器技术等内容。为帮助读者深入掌握有关内容,每章还给出了适量的习题。

本书适合作为高等院校微电子学及集成电路等相关学科的高年级本科生和研究生的教材或教学参考书,也可作为广大从事半导体存储器产业的科研工作者和工程师的参考书。

图书在版编目(CIP)数据

存储器工艺与器件技术/霍宗亮等编著.—北京:清华大学出版社,2023.6(2024.12重印)
ISBN 978-7-302-62318-2

Ⅰ.①存⋯ Ⅱ.①霍⋯ Ⅲ.①存贮器 Ⅳ.①TP333

中国国家版本馆 CIP 数据核字(2023)第 009611 号

责任编辑:王 芳
封面设计:李召霞
责任校对:郝美丽
责任印制:曹婉颖

出版发行:清华大学出版社
      网   址:https://www.tup.com.cn,https://www.wqxuetang.com
      地   址:北京清华大学学研大厦 A 座   邮   编:100084
      社 总 机:010-83470000   邮   购:010-62786544
      投稿与读者服务:010-62776969,c-service@tup.tsinghua.edu.cn
      质量反馈:010-62772015,zhiliang@tup.tsinghua.edu.cn
      课件下载:https://www.tup.com.cn,010-83470236
印 装 者:三河市铭诚印务有限公司
经   销:全国新华书店
开   本:185mm×260mm   印   张:26.75   字   数:651 千字
版   次:2023 年 8 月第 1 版   印   次:2024 年 12 月第 3 次印刷
印   数:2501～3300
定   价:99.00元

产品编号:096686-01

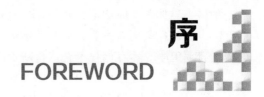

FOREWORD 序

集成电路技术的蓬勃发展,是人类在信息时代取得辉煌成就的重要基础。集成电路产业是战略性、基础性和先导性高科技产业,是国家经济与科技发展的重要支柱。存储器领域的相关研发和制造是国际集成电路领土或竞争的战略制高点之一。作为全球主流的非易失性半导体存储器,3D NAND 闪存在半导体存储器领域技术创新和产业竞争中居于核心地位。面对竞争日益激烈的全球集成电路产业生态,加快建设我国自主的半导体存储技术的战略需求愈加迫切。

习近平总书记在党的二十大报告中强调:"坚持创新在我国现代化建设全局中的核心地位,加快实施创新驱动发展战略,加快实现高水平科技自立自强"。在国家科技重大专项02 专项等的支持下,我国半导体存储产业经过十多年的发展逐渐走向成熟,产业竞争力大幅提升,核心技术差距显著缩小,其中具有独立自主知识产权的 3D NAND 闪存实现与国际先进水平"并跑"。一批富有创新活力,具备一定国际竞争力的骨干单位从中茁壮成长、焕发新生。

中国半导体存储产业发展即将跨入新篇章,更加迫切需要培养优秀的半导体工程师,持续创新,推动国内半导体存储产业生态建设。优秀半导体工程师的种子来源于高校和科研院所的精心培养。扎实的理论基础,需要具有系统性知识的教科书作为支撑。目前,我国半导体存储器领域的专业参考书或教材尚显缺乏,亟需一本关注最新存储器技术发展、能够全面专业地展现半导体存储器技术知识的教材。

半导体存储器技术涵盖多个技术研究方向,包括动态随机存储器技术,闪存存储器技术,新型存储器技术等。作为当前发展主流的存储技术,NAND 闪存技术取得了许多重要的技术变革与突破。同时,针对 NAND 闪存技术中的基础科学问题和技术挑战,也吸引了学术界研究人员与产业界研发人员的广泛关注。为此,中国科学院大学集成电路学院在其开设的"半导体存储器工艺与器件技术"课程基础上,融汇半导体存储器的理论知识整理出版本书。

本书着力体现集成电路领域出版读物的科学性、准确性和系统性,并全面科学地阐述半导体存储器的发展沿革、理论基础、工艺流程和前沿应用。本书的出版以高质量、科学性、准确性、系统性、实用性为目标,尽力做到涵盖主流的半导体存储器类型,全面介绍国内外半导体存储器技术发展的制造工艺、器件物理和电路设计知识,为我国存储器技术领域的工程技术人员和相关科研工作者们提供一本可供参考的资料。希望本书的出版,可以为我国集成电路存储器产业发展在人才培养方面提供助益,也勉励学习相关专业的青年学生为国家建设科技强国"添砖加瓦",为我国在存储器领域迈入新征程作出新贡献。

中国半导体人要时刻不忘初心,牢记使命,秉持"坚定信心,稳住阵脚,攻坚克难,协同发展"的大局观,抓紧创新机遇和战略性优势点,务实能干,在关键技术问题上寻求突破,持续为我国自主的半导体存储技术全球化新生态建设不懈奋斗。

本书的编著者和出版社的同仁们展现出的认真负责、严肃谨慎、精益求精、不辞辛苦的态度,充分展现了中国科研工作者和出版工作者的优秀美德。

最后,预祝本书的出版能取得圆满成功,为我国存储器领域和集成电路产业的人才培养灌溉培土。

国家科技重大专项 02 专项技术总师

中国科学院大学集成电路学院院长

中国科学院微电子所研究员

叶甜春

2023 年 5 月于北京

前言
PREFACE

随着大数据、云计算、物联网的兴起,人类社会的工作和生活产生了海量的数据。这些海量数据对新一代存储技术提出了新要求:大容量、高速率、低成本。NAND Flash 作为存储容量大、读写速度快、工艺成本低的半导体存储器,已经成为存储技术中的主流器件。

NAND 闪存全球市场已超过每年 600 亿美金,并在持续快速增长。为了应对庞大的存储需求,需要持续推进闪存和相关存储技术的研发。然而,目前国内还没有关于存储技术的系统性书籍和教材。本书以中国科学院大学院级"研究生优秀课程"——"存储器工艺与器件技术"课程讲义为基础,结合我国自主的 3D NAND Flash 技术研发实践经历,集众多教师和学生的共同努力撰写而成。衷心希望本书能够助力我国在集成电路专业相关学科,特别是存储技术方向的人才培养,也希望本书能够为我国的存储技术持续创新和存储器事业贡献绵薄之力。

本书共 12 章,第 1 章宏观地介绍半导体存储器的国内外市场状况和分类。第 2 章主要介绍 NAND Flash 的发展历史,2D NAND Flash 微缩过程中的挑战,以及 3D NAND Flash 的架构发展历程。第 3 章详细介绍 3D NAND Flash 的具体工艺流程,具体分析集成工艺中的挑战。第 4 章介绍 3D NAND Flash 的器件电学特性,分析具体操作的物理机制,对多晶硅沟道技术和器件基本特性进行详细介绍。第 5 章介绍 3D NAND Flash 的器件模型仿真技术,主要针对 TCAD 仿真平台及其在 2D NAND Flash 和 3D NAND Flash 上的应用进行具体介绍。第 6~8 章分别介绍 3D NAND Flash 阵列操作、可靠性技术和测试表征技术等,其中阵列操作和相关可靠性技术是深入学习 3D NAND Flash 需要掌握的重要知识。第 9 章介绍 NAND Flash 的电路设计技术,包括基本架构设计、高性能设计和高可靠性设计。第 10 章介绍 NAND Flash 的系统应用技术,包含存储卡和 SSD 技术,并从控制器技术、固件技术、PCIe 高速接口和纠错码技术多方面展开介绍。第 11 章从基本原理、技术发展、可靠性、工艺集成和电路设计方面概览 DRAM 存储器技术。第 12 章对各种新型存储器技术进行介绍和展望,包括新型动态存储器、相变存储器、阻变存储器、铁电存储器以及磁存储器。

本书得以顺利完成,特别感谢长江存储科技责任有限公司提供的实践机会,感谢陈南翔博士、杨士宁博士以及公司研发团队对作者工作的大力支持。在公司团队的支持下,编著者的理论积累得到了实践的检验。

感谢中国科学院微电子研究所叶甜春研究员、戴博伟书记、王文武研究员和曹立强研究员等,有了他们的支持,三维存储器研发中心得以成立并参与到我国 3D NAND 闪存技术和产品的研发中。感谢存储器中心刘飞研究员、李春龙研究员、王斯宁为本书所做的大量工作。同时,本书得到了中国科学院大学教材出版立项的资助,在此也感谢中国科学院大学相关的领导和老师对本书的支持与帮助。

感谢中国科学院微电子研究所研究生及国科大集成电路学院长江存储定制班学生们在课程讲义整理及更新中的工作,正是因为有了学生们的贡献与积累,本书才得以完成。他们的名字是:杨涛、赵冬雪、范冬宇、方语萱、李文琦、周稳、贾信磊、韩佳茵、徐盼、杨琨、汪洋、朱桉熠、牛楚乔、张燕钦、李润泽、武金玉、张宁、李建杰、于晓磊、张博、王先良、李前辉、白明凯、牟君、韩润昊、张瑜、邹兴奇、李子夫、徐启康、何杰、卫婷婷、王美兰、万金梅、侯伟、艾迪、王治煜、赵成林、闫亮、夏仕钰、程婷、谢学准、李琦、罗流洋、李雪、张华帆、杨柳、李志、赵月新、刘均展、袁野、李飞、汪宗武、袁璐月、宋玉洁。

最后,本书致力于撰写成一本全面专业的存储器技术书籍,但是由于时间限制和编著者知识水平的限制,书中难免存在不足之处,恳请读者给予指正。

编著者

2023 年 2 月

目 录
CONTENTS

第1章

半导体存储器概述

人类发展至今,经历了原始社会、奴隶社会、封建社会到如今的资本主义社会和社会主义社会,社会形式的更替同样也伴随着科学技术的重大进步,例如人类先后经历石器、火器、青铜器、蒸汽机时代、电子时代以及如今的信息时代。伴随着时代的更迭,语言和文字成为人类认识文明、发展文明的关键,从以前通过甲骨、竹简、石碑等记录信息的时代,到如今信息技术的快速发展,从软盘、光盘、机械硬盘直至固态硬盘,半导体存储器逐步成为当前信息存储的关键和核心。半导体存储器设备的应用已经深入人们生活的各个角落,小到智能手表、无线耳机等随身携带电子设备,大到服务器、飞机等大型设备。每个人使用的计算机、数字电视、智能家电、手机、可穿戴电子设备,到汽车系统、医疗系统、娱乐电子系统,甚至网络服务系统、金融保险行业、军事安全等,人类生活的各个层面都在大量地使用着半导体存储器芯片。

1.1 半导体存储器的市场状况

为了实现高性能、低成本、低功耗、大容量以及高可靠性(reliability)的芯片,需要工艺技术与系统设计相辅相成,共同进步。对于中央处理器(CPU)芯片来说,超标量、流水线、多核及并行计算等技术被采用;对于存储器芯片,高速运算性能受限于数据从存储器的读取带宽和传输延迟,为解决这个问题,存储系统已经发展为包括寄存器(register)、静态随机访问存储器(Static Random Access Memory,SRAM)、动态随机访问存储器(Dynamic Random Access Memory,DRAM)、存储级内存(Storage Class Memory,SCM)、闪存(Flash)、硬盘(hard disk)的多级存储结构。越靠近CPU,存储器的容量越小,数据的读写速度越快;而越远离CPU,存储器的容量越大,对于读写速度的要求相应下降。相应地,对于不同层级的存储器,根据计算机系统对其相应性能的要求,便有了不同的实现方式。

存储器的容量和读写速度是决定存储器性能的关键因素,针对不同的应用场景,存储器产品主要分为两大类:一类是具有读写速度的优势,但是存储容量较小的易失性存储器,例如 SRAM 和 DRAM,主要应用于靠近 CPU 一端,通常作为电子设备的缓存或内存;另一类则是具有存储容量的优势,但是读写速度相对较慢的非易失性存储器,例如:Flash 主要应用于远离 CPU 一端,通常作为电子设备的数据存储介质。

全球存储器市场主要分为四大类:DRAM、NAND Flash、NOR Flash 和新型存储器。如图 1.1 所示,2020 年统计[1-3],DRAM 占全球存储器市场的 58.3%,NAND Flash 占据 35.3%,NOR Flash 及其他存储器占据 6.4%。

图 1.2 所示[1]为国内主流存储器产品 DRAM、NAND Flash、NOR Flash 及其他存储器市场占比情况,其中 DRAM 和 NAND Flash 的市场需求几乎覆盖了整个存储器市场,但是目前存储器芯片主要依靠国外进口。面对未来越来越复杂的国际形势,为了避免国外技术封锁,掌握拥有自主产权的 DRAM 及 NAND Flash 的生产技术对国内存储器领域乃至整个电子产品领域都尤为重要。存储器在国内应用市场分布结构如图 1.3 所示[1],计算机、通信以及消费类电子消耗了绝大部分存储器芯片市场,基本覆盖了大众对电子设备的所有需求。随着 5G、人工智能、量子计算等高科技应用产品的普及,我国对存储器的需求会呈指数趋势上升,存储器产品的供给受限可能会制约上述产品的发展,所以掌握存储器芯片技术迫在眉睫。

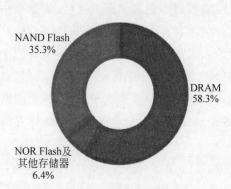

图 1.1　2020 年全球存储器市场占比[1-3]

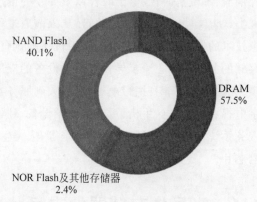

图 1.2　存储器产品在国内的市场占比[1]

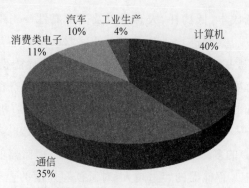

图 1.3　存储器在国内应用市场的分布情况[1]

1.1.1 市场需求

存储器的市场需求随着计算和应用的改变而改变,最初,使用存储器的主要产品是微型计算机,随着智能手机和互联网的普及,智能手机所消耗的低功耗存储器已远远超过PC,且手机越高端,存储容量越大,每部手机所使用的存储器量也会逐年增加[4]。此外,服务器、云计算及云存储的市场扩大都对半导体存储器的发展起到了巨大推动作用,存储器市场需求逐年增加,表1.1是对各种不同存储器从2015年至今以及未来的市场需求情况统计与预测[5],其中复合年均增长率(Compound Annual Growth Rate,CAGR)是该存储器在特定时期内的年增长率。

表 1.1 不同存储器的市场需求情况统计[5]

年份	2015	2016	2017	2018	2019	2020	2021	2022	2023	2024	CAGR 2019—2024
DRAM	856	900	956	998	1044	1179.7	1323.7	1486.5	1672.3	1896.3	
年复合增长率/%						13	12.2	12	13	13	12.7
3D NAND Flash	260	320	400	490	580	719.2	888.2	1101.4	1376.7	1734.7	
年复合增长率/%						24	24	24	25	26	24.5
NOR Flash	15	17	23	24	26	32.5	42.3	55.78	74.7	101.6	
年复合增长率/%						25	30	32	34	36	31.3
全球存储器芯片市场份额/亿美元	1131	1237	1379	1512	1650	1931.4	2254.1	2643.6	3123.7	3732.7	17.7
中国市场占比/%	4	5	6	7	8	10	11	12	13	14	
中国存储器芯片市场份额/亿美元	45.2	61.9	82.7	105.8	123.8	183.5	248	317.2	406.1	522.6	

在主流存储器中,NAND Flash年增长率最高,其增长较快的原因是嵌入式产品和固态硬盘(Solid State Disk,SSD)的需求增大。而在DRAM领域,年增长率均有所下降,主要是受供应过剩和市场萎缩的双重影响,主要表现为各厂商DRAM产能增加及手机和个人计算机市场接近饱和状态,导致DRAM市场一直处于低迷状态,如图1.4所示为2020年NAND型Flash行业下游需求情况[6-7],手机和SSD是Flash的两大主要应用市场。

如图1.5所示为2020年DRAM行业下游需求情况[6-7],其中手机和企业服务器市场对DRAM的需求量最大。随着移动设备的发展和5G网络的普及,未来对数据存储的需求会呈指数上升,对存储器设备的需求量也会增加。存储器的发展是智能化的发展,追求速度和容量的增大以及降低成本仍然是存储器未来的发展方向,市场需求往往以成本和性能为导向,同时又受市场供给的影响。接下来将对存储芯片的供应情况进行全面的分析。

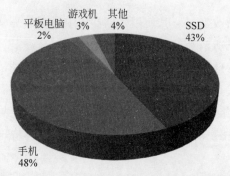

图 1.4　2020 年 NAND 型 Flash 市场需求情况[6-7]

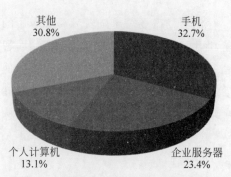

图 1.5　2020 年 DRAM 市场需求情况[6-7]

1.1.2　全球存储芯片供给情况

近年来,随着信息技术的迅猛发展,从早期围绕台式计算机等设备的存储需求,到移动设备的存储需求,到智能终端甚至数据中心乃至物联网,存储需求呈井喷式增长。以智能手机为例,在 2G 时代,智能手机中只有 SRAM 和 NOR Flash,对于 2.5G 时代,手机中有 SRAM、NOR Flash 以及用于数据存储的 NAND Flash,在 3G 时代、4G 时代甚至 5G 时代,手机中的 Flash 的容量迅速增大,从早期的 2GB 已经达到现在的 512GB 甚至更高。对于每个人来说,不但有计算机、手机、PAD、游戏机、智能家电、汽车电子产品等终端产品,同时也享受着由云端数据存储、物联网等带来的便利,这些新技术的发展均离不开存储产品。2014 年,全球半导体存储器市场规模约在 741 亿美元,占据整个半导体市场的 21%。到了2020 年,全球半导体存储器市场规模达到 1192 亿美元,其中 DRAM 市场规模 695 亿美元,NAND Flash 市场规模 421 亿美元,NOR Flash 和其他存储器市场规模 76 亿美元。随着国内对半导体存储器企业的支持,以及国内存储器企业技术和研发能力的提升,未来半导体存储器市场依旧会保持高速增长的势头。

随着手机和个人计算机的普及,以及大数据、物联网等高科技应用市场的逐步扩大,存储器市场规模也在逐年递增。2014—2020年全球存储器市场规模统计如图 1.6 所示[1,8],存储器市场规模在 2014—2016 年间基本保持稳定,而从 2017 年开始呈现出明显的增长趋势。虽然近几年受到经济形势等影响,但是随着人工智能、5G 网络、量子计算等高新技术产业的陆续普及,从整体来看全球存储器市场规模还会呈现持续增长的趋势。

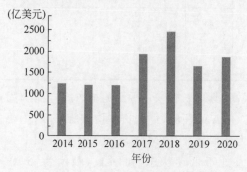

图 1.6　2014—2020 年全球存储器市场规模[1,8]

1. DRAM 的供给及发展趋势

全球 DRAM 行业市场的大部分份额被三星、SK 海力士、美光三家企业瓜分[9],剩下的市场份额被三家相对较小的企业(南亚科技、华邦、力晶科技)所占领。2014 年,三星在工艺制程上率先使用 20nm 工艺,使其 DRAM 毛利率达到 42%,SK 海力士也紧随其后升级工艺制程,采用 25nm 工艺,将利润率提高到 40%,而同一时期工艺相对落后的美光,凭借 30nm 工艺毛利率达到 24%。在 2018 年,DRAM 全球销售额达到约 996.6 亿美元,同比增长 39%,DRAM 市场已完全被美韩企业统治。图 1.7 为 2021 年第三季度 DRAM 厂商主流产品营收占比。全球 DRAM 市场中,三星、SK 海力士与美光的市场份额合计高达 92%[10]。

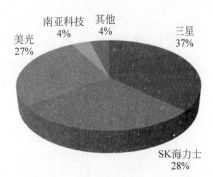

图 1.7 2021 年第三季度全球 DRAM 厂商主流产品营收占比[10]

移动设备端、个人计算机、服务器等下游产品的需求决定并推动了 DRAM 的市场走向,其中,移动设备端产品,例如智能手机,正以每年约有数十亿台设备需求,促进了 DRAM 存储器的生产需求。除了智能手机以外,个人计算机的内存容量需求也在逐步增大,相关统计数据表明,2019 年个人计算机对 DRAM 的需求量占总量的 13%。在服务器需求方面,随着大数据、云存储等应用的广泛普及,服务器出货量带动 DRAM 市场份额近几年一直平稳上升。同时,5G/6G 网络、云计算/存储、互联网数据中心(Internet Data Center,IDC)的发展都需要进行大量的数据存储。这些产业会继续增大 DRAM 的需求,促使 DRAM 成为未来需求量增长速度最快的存储器产品之一。

在供应厂商方面,相较于 2018 年,2020 年全球 DRAM 市场规模有所收缩,价格下滑,SK 海力士和美光营收额都有所收紧,但是,三星的全球市场份额占比仍然高达 43.5%,三家企业仍是垄断 DRAM 全球市场的三巨头。2016 年,DRAM 以 20nm 工艺为主要制程,三星的技术实力一直遥遥领先,并对外发布其首款基于先进工艺的 $1x$nm 技术代的 DRAM 产品,相关产品应用于服务器等高端产品市场,并于 2020 年下半年实现大规模量产。而对于 $1x$nm 后更先进的工艺尺寸,三星的相关专利包括垂直沟道晶体管(Vertical Channel Transistor,VCT)、多比特单元结构(Multi-Layer Cell Structure,MCS)等。每一代新的 DRAM 技术都会比前一代芯片面积更小,器件更紧凑,使得每个晶圆上可以集成更多的芯片,以降低成本。但是目前平面集成度即将达到极限,如何利用 3D 空间是下一代 DRAM 所需要突破的技术壁垒。同时,新型非易失存储器技术也在不断完善和改进,并且在应用领域层面也可能会抢占原有的 DRAM 一部分市场,在重重压力下,DRAM 龙头企业对于其技术升级和设备升级方面的意愿也有所回落。此外,与 DRAM 产业头部公司相比,国内 DRAM 厂商采用的工艺制程相对落后,不管是在技术上还是市场上,中国企业都还有很大的进升空间。近几年随着国内政策越来越注重半导体产业,通过政策福利以及加大投资力度,国内 DRAM 公司技术发展迅速,如合肥长鑫是发展 DRAM 且十分有潜力的公司。希望国内相关企业能填补国产 DRAM 技术上的空白。

2. NAND Flash 的供给及发展趋势

NAND Flash 同样呈现寡头垄断格局,在 2015 年以前,三星、东芝/闪迪、美光、SK 海力士四家巨头垄断了全球 NAND Flash 的市场,行业前四名份额集中度指标(Concentration Rate 4,CR4)高达 99%[9]。2015 年,西部数据斥资 190 亿美元收购闪迪,图 1.8[11]为 2021 年第三季度 NAND Flash 的全球市场供应占比情况。其中,三星占比高达 34%,成为 NAND Flash 最大的供应商。

　　总体来看,除三星外,另外四家公司占据份额相差较小,相互间竞争激烈,五家公司都力图扩展各自的市场,因此提高性能、降低成本的新技术是必经之路。2021 年,NAND Flash 的存储密度达到 600 亿 GB,相比于 2020 年增长了大约 40%。随着人类生活中线上办公、网上购物的需求增加,这些新的需求带来了更多的数据需要进行存储,所以在未来 NAND Flash 市场将继续保持高增长速度,如图 1.9 所示[8,12]。

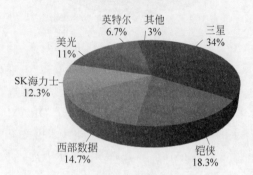

图 1.8　2021 年第三季度全球 NAND Flash
市场份额占比[11]

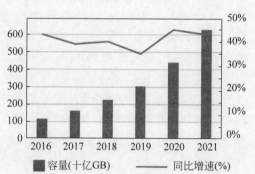

图 1.9　2016—2021 年全球 NAND Flash
总存储容量增长趋势[8,12]

　　随着三星、SK 海力士、铠侠与西部数据、美光、英特尔都纷纷扩建工厂,不断提升产品良率和产能,新技术更迭速度加快,近几年 3D NAND Flash 存储密度相比 2016—2018 年有明显提升。随着线上办公等线上形式已逐渐成为人们日常生活的一部分,有大量的数据需要存储,对存储器的需求不断提升,预计在未来一段时间内 3D NAND Flash 存储密度会保持高增长趋势。

　　由于受手机容量和服务器需求的影响,市场依然对 NAND Flash 需求旺盛,但是,全球 NAND Flash 的供应已呈现供过于求的局面,同时 3D NAND 产品良率提升、堆叠层数的增多及多值存储技术的研发等因素使 NAND 存储密度提升且成本降低,因此 2018 年,NAND Flash 价格下跌,全年跌幅已达约 65%[9]。

　　不断追求超高存储密度,使 2D NAND Flash 的扩展逐渐达到成本优化极限,3D NAND Flash 成为发展的主流,3D NAND Flash 技术极大地提高了产品性能,并且极大地降低了功耗。来自 3D 架构的强大优势驱动着各大厂商不断研发更多堆叠层数的 3D NAND Flash 产品,目前市场上已量产的最先进 3D NAND Flash 产品已经达到 176 层,并且突破 200 层的设计方案也有报道并有望在不久的未来量产。国内相关技术公司已攻克 32 层、64 层和 128 层 3D NAND Flash 技术难关,其发展速度蒸蒸日上,有望在不远的未来成为存储技术的领先者和全球半导体产业的核心价值的贡献者,在国际存储器领域占有一席之地。

3. NOR Flash 供给及发展趋势

　　2020 年全球 NOR Flash 主要以华邦电子(占比 24.5%)、旺宏(占比 26.2%)、赛普拉斯(占比 11.5%)及兆易创新(占比 18.8%)四家公司为主。其中,兆易创新市场供给份额在不断增大,拉近了与行业领先者的距离,为国内存储器设计行业做出了不可磨灭的成绩。2020 年 NOR Flash 市场格局如图 1.10[8,13] 所示。

　　其中,NOR Flash 市场被划分为高数据存储量、中等数据存储量和低数据存储量,美光和赛普拉斯主要为应用于智能汽车和工业控制领域的高存储量 NOR Flash 供货。华邦和旺宏主要为中等容量的 NOR Flash 供货。而兆易创新则主要供应用计算机主板、机顶盒、路由器等领域的低数据存储量的 NOR Flash。其中,美光将主要精力集中于 3D NAND Flash 产品上,因此,在 2016 年下半年决定淡出 NOR Flash 市场,作为全球第二大 NOR Flash 供应商的赛普拉斯将会减少对低数据存储量的 NOR Flash 的供应,专注于智能汽

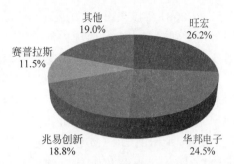

图 1.10　2020 年 NOR Flash 主要公司市场占比[8,13]

车和工业领域的高端市场。因此,随着海外大厂逐步退出低容量 NOR 市场,兆易创新逐渐成为这一领域的巨头。作为芯片设计类公司,兆易创新主要致力于存储器单元、存储器外围电路及控制器的设计,主要产品为 NOR Flash、NAND Flash 以及 MCU 等。据相关数据统计,兆易创新 2017 年存储器芯片的销售业务占总业务的 86.77%,MCU 占 13.2%[9]。兆易创新目前已经是国内最大的 NOR Flash 供应商。

从整体来看,NOR Flash 市场在近几年依旧会保持稳定并有小幅度增长,一方面是由于逻辑集成电路市场对 NOR Flash 的长期需求一时还无法由其他类型的存储器替代;另一方面,车用电子、5G 基地台、人工智能(Artificial Intelligence, AI)设备对高质量 NOR Flash 的需求在未来会继续增加。综合来看,NOR Flash 由于其不可代替的优势、技术要求高及特殊领域应用需求等等因素,在未来一段时间内市场需求仍旧会稳健增长。

1.1.3　中国存储器市场情况

随着互联网、物联网、深度学习、人工智能、云计算、大数据等相关技术的发展,中国已跻身半导体消费市场前列。如图 1.11 所示[2,14],中国存储器市场规模由 2014 年的 1274 亿元增长至 2020 年的 3021 亿元,年均复合增长率达到 16.18%,预计 2025 年中国存储器市场规模将突破 3500 亿元。虽然近几年中国存储器市场出现了小幅度的下降,但是很快在相关政策的支持下,中国存储器市场又重新恢复活力,并展现出更快的增长势头。下面着重分析国内 DRAM、NAND Flash 以及 NOR Flash 三个存储器应用市场。

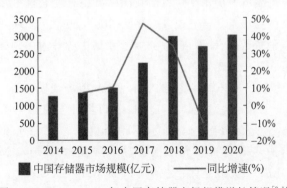

中国存储器市场规模(亿元)　　同比增速(%)

图 1.11　2014—2020 年中国存储器市场规模增长情况[2,14]

如图 1.12 所示为 2015—2021 年 1~9 月国内 DRAM 市场规模[15],从 2015 年的 1202.96 亿元增长到 2018 年的 1902.87 亿元,进入 2019 年后,由于供需关系等因素,DRAM 市场有

所下滑,但 2021 年以来出现了增长趋势,随着人工智能等新应用的出现,未来 DRAM 国内市场将恢复到最高水准。而国内的 DRAM 技术发展经历了自主研发再到技术引进,然后再到技术收购。从第七个"五年计划"期间国内成功自主研发第一块 64KB DRAM,再到第八个"五年计划"期间孕育了无锡华晶电子和上海华虹微电子两大晶圆厂,开始引进国外先进的 DRAM 研发生产技术,到如今中国收购奇梦达科技(西安)有限公司,填补了国内 DRAM 芯片设计领域的空白。近几年,随着国内越来越重视集成电路发展,提高集成电路的投入比重,中国的 DRAM 领域也进入了新时代,以合肥长鑫为代表,在 DRAM 器件、电路设计、芯片制造和芯片测试等领域都已具备了自主研发能力,未来我国自主研发的 DRAM 产品的市场占有率会逐步提高。

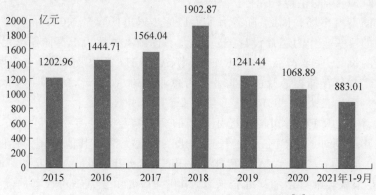

图 1.12　2015—2021 年中国 DRAM 消耗量[15]

　　相较于 DRAM,我国 NAND Flash 起步较晚,但作为全球最大的 NAND 存储器需求国,掌握有自主知识产权的 NAND Flash 研发生产能力却是十分必要的。如图 1.13[13] 所示为 2019—2026 年中国 NAND Flash 市场销售规模,以这三年的增长趋势预测,2026 年我国 NAND Flash 销售规模预计超过 3000 亿元,随着高容量 5G 智能手机、智能穿戴设备、智能家居等电子产品在中国的普及,中国 NAND 市场达到 3000 亿元的时间或许会提前到来。在如此大规模的销售规模刺激和国家对集成电路产业的政策支持下,国内 NAND Flash 技术也得到了飞速发展。国内相关技术公司已完成了国内 3D NAND Flash 技术从无到有,从追赶国外先进技术到技术并驾齐驱的水平。目前我国已具备有独立自主知识产权的 3D NAND Flash 架构,并基于此架构完成了其第三代多位存储(3bit/Cell 和 4bit/Cell)两款产品的研发工作。在未来,移动通信、消费数码、计算机、服务器及数据中心等应用领域,都会有国内自主研发生产的 NAND Flash 在其中发光发热。

　　如图 1.14[6] 所示为 2015—2022 年中国 NOR Flash 市场规模,其从 2015 年的 3.54 亿元增长到了 2022 年的 55.85 亿元。虽然 NOR Flash 市场并没有像 DRAM 或 NAND Flash 那样突飞猛进的增长,但是随着触控与显示驱动器集成芯片(Touch and Display Driver Integration,TDDI)、有源矩阵有机发光二极管显示屏技术(Active Matrix Organic Light Emitting Diode,AMOLED)、无线立体声技术(True Wireless Stereo,TWS)等技术应用的兴起,NOR Flash 一直保持着稳定的热度和市场需求。在未来随着汽车电子的需求增高,NOR Flash 市场还将继续增长。国内 NOR Flash 代表厂商是兆易创新,目前已收购了上海思立微,其 NOR Flash 产品技术已处于全球领先水平。

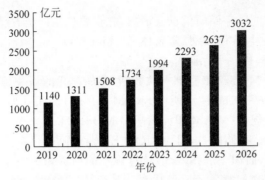

图 1.13 2019—2026 年中国 NAND Flash 市场销售规模增长情况预测[14]

图 1.14 2015—2022 年中国 NOR Flash 市场规模[6]

1.2 半导体存储器器件简介

1.2.1 半导体存储器分类

半导体存储器种类很多,根据不同的存储原理,将其分类,各种存储器都有其适合的应用领域,并各自有不同的优缺点。半导体存储器根据掉电后信息是否继续保存分为易失性存储器和非易失性存储器,图 1.15 按照不同的存储原理对存储器种类进行了归纳总结。

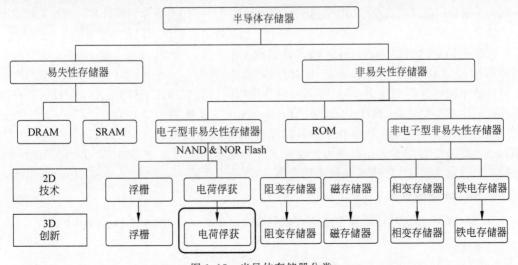

图 1.15 半导体存储器分类

易失性存储器在掉电后存储的信息会消失,它主要包括两类存储器,一类是 SRAM,主要由 6 个金属-氧化物-半导体场效应晶体管(Metal Oxide Semiconductor Field Effect Transistor,MOSFET)构成一个存储单元[15]。由于与 CPU 所用的 MOSFET 相同,因此它的速度最快。采用 6 个 MOSFET 存储一位数据,存储单元的面积很大,基于 40nm 工艺的 SRAM 单元面积为 $120F^2 \sim 150F^2$①,所以 SRAM 一般靠近 CPU 但容量有限。另一类易失性存储器 DRAM[16],常规的 DRAM 单元由一个 MOSFET 和一个电容器构成,信息的存储能力取决于电容器的电荷存储能力,因为 MOSFET 漏电流的存在,因此信息需要每隔一段时间刷新(refresh)一次,面积一般在 $6F^2$,计算机中的内存条就属于 DRAM。随机存储器断电后信息会丢失,故 RAM 多用于运行内存。其产品主要包括 SRAM 和 DRAM。

非易失性存储器主要分为三类。

(1)一次性编程的只读存储器(Read Only Memory,ROM),由于具有掉电信息不丢失、只读不写的功能,故 ROM 多用于存储系统信息。

(2)基于电荷的非易失性 Flash 存储器,目前常用的包括可擦除只读存储器、NAND Flash、NOR Flash 等。基于电荷存储的非易失 Flash 存储器是 ROM 中的一员,相较于 EEPROM(Electrically Erasable Programmable ROM),其电路结构简单,容易实现,成本较低,故 NOR Flash 和 NAND Flash 成为主流。

(3)基于非电荷存储方式的新型存储器,包括相变存储器(Phase Change RAM,PCM)、阻变存储器(Resistive RAM,RRAM)、铁电随机存取存储器(Ferroelectric RAM,FeRAM)和磁存储器(Magneto resistive RAM,MRAM)等[17]。针对传统 RAM 断电信息丢失的缺点,人们又研究发展了以上几种基于非电荷存储方式的新型非易失存储器。

本书主要针对 NAND Flash 存储器进行介绍,并针对常见存储器技术的基本概念、特点、工艺实现技术、芯片设计技术以及相应的测试表征和可靠性技术进行详细的讲解,同时对其他类型存储器进行简单介绍。

1.2.2　存储器的存储单元

为了满足现代电子系统的性能需求,不同存储类型的产品应运而生。这些存储芯片具有显著的共性特征:每个半导体存储芯片均由存储单元阵列和该存储单元阵列的外围访问电路构成。外围访问电路均由行译码电路和列译码电路构成。不同类型存储单元阵列则是由给定类型存储单元按照串联、并联等方式构成一个阵列。而标准的存储单元就定义了整个芯片的类型。

根据存储单元的类型,有 SRAM 芯片、DRAM 芯片、NAND Flash 芯片等。以下内容将分别对 SRAM、DRAM、Flash、EPROM(Erasable Programmable ROM)以及 EEPROM 五种市场主流存储器的基本原理、阵列和电路结构进行简要描述,目的是让读者对这几种存储器有一个初步的认识,其中关于 DRAM 和 Flash 的详细内容将在以后章节进行详细介绍。除了基础知识外,还会简单介绍目前几种新兴的存储器技术,例如 3D DRAM 和 3D XPoint,这两种 3D 结构的存储器可能会是未来存储器的发展方向,同时与 3D NAND Flash 一同成为目前主流 3D 架构的几种不同路线。

1. SRAM 存储单元

SRAM 又可以分为异步静态随机存储器(Asynchronous SRAM,Async SRAM)[18]、管

---

①　F 是指半导体器件的最小尺寸,也称特征尺寸(feature size)。

道突发静态随机存储器(Pipelined Burst SRAM,PB SRAM)[4]和同步突发静态随机存储器(Synchronous Burst SRAM,SB SRAM)[19]。Async SRAM 存取速度高于 DRAM,但是速度低于 CPU,所以在运行时 CPU 会存在等待。而 PB SRAM 采用了输入和输出寄存器,可以使存取过程以流水线方式进行,因此 PB SRAM 是 SRAM 中速度最快的。SB SRAM 中所谓的"突发"(burst)是指在一个"突发动作"中读取数据,当提供了内存地址后,CPU 假定其后的数据地址并自动把它们预取出来。在总线速度为 66MHz 的系统中,SB SRAM 的读取速度是最快的,效率最高。因为此时 SB SRAM 可以和系统时钟达到同步。但当总线速度超过 66MHz 时,SB SRAM 将超负荷运行,其速度会大大低于 PB SRAM。

SRAM 的存储单元是一个双稳态触发器,可以用双极型或 MOS 型晶体管构成,如图 1.16[21]所示。它是由 6 个 MOSFET 器件构成的典型 SRAM 单元结构。单元由不同的 M1、M2、M3、M4 组成双稳态触发器。即第一个反相器的输出连接第二个反相器的输入,第二个反相器的输出连接第一个反相器的输入,这就能实现两个反相器的输出状态的锁定和保存[20]。M5、M6 是单元的控制管,只有在 M5、M6 导通时,才可以读取/存入数据。对于不进行操作的单元,只要维持电源,数据就维持不变,无须刷新周期。在 SRAM 读操作时,首先对两边的位线均预充到高电平,然后打开字线(Word Line,WL),这样两个位线(Bit Line,BL)中的一个电平将被单元下拉。在 SRAM 写入时,首先驱动一个位线为高电平,另外一个为低电平,然后打开字线,就可以实现数据的写入操作。

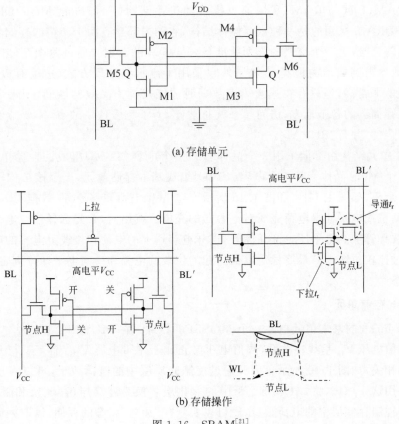

(a) 存储单元

(b) 存储操作

图 1.16　SRAM[21]

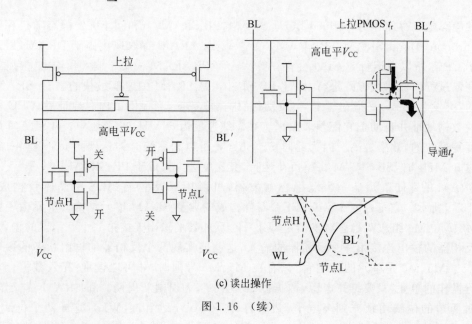

(c) 读出操作

图 1.16 （续）

2. DRAM 存储单元

动态随机存储器（DRAM）分为同步动态存储器（Synchronous DRAM，SDRAM）、Rambus 动态随机存储器（Rambus DRAM，RDRAM）、扩展数据输出随机存储器（Extended Data Out RAM，EDO DRAM）和快速页模式随机存储器（Fast Page Mode DRAM，FPM DRAM）。SDRAM 采用的是一种双存储体结构，它的内部含有两个交错的存储阵列。当访问一个存储阵列时，另一个交错的阵列就准备好要读写的数据。通过两个存储阵列的紧密切换，读取效率得到成倍的提高[22]。另外它采用了流水线处理方式，速度有极大的提高。RDRAM 性能非常高，但只有在连续读出数据时才能发挥出高效的性能，如果数据零零散散地分布在存储器的各个地方，访问起来就非常慢，为了克服这一缺点，需要能够同时处理多个读出命令的"并行"RDRAM。

DRAM 单元结构由早期采用 3 个晶体管和 1 个电容（3T1C）组成的存储单元，逐渐发展为采用 1 个 MOS 晶体管和 1 个电容（1T1C）组成基本存储单元，至今该结构已被产业界采用了四十余年，如图 1.17[24]和图 1.18 所示[25]。基于电荷转移原理，数据写入时，打开选择晶体管，高位线电平使得电荷完成对电容器的充电。读出时，首先选择位线电平在中间电平，然后给选择管加高电平压打开晶体管，这样电容器上的电荷和位线上电容的电荷可以进行共享，通过比较位线上的最终稳定电荷引起的位线的电势和中间电平即可判定信息是"0"还是"1"状态[25]。

3. Flash 存储单元

NAND Flash 的基本单元包含一个 MOSFET 器件。在 MOSFET 管的基本原理中，漏端电流与阈值电压 V_{th} 呈线性关系，阈值电压又正比于平带电压 V_{FB}，而 V_{FB} 与介质层中电荷数量直接相关，如图 1.19 所示。因此通过控制介质层中的电荷数量，可以实现不同的沟道电流。利用这一原理，将 MOSFET 管中的氧化层替换为隧穿层、存储层和阻挡层，通过编程和擦除控制存储层中的电荷数量，就可以实现"0"和"1"状态的存储，读取漏端电流的大小，就能读出存储数据。

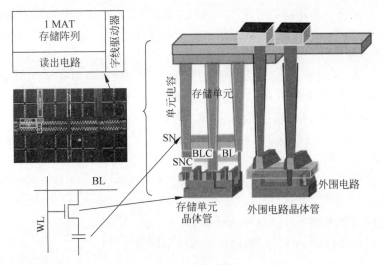

图 1.17 早期 DRAM 存储单元组成[24]

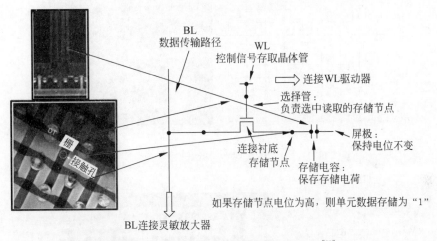

图 1.18 目前常见 DRAM 存储单元组成[25]

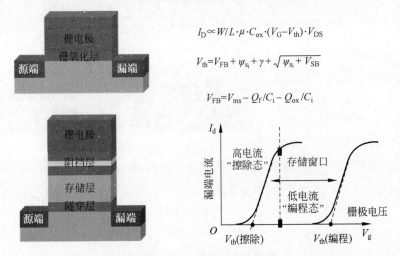

$$I_D \propto W/L \cdot \mu \cdot C_{ox} \cdot (V_G - V_{th}) \cdot V_{DS}$$

$$V_{th} = V_{FB} + \psi_{s_i} + \gamma + \sqrt{\psi_{s_i} + V_{SB}}$$

$$V_{FB} = V_{ms} - Q_f/C_i - Q_{ox}/C_i$$

图 1.19 NAND Flash 的基本单元及 I_d-V_g 曲线

　　存储器的存储单元都是以矩阵的形式组织的,这种组织可以有效减少存储器所占空间。根据电子的注入方式和阵列的布局方式,Flash 可以分为 NOR Flash 和 NAND Flash 两类[26]。在存储阵列结构上,NAND Flash 各存储单元之间是串联的,而 NOR Flash 各单元之间是并联的。对 NOR Flash 而言,如图 1.20 所示[28],每两个单元共用一个位线接触孔和一条源端,采用沟道热电子注入原理进行编程和源端 F-N 隧穿(Fowler-Nordheim tunneling)效应进行擦除,此种存储数据机理使 NOR Flash 的编程和擦除速度上相比于 NAND Flash 更有优势,但是其缺点也很明显,即在编程过程中功耗较大,在存储阵列排布方面,由于接触孔会占用一部分空间所以集成度很难提高。在 NAND Flash 架构中,如图 1.21 所示,存储阵列以每 32 个或者更多存储单元串联来组织。两个源端选择线(Source Select Line,SSL)和栅极选择线(Gate Select Line,GSL)分别放于每一串存储单元的两端,以此来保证与位线和源端(Source Line,SL)的连接。每一个 NAND Flash 存储单元串联起来的串型结构都是通过位线与其他相同的串型结构进行连接。

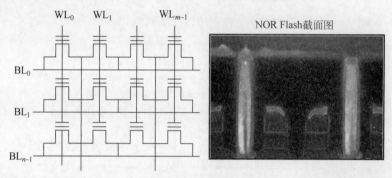

图 1.20　NOR Flash 存储阵列架构[28]

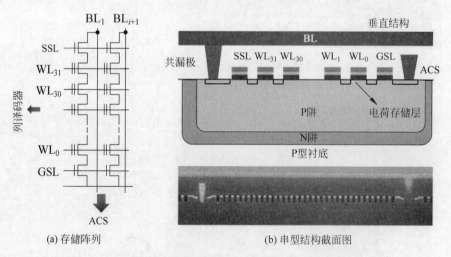

(a) 存储阵列　　　　　　　　　　　(b) 串型结构截面图

图 1.21　NAND Flash 存储阵列架构

　　对于 NAND Flash 来说,目前主流 2D NAND Flash 工艺制程采用 28nm/16nm,而在进入 1x nm 工艺制程时代后,存储单元之间的距离越来越小,会导致存储单元之间的出现串扰效应,而越来越薄的栅氧化层也会使电子的击穿效应愈发显著,这些问题都会影响 2D NAND Flash 的电学性能以及存储单元的可靠性。此外,在进入 2x nm 工艺制程后,由于平面微缩工艺的难度越来越大,因此,水平面尺寸微缩带来的成本优势开始减弱。尤其是在16nm工艺制程后,继续采用2D平面微缩工艺的难度和成本已经超过深沟刻蚀、薄膜沉积等3D工艺技术。不论是从性能角度考虑,还是从经济角度考虑,继续在2D平面进行尺寸微缩都不是一个好办法,因此,三星、SK海力士、铠侠、美光等各大存储器公司都在积极研发3D NAND Flash技术。目前3D NAND Flash的研发方向总体可以分为三大阵营,分别是三星、SK海力士、铠侠,三家企业都有其独特的架构技术和专用的工艺技术。而它们的相同之处在于,三家企业都不约而同地使用了环栅(Gate All Around,GAA)技术,使得栅极对导电沟道的控制能力更强,关断电流也更小。

2007年是NAND Flash工艺发生重大改变的时期,Flash从2D器件转向如图1.22[29]所示的3D器件集成。根据NAND Flash中存储单元存储数据量的差异,可以分为单位存储(Single Level Cell,SLC)、双位存储(Multi-Level Cell,MLC)、三位存储(Trinary Level Cell,TLC)以及四位存储(Quad Level Cell,QLC)等,不仅在存储数据量上有差异,在其他电学性能上(例如存储单元的寿命和制造成本)也存在很大的区别,目前商用市场主流存储单元为TLC和QLC。图1.23[30-36]、图1.24[32,37-41]及图1.25[42-44]分别展示了NAND Flash MLC/TLC/QLC的发展历史。

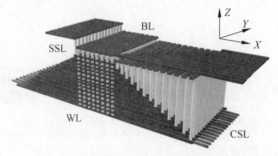

图1.22 早期3D NAND Flash结构[29]

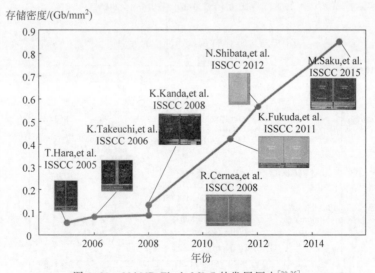

图1.23 NAND Flash MLC的发展历史[30-36]

随着Flash的不断迭代发展,存储器的存储密度不断增加。如图1.26所示,自1998年以来,多级单元存储密度提高了近1万倍。

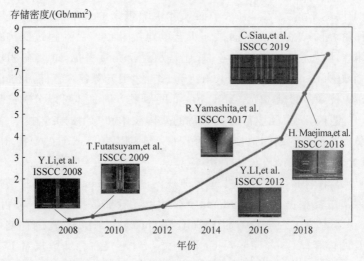

图 1.24 NAND Flash TLC 的发展历史[32,37-41]

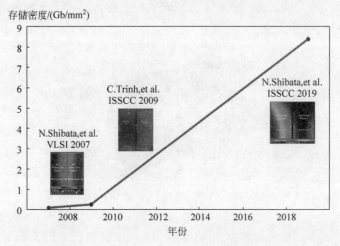

图 1.25 NAND Flash QLC 的发展历史[42-44]

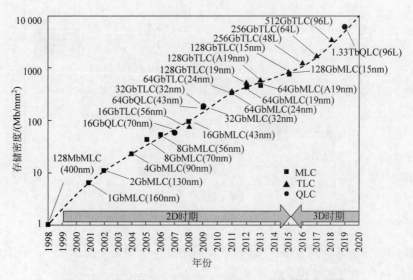

图 1.26 多级单元(MLC、TLC 和 QLC)的存储密度趋势

进入 19nm 工艺后,页面容量增大提高了编程性能,在 3D NAND Flash 时代,由于较大的单元尺寸和更小的相邻单元间干扰,所以可以使用全序列编程显著提高 TLC 的编程性能,同时因为层数的增加,块(block)尺寸也急剧增加,自 24nm 工艺制程以来,双数据速率接口(Double Data Rate,DDR)迅速提高了数据传输速率。随着高速随机读延迟(Random Read Latency,RRL)存储器、PLC(5bit/Cell,32-level)、孪生位成本可微缩 Flash(Twin Bit-Cost Scalable Flash,T-BiCS Flash)等新技术的出现,更易于使用、性能更高、密度更大的存储器将继续发展[44-47],详细技术将在第 2 章中介绍。

4. EPROM 存储单元

EPROM[25]是使用 UV 紫外光擦除的可编程序只读存储器,如图 1.27 所示,EPROM 的工作原理为:对于浮栅(Floating Gate,FG)晶体管,通过热电子注入把电荷注入到浮栅中保存,从而可以引起阈值电压增大,存储"1";通过紫外光辅助实现存储电荷的擦除,存储"0"。

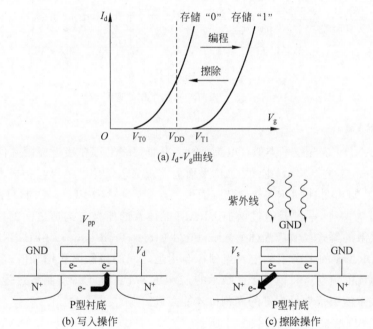

图 1.27 EPROM 的工作原理图

5. EEPROM 存储单元

EEPROM 是一种既能像 RAM 那样随机地进行改写,又能像 ROM 那样在掉电情况下保存信息的只读存储器。与 EPROM 相比,EEPROM 信息改写快,只要施加高电平,就可以在瞬间完成改写,而 EPROM 需要长时间用紫外线照射才可擦除原有信息。如图 1.28 所示,EEPROM 在编程状态时,选择晶体管打开,电子从位线移动到共享漏结区,然后在存储单元的栅高电平下注入浮栅中完成信息的存储,在擦除时,选择晶体管打开,位线上的高电平会传输到共享源区,源区的高电平和 0V 的存储单元栅压形成大的电势差,从而去除浮栅中的电荷。

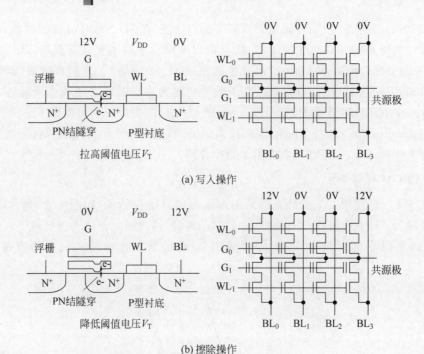

(a) 写入操作

(b) 擦除操作

图 1.28　EEPROM 的工作原理图

6. 3D DRAM

与 3D NAND Flash 技术类似,DRAM 的水平面微缩也正在接近极限并向垂直方向扩展。18nm/16nm 工艺制程后,继续在 2D 平面上缩减工艺尺寸已不再具备成本和性能等方面的优势,于是 3D 架构的 DRAM 便孕育而生。与 3D NAND Flash 不同,目前 3D DRAM 的主要架构分为两种,一种是通过增加 DRAM 晶体管的栅极与沟道之间的接触面积。这意味着三面接触的鳍式场效应晶体管(Fin Field Effect Transistor,FinFET)技术和环栅技术可以用于 DRAM 的生产工艺中。当栅极与沟道之间的接触面积增加时,晶体管可以更精确地控制电流的流动。目前基于此技术的 3D DRAM 正处于研发制备过程中,其工艺难度在于光刻技术需要依靠最先进的光刻机才能完成。

另一种是 3D 堆叠架构,如图 1.29 所示[48-49]。与 3D NAND Flash 的 3D 技术路线不同,此种 DRAM 的 3D 架构体现在不同芯片之间,而非单一芯片内部,即 3D 封装,通过采用硅通孔(Through Silicon Via,TSV)技术将多个芯片堆叠在一起,利用硅通孔和金属连线的方式实现芯片与芯片之间的互连。随着电子产品对 DRAM 容量要求和性能的提升,未来这种基于 TSV 技术的 3D DRAM 的市场比重将呈上升趋势。

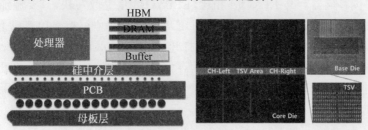

图 1.29　3D DRAM 封装结构[48-49]

3D DRAM 的优势在于,在不增加芯片面积的前提下,可以有效地增加存储密度。采用这种 3D 封装技术后,不同功能的芯片可以实现在垂直方向上的堆叠,降低了芯片之间的数据传输距离,有效地减少了金属导线带来的 RC 延迟。互连线长度的降低也降低了后段工艺中金属线之间的布线难度,对芯片的性能和成本都会有很大的优化。三星于 2010 年左右开始加强对 3D TSV 相关技术的研发,并于 2015 年第一季度成功量产了使用 3D TSV 技术的 128Gb DRAM 产品,并应用于服务器市场。其他厂商也在积极开发 3D TSV 封装技术,其中 SK 海力士于 2015 年发布高带宽存储器(High Bandwidth Memory,HBM),该技术将 TSV 与微凸块结合,实现了 4 个 DRAM 芯片和一个逻辑芯片的堆叠。2021 年,武汉新芯自主开发的 3DLink 技术,帮助提高嵌入式 DRAM(Embedded DRAM,eDRAM)的存储密度,加速国内相关行业的技术创新。

7. 3D XPoint

在 2015 年 7 月举办的英特尔先进科技技术峰会上,英特尔与美光联合发布了一种基于 PCRAM,名为 3D XPoint 的新型非易失存储器技术,如图 1.30 所示[50-52]。3D XPoint 经过了数十年的技术研发,首次在实际产品端实现了近似 DRAM 操作速度的非易失性存储器产品,将大容量和高速度两大优势完美结合,被英特尔称为自 1989 年 Flash 技术被发明后存储器领域的第一次质的突破。

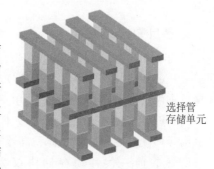

图 1.30　2015 年英特尔和美光联合发布的 3D XPoint 结构[50-52]

3D XPoint 的优势具体表现在两方面,一是操作速度,其操作速度是 NAND Flash 操作速度的 1000 倍;另一点是存储容量,其存储容量是 DRAM 存储容量的 10 倍。3D XPoint 初期产品应用于 SSD 方面,经过测试,与传统的 3D NAND Flash SSD 相比,前者的随机读写速度是后者的 5.44 倍,而单线程中的传输差距最大可以达到 7.25 倍。3D XPoint 的整体性能位于 Flash 和 DRAM 之间,填补了存储器分级之间的空缺,具备近似于 DRAM 的操作速度的同时兼具 Flash 的非易失性和大存储容量,可以作为 CPU 与 SSD 之间的存储桥梁,也可以独立作为存储设备应用于一些高速电子产品上。除了性能方面,3D XPoint 的工艺制备方面也更为宽松,在刻蚀尺寸和层数增长方面都有很大的发展空间,这使得 XPoint 的制造成本也有很大的下降潜力。

1.2.3　NAND Flash 产品简介

1. 固态硬盘

固态硬盘(SSD)是一种以 NAND Flash 为存储介质的存储设备,也是目前应用最广泛的存储设备之一。相较于以 DRAM 为存储介质的内存设备,SSD 具有高容量及非易失性等特点;而与传统机械硬盘(Hard Disk Drive,HDD)相比,SSD 具有速度快、可靠性高的优势。SSD 目前已经逐渐代替 HDD,成为个人计算机、企业服务器的主要存储设备。

SSD 的结构主要由输入输出(Input/Output,I/O)接口、控制器、DRAM(可选)以及 NAND Flash 组成。其中 I/O 接口主要用于数据的传输和传入,负责 SSD 与外部设备之间的交互,与之相关的设备包括数据总线、协议和接口。控制器主要用于编解码数据以及管理数据在缓存和 Flash 之间的写入和读写。DRAM 主要用于数据缓存,数据存入 SSD 时一般先存入 DRAM 缓存中,以保证数据可以高速地进行存储,然后待设备空闲期间再将数据搬运至 Flash 中存储。Flash 主要用于数据的长期存储,存储至 Flash 中的数据,即使在设备断电的情况下也不会丢失。

SSD 的基本工作原理,一般 SSD 接收主机发送的命令,然后根据命令输出数据和命令状态("完成"或"未完成")。根据功能 SSD 可以分为三大模块:首先是前端接口和相关的协议模块,对应的主要硬件包括 I/O 接口和控制器,功能是负责接收命令、输出数据和命令状态;中间是 Flash 转换层(Flash Translation Layer,FTL),对应的主要硬件包括控制器,功能是负责为数据的写入或读出分配 Flash 地址、坏块管理、错误处理等功能;最后是后端和 Flash 通信模块,对应的主要硬件包括 DRAM、Flash,功能是负责数据的存储和取出。

2. 通用 Flash 存储器

通用 Flash 存储(Universal Flash Storage,UFS)是由固态技术协会(Joint Electron Device Engineering Council,JEDEC)发布的一种用于手机存储的接口协议,也代指使用此种接口协议的存储器,有嵌入式通用 Flash 存储(Embedded UFS,eUFS)与 UFS 拓展卡两种形式。近年来随着通信的提速,人们对于手机速度的要求也越来越高。因此产生了专用于手机等移动端的低能耗小体积高速存储设备的需求,UFS 应运而生。

UFS 的前一代移动存储协议为嵌入式多媒体卡(Embedded Multi Media Card,eMMC)。eMMC 使用并行单端信号传输,读写操作不能同时进行。且其信号干扰随着时钟频率的增加而变大,因此难以在提速的同时保证信号的完整性。而 UFS 使用的是与 SATA 和 PCIe 相同的串行差分信号传输,抗干扰能力强,可以同时完成读取和写入的操作,大大提升了数据传输的速率。

UFS 存储芯片结构与 SSD 相似,内部封装 UFS Flash 控制器与 Flash 阵列。出于对成本与面积的考虑,其 Flash 控制器的通道数相对 SSD 更少,且一般不带有 DRAM。UFS 的内部结构可以通过以下的数据传输路径来说明。

(1) UFS 使用基于 MIPI M-PHY 的差分前端接口传输数据,通过 M-PHY 物理层与通用数据处理机(UniPro)互连层实现接口的互连,物理层负责收发数据与指令,互连层完成拆解和打包。

(2) 在 UFS Flash 控制器内实现 Flash 地址分配、磨损平衡与纠错算法、坏块管理等功能。

(3) 通过 UFS Flash 控制器的 Flash 通信模块连接到 Flash 阵列。UFS Flash 通信模块一般支持开放式 NAND Flash 接口(Open NAND Flash Interface,ONFI)或 Toggle 接口标准。

UFS 最新标准是 UFS 4.0,发布于 2022 年 8 月。它使用 HS-Gear4 高速双通道接口与 M-PHY 4.1 物理层,支持 ONFI 4.1 或 Toggle 2.0 Flash 传输协议,可以实现 23.2Gb/s 的最大带宽。

3. 高速接口与协议

固态硬盘要想完成数据的输入和传出需要接口、协议和数据总线三者协同作用,而这三者也决定了固态硬盘的传输速度。

　　市场中广泛应用于 SSD 的主流接口有两大类：SATA（Serial Advanced Technology Attachment，SATA）接口和 PCIe（Peripheral Component Interconnect express）接口。如图 1.31 所示[53]，SATA 接口具有独立的数据发送和接收通道，但是在同一时间，SATA 接口只有一条通道可以进行数据传输。SATA 接口的工作模式即在一条数据通道上发送数据时，在另外一条通道上就不能进行数据接收，所以 SATA 接口的数据传输速度也就受到了限制。为了打破这个限制因素，研究人员发明了 PCIe 接口。PCIe 是一种高速串行计算扩展总线标准，它与 SATA 最大的不同点在于数据可以同时传输，即在一条数据通道上发送数据时，另一条通道可以进行接收操作，两条数据通道互相没有干扰。

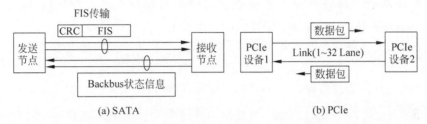

图 1.31　SATA 接口工作模式及 PCIe 接口工作模式[53]

　　PCIe 是 PCI 总线的升级版。PCI 由英特尔于 1992 年推出，它取代了早期计算机上以特殊方式使用的旧的数据总线，其最大的特点是它是一个并行总线[54]。到了 2003 年，英特尔的工程师重新制定了传输标准，因为新标准的某些方面是从 PCI 继承而来的，所以将其命名为 PCIe，但 PCIe 是一种串行总线。PCIe 的发展如表 1.2 所示[55]，PCIe 第一版也称为 PCIe 1.0，数据总速率为 2.5GT/s（每秒千兆传输），使用 8b/10b 的编码方式。随后标准进行定期更新，到 2007 年，推出的 PCIe 2.0 比前一代速度提升了一倍。到 2010 年，PCIe 3.0 技术采用了新的编码方式，使传输更为高效，而这种高效的编码方式一直延续到了 PCIe 5.0。直到 2022 年年初，推出了最新一代的 PCIe 6.0，数据总速度达到了 64GT/s。其中最重要的技术创新在于首次采用四电平脉冲幅度调制（4-Level Pulse Amplitude Modulation，PAM4）技术代替了一直使用的不归零信号（Not Return to Zero，NRZ）传输技术和新型的编码技术。

表 1.2　PCIe 历代技术规范特征[55]

版　　本	最大数据传输速率/(GT/s)	编　　码	信号传输技术
PCIe 1.0 (2003)	2.5	8b/10b	NRZ
PCIe 2.0 (2007)	5.0	8b/10b	NRZ
PCIe 3.0 (2010)	8.0	128b/130b	NRZ
PCIe 4.0 (2017)	16.0	128b/130b	NRZ
PCIe 5.0 (2019)	32.0	128b/130b	NRZ
PCIe 6.0 (2021)	64.0	1b/1b (Flit Mode)	PAM4

　　随着人工智能、机械学习的应用越来越多，数据中心正在从每台服务器各自使用独立的处理器和内存以及网络设备的模式向智能匹配资源和工作负载的方式发生转变。这样的转变对高速传输接口提出了新的需求。为了满足新的需求，英特尔于 2019 年提出了一种新型的高速互连方案：CXL（Compute Express Link）[55]。CXL 是一种开放标准的行业支持的

缓存一致性互连,主要用于处理器、内存扩展和加速器之间的数据传输。从本质上讲,CXL技术是用来保证处理器缓存空间和链接设备上的内存之间的内存一致性。它可以实现资源共享从而获得更高的性能,降低软件方面的复杂性,并减少整体系统的成本。目前 CXL 已经发展到 2.0 阶段,它建立在 PCIe 5.0 的基础之上,其协议建立一致性、简化软件堆栈并保持与现有标准的兼容性。具体来说,CXL 目前兼容 PCIe 5.0 的功能,允许备用协议使用PCIe 物理层,这意味着它们都可以以 32GT/s 或 64GB/s 的速度通过 PCIe 通道链路在输入或者传出方向上进行数据交互。

　　CXL 简化和改进低延迟连接和内存一致性,可显著提高计算机性能和效率。此外,CXL 内存扩展功能可摆脱目前服务器中紧密绑定的双列直插式存储模块(Dual Inline Memory Module,DIMM)的容量和带宽限制。通过 CXL,设备可以通过 PCIe 接口与主机处理器交互添加更多内存。随着新型存储器的兴起,其超快的操作速度也可以与 CXL 相匹配,如图 1.32 所示[57],采用新型存储与 CXL 相结合,可以实现具有非易失性、操作速度更快的新型持久型存储器设备(persistent memory),弥补目前 DRAM 与 3D NAND Flash 之间的性能空缺。

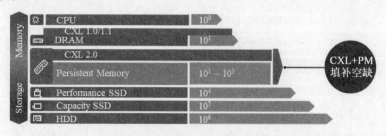

图 1.32　CXL 协助新型存储器提升性能弥补存储器分级空缺[57]

本章小结

　　本章主要讲述了半导体存储器市场状况以及目前主要的半导体存储器器件,包括易失性存储器(SRAM、DRAM)和非易失性存储器(Flash、EPROM、EEPROM)。并对未来存储器的代表,如 3D DRAM 和 3D XPoint 等先进存储器进行简要的介绍。本章最后简单介绍了基于 NAND Flash 的应用产品,如 SSD 和 UFS,并对 SSD 的高速接口发展进行了简要概述。在庞大的市场需求下,发展中国存储器产业将逐渐成为国家发展半导体事业的重要战略。之后章节,本书对 NAND Flash 展开详细的介绍,包括其基本工作原理、工艺步骤、电路设计等。与此同时,随着一些新材料、新器件的引入,未来若干新型存储器也开始崭露头角,推动半导体存储器进一步发展。

习题

　　(1) 阐述 DRAM 的基本工作原理。

　　(2) 简述 NAND Flash 和 NOR Flash 的区别。

　　(3) 简述未来更小工艺节点下 DRAM 的优化方向。

　　(4) 参考逻辑发展方向,DRAM 可否实现 3D 堆叠结构?

参考文献

[1] Statistics W S T. WSTS Semiconductor Market Forecast[EB/OL]. https://www.wsts.org/.

[2] Yole Group. Quarterly analysis of the NAND market, historical and forecast, including market pricing, supply data by producer, demand by end-market, plus much more[EB/OL]. https://www.yolegroup.com/product/monitor/nand-quarterly-market-monitor/.

[3] 中金公司[EB/OL]. https://www.cicc.com/.

[4] Sato H, Wada T, Ohbayashi S, et al. A 500-MHz pipelined burst SRAM with improved SER immunity[J]. IEEE Journal of Solid-State Circuits, 1999, 34(11): 1571-1579.

[5] 头豹研究院. 2020 年中国存储器芯片行业概览[EB/OL]. https://www.leadleo.com/.

[6] 华金证券研究所[EB/OL]. https://www.huajinsc.cn.

[7] Allied Market Research[EB/OL]. www.alliedmarketresearch.com.

[8] 新时代证券研究所[EB/OL]. http://www.xsdzq.cn/.

[9] 新时代证券. 新时代证券半导体研究系列之四(存储器): 自主可控, 存储之道[EB/OL]. https://www.doc88.com/p-2783996359411.html.

[10] 招商证券电子研究鄢凡团队. 半导体行业深度专题之六: 技术迎改革, 新型存储器助中国弯道超车[EB/OL]. https://www.docin.com/p-1757730835.html.

[11] Trend Force. Market research, price trend of DRAM, NAND Flash, LEDs, TFT-LCD and green energy[EB/OL]. https://www.trendforce.com.

[12] China Flash Market[EB/OL]. https://www.chinaflashmarket.com/.

[13] IHS Markit[EB/OL]. https://ihsmarkit.com/index.html.

[14] 前瞻产业研究院[EB/OL]. https://bg.qianzhan.com/report/guide/yanjiuyuan.html.

[15] 诺拓咨询. 中国 DRAM 存储器行业分析与行业发展趋势预测研究报告[EB/OL]. https://zhuanlan.zhihu.com/p/454671722.

[16] 顾明, 杨军. 基于物理 α 指数 MOSFET 模型的 SRAM 存储体单元优化[J]. 电子与信息学报, 2007, 29(1): 4.

[17] Ahlquist C N, Breivogel J R, Koo J T, et al. A 16 384-bit dynamic RAM[J]. IEEE Journal of Solid-State Circuits, 1976, 11(5).

[18] Baldi L, Sandhu G. Emerging memories[C]//Proceedings of the European Solid-State Device Research Conference, 2013.

[19] 汪东, 陈宝民, 陈书明. 一种可编程嵌入式异步 SRAM 存储控制器[J]. 微电子学, 2005, 35(6): 5.

[20] 代芬, 王卫星, 俞龙. 同步静态随机访问存储器的特点及应用[C]//中国农业工程学会学术年会, 2005.

[21] 宋炳章. SRAM 的工作原理与基本应用[J]. 考试周刊, 2011, (34): 2.

[22] 孙以材, 王静, 赵彦晓. 动态随机存储器 IC 芯片制造技术的进展与展望[J]. 半导体技术, 2002, 27(12): 4.

[23] 汪一澈. RAID 技术和级别的分析和应用[J]. 福建电脑, 2007, (3): 2.

[24] Bae S-J, Sohn Y-S, Park K-I, et al. A 60nm 6Gb/s/pin GDDR5 graphics DRAM with multifaceted clocking and ISI/SSN-reduction techniques[C]//IEEE International Solid-State Circuits Conference-Digest of Technical Papers, 2008.

[25] Butt N, Mcstay K, Cestero A, et al. A $0.039\mu m$ 2 high performance eDRAM cell based on 32nm High-K/Metal SOI technology[C]//IEEE International Electron Devices Meeting, 2010.

[26] 梁学忠. 浅谈 EPROM 的正确使用[J]. 黑龙江电力技术, 1998, 20(3): 3.

[27] Nicosia P,Nava F. Test Strategies on Non Volatile Memories Electrical Wafer Sort on NAND,NOR Flash and Phase Change Memories[C]//IEEE Non-Volatile Semiconductor Memory Workshop, 2007.

[28] Servalli G,Brazzelli D,Camerlenghi E,et al. A 65nm NOR Flash technology with 0. 042/spl mu/m/ sup 2/cell size for high performance multilevel application[C]//IEEE International Electron Devices Meeting,2005.

[29] Tanaka H,Kido M,Yahashi K,et al. Bit cost scalable technology with punch and plug process for ultra high density flash memory[C]//IEEE Symposium on VLSI Technology,2007.

[30] Cernea R,Pham L,Moogat F,et al. A 34MB/s-program-throughput 16Gb MLC NAND with all-bitline architecture in 56nm[C]//IEEE International Solid-State Circuits Conference,2008.

[31] Fukuda K,Watanabe Y,Makino E,et al. A 151mm 2 64Gb MLC NAND flash memory in 24nm CMOS technology[C]//IEEE International Solid-State Circuits Conference,F[C]. IEEE,2011, 198-199.

[32] Futatsuyama T,Fujita N,Tokiwa N,et al. A 113mm^2 32Gb 3b/cell NAND flash memory[C]//IEEE International Solid-State Circuits Conference,2009.

[33] Hara T,Fukuda K,Kanazawa K,et al. A 146mm^2 8Gb NAND Flash memory with 70nm CMOS technology[C]//IEEE International Solid-State Circuits Conference,2005.

[34] Kanda K,Koyanagi M,Yamamura T,et al. A 120mm 2 16Gb 4-MLC NAND Flash Memory with 43nm CMOS Technology[C]//IEEE International Solid-State Circuits Conference,2008.

[35] Sako M,Watanabe Y,Nakajima T,et al. A low power 64Gb MLC NAND-flash memory in 15nm CMOS technology[J]. IEEE Journal of Solid-State Circuits,2015,51(1): 196-203.

[36] Shibata N,Kanda K,Hisada T,et al. A 19nm 112. 8mm^2 64Gb multi-level flash memory with 400Mb/s/pin 1. 8 V Toggle Mode interface[C]//IEEE International Solid-State Circuits Conference, 2012.

[37] Li Y,Lee S,Fong Y,et al. A 16Gb 3b/Cell NAND flash memory in 56nm with 8MB/s write rate [C]//IEEE International Solid-State Circuits Conference,2008.

[38] Li Y,Lee S,Oowada K,et al. 128Gb 3b/Cell NAND flash memory in 19nm technology with 18MB/s write rate and 400Mb/s toggle mode[C]//IEEE International Solid-State Circuits Conference,2012.

[39] Maejima H,Kanda K,Fujimura S,et al. A 512Gb 3b/Cell 3D flash memory on a 96-word-line-layer technology[C]//IEEE International Solid-State Circuits Conference,2018.

[40] Siau C,Kim K-H,Lee S,et al. A 512Gb 3-bit/cell 3D flash memory on 128-wordline-layer with 132MB/s write performance featuring circuit-under-array technology[C]//IEEE International Solid-State Circuits Conference,2019.

[41] Yamashita R,Magia S,Higuchi T,et al. A 512Gb 3b/cell flash memory on 64-word-line-layer BiCS technology[C]//IEEE International Solid-State Circuits Conference,2017.

[42] Trinh C,Shibata N,Nakano T,et al. A 5. 6MB/s 64Gb 4b/cell NAND flash memory in 43nm CMOS [C]//IEEE International Solid-State Circuits Conference,2009.

[43] Shibata N,Maejima H,Isobe K,et al. A 70nm 16Gb 16-level-cell NAND flash memory[J]. IEEE Journal of Solid-State Circuits,2008,43(4): 929-937.

[44] Shibata N,Kanda K,Shimizu T,et al. A 1. 33-Tb 4-Bit/Cell 3-D Flash Memory on a 96-Word-Line-Layer Technology[J]. IEEE Journal of Solid-State Circuits,2019,55(1): 178-188.

[45] Kouchi T,Kumazaki N,Yamaoka M,et al. 13. 5 A 128Gb 1b/Cell 96-Word-Line-Layer 3D Flash Memory to Improve Random Read Latency with t PROG= 75μs and t R= 4μs[C]//IEEE International Solid-State Circuits Conference,2020.

[46] Ishimaru K. Future of non-volatile memory-from storage to computing[C]//IEEE International

Electron Devices Meeting,2019.

[47] Fujiwara M,Morooka T,Nagashima S,et al. 3D semicircular flash memory cell：Novel split-gate technology to boost bit density[C]//IEEE International Electron Devices Meeting,2019.

[48] Kang U,Chung H-J,Heo S,et al. 8 Gb 3-D DDR3 DRAM using through-silicon-via technology[J]. IEEE Journal of Solid-State Circuits,2009,45(1)：111-119.

[49] Lee D U,Cho H S,Kim J,et al. 22. 3 A 128Gb 8-high 512GB/s HBM2E DRAM with a pseudo quarter bank structure,power dispersion and an instruction-based at-speed PMBIST[C]//IEEE International Solid-State Circuits Conference,2020.

[50] Hady F T,Foong A,Veal B,et al. Platform storage performance with 3D XPoint technology[J]. Proceedings of the IEEE,2017,105(9)：1822-1833.

[51] Fazio A. Advanced technology and systems of cross point memory[C]//IEEE International Electron Devices Meeting,2020.

[52] 3D XPoint™：A Breakthrough in Non-Volatile Memory Technology[EB/OL]. https：//www. intel. com/content/www/us/en/architecture-and-technology/intel-micron-3d-xpoint-webcast. html.

[53] SSD Fans. 深入浅出 SSD：固态存储核心技术、原理与实战[M]. 北京：机械工业出版社,2018.

[54] Tayal S,Moezzi A,Magnusson E. system level verification of asic chipsets[J]. [1] Tayal S,Moezzi A,Magnusson E. System level verification of ASIC chip-sets[C]//IEEE International ASIC Conference & Exhibit,1993.

[55] Smith R. PCI Express 6. 0 Specification Finalized：x16 Slots to Reach 128GBps[EB/OL]. https：// www. anandtech. com/show/17203/pcie-60-specification-finalized-x16-slots-to-reach-128gbps.

[56] Wheeler B. CXL enters coherent-accelerator war[J]. Microprocessor Report,2019,33(7)：33-35.

[57] Kennedy P. Compute Express Link CXL 2. 0 Specification Released the Big One[WB/OL]. https：// www. servethehome. com/compute-express-link-cxl-2-0-specification-released-the-big-one/.

第2章

Flash存储器技术简介

2.1　Flash 的历史

Flash 的起源可以追溯到浮栅晶体管（Floating Gate Metal Oxide Semiconductor，FGMOS）的出现。最早的 MOSFET 也称为 MOS 晶体管，由埃及工程师穆罕默德·阿塔拉和韩国工程师道恩·卡恩于 1959 年在贝尔实验室发明[1]。

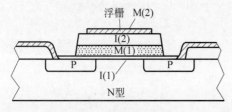

图 2.1　浮栅晶体管[1]

1967 年，工程师 Kahng 与 Simon Min Sze 在贝尔实验室共同开发了如图 2.1[2] 所示的 MOS 晶体管的一种变体——FGMOS。他们提出，FGMOS 可以用作存储单元，实现一种非易失性且可重新编程的可编程只读存储器（Programmable Read Only Memory，PROM）。浮栅存储器的早期类型包括 1970 年发明的 EPROM 和 1977 年发明的 EEPROM[3]。然而，早期的浮栅存储器要求为每一位数据构建一个存储单元，这是很麻烦且昂贵的，在 20 世纪 70 年代，浮栅存储器仅用于特定的应用，如军事装备和最早的实验移动电话。

Fujio Masuoka 在东芝工作时，提出了一种新型的浮栅存储器：通过在连接一组存储单元的单根导线上施加电压，可以快速地擦除存储器的一整块存储单元。这使得 Masuoka 于 1980 年在东芝发明了 Flash。根据东芝的说法，Masuoka 的同事 Shioji Ariiizumi 建议使用"Flash"这个名字，因为内存内容的擦除过程非常迅捷，让他想起了相机的闪光灯。Masuoka 和他的同事分别于 1984 年和 1987 年在旧金山举行的 IEEE 国际电子器件会议（International Electron Devices Meeting，IEDM）上提出了 NOR Flash 和 NAND Flash[3-4]。

由于物理架构的特点，NOR Flash 集成度低，单位成本高。从后期发展来看，其应用场景不及 NAND Flash 广泛。但相比 NAND Flash，NOR Flash 提供完整的地址和数据总线，允许随机访问任何存储位置，可以实现随机寻址，因此它被应用于一些特殊场景，例如作为 ROM 的合适替代品，用于存储不常更新的程序代码。

而 NAND Flash 同样有较短的擦除和写入时间,且每个单元需要的芯片面积更小,因此比 NOR Flash 具有更高的存储密度和更低的每比特成本。但是,NAND Flash 的 I/O 接口不支持可供外部随机访问地址的总线。其数据必须按页读取写入,典型的页大小为数百到数千位。这使得 NAND Flash 不适合作为 ROM 的替代品,因为大多数微处理器和微控制器需要字节级的随机访问。NAND Flash 非常适合在大容量存储器件中使用,例如存储卡和 SSD。存储卡和 SSD 产品中通常集成多个 NAND Flash 芯片。

紧随着 NAND 技术的发布,东芝在 1987 年推出了如图 2.2 所示的商业化 NAND Flash[4-6]。之后,英特尔于 1988 年推出了第一款商用 NOR Flash 芯片。同年,SunDisk(后来更名为 SanDisk)成立,并于 1991 年推出了最初的基于 20MB 容量 FlashATA 的 SSD[7]。此后,西部数据、三星、东芝等厂商都相继推出了 Flash 产品。

图 2.2　1987 年东芝推出的第一款
商业化 NAND 产品[5]

20 世纪 90 年代初,由于便携式计算机需求的推动,Flash 行业得到迅速发展。1991 年市场规模达到 1.7 亿美元,1992 年达到 2.95 亿美元,1993 年升至 6.4 亿美元。1994 年,英特尔推出奔腾处理器,并同步推出笔记本电脑,受到市场的强烈欢迎。同年 Flash 市场规模达到 8.6 亿美元,并在次年突增至 18 亿美元。

1996 年,东芝推出了 SmartMedia 存储卡,又名固态软盘卡。同年,三星开始销售 NAND Flash 产品。1997 年,出现第一部配置 Flash 的手机,进一步开启了消费级 Flash 市场。此后,在数码相机、便携摄像机、MP3 播放器等新生电器中也出现了 Flash 的身影。此时的 Flash 产品价格还相对较高,基于 NAND Flash 的 SSD 对于大多数应用来说仍然是十分奢侈的选择。

2004 年,由于产量增加和成本降低,基于相同的密度,NAND Flash 的价格首次降至 DRAM 价格以下。这使得 NAND Flash 的市场进一步扩大,固态硬盘被更广泛地应用于笔记本电脑[8]。2005 年,三星开始使用 70nm 制程量产 NAND Flash 产品[9],各厂商也陆续推出固态硬盘产品。由于 Flash 市场规模日益扩大,半导体厂商纷纷加入 Flash 队伍,部分 DRAM 公司也进行了产线转移。2005 年年末,Flash 厂商已经由 1995 年的十余家增长至 28 家。

然而自 2005 年起,数码相机的市场需求量开始衰退,这也使得 Flash 市场出现缩水。同时由于 Flash 厂商众多导致的价格竞争,Flash 价格出现了大幅的下降。

图 2.3　2013 年由三星推出的首款
3D NAND Flash 产品[11]

NAND Flash 在此前的发展中,主要通过缩小存储单元面积来提高存储密度。然而随之而来的是存储单元间影响变大,工艺难度也不断提高,比特成本逐渐增加。为了克服 2D 平面单元结构的尺寸限制,自 2006 年以来,各大厂商开始转向 3D NAND Flash 研发。其中第一款 3D NAND Flash 产品,即太比特单元阵列晶体管(Terabit Cell Array Transistor, TCAT)[10],在 2009 年由三星发布,2013 年实现量产[11-12],如图 2.3 所示。不同于以往 NAND 中使用的浮栅单元,3D NAND

Flash 采用电荷俘获(Charge Trapping,CT)单元,并通过垂直方向上增加堆叠栅结构的数量来提高芯片密度,而非依靠传统的单元尺寸微缩。这使 NAND Flash 从长期以来在 X、Y 方向上面对的工艺和设计困难中得到暂时解放。NAND Flash 在存储密度提升上的竞争转移到了堆叠层数、每单元存储比特数及阵列与外围电路排布等方面。

近十年中,3D NAND Flash 占据了非易失性存储市场的半壁江山。其高存储密度、低单元成本和高可靠性等优势一直延续到了今天。

本章后续内容主要介绍 NAND Flash 存储器,分别从 2D NAND Flash 和 3D NAND Flash 两方面阐述了基本架构、操作、发展方向以及所面临的技术挑战,并对 NAND Flash 的未来发展方向以及新应用场景进行了简单的总结,同时简单阐述了 NOR Flash 的基本架构和操作以及 NOR 型与 NAND 型闪存的主要差别。

2.2　2D NAND Flash 技术发展

2.2.1　2D NAND Flash 架构及操作

Flash 技术分为 NOR 和 NAND 两种类型,每种都有其优点和缺点[3-4],其结构图 2.4 所示。

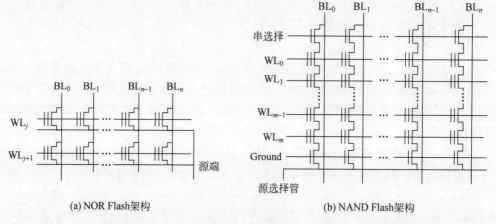

(a) NOR Flash架构　　　　(b) NAND Flash架构

图 2.4　Flash 架构

每个位线下的存储单元相互并联,形成 NOR Flash[13]。NOR Flash 将在 2.5 节详细介绍,这里不展开叙述。

每个位线下的存储单元相互串联,形成 NAND Flash[14]。在进行数据读取时,NAND Flash 以页(page)为单位进行操作。具体操作方法为,Flash 控制器对除目标页以外的其他所有页的字线施加电压,让其中的存储单元处于导通状态,而后只需要判断目标页中存储单元是否导通,就可以读出其存储的数据。读取单元的导通/关断状态取决于其浮栅中是否存储有电荷,有电荷时为"0",无电荷时为"1"。NAND Flash 基本存储单元的串联结构决定了其无法进行位读取,而是以页为读取单位,因此 NAND 并不适用于存储程序代码,程序不可以直接运行。但是 NAND Flash 具有极高的存储密度,可以用于大容量存储。对于编程机制,NAND Flash 采用的 F-N 隧穿效应是一种效率较高的编程机制,因此 NAND 编程/擦除速率很高,适用于频繁编程/擦除场合[15]。

2D NAND Flash 按照信息存储层存储电荷的方式来划分,可以分为 2D 浮栅型 Flash (Floating Gate Flash,FGF)和 2D 电荷俘获型 Flash(Charge Trap Flash,CTF)两种。浮栅型 Flash 一直具有顽强的生命力[3],CTF 作为 FGF 的替代技术[16-17],在 3D NAND Flash 出现之前,一直未曾找到机会登上主流舞台。

2D FGF 与 CMOS 工艺完全兼容,是最为成熟的 NAND Flash。如图 2.5 所示,其存储单元包括隧穿层、浮栅、阻挡层和控制栅[2]。浮栅存储单元以浮栅中的电荷存储信息。浮栅位于存储晶体管沟道和控制栅(Control Gate,CG)之间。

隧穿层位于浮栅和沟道之间,通常采用氧化硅材料。在进行编程/擦除操作时,电子在强电场的作用下发生 F-N 隧穿,改变浮栅中存储的电荷量,从而改变阈值电压。早期的浮栅多以 N 型掺杂多晶硅为材料,但是其数据保持特性较差,随着存储单元尺寸不断微缩,N 型掺杂多晶硅逐步被 P 型掺杂多晶硅所取代。阻挡层位于浮栅和控制栅之间,主要作用是阻挡浮栅和控制栅之间的电荷转移,提高存储单元可靠性,存储层一般为氧化硅/氮化硅/氧化硅叠层结构。为了降低编程/擦除(Program/Erase,P/E)电压,各个存储串(string)之间的阻挡层会尽量深入浅槽隔离(Shallow Trench Isolation,STI)中。

1. FGF 单元电荷耦合模型

FGF 单元在实际 NAND 技术中以多达 64 个存储单元排列成串。为了理解浮栅单元功能,首先看单个浮栅单元。由于浮栅与控制栅隔离,因此用于存储单元操作的所有电压需要电容性地耦合到浮栅。FGF 的存储单元一般采用"瘦高"的形状,这种形状能够提高控制栅和浮栅之间的耦合系数。浮栅单元形成电容分压器,可以借助于浮栅单元电容耦合模型来描述,如图 2.6 所示。

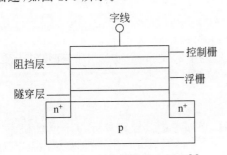

图 2.5 Flash 存储器基本原理[2]

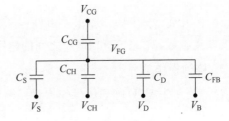

图 2.6 FGF 的电容模型

它将浮栅上的电压描述为浮栅单元中其他端口的函数,包括源端(V_S)、漏端(V_D)、衬底端(V_B)、控制栅极(V_{CG})和沟道(V_{CH})。所有这些端电压都通过电容耦合到浮栅,浮栅电压可写为

$$V_{FG} = \alpha_{CG} \cdot V_{CG} + \alpha_D \cdot V_D + \alpha_{CH} V_{CH} + \alpha_S V_S + \alpha_{FB} V_B + \frac{Q_{FG}}{C_{FG}} \tag{2.1}$$

其中,

$$\alpha_{CG} = \frac{C_{CG}}{C_{FG}}, \quad \alpha_D = \frac{C_D}{C_{FG}}, \quad \alpha_{CH} = \frac{C_{CH}}{C_{FG}}, \quad \alpha_S = \frac{C_S}{C_{FG}}, \quad \alpha_{FB} = \frac{C_{FB}}{C_{FG}} \tag{2.2}$$

C_{FG} 是总电容,由式(2.3)给出

$$C_{FG} = C_{CG} + C_{CH} + C_S + C_D + C_{FB} \tag{2.3}$$

编程操作期间源端、漏端、体(bulk)和其他端接地,此时的浮栅电压为

$$V_{\mathrm{FG}} = \alpha_{\mathrm{CG}} \cdot V_{\mathrm{CG}} \tag{2.4}$$

例如,控制栅电压 $V_{\mathrm{CG}} = 20\mathrm{V}$ 而栅极耦合比 $\alpha_{\mathrm{CG}} = 0.6$,则耦合到浮栅上的电压 $V_{\mathrm{FG}} = 12\mathrm{V}$。因此可以通过实现高 $C_{\mathrm{CG}}/C_{\mathrm{T}}$,实现高 α_{CG},使 C_{CG} 上电压集中在隧穿氧化物上。

通过电容耦合模型和式(2.1)还可以得到由存储在浮栅上的电荷引起的浮栅单元阈值电压偏移 ΔV_{th} 的公式。当浮栅内存储有电荷时,控制栅电压需要适当增高,来补偿浮栅内存储电荷引起的场效应。对于读取操作期间源端和漏端处的恒定电位,可以将式(2.1)重新调整为

$$\Delta V_{\mathrm{th}} = -\frac{\Delta Q_{\mathrm{FG}}}{C_{\mathrm{CG}}} = -\frac{\Delta Q_{\mathrm{FG}}}{\alpha_{\mathrm{CG}} C_{\mathrm{FG}}} \tag{2.5}$$

这意味着提高栅极耦合比后,对于给定的阈值电压偏移,存储的电子数量增加(这有利于电荷保持)。所需的高 C_{CG} 值可以通过增大控制栅和浮栅之间的耦合区域(先前描述的控制栅缠绕在浮栅周围)获得,或者通过减小多晶硅层间介质(Inter-Poly Dielectric,IPD)电学厚度获得。

2. 浮栅单元的编程/擦除机理

NAND 应用中的浮栅单元由 F-N 隧穿机制编程和擦除。该量子力学隧穿机制基于穿过 TOX 的隧穿势垒的强电场。F-N 隧穿电流密度为

$$J_{\mathrm{tunnel}} = \alpha \cdot E_{\mathrm{inj}}^{2} \cdot \mathrm{e}^{-\frac{\beta}{E_{\mathrm{inj}}}} \tag{2.6}$$

其中,α 和 β 为隧穿常量,表示为

$$\alpha = \frac{q^{3}}{8\pi\hbar\phi_{\mathrm{b}}} \cdot \frac{m}{m^{*}} \tag{2.7}$$

$$\beta = \frac{4\sqrt{2m^{*}\phi_{\mathrm{b}}^{3}}}{3q\hbar} \tag{2.8}$$

在式(2.7)和式(2.8)中,q 是电子电荷,m 和 m^{*} 是电子的质量和 $\mathrm{SiO_2}$ 中的有效电子质量,$\hbar$ 是普朗克常数,ϕ_{b} 是 Si 和 $\mathrm{SiO_2}$ 之间的隧穿势垒高度。

3. 阵列操作

当需要在 NAND 阵列中操作大量浮栅单元时,必须考虑到浮栅单元位于位线和字线的每个交叉点处。因此,NAND 阵列中的存储器单元不能彼此独立操作。在字线方向上,几千个单元由相同字线控制。在位线方向上,NAND 串大小定义了不能独立操作的单元数。同时,将单个存储单元拓展成串之后,其阈值电压存在一个分布,会使存储窗口变小,如图 2.7 所示。

图 2.8 显示了编程 $\mathrm{BL_2}$ 中 $\mathrm{WL_3}$ 的浮栅单元时 Flash 阵列中的电压条件。为对该单元进行编程,需要将编程脉冲施加到 $\mathrm{WL_3}$。此外还需要将 0V 施加到编程单元的沟道。因此,0V 电压被施加到 $\mathrm{BL_2}$。之后通过将开启电压施加到所有字线,即可将 0V 电压施加到 $\mathrm{WL_3}$ 处的编程单元

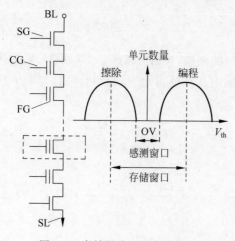

图 2.7　存储器阵列及存储窗口

所在的整个串。原则上,WL$_3$ 寻址的所有单元可以通过这种方式同时编程。然而,任意信息的编程要求 WL$_3$ 处的特定存储器单元被排除在编程之外。在这个例子中,BL$_1$ 和 WL$_3$ 交叉点处的单元表示应该防止编程的单元。在早期 FGF 产品中,通过主动在相应位线施加正电压可以避免某些 Flash 串中的误编程。这样沟道和控制栅极之间的电压差不足以在这些串中进行编程。这个过程很复杂,而且用于此目的的电压泵需要消耗额外的功率。因此,后来引入了所谓的自主编程抑制(Self-Boosted Program Inhibit,SBPI)方案[18]。SBPI 方案的原理是通过电容耦合来抬高沟道的电势,而不是靠主动施加电压。

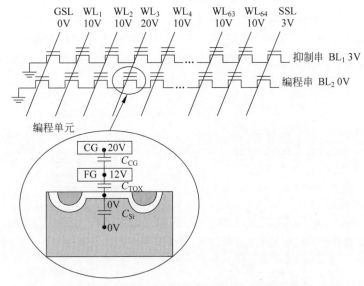

图 2.8 NAND 阵列中编程操作过程的电压条件

NAND Flash 擦除操作的优点是一次擦除整个擦除块(block)。擦除期间的电压条件如图 2.9 所示。所有字线都处于地电位($V_{CG} = 0V$),并且擦除电压被施加到擦除块所在的阱。在擦除期间选择管以及位线和源极线保持浮置。为此,需要将接地的源极线与地电位断开。通过这种方式,源极线和位线以及特定的选择管可以跟随体电势,并且避免了通过源极线和位线的大电流。为改善的耦合,当向所有单元施加相同电压时,控制栅极与擦除所需的沟道(例如 $V_B = 18V$)之间的电压差低于编程电压。如上所述,当擦除块中的所有单元被擦除到擦除/验证电平以下时,擦除操作成功。

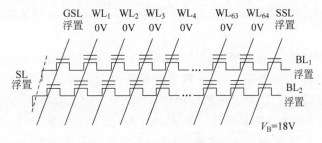

图 2.9 NAND 阵列中擦除操作过程的电压条件

NAND 阵列中的读取操作逐字线执行。对于检测电流的方案,选择用于读取操作的位线设置为读取电压。对于 SLC 读操作,读单元处的字线设置为 0V,而通常施加 5V 作为所有其他字线的读取通过电压。通过这种方式，可以检测 BL_2 串中 WL_3 处的单元是否在编程或擦除单元中。很明显，对于读取一个单元，读取电流需要流过单元串中的所有单元，并且一次只能读取串中的一个单元。

4. 存储芯片

存储芯片由外围电路及存储单元组成，如图 2.10 所示。存储阵列可以被设置为多个平面（plane），水平方向上使用字线标记，垂直方向上使用位线标记。行译码器（row decoder）位于两个平面之间，外围电路的一个任务就是对所选 NAND 串（string）的字线施加适当的偏压以保证正常工作，所有的位线都要连接到读出放大器（Sense Amplifier，SA）。每个读出放大器可以有一个或多个位线。读出放大器的目的是读出存储单元的存储信息。而在外围区域则有一些给存储单元进行充电所需的器件以及电压管理器件、逻辑电路及其他器件。

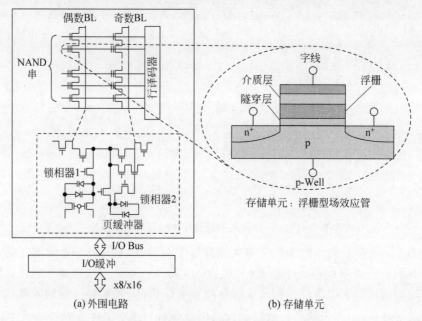

(a) 外围电路   (b) 存储单元

图 2.10　外围电路及存储单元

2.2.2　2D NAND Flash 技术发展及尺寸缩小

NAND Flash 最重要的要求是降低每比特的成本[4]。为了实现低比特成本，必须缩小存储单元尺寸。

一种 2D NAND Flash 存储单元的结构如图 2.11[19-22] 所示。NAND Flash 从 1992 年开始批量生产[4]，起初采用的是 $0.7\mu m$ 技术和传统硅的局部硅氧化（LOCal Oxidation of Silicon，LOCOS）隔离工艺。LOCOS 隔离使存储单元尺寸很难缩小到 $0.7\mu m$ 以下。LOCOS 隔离的主要难点在于硼掺杂隔离塞注入要在 LOCOS 隔离氧化前进行，在 LOCOS 氧化过程中，硼掺杂剂容易扩散。由于硼的扩散，寄生晶体管的结击穿和反相电压难以同时满足要求。后来出现了一种新的电场掺杂工艺（Field Through Implantation Process，FTI）[19]，即在编程过程中，对存储单元的 P 阱施加负偏置。由于 FTI 工艺的存在，LOCOS 隔离宽度可以微缩到 $0.8\mu m$（$0.4\mu m$ 规则的 $2F$），技术节点可以微缩到 $0.35\mu m$，如图 2.11(a) 所示[20]。

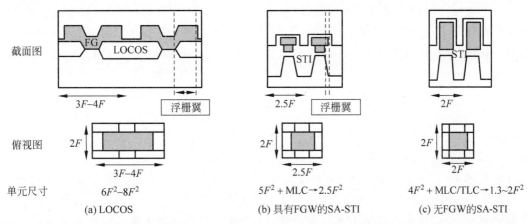

图 2.11　2D NAND Flash 存储单元结构图[19-22]

为了进一步微缩,开发了带有浮栅翼(Floating Gate Wing,FGW)的自对准浅沟隔离单元(Self Aligned Shallow Trench Isolation Cell,SA-STI Cell)[20-21],这种技术可以实现高密度的 $5F^2$ 单元。在相同的设计规则下,STI 可以使隔离宽度大幅降低,单元大小可以降低到 67%(位线间距为 $1.2 \sim 0.8 \mu m$)。同时为了使单元尺寸最小化,浮栅采用浅槽隔离(Shallow Trench Isolation,STI)和一种新型 SiN 间隔工艺形成的狭缝隔离,这使得在 $0.25 \mu m$ 的设计规则下实现 $0.55 \mu m$ 间距隔离成为可能。这种 SA-STI 工艺集成结合了小单元尺寸(低成本)和高可靠性,可制造 256MB 和 1GB Flash,如图 2.11(b)所示。

具有 FGW 的 SA-STI 单元进一步发展,出现了无 FGW 的 SA-STI 单元[22],可以实现超高密的 $4F^2$ 的单元尺寸,如图 2.11(c)所示。在消除 FGW 的情况下,存储单元利用浮栅侧壁提高耦合比,可获得 0.65 的高耦合比。SA-STI 单元结构非常简单,布局允许形成一个位线和字线间距为 $2F$ 的非常小的单元,单元大小达到理想的 $4F^2$。自 1998 年以来,SA-STI 单元已广泛应用超过 20 年,超过 10 代($0.25 \mu m \sim 1x$ nm)NAND Flash 产品。

传统的 SA-STI 单元存在浮栅间控制栅形成的问题。随着单元尺寸微缩,浮栅之间没有足够的空间来制造 CG[23]。为了解决这一问题,提出了两种解决方案,如图 2.12[23-28]所

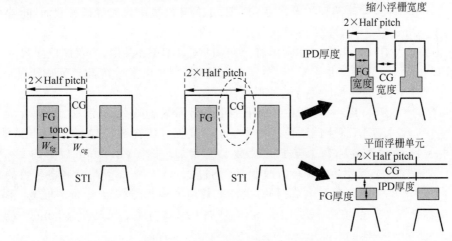

图 2.12　SA-STI 单元的结构问题和两种解决方案[23-28]

示。一种是缩小浮栅宽度,以获得足够的空间用于 CG[24-25];另一种是平面浮栅单元[26-28],平面浮栅单元有一个非常薄的约 10nm 厚的浮栅和高介电常数(High-K,Hi-K)块介质作为 IPD。由于 Hi-K IPD 的存在,CG 和浮栅之间的电容变得足够大,足以对存储单元进行操作。此外,由于浮栅变薄,平面浮栅单元具有非常小的浮栅电容耦合干扰。

侧壁传输晶体管(Side Wall Transfer-Transistor,SWATT)单元是 NAND Flash 多级存储的备用存储单元技术[29-30]。通过使用 SWATT 单元,可以允许宽 V_{th} 分布宽度。其技术的关键是位于 STI 的侧壁区域并与浮栅晶体管并联的传输晶体管。在读取期间,未选定单元的传输管与选定单元串联,作为传输管工作。因此即使未被选中的浮栅晶体管的 V_{th} 高于控制栅电压,未被选中的存储单元也可以处于导通状态,因此可以减少编程/验证周期的数量。浮栅晶体管的 V_{th} 分布可以更宽,编程速度可以更快。一个单元由浮栅晶体管和传输晶体管组成,该晶体管位于 STI 的侧壁。这两个晶体管并联连接。16 个单元串联在两个选择的晶体管之间形成一个 NAND 单元串。

此外还有其他先进的 NAND Flash 技术。例如 NAND Flash 中的冗余字线方案可以抑制栅致漏端漏电(Gate Induced Drain Leakage,GIDL)产生的热电子注入机制的编程干扰[31-32],此外还可以降低选择栅与边缘字线之间的电容耦合噪声,从而大大改善编程干扰故障、读故障和擦除分布宽度。冗余字线位于 NAND 串的边缘字线(边缘存储单元)和选择晶体管(GSL 或 SSL)之间。为了稳定边缘单元中的操作,冗余字线方案从 40nm 技术节点开始使用[32]。

此外还有 P 型掺杂浮栅[33-35]。N 型多晶硅具有掺杂剂可控性好、表面沟道 NMOS 单元可扩展性好、选择管薄片电阻低等优点,1992 年 NAND Flash 最初生产时使用的是 N 型磷掺杂多晶硅浮栅[4]。特别是在 NAND Flash 存储单元中,对 LOCOS 单元和带有 FGW 的 SA-STI 单元来说,由于选择栅的 RC 延迟较短,N 型多晶硅层具有较低的片状电阻是很重要的。然而在没有 FGW 的 SA-STI 单元中,由于浮栅和控制栅直接连接形成选择栅晶体管和外围晶体管,因此浮栅不存在高薄片电阻问题,并且 P 型浮栅比 N 型浮栅具有更好的耐久性(endurance)和保持性。

2.2.3 2D NAND Flash 面临的技术挑战

低成本、高可靠的 2D NAND 技术在过去得到了密集的发展。通过结合使用 SA-STI 存储单元结构和多级存储两种技术,NAND Flash 的比特成本大大降低。然而,随着存储单元尺寸超过 20nm 技术代,许多物理现象严重影响了 NAND Flash 的存储裕度,实现高性能、高可靠的 NAND Flash 变得非常困难。在 2D NAND Flash 中,当存储单元尺寸变得非常小,相邻单元之间的距离非常窄时,单元的电特性(如少电子效应和单元间干扰)会导致 NAND 编程性能、耐久性和保持特性的退化[36-37]。

随着存储单元尺寸缩小,存储在浮栅上的电子数量显著减少,如图 2.13[46] 所示。此外随着存储单元尺寸缩小,寄生陷阱俘获的影响也会变强。随着 2D NAND Flash 微缩,单元物理尺寸减小,使 C_{pp} 减小,每个电子贡献的 ΔV_{th} 增加。例如,在 20nm 以下的 2D NAND Flash 中,浮栅中一个额外的电子可以改变 V_{th} 超过 30mV[38]。单元尺寸和电子数的减少会使器件中的注入电子数波动和电荷俘获/去俘获效应增强,导致 V_{th} 分布的展宽,并降低了 NAND 可靠性[39-40]。在 3D NAND Flash 体系结构中,其物理单元尺寸与 50nm 节点的 2D NAND Flash 单元一样。因此单元的可靠性得到了显著提高[41]。

在 NAND 单元采用 ISPP 实现紧凑的 V_{th} 分布[36-37],但是在增量步进脉冲编程

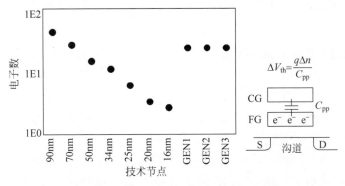

图 2.13　100mV V_{th} 位移所需的电子数[36]

(Increment Step Pulse Program,ISPP)中,注入存储层的电子数量必须进行精确控制,达到小栅阶跃电压(例如360mV)。理想情况希望在每个编程脉冲中,所有单元都能以360mV的速度在 V_{th} 中移动。假设每个电子的 ΔV_{th} 是40mV,为保持严格的 V_{th} 控制,则每次在一个单元中注入9个电子(360mV除以40mV)为最佳。然而,由于泊松分布对电子注入事件的统计变化,注入电子的标准差是非零的[46],当注入电子数减少时,注入电子的标准差的相对百分比增加,这将导致2D NAND Flash中 V_{th} 分布宽度展宽。这种编程噪声效应的缩放趋势如图2.14所示。

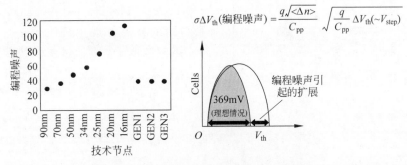

图 2.14　注入电子数波动引起的编程噪声[43-44]

　　如图2.15所示,随着特征尺寸的微缩,浮栅到浮栅的空间变得更小,从而导致存储单元 V_{th} 更容易受到周围8个相邻单元 V_{th} 变化的影响,这种现象就是单元间干扰。注入存储单元浮栅的电子通过直接和间接途径影响相邻单元的沟道电势,使该存储单元产生阈值电压漂移[38,47]。由于邻近单元的影响,V_{th} 的分布会位移和变宽。在3D NAND Flash中,由于GAA结构,相邻的单元被电屏蔽,使单元间干扰显著减少,3D NAND Flash 显示了更紧凑的 V_{th} 分布。通过向3D NAND Flash过渡,可以克服2D NAND Flash的缩放限制。

　　NAND Flash存储单元的微缩还存在光刻和物理尺度上的限制。在光刻方面,特征尺寸通常由光刻工具的性能决定。应用工艺可以进一步缩小

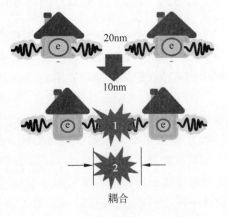

图 2.15　存储单元间干扰示意图

NAND Flash 单元的尺寸,将特征尺寸减小到 19～20nm 和 9.5～10nm。对于低于 9.5～10nm 的微缩,需要新的设备或技术来制作精细图案。在物理尺度方面,为抑制电荷损失,IPD 和隧穿氧化层不能被减薄。随着存储单元的尺寸缩小,浮栅之间控制栅的填充难度不断增大。并且在编程和擦除过程中,还需要抑制浮栅和控制栅中的损耗效应。

为了降低成本,2D FG Flash 单元尺寸不断缩小,进入 1x nm 节点之后,器件耐久性和数据保持特性持续退化,单元之间的耦合效应难以克服,很难解决集成度提高和成本控制的矛盾,进一步发展面临瓶颈。所以需要从材料、结构和集成等方面进行创新,突破平面的极限。近年来提出了 3D 存储器的概念,即将平面的存储单元做成 3D 结构。这一概念就如同传统的地面停车场向高楼停车场的变迁,利用立体空间提高存储密度,同时提高性能,降低成本。

NAND Flash 架构在非易失性存储器的技术发展和市场规模中一直处于领先地位。NAND Flash 具有非常优秀的微缩能力[3-4],在过去的 20 年里[46]密度增长了 1000 多倍。NAND Flash 能够实现持续的密度扩展的关键因素之一就是从 2D NAND Flash 过渡到 3D NAND Flash,这解决了由于单元尺寸扩展而带来的工艺和电性挑战。在 3D NAND Flash 中,密度微缩主要是通过在垂直方向上堆叠单元来实现的,同时采用环栅(Gate All Around,GAA)架构[47],拥有较大的单元物理尺寸。

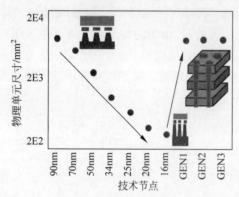

图 2.16　2D NAND Flash 和 3D NAND Flash 物理单元尺寸缩放

2D NAND Flash 体系结构与 3D NAND Flash 体系结构的技术扩展原理不同。在 2D NAND Flash 中,存储单元密度通过减小物理单元大小来增加。在 3D NAND Flash 中,为了增加单元密度,增加了单元层堆积的数量。物理单元的大小可以在 3D NAND Flash 微缩中保持,如图 2.16 所示。

2.3　3D NAND Flash 技术发展

2.3.1　3D NAND Flash 的技术优势及器件原理

NAND Flash 能够实现持续的密度扩展的关键因素之一就是从 2D NAND Flash 过渡到 3D NAND Flash,这解决了由于单元尺寸扩展而带来的工艺和电性挑战。在 3D NAND Flash 中,密度缩放是通过在垂直方向上堆叠单元来实现的。

3D NAND Flash 通过在垂直方向最大化存储单元的物理尺寸,可以实现更高的栅耦合系数和更少的单元间串扰。3D NAND Flash 提高存储密度的方式以增加垂直方向的堆叠层数为主,有效保证了器件的可靠性。相较于 2D NAND Flash,3D NAND Flash 在最大化存储单元物理面积的同时减小了每比特的占用面积,因此可以有效改善存储单元间的干扰,优化阈值电压分布以及降低编程时间[48]。3D NAND Flash 采用的 GAA 结构完全消除了位线方向上的耦合,并且通过采用 CTF 单元结构,字线方向上的耦合也减小,因此存储单元间的干扰大大减少。此外,由于隧穿能带工程技术需要的工作电压较低,耐久性提高了 10 倍以上,不断编程/擦除过程中,阈值电压漂移降低。同时,基于 TCAT 的 3D NAND Flash 的优异的单元特性使得高速编程算法成为可能,与传统的 2D NAND Flash 的编程算法相比,编程时间(t_{PROG})减少了一半。与 2D NAND Flash 单元相比,3D NAND Flash 单元在高耐久性的同时具有非常窄的初始阈值电压分布。因此,高性能和高可靠性的 3D NAND Flash 将更适合高端应用市场[49]。

　　3D NAND Flash 依靠更多的堆叠层数解决了存储容量的问题,在无须进一步提升工艺能力的前提下,延续了技术的发展路线,大幅提高 Flash 的容量,同时降低了成本。如图 2.17 所示,相同芯片面积情况下,3D NAND Flash 的存储密度几乎是 2D NAND Flash 存储密度的 3 倍,并且层数增加后的 3D NAND Flash 的存储密度几乎翻倍。3D NAND Flash 芯片密度的快速增长通过降低单位比特的成本实现了强大的市场竞争力,将成为未来十几年大容量非挥发存储器的主流产品[12,48-49]。

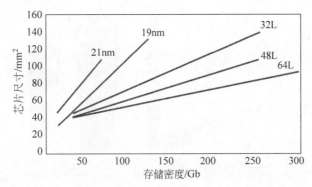

图 2.17　NAND Flash 从 2D 向 3D 发展以增加存储密度[12,48-49]

　　根据 3D NAND Flash 拓扑结构进行分类,大致分为水平沟道垂直栅、垂直沟道水平栅两种。由于两种结构中的沟道宽度相较于平面 Flash 可以更宽,即通过多层单元的叠加减少了有效的横向面积,同时存储单元的面积也可以更大,这也是前文强调的 3D NAND Flash 相较于 2D NAND Flash 的优势。在衡量 3D 架构时需要考虑两个关键因素,一个因素是有效面积特征尺寸,定义为单元面积除以层数然后开平方根再除以 2,被视为成本指标;另一个因素是单元物理特征尺寸,它被定义为沟道宽度乘以沟道长度的平方根,是可靠性指标。基于不同工艺节点对垂直沟道和水平沟道结构进行比较分析[26],发现对于相同的有效面积特征尺寸,垂直沟道 3D NAND Flash 可以具有较大的物理特征尺寸,且层数的增多可以很大程度节约成本。所以 Flash 存储单元微缩的关键是定义单元架构,实现最大化存储单元物理大小的同时最小化有效的存储单元面积,平衡成本与可靠性。

　　在探索 3D 堆叠结构的早期,认为最简单的 3D 堆叠结构是沟道孔和控制栅均处于水平方向,不同层 Flash 串的漏端和位线端连在一起,这种 3D 阵列结构是传统平面阵列[50]的自然演变,如图 2.18 所示。但是此技术存在极大问题,首先是工艺成本高。例如,每层的单晶制备是高温工艺,因而堆叠层数越高热预算越高,同时每一层都需要形成关键区域的光刻步骤,电路上每层都需要考虑解码器成本,因此需要探索成本更低、更简单的 3D 架构。

　　目前广泛应用的架构为将平面的 NAND Flash 串旋转 90°得到垂直 NAND Flash 串,源漏端处于垂直方向沟道的两端,如图 2.19 所示。为了提高电学性能,采用了一种环栅结构,由于曲率效应,此种结构有利于增强隧穿层中的电场,减小阻挡层中的电场[51],增加器件的可靠性。

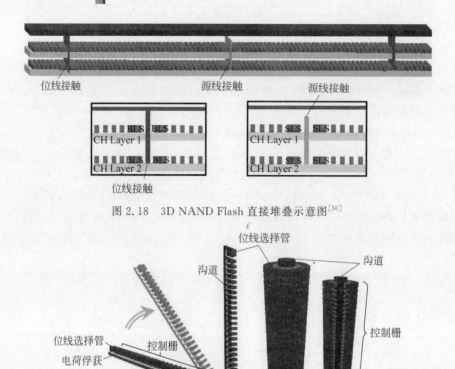

图 2.18　3D NAND Flash 直接堆叠示意图[50]

图 2.19　旋转得到的垂直沟道的 3D NAND Flash 串[51]

NAND Flash 器件可分为 FGF 和 CTF 两种,二者最基本的差异在于栅极和沟道之间的存储电荷的材料不同,浮栅的存储材料是半导体,如掺杂的多晶硅,而陷阱俘获型的存储材料是电介质,如氮化硅。浮栅的电荷存储介质是连续性的陷阱结构,而陷阱俘获型的电荷存储介质是离散化的陷阱结构。在 CTF 器件中,存储介质氮化硅中的陷阱是离散化的,所以电荷可以存储在任意的地方,就算某一个位置出现漏电通道,其他位置的电荷也不会丢失。而 FGF 器件中,存储介质多晶硅中的陷阱是连续的,一旦存在漏电通道,该单元的存储信息将全部丢失。因此如果把 FGF 器件比喻成水杯,那 CTF 器件就相当于是海绵。因此CTF 器件存储的数据更可靠,漏电因素对存储数据的影响较小。图 2.20 是 FGF 和 CTF存储单元的操作对比示意图。

当 FGF 和 CTF 转向 3D 结构后,业界一部分专家认为 FGF 是一种众所周知的技术,具有成熟的工作模式,其中的问题已为多数人所知并解决,因此他们认为浮栅型 3D NANDFlash(NAND Floating Gate Flash,NAND FGF)将具有制造和量产的优势。另一部分专家认为,随着市场需求生产后续几代 3D NAND Flash 产品时,3D 电荷俘获型 NAND Flash(NAND Charge Trap Flash,NAND CTF)具有更大的可扩展性,因为 CTF 器件通过原子薄膜沉积工艺形成陷阱俘获层,可以有效减小存储单元间的串扰,有助于技术节点的继续发展。目前 3D NAND FGF 代表厂商为美光,世界上首个 38 层 4Gb 的 NAND Flash 就是 3D浮栅结构,由于 3D NAND FGF 在同一个沟道串上的存储层是相互隔离的,因此数据保持特性较好,但是由于采用多晶硅浮栅作为存储层,存储单元面积大,在实现堆叠更多层存储单元时工艺难度变大。在后续进一步微缩尺寸时,将遇到非常棘手的深孔刻蚀的挑战,因此

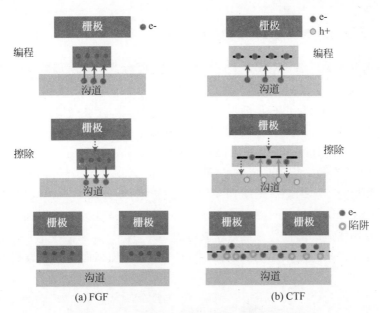

图 2.20　FGF 与 CTF 器件对应操作的示意图

未来的发展十分受限。而 3D NAND CTF 在同一个沟道串上存储层物理上是连接的,导致电子和空穴在存储层中容易发生横向扩散,数据保持性需要优化,但存储面积可以减小,为后续存储密度持续增大提供了可能。

3D NAND CTF 主要包括垂直栅型和垂直沟道型两种。由于垂直栅结构的 3D NAND CTF[52] 在工艺上要难于垂直沟道型,因此一直未见其宣告量产。目前主流单元结构为垂直沟道型 3D NAND CTF,如图 2.21 所示。相比于 3D NAND FGF,3D NAND CTF 具有更好的器件存储可靠性,更不容易受到漏电流的影响,在后续产品中更具有扩展性。垂直沟道型 3D NAND CTF[37] 目前已成为国际上最主流的 3D 存储器,为了抢占市场有利地位,各大公司的竞争日趋白热化。

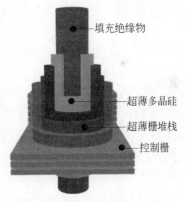

图 2.21　3D NAND CTF 存储
单元结构示意图

对于垂直沟道型 3D NAND CTF,具有挑战的关键技术是深孔刻蚀和薄膜沉积工艺。随着层数不断增高,沟道孔侧壁沉积的薄膜材料不仅要求顶层和底层的厚度基本一致,对组分均匀性也提出了很高的要求。目前沟道材料一般为多晶硅薄膜,要求完全结晶且生长为大晶粒,晶界缺陷少。而栅介质层一般由隧穿层、存储层和阻挡层组成,其中隧穿层通常会使用氧化硅和氮氧化硅材料的叠层结构,存储层则一般是以氮化硅为主的高陷阱密度材料,阻挡层则会使用氧化硅或氧化铝等材料,以减少栅极电子的反向注入。同时在薄膜沉积过程中还需要不同层之间有低缺陷密度的界面。另外垂直沟道型 3D NAND CTF 还需要优化数据保持特性,虽然漏电对 3D NAND CTF 的数据保持性影响较小,但由于存储串的多个单元的存储层物理连接在一起,导致电子和空穴在存储层中容易发生横向扩散,因此需要创新单元结构,减少横向扩散,更好地改善 3D NAND CTF 数据保持特性。

2.3.2　3D NAND CTF 的结构发展

现如今市场上四大厂商 SK 海力士、三星、东芝（现为铠侠）/西部数据、英特尔/美光都已经完成研发并量产 3D NAND CTF，但 3D NAND Flash 所用的技术架构各不相同，且每一代产品堆栈的层数即容量也在逐渐增加。3D NAND Flash 具有独特的 3D 存储结构，在整个数据存储核心阵列（array）中，字线和位线相互垂直，字线层层堆叠，沟道孔（channel hole）贯穿所有的字线，对每一层字线的控制通过台阶上的电极引出完成。

东芝于 2007 年在超大规模集成电路（Very Large-Scale Integration，VLSI）会议上首次提出基于刻蚀和填充工艺的超高密度 3D 存储集成技术，即如图 2.22 所示的位成本可微缩 Flash（Bit-Cost Scalable NAND Flash，BiCS）[47]。该结构被认为是继平面 Flash 技术之后最有希望增加存储密度和降低每一位数据成本的 3D NAND 存储器技术。这项全新的技术回避了平面 Flash 未来持续微缩遇到的瓶颈，转而通过增加纵向堆叠的层数来实现可持续的微缩。

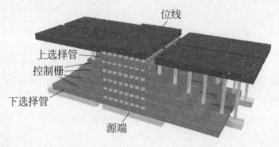

图 2.22　BiCS 结构示意图[47]

在此基础上，众多不同的新型 3D NAND 存储结构被提出。如图 2.23（a）所示是东芝在 2009 年 VLSI 会议上提出的管道型位成本可微缩 Flash（Pipe-Shaped Bit Cost Scalable Nand Flash，P-BiCS）结构[53]，如图 2.23（b）所示是三星在 2009 年 VLSI 会议上提出的 TCAT 结构[11]，如图 2.23（c）所示是 UCLA 在 2009 年 VLSI 会议上提出的垂直堆叠阵列晶体管（Vertical-Stacked-Array-Transistor，VSAT）结构[54]，如图 2.23（d）所示是三星在 2009 年 VLSI 会议上提出的多层垂直栅（Multi-Layered Vertical Gate，MLVG）结构[52]。

为了明确上述 4 种阵列结构之间的异同点，图 2.24[55] 进行了横向比较。可以看出，BiCS 和 TCAT 型结构采用的是圆柱形垂直沟道，VSAT 和 MLVG 型结构采用的是平面沟道。尽管 VG 结构可以获得更小的单元面积，但这种平面结构存在擦除速度与保持特性的竞争，以及特殊栅堆栈结构带来的非均匀俘获效应，使其可靠性仍面临重大的挑战。圆柱形沟道由于几何形状的特殊性，在隧穿氧化层相对较厚的情况下不仅可以获得更快的操作速度，而且可以获得更好的电荷保持特性；此外，圆柱形沟道的中心对称性使电荷围绕沟道被均匀地俘获，因此业界公司现阶段的研发重心也都集中于圆柱形沟道的 3D NAND CTF。

下面主要介绍这几种 3D NAND CTF 的结构。

1. BiCS/P-BiCS 结构

2007 年 6 月，日本东芝在 VLSI 国际会议上发表了相关论文，介绍了关键技术为刻蚀和填充工艺的超高密度 3D 存储集成技术 BiCS[47]。此阵列结构旨在提高 NAND Flash 的存储

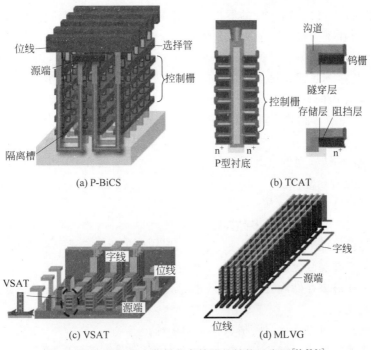

图 2.23　不同 3D 电荷俘获存储器的结构示意图[11,52-54]

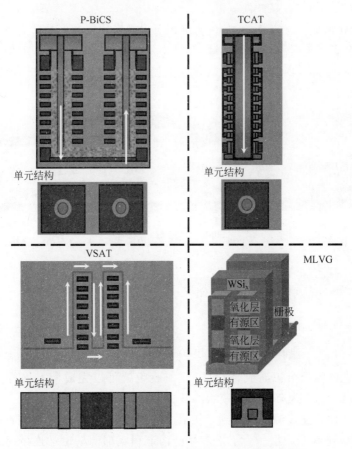

图 2.24　不同结构的 3D 电荷俘获存储器的比较[55]

密度,目标应用是 TB 级存储密度的器件。东芝的出发点在于如何制造出最低成本的存储器,最关键的地方在于先将多晶硅和氧化物两种材料作为一个组,然后连续堆叠。若是需要 8 层存储器则堆叠 8 次。薄膜沉积后,再利用一道掩膜版进行打孔,做一个高深宽比的刻蚀,让这个孔洞连接到底部。接下来用化学气相沉积法(Chemical Vapor Deposition,CVD)薄膜生长技术,从孔的内部再沉积氧化硅-氮化硅-氧化硅介质薄膜(Oxide-SiN-Oxide,ONO),然后再填一层多晶硅沟道材料,形成 SONOS 结构。与前面简单堆叠结构相比,这种结构的存储单元的沟道是由底部通往顶部,为垂直方向,因此称为垂直沟道型。

　　下面将以 BiCS 结构为例就其工艺制作流程[47]进行简要介绍,图 2.25 给出了 BiCS 存储器简要的工艺流程示意图。

　　(1)形成氧化硅的 STI 区域。

　　(2)沉积形成底部选择管的多晶硅栅电极层。

　　(3)通过打孔形成下选择管的沟道孔,沉积形成栅氧化层和多晶硅沟道。

　　(4)依次重复叠层氧化硅与多晶硅,形成存储单元的控制栅。

　　(5)通过打孔形成存储阵列的沟道孔并依次沉积氧化硅、氮化硅、氧化硅(ONO)栅介质层和多晶硅沟道。

　　(6)多次刻蚀形成存储单元阶梯状控制栅接触。

　　(7)通过刻蚀将整个存储单元区域分成不同的存储阵列区域。

　　(8)形成上选择管的多晶硅栅电极。

　　(9)通过打孔形成上选择管的沟道孔,沉积形成栅氧化层和多晶硅沟道。

　　(10)通过金属互连引出各电极接触。

　　除了垂直沟道结构,BiCS 技术上还有如下创新点:空心粉多晶硅沟道结构;圆柱形 ONO 结构;共享多晶硅控制栅结构。

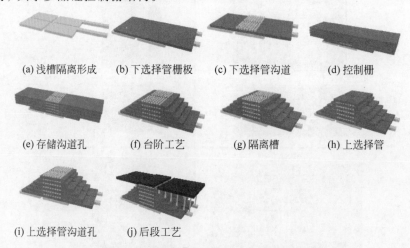

(a)浅槽隔离形成　　(b)下选择管栅极　　(c)下选择管沟道　　(d)控制栅

(e)存储沟道孔　　(f)台阶工艺　　(g)隔离槽　　(h)上选择管

(i)上选择管沟道孔　　(j)后段工艺

图 2.25　BiCS 结构的简要工艺流程示意图[47]

　　从 BiCS 工艺流程图可以看到,通过三张掩膜版就可以完成所有堆叠沟道孔的刻蚀。与简单堆叠方式相比,大大降低了掩膜版的数量,因此称为 BiCS 技术。

　　但是 BiCS 结构在连接源端时遇到了挑战。因为 ONO 沉积是各向同性的,沟道孔的底部也会沉积 ONO 绝缘介质层。为了把多晶硅沟道和底部源端电学连接起来,必须将底部的 ONO 刻蚀开,类似于侧墙(spacer)工艺,仅保留侧壁的 ONO。刻蚀过程以及后续的湿法清洗过程都将对侧壁隧穿氧化层造成损伤,因此隧穿氧化层质量较差,器件可靠性不好。同时,在此设计中,还存在高电阻的源极线会降低读取裕度,底部选择管难以控制等问题。

2009 年,东芝提出了 P-BiCS 解决上述 BiCS 的问题[53]。存储串的沟道被折为 U 形结构,源端和顶部直接相连,因此不需要打开底部源端,也就不存在 ONO 的刻蚀损伤。而且源端可以采用金属连线,电阻值得以降低。源端选择管也因为靠近顶部,掺杂的注入分布相对容易控制,选择能力得到进一步提高。但该结构也存在局限性,U 形沟道底部连接给工艺带来巨大挑战,随着层数增加,该结构的收益逐渐减小。

2. TCAT 结构

2009 年,三星提出了垂直沟道 NAND Flash 中的大马士革钨(W)金属栅电荷俘获单元,在铠侠 BiCS 架构的基础上,引入后栅(gate last)工艺和 Hi-K 材料,并且使用金属栅极取代多晶硅栅极,提出了 TCAT 的 3D NAND Flash 单元阵列结构[11],如图 2.26[10] 所示。此技术通过栅极替换的后栅工艺,实现了对存储单元的批量擦除操作。后来又出现名为 V-NAND 的技术[56],目前已经发展了多代技术,堆叠的层数从 24 层提高到了 128 层。TCAT 与 BiCS 结构在工艺上最大的区别在于前者采用后栅工艺而后者采用的是先栅工艺。先栅工艺即栅堆栈的形成是从栅电极向沟道进行,后栅工艺则反之。由于后栅工艺的栅电极形成处于工艺后阶段,故可以采用金属材料电极,以获得更好的器件特性,包括更快的擦除速度、更大存储窗口以及更好的保持特性等。

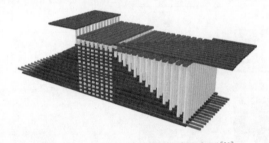

图 2.26 TCAT 结构的阵列示意图[10]

TCAT 工艺流程如图 2.27[10] 所示。与 BiCS 不同,首先沉积氧化硅/氮化硅(ON)叠层,其次进行沟道孔刻蚀,填入多晶硅,直接与底部连接。在字线切割后,采用一道特殊的工艺去除氮化硅替换栅。一般是用热磷酸各向同性腐蚀,去除所有的氮化硅,使得整个结构中栅极位置被掏空悬挂,由之前沉积的多晶硅柱子支撑。之后,在原先氮化硅的位置里填入存储介质层 ONO 结构、Hi-K 阻挡层以及钨金属栅,通过第二层字线刻蚀工艺,将钨金属栅隔离。这其实就是 CMOS 中普遍应用的后栅工艺,但在 3D NAND Flash 中属首次应用。

TCAT 技术的优势在于,多晶硅沟道在 ONO 之前形成,完全避免了 ONO 的刻蚀损伤。同时金属栅极大地降低了字线电阻,降低了 RC 延迟,显著地提高了速度,减少字线解码器数量。TCAT 技术还引入了特殊的源端结工程。每个沟道串直接连接到 P 型衬底,由于 P 型衬底可以产生空穴,因此可以用传统的体擦除替代 GIDL 擦除,提高了速度。不过,N 型源端和 P 型衬底之间的隔离需要特殊的设计规则,增大了存储单元的尺寸。

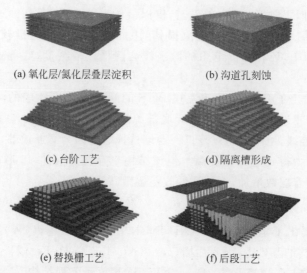

(a) 氧化层/氮化层叠层淀积   (b) 沟道孔刻蚀

(c) 台阶工艺   (d) 隔离槽形成

(e) 替换栅工艺   (f) 后段工艺

图 2.27　TCAT 结构工艺流程示意图[10]

3. SMArT 单元阵列结构

　　SK 海力士融合了东芝和三星两家的方案,提出了堆叠存储器阵列晶体管(Stacked Memory Array Transistor,SMArT)架构[57]。其器件结构与东芝的 BiCS 类似,自下而上分别是底部源区选择管、控制栅、上选择管和位线。不过,其栅极材料则与三星的 TCAT 类似,采用了金属栅结构,如图 2.28 所示。

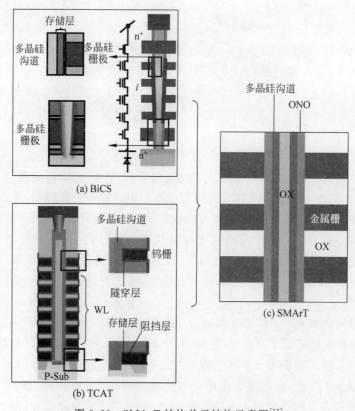

(a) BiCS

(b) TCAT

(c) SMArT

图 2.28　SMArT 结构单元结构示意图[57]

3D NAND CTF 具有以下几个优势：首先，由于是 3D 结构，随着层数的增加，存储容量有了显著的提升，并且由于采用了圆柱形沟道，性能上也会有一定的提升。再者，电荷俘获型的材料本身可以降低耦合以及漏电效应的影响。

基于以上优点，业界采用了 3D NAND CTF 结构，存储单元采用金属栅/Hi-K 介质层/存储层/隧穿层/沟道（WANOS）结构，用多晶硅作为沟道，利用台阶的分层实现栅的引出，这种结构的耦合效应非常低，数据保持特性也有了显著改善，再加上多晶硅与隧穿层界面和底部连接的改良，优点非常显著，但与此同时，该结构也面临着一系列挑战[58]，首先该架构的高度不断增加，相邻单元之间的距离无法进一步缩短，超深沟道孔的刻蚀也存在着难度，再加上在沉积、刻蚀、填充等过程中产生的应力，3D NAND Flash 因其更加复杂的阵列结构、更多的存储态以及复杂的操作模式，将会持续面临一些新的问题和挑战。

首先，对 3D NAND Flash 来说提升存储容量便意味着 Z 方向上堆叠层数的增加，但制造沟道孔所需的刻蚀技术无法快速满足市场驱动的容量要求。叠层高度的增加导致了刻蚀后沟道孔关键尺寸从上到下以及晶圆不同区域的均匀性变差，而沟道孔的关键尺寸直径（CD）的变化，会导致每层字线电阻的变化[55]。如图 2.29 所示，因为第 0 层（WL$_0$）和第 63 层（WL$_{63}$）的沟道孔关键尺寸存在差异，导致字线上电压的建立时间不同。如果编程操作使用相同的

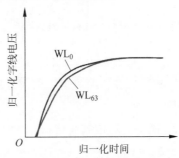

图 2.29　不同层字线建立时间的变化

编程脉冲，则会发生离散化的阈值分布，阈值分布之间的感应裕度也会降低，导致误码率（Bits Error Rate，BER）增加。目前业界已有技术会针对性地调整每层字线的编程脉冲[59]，以适合各自的 RC 负载。例如通过扩展脉冲宽度抵消由于字线负载差异引起的变化，以此补偿存储介质上电场的变化。此技术应用于读取和编程操作实现自定义每层字线的性能，但一定会增加硬件及电路的额外开销。随着 3D NAND Flash 堆栈层数的增加，读取和编程性能的降低是不可避免的，因此性能的优化将变得更具挑战性。预计这些非均匀性效应将成为电路设计人员和工艺技术工程师关注的焦点。

2.3.3　3D 浮栅型 NAND Flash 的结构发展

由于平面浮栅结构的 NAND Flash 已经研究得比较成熟，因此各家也尝试了多种方案实现 3D NAND FGF 结构，图 2.30 总结了垂直沟道的 3D 浮栅架构的发展过程[60-64]，下面对每种结构进行简单介绍。

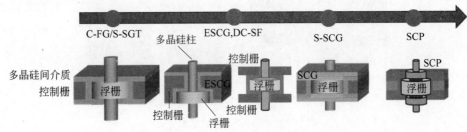

图 2.30　3D 浮栅架构发展[60-64]

1. 传统浮栅结构

第一个基于浮栅结构的 3D NAND Flash 于 2001 年提出,被称为 3D 传统浮栅结构(Conventional FG,C-FG)或者堆叠式环栅晶体管(Stacked-Surrounding Gate Transistor,S-SGT)[60]。该结构的基本存储单元如图 2.31 所示,浮栅和控制栅包围垂直沟道,隧穿氧化层和介质层作为中间层,多个这样的存储单元堆叠在一起形成 NAND 存储串,顶部为位线选择管,通过接触孔连接到位线;底部为源极选择管,连接该存储串的源端。为了实现选择的功能,顶部和底部的选择管不能采用浮栅结构。多个存储串组成一个完整的存储阵列,该阵列每层的字线连接在一起,位线与字线正交排列,连接在一起的字线可以大大减少解码电路的复杂度,从而减少功耗和芯片面积。为了尽量减少编程和读取的干扰,同时减少寄生电阻,NAND 存储阵列通常被分割。由于浮栅单元在垂直方向上的尺寸缩小容易受到上下相邻单元的干扰,因此更多改进的架构被提出。

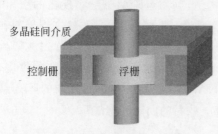

多晶硅间介质

控制栅　浮栅

图 2.31　3D 传统浮栅结构示意图[60]

2. 侧壁扩展控制栅结构

对于 3D 的存储单元,另一个需要解决的问题是源漏区域的高电阻,但对于多晶硅沟道很难实现源漏区域的高掺杂,并且源漏区域的扩散会导致短沟效应和传统体擦除作用下的干扰。因此,在读取时需要较高的电压将源漏区反型,而传统浮栅结构的浮栅较厚,几乎不可能单纯靠电压实现反型。

为了解决这个问题并减少上下单元的干扰,提出侧壁扩展控制栅(Extended Sidewall Control Gate,ESCG)结构[61],如图 2.32 所示。控制栅向上扩展包围住浮栅。当对 ESCG 结构施加正向偏压时,硅柱表面的电子密度比传统浮栅结构高一个数量级。换言之,扩展部分的更强的栅控能力会使源漏区域反型,实现源漏区域的低电阻。该结构除了减小源漏区域电阻,上下单元界面处的耦合电容也会减小。因为侧壁扩展控制栅不是电学浮置的,并且由于控制栅与浮栅的接触面积增大,控制栅的耦合电容明显增大,因此可以获得更好的电容耦合比,对于实现高速的 NAND Flash 操作是非常重要的。

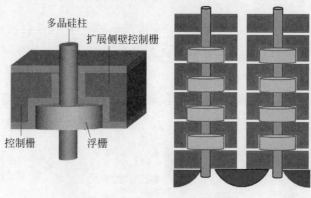

多晶硅柱

扩展侧壁控制栅

控制栅　浮栅

图 2.32　ESCG 结构示意图[61]

3．双控制栅包围浮栅结构

另一种基于浮栅原理的 3D NAND 结构为双控制栅包围浮栅(Dual Control-Gate with Surrounding Floating Gate,DC-SF)结构[62]。该结构的浮栅由两个控制栅控制,由于再次增大了浮栅和控制栅的接触面积,实现了电容耦合比增大,编程/擦除的电压都会降低。另外由于控制栅位于两个浮栅单元中间,可以起到电场屏蔽的作用,很好地抑制浮栅间串扰,因此这种存储单元可以实现较宽的编程/擦除时阈值电压的窗口,为多位存储提供了可能。

DC-SF 结构如图 2.33 所示,浮栅与控制栅由绝缘介质隔离,隧穿氧化层仅仅在多晶硅沟道和浮栅之间形成,而多晶硅间绝缘介质在控制栅的侧壁上形成,这样控制栅与浮栅之间的介质层更厚,因此电荷只会通过隧穿氧化层进入浮栅,而不会隧穿进控制栅区域。在 DC-SF 结构中,同一个存储串内,两个浮栅共享一个控制栅,因此整体的层数会降低。与 C-FG 和 ESCG 结构相同,DC-SF 结构的靠近源端选择管(Source Line Selector,SLS)和位线选择管(Bit Line Selector,BLS)都采用传统的 NMOS 晶体管,没有浮栅结构。从物理结构角度出发,可以看出 DC-SF 结构的保持特性比 BiCS 结构好,在 BiCS 结构中,不同存储单元的氮化硅电荷存储层是沿着沟道方向连续形成的,这样就形成了一个电荷扩散通路,影响保持特性。而 DC-SF 结构中浮栅被多晶硅间绝缘介质和隧穿氧化层完全包围住,存储层独立存在,因此保持特性较好。但同一个存储单元被两个控制栅共同控制会使偏置电压设计更加复杂。

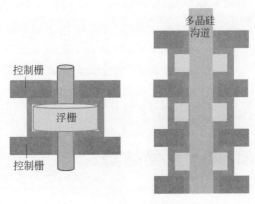

图 2.33　DC-SF 结构示意图[62]

4．分离侧壁控制栅结构

在 ESCG 结构和 DC-SF 结构中,增加侧壁控制栅的面积可以降低浮栅间耦合,实现更高的控制栅耦合电容比率,获得较好的保持特性,但同时也带来电压设计复杂和层数增加的问题,因此提出分离侧壁控制栅结构(Separated Sidewall Control Gate,S-SCG),如图 2.34[63] 所示。将包围型的控制栅分离,与浮栅在同一平面内的称为控制栅,Z 方向上下区域的控制栅称为侧壁控制栅。存储单元共享一个侧壁控制栅,降低电路复杂度的同时减少层数。该结构工作时,将一个块内所有的侧壁控制栅(Side-wall Control Gate,SCG)都短接在一起,在读取过程中,该共用的 SCG 采用 1V 偏压,除了可以屏蔽相邻浮栅之间的电场干扰,还可以帮助反型正对区域的沟道,辅助完成读取操作。在写入过程中,共用的 SCG 施加 11V 偏压,可以提高沟道电压抬升的效率。但这种结构最严重的问题是侧壁栅极和浮栅之间的耦合电容很高,侧壁栅极会对两侧存储单元的导通产生直接影响。

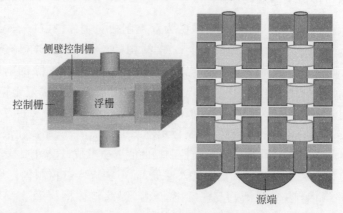

图 2.34 S-SCG 结构示意图[63]

5. 侧壁控制柱结构

侧壁控制栅(SCG)结构会对上下相邻的存储单元产生直接的串扰影响。另外在写入和擦除过程中,SCG 会施加很高的电压,会带来介质层的可靠性问题,并且这种结构在垂直方向的尺寸缩小能力有限。为了解决上述问题,在 2012 年提出了侧壁控制柱结构(Sidewall Control Pillar,SCP),如图 2.35[64] 所示。该结构中,浮栅之间的隔离是依靠多晶硅沟道本身实现的,每个浮栅的上下面都有一部分被沟道材料包裹,侧壁处的沟道厚度可以减薄至 20nm,因此集成密度可以大大提高。由于没有侧壁栅极,也不会增加电路设计的复杂度。

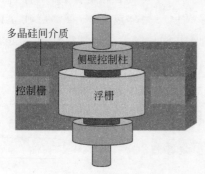

图 2.35 SCP 结构示意图[64]

2.4 NAND Flash 未来发展趋势

2020 年以来,网上教学、网络会议等线上交流的需求呈指数形式增加,这种沟通方式也进一步加速了数字经济的进程。除此之外,越来越多的新技术应用场景(如自动驾驶、虚拟现实、人工智能等)对大数据的需求,对半导体,特别是存储器行业带来了新的市场方向。信息交互产生的大量的线上数据(如视频、音频、文档等)需要进行存储,作为主要的数据存储设备,Flash 的未来发展是每个存储器厂商以及供应商所密切关注的对象。

2.4.1 3D NAND Flash 未来发展方向

NAND Flash 技术的主要驱动要素有存储密度和每比特的存储成本。自 2013 年以来,3D NAND Flash 技术以其更高的存储密度和更低的成本优势成为数据存储领域的翘楚。而在最小尺寸缩小到 15nm 以下后,由于存储电荷数量的减少,2D NAND Flash 性能随之下降,渐渐被 3D NAND Flash 所取代。

图 2.36 所示为截至 2021 年第四季度,市场中常见的 3D NAND Flash 层数路线图[65]。从图中可以看到国外 Flash 大厂,三星、铠侠、美光、SK 海力士等厂商的最先进产品都已突破百层大关,国内长江存储也已完成了对 64 层的量产,并且于 2021 年完成 128 层的量产工作。从图中还可知,在高于一百层的架构中,国外公司开始采用逻辑电路位于存储阵列下方的叠层结构(Peripheral Circuit Under Cell,PUC),逐渐代替传统的逻辑电路与存储阵列位于同一平面的架构(Peripheral Circuit Nearby Cell,PNC)。国内长江存储从 64 层开始便采用了有自主知识产权的 Xtacking™ 架构,该技术将为 3D NAND Flash 带来更高的存储密度、更高的性能以及更快的产品上市周期。

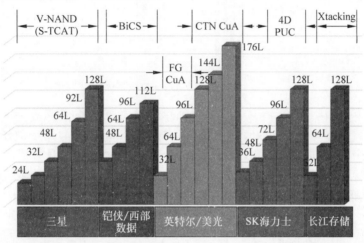

图 2.36　截至 2021 年第四季度各大 3D NAND Flash 层数路线图[65]

表 2.1 和图 2.37 所示为 2020 年国际存储器研讨会(International Memory Workshop,IMW)报告内容,主要展示了 3D NAND Flash 的未来发展路线,对 2017 年以来的技术进行汇总的同时对未来 3D NAND Flash 的发展进行了预测[66]。如表 2.1 所示,第一栏表示层数,从 2017 年 64 层到 2023 年 3D NAND Flash 层数可能会突破 250 层大关,随着层数的增多,垂直方向的厚度也会显著增加,从 64 层的 $4.5\mu m$ 厚度增加到超过 $10\mu m$ 的厚度,厚度的改变也会对工艺提出更高的要求。但与厚度相反的是,为了提高层数密度,每一层的厚度呈现下降趋势由大约每层 65nm 下降到每层 40nm。而垂直方向也会由于层数的增多,给刻蚀带来挑战,因此 3D NAND Flash 也逐渐由最初的单叠层(one deck)向多两层叠层(two deck)甚至更多叠层(multi deck)的架构发展。而在水平方向则是单位面积内沟道孔排布更紧凑,从最初的 9 孔结构,发展到未来的超过 14 孔架构。3D NAND Flash 未来发展在结构方面由 CMOS 与存储阵列在水平平面发展至垂直平面堆叠,垂直方向则是通过堆叠更多的叠层达到增加层数的目的,而水平方向则是收缩垂直沟道孔之间的距离来提高密度。

表 2.1　3D NAND Flash 未来发展路线[66]

技术发展方向	2017	2018	2019	2020	2021	2022	2023
层数	64	>90	>120	>150		>200	>250
总高度/μm	~4.5	~6	~7			~10	~11.5
字线通孔/nm	57~65	51~60	< 50			45~50	40~45
垂直堆叠	Single/Multi Tier					Multi Tier	
水平堆叠	4/9	9				>14	

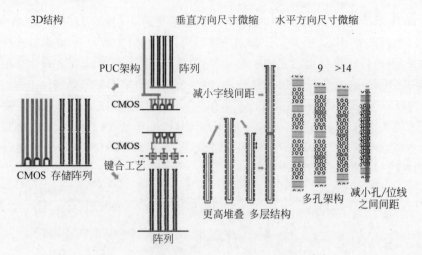

图 2.37　3D NAND Flash 未来发展路线图[66]

除了以上方面,3D NAND Flash 还可以通过逻辑方向优化,即增加单个存储单元可以存储的数据量。如图 2.38 所示,根据每个单元存储的状态数,SLC 指一个存储单元可以存储"0"和"1"两个状态,即 1bit/cell;MLC 指一个存储单元可以存储"00"~"11"共 4 个状态,即 2bit/cell;TLC 指一个存储单元可以存储"000"~"111"共 8 个状态,即 3bit/cell;QLC 指一个存储单元可以存储"0000"~"1111"共 16 个状态,即 4bit/cell。

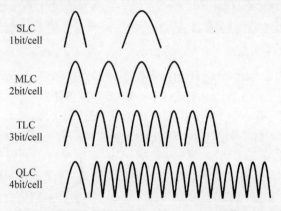

图 2.38　3D NAND Flash SLC/MLC/TLC/QLC 亚阈值电压分布示意图

目前常用的商用 SSD 一般采用 TLC 和 QLC,而更多的存储容量也是各大厂商研发的目标。如图 2.39 所示为最新的 5 层式存储(Penta Level Cell,PLC)技术的阈值电压分布图[67],PLC 技术可以实现每个存储单元存储 32 个状态(即 5bit/cell),与主流 TLC 技术相比存储密度提升了 67%。

除了传统意义上的存储密度增加外,还可以通过不同的存储密度组合实现存储容量的提升。例如,介于 TLC 和 QLC 之间的 3.5bit/cell 可以实现 12 个状态的存储,优点是存储容量优于 TLC 且单元可靠性优于 QLC,其阈值电压分布如图 2.40 所示。

除了在架构及存储容量方面,研究人员也试图在单个存储单元结构实现存储容量的翻倍,如图 2.41 所示为铠侠公司研发的一种孪生位成本可微缩(Twin Bit-Cost Scalable,T-BiCS)方案[67-68]。如图 2.41(a)所示为传统 BiCS 架构 Flash 架构示意图,传统的架构中

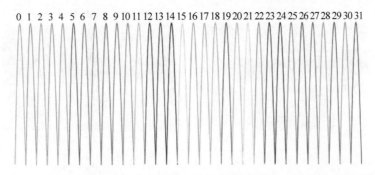

0 1 2 3 4 5 6 7 8 9 10 11 12 13 14 15 16 17 18 19 20 21 22 23 24 25 26 27 28 29 30 31

图 2.39 通过改进的通道特性实现每个存储单元存储 32 位数据（PLC）[67]

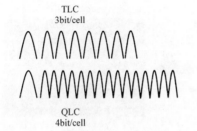

图 2.40 创新型 3.5bit/cell 阈值电压分布图

一个垂直存储沟道孔的俯视图是一个圆形，而 T-BiCS 的创新点在于将这个圆形切分为两个半圆互为独立的存储单元，优势在于不增加沟道孔的数量的情况下，存储单元数量加倍。如图 2.41(b) 和图 2.41(c) 所示是 T-BiCS 在 CTF 和 FGF 中的不同应用。

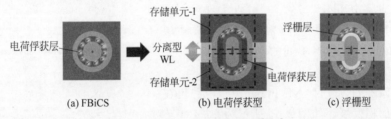

图 2.41 T-BiCS 架构示意图[67-68]

除此之外，还可以通过材料来改善沟道迁移率。传统的多晶硅沟道由于存在大量的陷阱态，导致沟道迁移率下降，电子在传输过程中会被陷阱束缚。一种方法是通过在沟道中生长缺陷较少的类单晶硅或单晶硅从而提高沟道迁移率，而对于 3D NAND Flash 的层数增加带来的沟道的长度增加给单晶硅的生长带来了挑战，目前研发人员提出了采用金属诱导横向结晶方式（Metal Induced Lateral Crystallization，MILC）可以完成较长的单晶硅生长，结构如图 2.42(a) 所示。除了传统的硅材料，研发人员还提出采用 SiGe、InGaAs 等新型材料作为沟道材料来替代多晶硅材料[69-71]，具体如图 2.42(b) 所示[70-71]。

在操作方面，3D NAND Flash 的发展方向向着更快的操作速度发展。如图 2.43 所示，分别是东芝（铠侠）的专家学者于 2018 年和 2020 年的国际固态电路会议（International Solid-State Circuits Conference，ISSCC）上发布的 96 层 3D NAND Flash 技术[72-73]，其中 2020 年的报告中采用了高速随机读延迟技术（High Speed Random Read Latency，RRL），使得芯片读取速度从 2018 年的 58μs 降低到 4μs，提高芯片的处理速度。

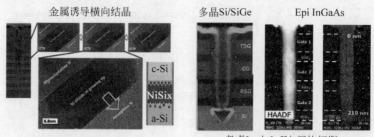

金属诱导横向结晶
c-Si
NiSix
a-Si
6.8nm
多晶Si/SiGe
TSG
CG
BSG
Si
Epi InGaAs
Gate 1
Gate 2
Gate 3
HAADF
0 nm
210 nm
考虑Ion与Ioff之间的权衡

(a) 新型非晶硅结晶技术　　(b) 新型材料沟道填充

图 2.42　新型材料技术[69-71]

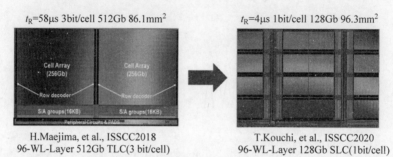

t_R=58μs 3bit/cell 512Gb 86.1mm²
Cell Array (256Gb)
Row decoder
S/A groups(16KB)
Peripheral Circuits & PADs
t_R=4μs 1bit/cell 128Gb 96.3mm²
H.Maejima, et al., ISSCC2018
96-WL-Layer 512Gb TLC(3 bit/cell)
T.Kouchi, et al., ISSCC2020
96-WL-Layer 128Gb SLC(1bit/cell)

图 2.43　高速读取 3D NAND Flash 技术[72-73]

而在堆叠层方面，如图 2.44 所示为英特尔于 2021 年公布的 3 层堆叠层技术[74]，其优势在于提高了存储块的尺寸(block size)，并可以实现对不同的堆叠层进行编程/擦除操作，对于不同的堆叠层可以采用 SLC 或 TLC 等不同的存储逻辑，从而提高 SSD 的性能。

除了存储阵列，3D NAND Flash 逻辑电路也在向着更小的面积发展。如图 2.45 所示为 2021 年英特尔提出的存储页面缓存(Page Buffer，PB)电路设计方案[75]，其优势在于将 PB 的面积缩小了 25%，位线面积缩小了 20%，达到使整体芯片面积减小的目的。

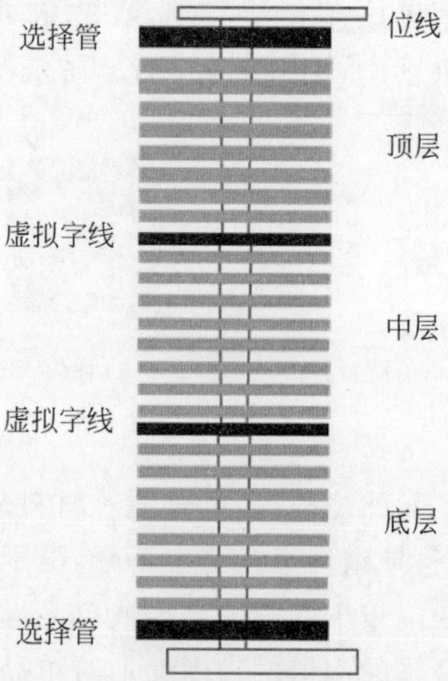

位线
选择管
顶层
虚拟字线
中层
虚拟字线
底层
选择管

图 2.44　3 层堆叠层技术示意图[74]

2.4.2　非冯·诺依曼架构简介

以上所提及的 SSD 常用接口都是基于传统计算机架构，即冯·诺依曼架构。随着神经网络、机器学习和人工智能等应用需求的增大，需要处理和存储的数据量将会呈指数形式增长，而目前的冯·诺依曼架构计算机将无法满足应用需求，亟须一种新型架构搭建计算与存储之间的平台，即非冯·诺依曼架构。

在介绍非冯·诺依曼架构之前，首先介绍一下什么是冯·诺依曼架构。冯·诺依曼架构是由美籍匈牙利数学家、计算机科学家、物理学家约翰·冯·诺依曼于 1946 年提出的[76]。冯·诺依曼参与世界第一台计算机 ENIAC(Electronic Numerical Integrator And

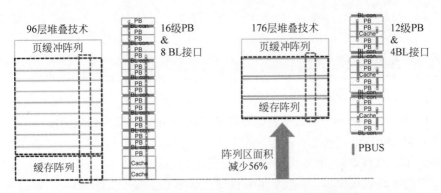

图 2.45　采用页缓冲技术减小缓存区电路面积[75]

Computer)设计中发现其结构中没有存储器,所以每次进行计算操作时都需要花费大量的人力和时间搭接计算机的关键部件,大大降低了计算机的计算效率。基于此冯·诺依曼提出了两个要点:数字计算机的数制采用二进制;计算机应该按照程序顺序执行。前者为计算机减轻了数据存储的复杂度,而后者则奠定了计算机的主要组成部分:运算单元、控制器、存储器、输入以及输出设备。随着计算机的发展,计算机的体积不断地减小,运行速度也越来越快,但是整体架构还基本遵循如图 2.46 所示的冯·诺依曼架构。

　　冯·诺依曼架构的优势在于将计算机架构模块化,但也带来了限制,这个限制称为冯·诺依曼瓶颈。冯·诺依曼瓶颈于 1977 年由计算机语言专家约翰·巴克斯在美国计算机协会(Association for Computing Machinery, ACM)举办的图灵奖典礼致辞中第一次提出。冯·诺依曼瓶颈的主要内容为:存储数据量呈指数级提高后,处理器与存储器之间的数据传输效率,成为阻碍计算机运算速度提高的最大瓶颈。

　　非冯·诺依曼架构指冯·诺依曼架构以外的计算机结构的总称。如图 2.47 所示为与冯·诺依曼架构同一时期提出的计算机架构——哈佛架构,它由哈佛大学物理学家 A·Howard 提出。哈佛架构[77-78]的特点是程序与数据分别存储在不同的存储器中,并且具有各自独立的数据传输总线。相比于冯·诺依曼架构,其优点在于数据和程序的分开存储可以使各自的传输效率大大提高。而它的劣势也很明显,分开存储带来了高昂的制造成本,且不利于程序与数据的统一编址。目前所采用的计算机结构实际上是冯·诺依曼架构与哈佛架构的混合体,而冯·诺依曼结构所占的比重较大,哈佛架构在计算机主板中体现,但是占比较小,所以依旧称为冯·诺依曼计算机。

图 2.46　冯·诺依曼架构示意图　　　　图 2.47　哈佛架构示意图

　　下面介绍几种近几年十分热门的计算机架构。冯·诺依曼瓶颈的本质是数据的传输效率,为了提高数据的传输效率主要有两种方法,一是缩短数据之间传输的距离,最佳方式是片内传输；二是存储本地运算，也就是说存储器同时作为处理器。前一种架构称为近存计算架构（Near-Memory Computing），如图 2.48 所示[79-81]。近存计算又称为内存计算，主要由用于近存计算的存储器（通常为 SRAM 或 DRAM）作为存储载体，发挥其读写速度快的优势与逻辑计算芯片进行速度匹配。近存计算架构的架构特点分为两类：一类是通过硅通孔实现存储器芯片与逻辑计算芯片之间的垂直互连；另一类是采用多个新型的高带宽存储器（High Bandwidth Memory，HBM）通过特殊材料作为中间转阶层进行堆叠，并最终与逻辑计算芯片封装在一起（chiplet）。通过近存计算架构特点，可以发现其核心技术在于封装，它的优势是工艺相对成熟，可以快速实现产品化，并且发挥 SRAM 或 DRAM 的读写速度快优势。但它的缺点也很明显：一是采用的存储设备不具备非易失性，断电后数据无法保存；二是其架构本质仍是冯·诺依曼架构，依旧需要将数据从存储器搬运到运算器中，在未来随着数据量的不断增大仍会面临数据传输瓶颈的问题。目前专注近存计算架构的厂商主要有三星、美光、SK 海力士以及超微半导体。

除了近存计算架构，另一种热门架构是存算一体架构（In-Memory Computing，IMC）[82-85]，如图 2.49 所示。存算一体由斯坦福大学威廉·考茨在 1969 年的论文中首次提出。存算一体架构的特点是基于新型非易失存储器，通过在存储器芯片内嵌入算法，使存储器具备算法功能，实现真正意义上的存储与计算相结合。存算一体的核心技术是新型非易失存储器以及算法，它的优势是真正意义上打破了冯·诺依曼瓶颈，数据的存储和计算无须进行数据传输均可在存储本地进行，可以满足高带宽、低功耗的计算需求。但是目前存算一体的劣势在于新型非易失存储器还在科研阶段尚未满足计算需求，其次是计算精度上还比不过逻辑电路需要优化算法层面。目前存算一体架构参与的厂商主要有英特尔、微软、三星以及国内的知存科技。

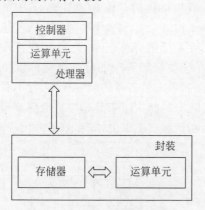

图 2.48　近存计算架构示意图

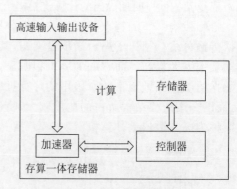

图 2.49　存算一体架构示意图

存算一体架构还有衍生架构——感存算一体架构[86-88]。其在存算一体架构的基础上，集成了感知芯片。大自然中的信号一般是模拟信号，即信号是连续的，而计算机所能处理的信号是数字信号，即信号是间断的。所以当存算一体芯片处理数据时，仍需要模数转换电路将自然信号转换为数字信号存入存算一体架构芯片中，依旧需要数据搬运。感存算一体的灵感则来自利用传感器集成使得存算一体芯片也具备感知能力。目前感存算一体架构仍处于科学研究阶段，已经陆续有压力、图相、温度等功能的感存算一体芯片。

目前近存计算架构和存算一体架构都不止停留在学术圈，也越来越受到工业圈的重视，像三星、SK海力士等存储器大厂,超微半导体、英特尔等处理器大厂都已经开始布局非冯·诺依曼架构的芯片产品,相信在不久的未来这些出现在论文中的非冯·诺依曼架构芯片就会出现在人们常用的智能电子产品中。

2.5 NOR Flash 技术

2.5.1 NOR Flash 基本操作

NOR Flash 存储单元结构与 FG NAND Flash 相同,采用浮栅结构(Floating Gate)作为存储单元。本节主要针对 NOR Flash 不同于 FG NAND Flash 的操作方式进行介绍。

在单元读写方面其基本操作如图 2.50 所示,NOR Flash 编程操作主要依靠热电子注入方式将电子从沟道中吸入漏端一侧的浮栅中。这种编程操作的优点在于编程速度快,其速度大约为微秒量级。但是 NOR Flash 的缺点也很明显,即注入效率较低,每次注入的电子大约为 1e−6 量级。NOR Flash 擦除操作主要是采用 F-N 电子隧穿方式,电子从浮栅通过氧化物隧穿层隧穿到器件的体(Bulk)中。其优势在于理想情况下电子通过氧化层的效率很高,不足之处在于整体擦除速度较慢,大约为毫秒量级。NOR Flash 的读取操作与 NAND Flash 类似,通过对选中的位线施加读取电压操作而未选中的位线施加相应的未选中电压信号。对于字线同理,因为存储单元存储数据信息的不同存储单元会有不同的阈值电压,所以可以通过对应的高低电流判断存储的数据是"0"还是"1"。

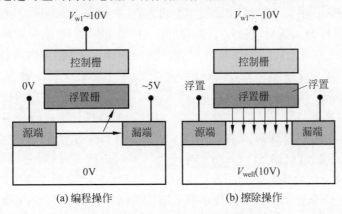

图 2.50 NOR Flash 存储单元基本操作

2.5.2 NOR Flash 存储阵列结构

NOR Flash 与 NAND Flash 最大的不同是其存储阵列结构。如图 2.51 所示,由于存储单元阵列为并联结构,NOR Flash 可以实现随机位读取,但是并联结构中很大一部分面积被金属导线占据,导致 NOR Flash 存储密度较低。NOR Flash 可以用于程序存储,且程序可以直接运行。但是 NOR Flash 存储密度较低,并不适用于大容量存储的应用场合。对于写入机制,NOR Flash 采用了热电子注入的方式,以"字"为基本单位进行操作,这种机制的写入速率较低,因此 NOR Flash 并不适用于频繁编程或擦除的场合。

虽然 NOR Flash 集成度很难像 NAND Flash 那样做成 3D 结构,但是也具备以下优点:

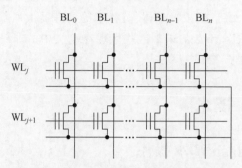

图 2.51　NOR Flash 存储阵列结构示意图

（1）由于 NOR Flash 具备独立的数据总线和地址线，所以 NOR Flash 支持快速随机读取，允许系统直接从 NOR Flash 中读取指令代码执行而无须将指令缓存到内存或其他随机存储器设备中。

（2）NOR Flash 编程操作可以以单字节为存储单位，但是擦除需要以块为最小擦除单元。所以 NOR Flash 适用于存储数据量相对较小，但是对数据运行速度较高的应用场景，例如存储操作指令集，作为基本输入输出系统（Basic Input Output System，BIOS）的存储设备使用。

本章小结

本章主要从 Flash 中的 NAND Flash 作为切入点，介绍了 Flash 的发展历史。从 Flash 的发明起，到 2D 器件的成熟化，再到 3D 器件取代 2D 器件成为目前的主流产品，可以发现 Flash 的发展不断地向着更高的存储密度和更快的操作速度发展，成本和性能是其发展的主要驱动力；然后详细介绍了 2D NAND Flash 以及 3D NAND Flash 技术。在 2D NAND Flash 中主要描述了其架构特点、操作原理、技术发展路线图以及目前所面临的挑战。在 3D NAND Flash 中主要对目前主流的两种 3D NAND Flash 器件分别进行介绍，介绍了它们各自的技术优势、器件操作原理以及各自的结构发展，最后介绍了目前的主流 3D NAND Flash 架构。本章还对 3D NAND Flash 的未来发展方向进行了简述，并对与 Flash 发展相关的硬件支撑以及应用架构上进行了介绍，主要有对 Flash 的数据传输接口和发展进行了简述。最后对冯·诺依曼架构以及几种非冯·诺依曼架构进行了介绍，特别是目前在学术圈热度很高的近存计算架构和存算一体架构值得各位同仁进行思考和研究。本章最后介绍了 NOR Flash 的基本操作和存储阵列结构。希望本章能给各位一些启示，一起为我国 Flash 事业的进步而努力。

习题

（1）简述 NOR Flash 与 NAND Flash 存储阵列结构与各自优缺点。

（2）简要介绍 2D 浮栅型 Flash 的存储单元结构。

（3）简述 NAND 阵列的编程/擦除/读取操作。

（4）简述 2D 浮栅型 NAND 缩放的技术路线。

（5）简述 NAND Flash 面临的挑战。

（6）简述浮栅型 Flash 存储单元在进行编程/擦除操作时的能带结构。

（7）简述阻挡层使用叠层结构的优势。

（8）3D CTF 与 3D FGF 架构发展中解决的关键问题分别是什么？

（9）简述 3D NAND Flash 替代 2D NAND Flash 的原因。

（10）简述 3D NAND Flash 架构发展及其各自特点。

（11）简述两种 3D NAND Flash 的工作原理。

（12）简述几种非冯·诺依曼架构特点。

（13）未来 3D CTF 与 3D FGF 的存储密度增长方式是什么？

（14）针对图 2.52 所示 NAND Flash 单元，假设 $L_{\text{Poly}} = 30\text{nm}$，$L_{\text{G,Phy}} = 20\text{nm}$，$W_{\text{Channel}} = 40\text{nm}$，$T_{\text{TOX}} = 8\text{nm}$，$T_{\text{FG}} = 40\text{nm}$，$T_{\text{ONO,Phy}} = [6\,(\text{Bottom} - \text{OX})/7.6\,(\text{Nitride})/3\,(\text{Top} - \text{OX})]\text{nm}$，$\varepsilon_0 = 8.854 \times 10^{-14}\text{A} \cdot \text{s} \cdot \text{V}^{-1} \cdot \text{cm}^{-1}$，$\varepsilon_{\text{SiO}_2} = 3.9$，$\varepsilon_{\text{Si}_3\text{N}_4} = 7.8$。计算多晶间 ONO 介质层的等效氧化层厚度及浮栅总电容及各分项电容耦合比。

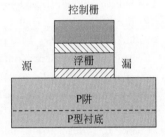

图 2.52 习题(14)图

（15）对于上述单元，针对 MLC 技术，假设每个存储态间阈值窗口为 0.5V，如果要求十年允许的阈值窗口损失为 60%，请计算单元年允许最大丢失电荷数 N_e。

参考文献

[1] Shi M. Semiconductor Devices: Pioneering Papers[M]. Singapore: World Scientific, 1991.

[2] Kahng D, Sze S M. A floating gate and its application to memory devices[J]. The Bell System Technical Journal, 1967, 46(6): 1288-1295.

[3] Masuoka F, Asano M, Iwahashi H, et al. A new flash E 2 PROM cell using triple polysilicon technology: proceedings of the 1984 International Electron Devices Meeting, F[C]. IEEE, 1984, 464-467.

[4] Masuoka F, Momodomi M, Iwata Y, et al. New ultra high density EPROM and flash EEPROM with NAND structure cell: proceedings of the 1987 International Electron Devices Meeting, F[C]. IEEE, 1987, 552-555.

[5] Invented the world's first flash memory[EB/OL]. https://www. kioxia-holdings. com/en-jp/product. html.

[6] Klein D. The history of semiconductor memory: From magnetic tape to NAND flash memory[J]. IEEE Solid-State Circuits Magazine, 2016, 8(2): 16-22.

[7] Harari E. The Non-Volatile memory industry-a personal journey[C]//IEEE International Memory Workshop (IMW), 2011: 1-4.

[8] Crump G. 闪存企业存储面临的挑战以及如何应对[EB/OL]. https://searchstorage. techtarget. com. cn/6-27866/.

[9] Wikinews. Samsung's 4Gb flash memory begins mass production[EB/OL]. https://en. wikinews. org/wiki/Samsung%27s_4_Gigabit_flash_memory_begins_mass_production.

[10] Jang J, Kim H-S, Cho W, et al. Vertical cell array using TCAT (Terabit Cell Array Transistor)

technology for ultra high density NAND flash memory[C]//Symposium on VLSI Technology, 2009: 192-193.

[11] Samsung Starts Mass Producing Industry's First 3D Vertical NAND Flash[EB/OL] https://news. samsung. com/global/samsung-starts-mass-producing-industrys-first-3d-vertical-nand-flash.

[12] Park K-T, Nam S, Kim D, et al. Three-dimensional 128Gb MLC vertical NAND flash memory with 24-WL stacked layers and 50MB/s high-speed programming[J]. IEEE Journal of Solid-State Circuits, 2014, 50(1): 204-213.

[13] Javanifard J, Tanadi T, Giduturi H, et al. A 45nm self-aligned-contact process 1Gb NOR flash with 5MB/s program speed[C]//IEEE International Solid-State Circuits Conference, 2008: 424-624.

[14] Momodomi M, Itoh Y, Shirota R, et al. An experimental 4-Mbit CMOS EEPROM with a NAND-structured cell[J]. IEEE Journal of Solid-State Circuits, 1989, 24(5): 1238-1243.

[15] Richter D. Vorlesung Halbleiter Bauelemente-Nichtflüchtige Speicher Titel: NVM Shrink Roadmap 3-4bit/cell NAND-Key Performance Indicator, München: TUM[J]. Munchen: TUM, Lehrstuhl fur Technische Elektronik, Fakultat fur Elektro-und Informationstechnik, 2008, 16:

[16] Wegener H A, Lincoln A, Pao H, et al. The variable threshold transistor, a new electrically-alterable, non-destructive read-only storage device[C]//International Electron Devices Meeting, 1967: 70-70.

[17] Chen P C. Threshold-alterable Si-gate MOS devices[J]. IEEE Transactions on Electron Devices, 1977, 24(5): 584-586.

[18] Friederich C. Program and erase of NAND memory arrays[M]//NAND Flash Memories. Gremany: Springer, 2010: 55-88.

[19] Aritome S, Hatakeyama I, Endoh T, et al. An advanced NAND-structure cell technology for reliable 3.3V 64Mb electrically erasable and programmable read only memories (EEPROMs)[J]. Japanese Journal of Applied Physics, 1994, 33(1S): 524.

[20] Shimizu K, Narita K, Watanabe H, et al. A novel high-density 5F/sup 2/NAND STI cell technology suitable for 256Mbit and 1Gbit flash memories[C]//International Electron Devices Meeting IEDM Technical Digest, 1997: , 271-274.

[21] Takeuchi Y, Shimizu K, Narita K, et al. A self-aligned STI process integration for low cost and highly reliable 1Gbit flash memories[C]//Symposium on VLSI Technology Digest of Technical Papers, 1998: 102-103.

[22] Aritome S, Satoh S, Maruyama T, et al. A 0.67/spl mu/m/sup 2/self-aligned shallow trench isolation cell (SA-STI cell) for 3V-only 256Mbit NAND EEPROMs[C]//IEEE International Electron Devices Meeting, 1994: 61-64.

[23] Govoreanu B, Brunco D, Van Houdt J. Scaling down the interpoly dielectric for next generation flash memory: Challenges and opportunities[J]. Solid-state electronics, 2005, 49(11): 1841-1848.

[24] Hwang J, Seo J, Lee Y, et al. A middle-1X nm NAND flash memory cell (M1X-NAND) with highly manufacturable integration technologies[C]//IEEE International Electron Devices Meeting, 2011.

[25] Seo J, Han K, Youn T, et al. Highly reliable M1X MLC NAND flash memory cell with novel active air-gap and p+ poly process integration technologies[C]//IEEE International Electron Devices Meeting, 2013.

[26] Goda A, Parat K. Scaling directions for 2D and 3D NAND cells[C]//IEEE International Electron Devices Meeting, 2012.

[27] Ramaswamy N, Graettinger T, Puzzilli G, et al. Engineering a planar NAND cell scalable to 20nm and beyond[C]//IEEE International Memory Workshop, 2013: 5-8.

[28] Goda A. Recent progress and future directions in nand flash scaling[C]//IEEE Non-Volatile

Memory Technology Symposium,2013：1-4.

[29] Aritome S,Takeuchi Y,Sato S,et al. A novel side-wall transfer-transistor cell（SWATT cell）for multi-level NAND EEPROMs[C]//IEEE International Electron Devices Meeting,1995：275-278.

[30] Aritome S,Takeuchi Y,Sato S,et al. A side-wall transfer-transistor cell（SWATT cell）for highly reliable multi-level NAND EEPROMs[J]. IEEE Transactions on Electron Devices,1997,44（1）：145-152.

[31] Park K-T,Lee S,Sel J-S,et al. Scalable wordline shielding scheme using dummy cell beyond 40nm NAND flash memory for eliminating abnormal disturb of edge memory cell[J]. Japanese Journal of Applied Physics,2007,46(4S)：2188.

[32] Kanda K,Koyanagi M,Yamamura T,et al. A 120mm 2 16Gb 4-MLC NAND Flash Memory with 43nm CMOS Technology[C]//IEEE International Solid-State Circuits Conference,2008：430-625.

[33] Shen C,Pu J,Li M-F,et al. P-type floating gate for retention and P/E window improvement of flash memory devices[J]. IEEE Transactions on Electron Devices,2007,54(8)：1910-1917.

[34] Lee C,Fayrushin A,Hur S,et al. Physical modeling and analysis on improved endurance behavior of p-type floating gate NAND flash memory[C]//IEEE International Memory Workshop,2012：1-4.

[35] Park Y,Lee J. Device considerations of planar NAND flash memory for extending towards sub-20nm regime[C]//IEEE International Memory Workshop,2013：1-4.

[36] Lee J-D,Hur S-H,Choi J-D. Effects of floating-gate interference on NAND flash memory cell operation[J]. IEEE Electron Device Letters,2002,23(5)：264-266.

[37] Shin Y. Non-volatile memory technologies for beyond 2010[C]//IEEE Symposium on VLSI Circuits,2005：156-159.

[38] Parat K,Dennison C. A floating gate based 3D NAND technology with CMOS under array[C]//IEEE International Electron Devices Meeting,2015.

[39] Fukuda K,Shimizu Y,Amemiya K,et al. Random telegraph noise in flash memories-model and technology scaling[C]//IEEE International Electron Devices Meeting,2007;169-172.

[40] Miccoli C,Barber J,Compagnoni C M,et al. Resolving discrete emission events：A new perspective for detrapping investigation in NAND Flash memories[C]//IEEE International Reliability Physics Symposium,2013：3B. 1.1-3B. 1.6.

[41] Compagnoni C M,Goda A,Spinelli A S,et al. Reviewing the evolution of the NAND flash technology [J]. Proceedings of the IEEE,2017,105(9)：1609-1633.

[42] Hemink G,Tanaka T,Endoh T,et al. Fast and accurate programming method for multi-level NAND EEPROMs[C]//IEEE Symposium on VLSI Technology Digest of Technical Papers,1995：129-130.

[43] Compagnoni C M,Gusmeroli R,Spinelli A S,et al. Analytical model for the electron-injection statistics during programming of nanoscale NAND Flash memories[J]. IEEE Transactions on Electron Devices,2008,55(11)：3192-3199.

[44] Compagnoni C M,Spinelli A S,Gusmeroli R,et al. Ultimate accuracy for the NAND Flash program algorithm due to the electron injection statistics[J]. IEEE Transactions on Electron Devices,2008,55(10)：2695-2702.

[45] Jung S-G,Lee K-W,Kim K-S,et al. Modeling of $V_{\rm th}$ Shift in nand Flash-Memory Cell Device Considering Crosstalk and Short-Channel Effects[J]. IEEE Transactions on Electron Devices,2008,55(4)：1020-1026.

[46] Aritome S. NAND flash memory technologies[M]. USA:John Wiley & Sons,2015.

[47] Tanaka H,Kido M,Yahashi K,et al. Bit cost scalable technology with punch and plug process for ultra high density flash memory[C]//IEEE Symposium on VLSI Technology,2007：14-15.

[48] Kim H,Ahn S-J,Shin Y G,et al. Evolution of NAND flash memory：From 2D to 3D as a storage

market leader[C]//IEEE International Memory Workshop,2017: 1-4.
[49] Elliott J,Jung E. Ushering in the 3D memory era with V-NAND[C]//IEEE International Solid-State Circuits Conference. 2013: 13-15.
[50] Micheloni R. 3D Flash memories[M]. Berlin: Springer,2016.
[51] Micheloni R,Crippa L,Marelli A. Inside NAND flash memories[M]. Berlin: Springer Science & Business Media,2010.
[52] Kim W,Choi S,Sung J,et al. Multi-layered vertical gate NAND flash overcoming stacking limit for terabit density storage[C]//IEEE Symposium on VLSI Technology,2009:188-189.
[53] Katsumata R,Kito M,Fukuzumi Y,et al. Pipe-shaped BiCS flash memory with 16 stacked layers and multi-level-cell operation for ultra high density storage devices[C]//IEEE Symposium on VLSI Technology,2009: 136-137.
[54] Kim J,Hong A J,Kim S M,et al. Novel Vertical-Stacked-Array-Transistor (VSAT) for ultra-high-density and cost-effective NAND Flash memory devices and SSD (Solid State Drive)[C]//IEEE Symposium on VLSI Technology,2009: 186-187.
[55] Hsiao Y-H,Lue H-T,Hsu T-H,et al. A critical examination of 3D stackable NAND flash memory architectures by simulation study of the scaling capability[C]//IEEE International Memory Workshop,2010: 1-4.
[56] Kang D,Jeong W,Kim C,et al. 256Gb 3 b/cell V-NAND flash memory with 48 stacked WL layers [J]. IEEE Journal of Solid-State Circuits,2016,52(1): 210-217.
[57] Choi E-S,Park S-K. Device considerations for high density and highly reliable 3D NAND flash cell in near future[C]//IEEE International Electron Devices Meeting,2012: 9. 4. 1-9. 4. 4.
[58] Zambelli C,Micheloni R,Olivo P. Reliability challenges in 3D NAND Flash memories[C]//IEEE International Memory Workshop,2019: 1-4.
[59] Ko J,Yang Y,Jung S-o,et al. Comparative study of WL driving method for high-capacity NAND flash memory[C]//IEEE International Conference on Electronics Information and Communications, 2016: 1-4.
[60] Endoh T, Suzuki M, Sakuraba H, et al. 2. 4 F/sup 2/memory cell technology with stacked-surrounding gate transistor (S-SGT) DRAM[J]. IEEE Transactions on Electron Devices, 2001, 48(8): 1599-1603.
[61] Seo M-S,Park S-k,Endoh T. The 3-dimensional vertical FG NAND flash memory cell arrays with the novel electrical S/D technique using the extended sidewall control gate (ESCG)[C]//IEEE International Memory Workshop,2010: 1-4.
[62] Whang S,Lee K,Shin D,et al. Novel 3-dimensional dual control-gate with surrounding floating-gate (DC-SF) NAND flash cell for 1Tb file storage application[C]//International Electron Devices Meeting,2010: 29. 27. 21-29. 27. 24.
[63] Seo M-S,Lee B-H,Park S-k,et al. A novel 3-D vertical FG NAND flash memory cell arrays using the separated sidewall control gate (S-SCG) for highly reliable MLC operation[C]//IEEE International Memory Workshop,2011: 1-4.
[64] Seo M-S,Choi J-M,Park S-K,et al. Highly scalable 3-D vertical FG NAND cell arrays using the sidewall control pillar (SCP)[C]//IEEE International Memory Workshop,2012:1-4.
[65] Choe J. Annual Memory Seminar 2021—NAND Technology & Products[EB/OL]. https://wwwtechinsightscom/.
[66] Kitajima T. Materials and Process Technology Driven 3D NAND Scaling Beyond 200 Pairs[C]// IEEE International Memory Workshop,2020.
[67] Ishimaru K. Future of non-volatile memory-from storage to computing[C]//IEEE International

Electron Devices Meeting,2019:1.3.1-1.3.6.

[68] Fujiwara M,Morooka T,Nagashima S,et al. 3D semicircular flash memory cell:Novel split-gate technology to boost bit density[C]//IEEE International Electron Devices Meeting,2019:28.21.21-28.21.24.

[69] Miyagawa H,Kusai H,Takaishi R,et al. Metal-assisted solid-phase crystallization process for vertical monocrystalline Si channel in 3D flash memory[C]//IEEE International Electron Devices Meeting,2019:28.23.21-28.23.24.

[70] Arreghini A,Delhougne R,Subirats A,et al. First demonstration of SiGe channel in macaroni geometry for future 3D NAND[C]//IEEE International Memory Workshop,2017:1-4.

[71] Capogreco E,Lisoni J,Arreghini A,et al. MOVPE In1-xGaxAs high mobility channel for 3-D NAND memory[C]//IEEE International Electron Devices Meeting,2015:3.1.1-3.1.4.

[72] Maejima H,Kanda K,Fujimura S,et al. A 512Gb 3b/Cell 3D flash memory on a 96-word-line-layer technology[C]//IEEE International Solid-State Circuits Conference,2018:336-338.

[73] Kouchi T,Kumazaki N,Yamaoka M,et al. A 128Gb 1b/Cell 96-Word-Line-Layer 3D Flash Memory to Improve Random Read Latency with t PROG= 75μs and t R= 4μs[C]//IEEE International Solid-State Circuits Conferenc,2020:226-228.

[74] Khakifirooz A,Balasubrahmanyam S,Fastow R,et al. A 1Tb 4b/Cell 144-Tier Floating-Gate 3D-NAND Flash with 40MB/s Program Throughput and 13.8 Gb/mm 2 Bit Density[C]//IEEE International Solid-State Circuits Conference,2021:424-426.

[75] Park J-W,Kim D,Ok S,et al. A 176-Stacked 512Gb 3b/Cell 3D-NAND Flash with 10.8Gb/mm 2 Density with a Peripheral Circuit Under Cell Array Architecture[C]//IEEE International Solid-State Circuits Conference,2021:422-423.

[76] Enticknap N. Von Neumann architecture[J]. Computer Jargon Explained,1989,128-129.

[77] Harvard Architectures[J]. VLSI Electronics Microstructure Science,1989,20:405-408.

[78] Yasui I,Shimazu Y. Microprocessor with Harvard Architecture[P]. USA:US05034887,1991.

[79] Singh G,Chelini L,Corda S,et al. A review of near-memory computing architectures:Opportunities and challenges[C]//Euromicro Conference on Digital System Design,2018:608-617.

[80] Singh G,Chelini L,Corda S,et al. Near-memory computing:Past,present,and future[J]. Microprocessors and Microsystems,2019,71:102868.

[81] Ke L,Zhang X,So J,et al. Near-Memory Processing in Action:Accelerating Personalized Recommendation with AxDIMM[J]. IEEE Micro,2021:

[82] Dou C-M,Chen W-H,Xue C-X,et al. Nonvolatile circuits-devices interaction for memory,logic and artificial intelligence[C]//IEEE Symposium on VLSI Technology,2018:171-172.

[83] Verma N,Jia H,Valavi H,et al. In-memory computing:Advances and prospects[J]. IEEE Solid-State Circuits Magazine,2019,11(3):43-55.

[84] Sebastian A,Le Gallo M,Khaddam-Aljameh R,et al. Memory devices and applications for in-memory computing[J]. Nature Nanotechnology,2020,15(7):529-544.

[85] Xi Y,Gao B,Tang J,et al. In-memory learning with analog resistive switching memory:A review and perspective[J]. Proceedings of the IEEE,2020,109(1):14-42.

[86] Bishop M D,Wong H-S P,Mitra S,et al. Monolithic 3-D integration[J]. IEEE Micro,2019,39(6):16-27.

[87] Zhu B,Wang H,Liu Y,et al. Skin-inspired haptic memory arrays with an electrically reconfigurable architecture[J]. Advanced Materials,2016,28(8):1559-1566.

[88] Tong L,Peng Z,Lin R,et al. 2D materials-based homogeneous transistor-memory architecture for neuromorphic hardware[J]. Science,2021,373(6561):1353-1358.

第3章

3D NAND Flash存储器工艺集成技术

前文已经对 Flash 的历史及工作原理进行了介绍,本章将详细介绍 3D NAND Flash 制造中的各个单步工艺及工艺流程中的集成模块。先进 3D NAND Flash 工艺在制造外围 CMOS 电路模块之后可以进行阵列区工艺,如 NO 叠层沉积模块、台阶模块、沟道孔模块(包括沟道孔刻蚀、SEG 形成、栅介质层和沟道层沉积)和隔离槽模块(同时用于形成 3D NAND Flash 的控制栅和阵列共用源极)。之后是接触孔的形成模块,由于接触孔落在台阶和外围电路上,深度变化幅度较大,对介质刻蚀工艺提出了很大的挑战。

3.1 半导体基本单步工艺

3.1.1 光刻工艺

1. 光刻工艺简介

光刻工艺是将电路设计图形转移到需要进行刻蚀或离子注入的晶圆上的过程。光刻工艺首先需要将设计图形制作在掩膜版上,再使用紫外光将掩膜版上的图案映射在涂有光敏薄膜的晶圆表面,使光敏薄膜固化成像。之后通过刻蚀工艺或离子注入工艺,在晶圆上制成符合图形设计的多种功能区,例如沟道孔、台阶区、通孔及掺杂区。

晶圆的制造费用与所需的工艺步骤和材料息息相关,而与晶圆上的芯片总数相对独立。即,在相同的工艺下,晶圆上集成的芯片数量越多,单个芯片的成本费用就越小。光刻很大程度上决定了芯片微缩的能力,进一步决定了芯片的制造成本[1]。而在 3D NAND Flash 中,存储单元垂直方向堆叠。对光刻工艺的需求从尺寸微缩转向了更为复杂多样的图形形成。

2. 光刻工艺流程

如图 3.1 所示,光刻工艺流程可以简要分为 6 个步骤[2]。

(1) 晶圆处理与旋转涂胶(coat)。在光刻之前,晶圆会经历一次湿法清洗和去离子水清洗,目的是去除污染物。清洗完毕后,晶圆表面需要经过疏水化处理,用来增强晶圆表面

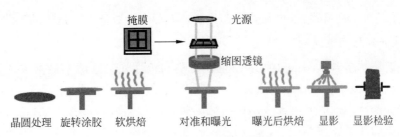

晶圆处理　旋转涂胶　软烘焙　　对准和曝光　曝光后烘焙　显影　显影检验

图 3.1　光刻工艺流程示意图

同光刻胶的黏附性。在干燥后,使用六甲基二硅胺烷(HMDS)经过成膜加工,以提高光刻胶与晶圆之间的黏附能力。在气体预处理后,光刻胶被均匀地涂覆在材料表面。涂覆过程采用旋涂法,将晶圆固定在真空载片台上并在晶圆表面滴一定量的液态光刻胶,然后利用旋转晶圆的方法,获得一个均匀的光刻胶涂层[3]。

　　(2) 软烘焙(prebake)。当光刻胶被旋涂在晶圆表面后,下一步便是曝光前的烘烤,也称为软烘焙。烘焙的目的是将光刻胶中的溶剂蒸发出来,从而改善光刻胶的黏附性,提高光刻胶的均匀性,以及在刻蚀过程中的线宽均匀性的控制。光刻胶溶剂会吸收光,如果不去除,会影响显影时的光刻胶固化过程。软烘焙能够改善光刻胶涂层的黏附力和平整性。另外,它可以改变光的扩散长度,因而可以调整工艺窗口。典型的软烘焙处理,是在 90～100℃的热板上进行 30s 热烘,然后在冷板上降温。

　　(3) 对准和曝光是两个独立的处理过程。对准过程需要将掩膜版对准已涂胶的晶圆的正确位置。此时的晶圆可能是空白晶圆,也可能已经有确定的图形。每层掩膜通过对准标记与上一层对齐,对准标记一般分散于每个芯片的划片线附近。对准后,通过曝光灯或其他辐射源对晶圆进行曝光,光能激活光刻胶的光敏反应,使其形态发生改变。曝光的方式有投影式、接近式和接触式。对于投影式曝光,掩膜版被移动到晶圆上预先设定的大致位置,然后由聚焦镜头将其图形通过光刻转移到晶圆上,对于接近式或者接触式曝光,掩膜版上的图形将由紫外光源直接曝光到晶圆上。

　　(4) 曝光后烘焙(Post Exposure Bake,PEB)。在曝光完成之后,光刻胶需要经过再一次烘焙,称其为后烘。目的是通过加热方式使光化学反应充分进行,曝光过程中产生的光敏感成分在加热的作用下发生扩散,并且同光刻胶产生化学反应,将原先不溶于显影液的光刻胶材料改变成溶于显影液的材料,在光刻胶薄膜中形成溶解于和不溶解于显影液的图形。将其放在 100～110℃的热板上进行短暂的曝光后烘焙,以增加光刻胶的化学反应速率,从而增加光刻胶的黏附力并降低驻波影响。

　　(5) 在后烘完成后,晶圆会进入显影(development)步骤。显影过程中,用化学显影剂溶解晶圆上光刻胶的可溶解部分。一般的显影流程依次为旋转、喷雾、浸润、显影,最后用冲洗剂冲洗后甩干。需要注意的是,正光刻胶和负光刻胶采用不同的显影液和冲洗剂。一般在显影过程后会进行一步硬烘焙,它和软烘焙具有一样的作用,即通过溶液蒸发来固化光刻胶,并使其与晶圆黏合得更牢固。这一步也被称为刻蚀前烘焙。

　　(6) 在显影和烘焙完成后对光刻胶进行质量检验,即显影检验(metrology)。曝光完成后,需要对光刻所形成的关键尺寸以及套刻精度进行测量。关键尺寸的测量通常使用扫描电子显微镜,而套刻精度的测量由光学显微镜和电荷耦合阵列成像探测器承担。找出光刻胶质量有问题的晶圆,收集工艺性能及工艺数据。在这一步中被分拣出的不合格晶圆可以进行去胶,并退回光刻步骤,这也是整个芯片制造流程中少数能进行返工的工艺步骤。

3. 正性光刻与负性光刻

光刻工艺主要包含了图 3.2 所示的正性光刻和负性光刻这两个最基本的工艺技术种类。正性光刻中,显影后留在晶圆表面的光刻胶显示与掩膜版一致的图案。在负性光刻中,经过显影留在晶圆表面的光刻胶表示出与掩膜版相反的图形。两者的最根本区别,在于其使用的光刻胶的化学特性不同[4]。

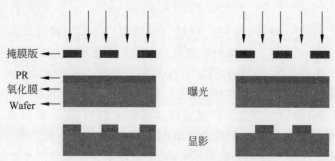

图 3.2　正性光刻与负性光刻示意图

负性光刻的曝光过程中,受到光照的光刻胶会硬化并变得不溶于溶解剂。被掩膜版图像遮盖不被光照的部分则在随后的显影过程中被溶解剂冲洗掉,从而产生了与掩膜版图像相反的图形。负性光刻是半导体工艺中最早被应用的光刻技术[5]。

正性光刻工艺中,光刻胶在曝光前就进行硬化处理。曝光时,受光照的光刻胶产生光化学反应,可以在显影液中软化并溶解。受掩膜版遮挡的部分不溶于显影液而被保留,显示与掩膜版图案一致的图形。

传统负性光刻胶在显影时,溶剂会引起曝光区域泡胀,使图形变形,这会严重影响极细小图形光刻的精确度。而正性光刻胶的未曝光区域不会受到显影溶剂的影响,光刻图形可以保持良好的形状和线宽。且正性光刻胶具有更好的对比度,能够更好地区分亮区和暗区,形成陡直的侧墙。所以,20 世纪 70 年代后正性光刻胶逐渐变成亚微米级光刻的主流光刻胶。

3.1.2　刻蚀工艺

刻蚀是指利用物理化学方式,选择性地去掉晶圆表层上的物质的工艺流程。刻蚀从工艺角度可以划分为干法刻蚀和湿法刻蚀,从刻蚀材料角度可划分为硅刻蚀和介质刻蚀等,又可以区分为有图案刻蚀和无图案刻蚀。本节主要介绍干法刻蚀。

干法刻蚀指利用等离子体化学反应或轰击材料表层完成的刻蚀。前置的光刻工艺在晶圆表面留下一层有图形的光刻胶层。等离子体在光刻胶层没有覆盖的区域,与晶圆表面发生化学或物理反应,以去除图形窗口下的材料。材料被刻蚀出的图形的侧壁形态,称为刻蚀剖面。以不同的刻蚀剖面,可以将刻蚀进一步区分为各向同性刻蚀与各向异性刻蚀,如图 3.3 所示。各向同性刻蚀过程在各个方向上具有相同的刻蚀速率,其剖面易出现钻蚀特征,导致线宽损失。各向异性的刻蚀在各个方向上有着不同的刻蚀速率。高各向异性的刻蚀过程可以在垂直刻蚀晶圆时仅形成微小的侧向刻蚀,以形成垂直的侧壁。湿法刻蚀本质上是各向同性的刻蚀方式,而干法刻蚀可以是各向同性或各向异性的,其刻蚀形状由等离子体、设备和参数决定。

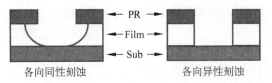

图 3.3 各向同性刻蚀与各向异性刻蚀

各向异性的干法刻蚀利用物理和化学混合作用机理,使用强电场加速带电粒子轰击晶圆表面可以去除材料,并调节等离子体条件和气体组成来实现各向异性。除高各向异性以外,这种刻蚀方法的主要好处有:良好的特征尺寸(Critical Dimension,CD)和刻蚀剖面侧壁控制、光刻胶不容易产生脱落或粘连、片内及片间较好的一致性等。

但混合作用机理干法刻蚀也具有其缺点。如图 3.4 所示,非均匀等离子体会产生陷阱电荷,导致薄栅氧化硅击穿。高强度的离子冲击会在刻蚀图形底部导致结晶缺陷和污染物质注入。此外,随工艺复杂度升高,成本也随之增加。

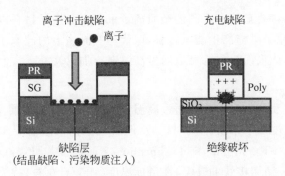

图 3.4 干法刻蚀缺陷示意图

3.1.3 外延生长工艺

外延生长是在单晶衬底上沉积薄单晶层的过程,沉积层称为外延层。外延层和衬底材料一样的情况称作同质外延,如不同则称作异质外延(如在硅衬底上生长氧化铝)。外延层生长可采用多种方式进行,如固相外延、气相外延、液相外延、分子束外延、金属有机 CVD 等。3D NAND Flash 中外延技术主要用于单晶硅的外延生长。生长硅外延的主要方式是气相外延。在生长外延前,必须清除晶圆表面的自然氧化和杂质,以获得洁净的表面。外延沉积时,在高温晶圆表面通过反应气体,高温驱动了气体在晶圆表面发生反应。气体反应中产生的沉积原子在晶圆表面移动,在某些位置与晶圆表面原子以同样的晶向成键。

硅外延生长过程如图 3.5 所示,工艺中常用的气体源有 $SiCl_4$、SiH_2Cl_2(DCS)、$SiHCl_3$(TCS)。沉积温度为 1050~1250℃。几乎所有的硅外延都采用 SiH_xCl_{4-x}($x=1,2,3$)与 H_2。反应气体

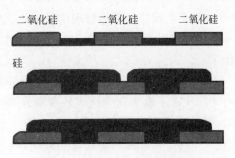

图 3.5 硅外延生长过程示意图

的氯含量较少时,反应温度可以相应地降低。

随外延工艺发展,产生了选择性外延生长(Selective Epitaxial Growth,SEG)技术。在 SEG 中,晶圆上有氧化物或氮化物隔离出的限定区域,外延层直接生长在限定区域底部暴露的晶圆表面上。

3.1.4 离子注入/快速热处理

1. 离子注入

离子注入(implant)是将离子通过电场加速后掺入材料中的掺杂技术[6]。本征硅的导电性很差,只有通过掺杂少量杂质来调节其能带结构与导电性,才能使其发挥半导体作用[7-9]。杂质掺杂主要有以下两个方法。

(1) 热扩散法是指通过高温驱动杂质穿过材料的晶格结构的方法。

(2) 离子注入是指利用离子束轰击材料,使杂质进入材料内[10]的方法。离子注入能够通过调整注入剂量、注入角度和注入能量来精确控制掺杂的范围、深度和浓度。且因低温工艺,避免了高温带来的杂质不可控扩散。

离子注入工艺的主要缺陷在于高能杂质离子束轰击会损坏材料内部晶格结构。高能离子进入晶格,与晶格原子碰撞产生能量转移,取代一些晶格上的硅原子。这种过程也称为辐射损伤。大部分的晶体辐射损伤都可以通过高温退火加以修补[11-17]。

2. 快速热处理

晶体损伤的修复和杂质激活可以通过高温过程来实现。可以使用高温炉管退火,将温度控制在杂质扩散温度以下来防止横向扩散,但炉管工艺一般需要 15~30min。快速热处理过程中,快速热退火(Rapid Thermal Annealing,RTA)工艺可以在数秒内完成表面损伤修复过程[18-19]。RTA 使用极快的升温,在目标温度(1000℃左右)持续很短的时间来完成晶格缺陷修复和杂质激活,降低杂质扩散长度。

此外快速热处理过程还包括快速热氧化(Rapid Thermal Oxidation,RTO)和尖峰退火(Spike Anneal,SPIKE)。

3.1.5 炉管工艺

在半导体制造业中,炉管(furnace)有多种重要用途。根据炉管功能可以分为常压管、低压管和超高压管。常压管和超高压管一般为超高温管,可以执行氧化、退火、扩散、常压化学气相沉积(Atmospheric Pressure Chemical Vapor Deposition,APCVD)和金属有机物 CVD 等工艺操作。低压管用于低压化学气相沉积(Low Pressure Chemical Vapor Deposition, LPCVD)和原子层沉积(Atomic Layer Deposition,ALD)工艺。本节主要介绍炉管中的沉积工艺。

半导体制造工艺中大多数的薄膜都是由 CVD 技术制成的。CVD 要求来自外部源的反应物在气态下发生化学反应或高温分解,其反应过程需要额外的热源,用于加热反应腔或晶圆,提供反应所需的能量。

CVD 过程存在同类反应和异类反应。在晶圆表面或非常靠近晶圆表面部分的区域发生的反应为异类反应。而在远离晶圆表面的区域发生的反应为同类反应。同类反应会导致反应产物黏附性小,导致薄膜密度低,缺陷多。在 CVD 异类反应中,反应气体先被输送到晶圆表面上方区域。在此处,反应气体发生气相反应并生成膜先驱物。膜先驱物黏附在晶圆表面,并继续向着膜生长方向扩散。膜先驱物在晶圆表面发生化学反应,生成沉积物质和反应副产物。反应副产物会被吸除并从反应腔出口被排出。

　　如图 3.6 所示,CVD 反应是一个有序的过程,反应的各个环节按照时序依次进行。因此反应中最慢的反应过程会决定整个反应的速度。温度增加会导致表面化学反应加快,但是却并不影响反应气体输送到晶圆表面这部分过程的速率,这称为质量传输限制沉积。因而高温高压的沉积过程一般都是质量传输限制的。在这种条件下,晶圆表面总是没有充分的反应气体。而在非高温低压的反应条件下,表面化学反应速率降低到低于气体传输速率,此时表面反应速率就会影响整个反应的速度,称为反应速度限制 CVD 工艺或动态控制CVD 工艺。动态控制工艺需要确保沉积区各部分反应速率一致以获得均匀的沉积薄膜,因此温度一致性的控制尤为重要。

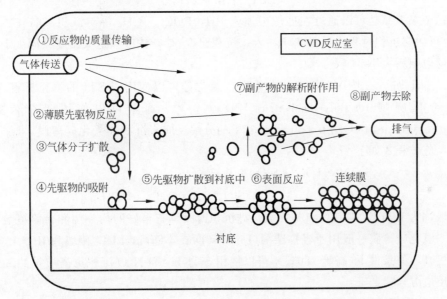

图 3.6　CVD 反应流程

　　影响沉积薄膜均匀性的重要因素:一为表面反应速率;二为气体的输运速率,即气体从反应气体流到晶圆表面的扩散速率。晶圆表面极薄的一层中的气体分子由于摩擦力作用,扩散速度会大大减小,使得底层分子与上层分子间产生气体流动边界层。当边界层极薄时,也可看作气体分子停滞在晶圆表面,称为停滞层。这将影响不同 CVD 工艺的设计。

　　LPCVD 反应中,晶片表面边界层中的分子密度降低,反应气体通过边界层扩散到材料表面的速率会显著增加,同时副产物排出的速率也会增加。CVD 的反应速率受表面化学反应速率限制,反应腔内的气体输运条件不再重要。只要使晶圆表面温度均匀以保证表面反应速率一致性,便可以获得均匀的沉积膜。因此可以优化 LPCVD 的反应腔设计,将晶圆密集堆叠,以提高产量。由于边界层分子密度降低,沉积过程中反应气体会与晶片发生大量无序碰撞,有助于形成均匀致密的薄膜。相较于常压 CVD,LPCVD 在高深宽比的沟槽上有更好的表现,具有良好的台阶覆盖能力[20]。

以下举例说明 LPCVD 的多种应用。

(1) 氮化硅。氮化硅(Si_3N_4)可以抑制杂质扩散,常被用作晶圆的钝化保护层,也在 STI 等工艺中被用作硬掩膜。一般使用二氯二氢硅($SiCl_2H_2$)和氨气(NH_3)在 $700\sim800℃$ 下 LPCVD Si_3N_4 薄膜。其反应方程式如下:

$$3SiCl_2H_2 + 4NH_3 \rightarrow Si_3N_4 + 6HCl + 6H_2 \tag{3.1}$$

也可以使用硅烷和氨气在常压下沉积氮化硅薄膜,但均匀性较差。

(2) 多晶硅。掺杂后的多晶硅因其电阻大小可控,与二氧化硅界面特性优异,且与高温工艺有很好的相容性,被用作栅电极。一般通过 $575\sim650℃$ 下硅烷的热分解反应,使用 LPCVD 多晶硅。反应气体为纯硅烷或 $20\%\sim30\%$ 硅烷与氮气的混合气体。惰性气体用于改善沉积膜的均匀性。反应方程式如下[21]:

$$SiH_4 \rightarrow Si + 2H_2 \tag{3.2}$$

沉积掺杂多晶硅可以通过在硅烷中加入 PH_3、$POCl_3$、B_2H_6 等对沉积多晶硅实现原位掺杂,也可以在沉积过程之后做离子注入。沉积温度、掺杂浓度和退火温度共同决定了掺杂多晶硅的电阻率大小。

(3) 二氧化硅。LPCVD 掺杂或非掺杂二氧化硅可以使用于 STI 的填充材料、侧墙或 Poly 间介质层(Inter-Poly Dielectric, IPD)等[22-23]。通常可以使用四乙氧基硅烷(Tetraethoxysilane, TEOS)在 $650\sim750℃$ 下的分解反应来沉积二氧化硅薄膜,可加或不加氧气。反应方程式如下[20]:

$$Si(OC_2H_5)_4 \rightarrow SiO_2 + 副产物 \tag{3.3}$$

$$Si(OC_2H_5)_4 + O_2 \rightarrow SiO_2 + Si_1(OH)_m(OC_2H_5)_n \tag{3.4}$$

这种方法称为 LPTEOS,其优点是二氧化硅沉积薄膜具有很好的均一性和台阶覆盖率。其制造的二氧化硅薄膜一般用于轻掺杂漏(Lightly Doped Drain, LDD)侧墙和 IPD。

在更高温的条件下(高于 780℃),可以使用 $SiCl_2H_2$ 和 N_2O 沉积更高质量的二氧化硅薄膜。反应方程式如下:

$$SiH_2Cl_2 + 2N_2O \rightarrow SiO_2 + 2N_2 + 2HCl \tag{3.5}$$

这种方法称为高温氧化(High Temperature Oxide, HTO),使用 HTO 的二氧化硅薄膜具有更好的均匀性,但过高的温度会对晶圆的热预算造成威胁,且使用了有毒气体。其制造的二氧化硅薄膜一般用于侧墙隔离氧化层[24]。

3.1.6　其他薄膜工艺

1. ALD

随着芯片尺寸微缩,CVD 也随之改变,逐步进化为基于 CVD 工艺方法的 ALD 工艺,加入了脉冲调制技术[25-26]。反应气体被交替脉冲式地引入反应腔,不同气体之间使用吹扫气体进行分隔。第一种反应气体扩散并化学吸附在沉积区材料表面,此时通入惰性气体清洗反应腔,再通入第二种反应气体。两种前驱体在材料表面发生化学反应,形成沉积原子层。这个过程一直持续到第一种前驱体被完全反应。

ALD中,每一次沉积步骤只沉积一层原子,其控制十分精确,其生产的薄膜在极小的厚度下依然有极高的致密性和均匀性。

2. Plasma CVD

等离子体辅助CVD在真空反应腔内使用射频功率使反应气体分子分解产生等离子体,等离子体进一步形成薄膜前驱体并吸附到晶圆表面[27]。由于其具有很高的化学活性,更容易与原子键合,形成连续的表面沉积膜。等离子体辅助CVD可以实现更低的(小于450℃)工艺温度,且其形成的沉积膜有很好的致密性和台阶覆盖率,对于高深宽比的形状有很好的填充能力[28]。

等离子体辅助CVD主要分为两类工艺:等离子体增强CVD(Plasma-Enhanced Chemical Vapor Deposition, PECVD)和高密度等离子体CVD(High Density Plasma Chemical Vapor Deposition, HDPCVD)。

1) PECVD

PECVD工艺依赖等离子体能量进行CVD过程[29]。图3.7所示的PECVD的反应腔压强与LPCVD相似,而反应温度远低于LPCVD,因而PECVD有更加广泛的应用场景[30]。例如在使用氮化硅取代氧化硅做钝化层时,PECVD就起到了重要作用。LPCVD中氮化硅的沉积温度大约为800℃,远远超过铝的熔点(660℃),显然无法在铝上沉积氮化硅。而PECVD可以实现在350℃左右沉积氮化硅。

PECVD一般的反应物为硅烷或TEOS,反应可以沉积二氧化硅、氮化硅和氮氧化硅。

PECVD二氧化硅使用硅烷(SiH_4)和一氧化二氮(N_2O)在等离子体状态下反应沉积二氧化硅,其反应方程式如下[31]:

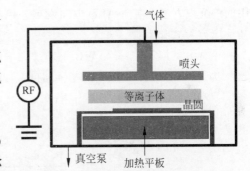

$$SiH_4 + 2N_2O \rightarrow SiO_2 + 2N_2 + 2H_2$$
$$(3.6)$$

此外也可以使用TEOS沉积二氧化硅,称为PETEOS。其沉积速率较高,但PETEOS填充窄的间隔形状时易产生不可预见的空洞,需要和HDPCVD配合使用以避免后续刻蚀工艺中出现点蚀问题[32]。

图3.7 PECVD反应腔结构及工作原理示意图

PECVD氮化硅一般作为钝化层在芯片制造的最后被沉积。PECVD氮化硅沉积薄膜的组分是非化学计量配比的,其中含有一定量的氢,有时写作$Si_xN_yH_z$。通常使用硅烷和氮气或氨气在等离子体态下进行反应,其反应方程式如下:

$$SiH_4 + NH_3 \rightarrow Si_xN_yH_z + H_2 \tag{3.7}$$
$$SiH_4 + N_2 \rightarrow Si_xN_yH_z + H_2 \tag{3.8}$$

相较于氨气,氮气可以降低沉积膜中的氢含量,但氮气较难离化形成等离子体。目前的氮化硅沉积工艺一般会混合两者作为反应气体。

PECVD也可以沉积氮氧化硅,一般使用一氧化二氮(N_2O)和氮化硅(Si_3N_4)混合气体,反应温度在250℃左右。

2）HDPCVD

高密度等离子体 CVD 是将反应气体分解成等离子体,并在低压下使其保持高密度状态被输运到晶圆表面,以沉积薄膜的方法[33]。HDPCVD 的反应温度与 PECVD 相当,但 HDPCVD 可以填充更高深宽比的间隙而不产生空洞。

3. 金属沉积工艺

金属沉积层在过去的半导体制造中最主要的功能是作为表面连线。而 3D NAND Flash 的 3D 多层堆叠结构使金属有了更多应用场景,如阻挡层、中间层、存储单元的栅极、通孔与接触孔填充物等。

金属的沉积方法主要有溅射法(Physical Vapor Deposition,PVD)[34]、金属 LPCVD 工艺和双大马士革电镀工艺。

半导体制造早期的金属工艺使用物理气相沉积方法。最初由蒸发工艺实现,由于蒸发工艺台阶覆盖率差,无法形成深宽比较大的连续薄膜,且对沉积材料有诸多限制,最终被溅射法完全取代。溅射工艺同样属于物理气相沉积方法,这种工艺使用高能粒子撞击靶材,被撞击出的材料原子迁移至晶圆表面,沉积成薄膜。沉积工艺可以处理高温熔化和难熔金属,并可以保持复杂合金材料的组分。

相较于 PVD,金属 LPCVD 可以处理高深宽比的通孔和接触孔的填充,在 3D NAND Flash 中广泛应用于钨填充工艺,其原理如图 3.8 所示。目前在 3D NAND Flash 制造中所采用的钨沉积方法正在向 ALD 方向发展。钨沉积中的反应气体主要采用六氟化钨(WF$_6$)[35],其反应方程式如下:

$$WF_6 + B_2H_6 \rightarrow W + BF_3 + H_2 + HF \qquad (3.9)$$

$$WF_6 + SiH_4 \rightarrow W + SiF_4 + H_2 + HF \qquad (3.10)$$

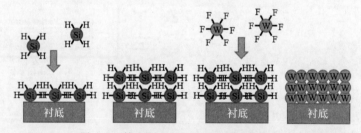

图 3.8 钨金属 LPCVD 反应原理示意图

另外,还可以通过 WF$_6$ 和 H$_2$ 的反应有选择性地将钨沉积在铝或其他材料上:

$$WF_6 + 3H_2 \rightarrow W + 6HF \qquad (3.11)$$

3.1.7 湿法工艺

湿法工艺在半导体工艺早期有大量的应用,但随着干法刻蚀技术的发展,大部分湿法工艺步骤都已经被干法刻蚀所取代。但湿法工艺在去除残留物,表层剥离等方面仍是不可替代的。湿法工艺分为两个主要的种类:刻蚀(etch)和清洗(clean)。

湿法刻蚀技术是一个纯粹的化学反应过程,在刻蚀过程中主要采用材料之间的化学反应,采用相关的化学药水进行腐蚀,并且其具有较高的选择比,通常不产生衬底损伤,但是其属于各向同性刻蚀,形状控制难度很大。虽然现在对于湿法刻蚀不如以前普遍,其还应用于一些非关键尺寸的刻蚀。湿法刻蚀一般由三个步骤组成,第一步,刻蚀剂扩散到硅晶圆片表面;第二步,与暴露的膜发生化学反应生成可溶解的副产物;第三步,从硅晶圆片表面移除反应生成物。由于在湿法刻蚀过程中这三个反应都得发生,三个反应的速率还不相同,整体的反应速率由反应速率较慢的决定。然而通常情况下希望获得均匀的、受控良好的刻蚀速率,所以湿法刻蚀剂通常以某种方式进行搅动,以帮助刻蚀剂到达硅晶圆的表面,从而达到帮助去除刻蚀生成物的目的。

湿法刻蚀主要用于剥离表面光刻胶或表层的掩蔽层材料,如氮化硅、氧化硅等,在 3D NAND Flash 工艺中也可用于排除背面氮化物与氧化物。在湿法反应液体的选择上,一般使用热磷酸(H_3PO_4)排除氮化物,使用热硫酸(H_2SO_4)和过氧化氢(H_2O_2)处理光刻胶。此外氢氧化铵(NH_4OH)和氢氟酸(HF)也是常用的反应液体。通常使用浸泡或喷射的方法来实现湿法刻蚀。湿法刻蚀主要存在的问题为过刻蚀或刻蚀不足产生残留。由于其为各向同性刻蚀,易产生钻蚀而使刻蚀剖面轮廓不符合要求。

传统工业标准湿法清洗(RCA)[36]主要用于去除晶圆表面的微粒、残余、金属颗粒[37]与有机物离子等[38],也用于光刻和炉管工艺中的表面预处理。常用的清洗液有 SC1[39]和 SC2。SC1 由氢氧化铵、过氧化氢和去离子水组成。SC2 由盐酸、过氧化氢、去离子水组成。二者都是以过氧化氢为基础,使用温度为 80℃左右。SC1 为碱性溶液,用于去除微粒和有机物离子。SC2 主要用于去除表面金属杂质和部分有机杂质。RCA 的主要问题为超纯水和清洗液体的大量使用对生产安全造成威胁,其产生的蒸汽也会增加净化间排放系统的负担[40]。目前的湿法清洗在 RCA 的基础上改变了清洗液的组分,可以使用稀释的化学清洗剂实现低温清洗。

3.1.8　化学机械平坦化

化学机械平坦化(Chemical-Mechanical Polishing,CMP)是一种通过磨料对晶圆表面进行抛光的全局平坦化过程[41]。CMP 设备一般称为抛光机,其工作时使用载片头将晶圆面向抛光垫固定,磨料喷头向抛光垫喷洒磨料,同时转盘带动抛光垫转动,载片头施加压力使晶圆靠近抛光垫以完成平坦化,具体如图 3.9 所示。CMP 可以通过不同设计的磨料和抛光垫,均匀地将晶圆表面抛去一定厚度。

单纯的机械打磨不可避免地会在晶圆表面留下擦伤。与之不同,CMP 是化学反应和机械作用的结合,其使用的磨料除研磨剂外还包含反应液体。CMP 通过磨料与表面材料发生的化学反应,使表面材料变得易于去除,再通过研磨剂和研磨垫作用将表面材料机械磨除。

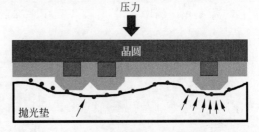

图 3.9　CMP 工艺中晶圆与研磨垫相对关系与工作原理示意图

CMP 最初应用于氧化硅抛光上,这也是最广泛应用的平坦化工艺,其主要利用的是表面水合作用。用于氧化物的磨料一般为含有精细硅胶颗粒的氢氧化钾(KOH)或氢氧化铵

（NH₄OH）碱性溶液。如图 3.10 所示，在打磨过程中，硅与磨料中的氢氧键键合，降低了二氧化硅的硬度，且表面水合的二氧化硅经过摩擦，温度升高，使其硬度进一步降低，最终被磨料中的研磨剂机械打磨掉。

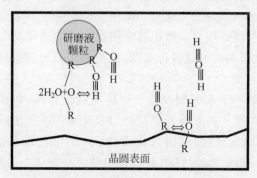

图 3.10　氧化物 CMP 中的水合作用

金属 CMP 与氧化物 CMP 的工作机理不同。金属 CMP 过程中的化学反应为氧化反应。使用有氧化性的磨料将表层金属氧化为硬度较低的氧化物，再通过机械打磨将其去除。使用的磨料因金属而异。对于金属钨一般使用过氧化氢与精细氧化铝或硅胶粉末混合物。

CMP 设备通过光学干涉终点检测来控制抛光厚度。表层材料变化或厚度改变时，光的反射角度也随之改变，光学干涉终点检测测量经过表层材料的反射光间的干涉以确定膜层厚度的变化。

3.2　3D 存储器工艺集成

目前 3D NAND Flash 技术主要分为三种，第一种是外围电路在存储阵列旁（Peripheral Circuit Nearby Cell，PNC）的架构如图 3.11（a）所示的，外围电路和存储单元在同一平面，由于存储单元制备过程中存在许多关键的高温工艺，因此，外围电路需要采用耐高温、耐高压的晶体管，进而限制了芯片的 I/O 速度。在 PNC 架构中，随着堆叠层数增加，外围电路所占芯片面积比例增大，芯片面积利用率降低。

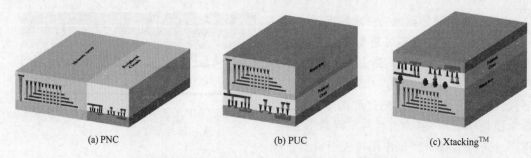

(a) PNC　　　　　　　　(b) PUC　　　　　　　　(c) Xtacking™

图 3.11　PNC、PUC 和 Xtacking™ 架构示意图

第二种是外围电路在存储阵列下方（Peripheral Circuit Under Cell，PUC）的架构[42]如图 3.11(b)所示，由于外围电路面积增大，该架构可以将更多的读出放大器和页缓冲器电路

放入到外围电路中,从而实现更高数据传输速率[43]。然而,在进行存储单元制备工艺时,PUC 架构中外围电路依然需要经受高温工艺,同样面临与 PNC 架构相同的问题。随着堆叠层数的继续增加,外围电路面积继续增大,采用增加读出放大器和页缓冲器电路数量带来的数据传输速率优势将会显著降低。该技术目前主要由三星、美光、SK 海力士等厂商使用进行 3D 集成工艺。

第三种是国内厂商长江存储所采用的混合键合(hybrid bonding)工艺,将存储阵列与 CMOS 电路分别在两片晶圆上制造,然后通过键合工艺完成两片晶圆的 3D 集成,这项技术被称为晶栈(Xtacking^{TM})。

2018 年,长江存储提出了 Xtacking^{TM} 架构(如图 3.11(c)所示),为彻底解除存储单元高温工艺对外围电路的影响提供了解决方案[44]。不同于国外厂商的 3D NAND Flash 工艺技术,这种新颖的 3D NAND Flash 架构由数百万对小间距金属柱将存储阵列和外围电路键合形成,存储单元芯片与外围电路芯片采用独立工艺,同时释放二者潜能。外围电路不再受高温工艺影响,可采用更先进制程的逻辑电路,芯片传输速度可以显著提高。相对于 PUC 架构,Xtacking^{TM} 架构可以支持 3D NAND Flash 实现更高层数的堆叠。此外,Xtacking^{TM} 架构的模块化设计更加快了产品的研发过程和生产周期。

接下来,对 PNC 架构制造的工艺流程进行简要介绍,本节依次从存储阵列的外围电路模块、NO 叠层模块、台阶模块、沟道孔模块、栅隔离槽模块、接触孔模块以及后段工艺进行介绍。

3.2.1　外围电路模块

3D NAND Flash 中的核心部件是垂直方向上堆叠的存储单元,同时为了保证核心存储单元阵列可以很好地工作,还需要外围电路的配合。PNC 架构的 3D NAND Flash 中,首先完成的是外围电路的制造。

3D NAND Flash 由于其特殊的结构,导致其主要的电学操作(编程/擦除)都需要在高压环境下进行。为了给 3D NAND Flash 的存储单元施加特定电压,需要外围的各种器件通过复杂的电路完成相关的供压操作。这些电路所在的区域即称作 3D NAND Flash 存储器的外围电路区(periphery)。对于外围电路,主要的器件是各类的 MOSFET(包括各类高压管和低压管),并通过多步工艺完成 MOSFET 集成。

3D NAND Flash 中的外围电路主要包括输入输出模块、状态控制模块、高压生成模块、数据通道模块等,除此之外从还包括为高压生成模块和读出放大器提供基准电压、电流的基准生成模块、为高压生成模块提供基本时钟的晶振单元等其他模块。其中 I/O 模块包括输入输出端口、串行输入单元、串行输出单元,主要完成存储器对外沟通工作;状态控制模块负责接收外部发来的操作请求,并调配译码器、读出放大器等进行相关操作;高压生成模块负责生成各类操作时存储单元各端口所需操作电压,高压生成模块主要是由电荷泵电路组成,对存储单元进行电学操作通常需要大于 15V 的高压环境,这远高于存储芯片的电源电压,所以必须通过电荷泵电路产生相应的高压信号;数据通道由译码电路和读出放大器组成,负责将操作电压输送到指定的存储单元各端口并将信息输送到输出端口。

高压系统中的基本构件包括电荷泵(charge pump)、读调节器(read regulator)、双电源电压调节器(double-supply voltage regulator)、电压参考(voltage reference)、内部电源电压调节器(internal supply soltage regulator)和高压开关(high voltage switch)。电荷泵的主要作用是为存储器提供足够高的可以进行电学操作的电压;读调节器可以通过带隙技术产生精确参考电压,通过将参考电压施加到存储单元上,进行编程后的验证操作和读操作;双电源电压调节器的作用是在电荷泵产生高电压后对其进行滤波,为编程/擦除操作提供合适的电压;带隙基准电路被广泛应用于 NAND Flash 中,为编程/擦除操作中的电压提供电压参考;在许多 NAND Flash 器件中,外部电源电压 V_{DD} 并未直接应用于所有电路,其中一些由内部电源(V_{int})供电,并经过适当的内部电源电压调节器滤波;如上文所述,NAND Flash 需要多个高电压,许多电路会使用不同电路产生的高电压,因此必须要由高压开关控制高压电源的传递。

在 3D NAND Flash 中的外围电路中,需要把高压晶体管和低压晶体管集成在同一衬底上,为了便于高低压 MOS 器件兼容集成,通常采用具有漂移区的偏置栅结构的高压 MOS 器件。改变漂移区的长度、宽度、结深以及掺杂浓度等,可以得到 $100\sim700\mathrm{V}$ 的高电压或更高。与传统 MOSFET 不同,偏置栅 MOS 的栅与漏极保持一段距离,在这段距离内由离子注入形成一个深的浅掺杂 N 型区或浅掺杂 P 型区,这段区域也被称为漂移区或漏极延伸区。在源漏电压高时,漂移区全部耗尽,承受高电压;在源漏电压低时,漂移区表现为一个电阻,提供电流通路。一般来说,漂移区越长,击穿电压越高。

图 3.12 为典型的现代 CMOS 逻辑电路芯片结构(以 65nm 节点为例),包括 CMOS 晶体管与多层互连。工业界中常用的衬底为 P 型硅或者绝缘体上硅(Silicon On Insulator,SOI)。图 3.12 给出的 CMOS 晶体管结构的局部放大图中包括了多晶硅栅、硅化物栅叠层、源漏结、栅氧化层等细节。MOS 晶体管在上面由多层金属完成互连,一般金属为 Cu,互连结构中最上面两层金属较厚,通常用于无源器件的制造(比如电感或电容),顶层的铝层主要用于制造封装用的键合焊盘。

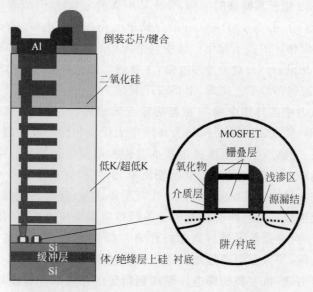

图 3.12 现代 CMOS 逻辑电路芯片结构示意图

3D NAND Flash 外围电路工艺首先形成 STI,用于分离 NMOS 和 PMOS 区域,防止产生闩锁(latch)效应。然后形成 N 阱区域(对于 PMOS 晶体管)和 P 阱区域(对于 NMOS 晶体管),并分别对阱区域进行选择性注入掺杂。然后为 NMOS 和 PMOS 纳米集成电路制造工艺,PMOS 晶体管生长栅氧,接下来形成多晶栅层叠。多晶栅层叠图形化以后形成再氧化,补偿和主隔离结构,接着完成 NMOS 和 PMOS 的 LDD 和源/漏注入掺杂。之后,沉积一层介质层,通过图形化、刻蚀和钨塞(W-plug)填充形成接触孔。至此,NMOS 和 PMOS 晶体管已经形成了,这些工艺步骤通常被称为前段制程(Front End of Line,FEOL)。然后通过单镶嵌技术形成第一层金属铜(Metal1,M1),其他的互连通过双镶嵌技术实现。

对于需要集成高压晶体管和低压晶体管的 3D NAND Flash 的外围电路,为了保证高压器件和低压器件的器件性能,一般的制造流程为进行两次栅氧化。首先生长较厚的高压器件栅氧化层,然后进行光刻,保留高压栅氧化层,去除其他部位的氧化层。之后再进行第二次栅氧化,生成低压器件的栅氧化层,同时高压器件栅氧化层也略有增厚。这样就得到了高压和低压不同厚度的栅氧化层。

在前段制程完成之后,会通过单镶嵌技术形成第一层铜(Metal1,M1),其他的互连通过双镶嵌技术实现。后段制程(Back End Of Line,BEOL)通过重复进行双镶嵌技术实现多层互连,接下来介绍外围电路模块的具体工艺步骤。

1. 浅槽隔离

图 3.13(a)为硅衬底的横截面,图 3.13(b)为 STI 形成后的外围 CMOS 器件的横截面。标签 SiO_x 代表通过 CVD 工艺沉积的氧化硅。关于图 3.13(b)中 STI 的形成工艺,具体工艺为首先对硅衬底进行热氧化(也被称作初始氧化,Initial-OX),紧接着沉积一层氮化硅。完成上述步骤后进行光刻。氮化硅和初始氧化层会通过离子干法刻蚀的方法去除,去掉光刻胶后完成硅衬底的刻蚀,露出的氮化硅充当刻蚀的硬掩膜,通过离子刻蚀在硅衬底上刻蚀出浅槽,使刻蚀产生的沟槽图形具有更好的分辨率。清洗后使用热氧化在刻蚀出的沟槽中生长一层氧化物衬垫,使用高密度等离子体化学气相沉积(High Density Plasma CVD,HDPCVD)填充沟槽。使用快速热退火(Rapid Thermal Anneal,RTA)可以使沉积的二氧化硅更坚实。填充 HDP 二氧化硅通常会稍高出平面,需要使用 CMP 让晶圆表面平坦化。最后去除沉积的氮化硅和初始氧化层,并生长一层牺牲氧化层。至此即完成 STI 的工艺步骤。

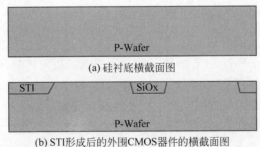

(a) 硅衬底横截面图

(b) STI形成后的外围CMOS器件的横截面图

图 3.13　浅槽隔离

2. 阱和沟道的离子注入

第二步是 NMOS 和 PMOS 的阱和沟道离子注入。图 3.14 为两种离子注入后 CMOS 的横截面。在这些步骤中使用了两个掩膜:一个用于 NMOS;另一个用于 PMOS。在完成 N 阱和 P 阱的工艺中,先在不需要注入的区域使用光刻胶进行保护,在暴露部分完成相应的离子注入,离子注入需要注意离子种类、离子浓度、注入能量、注入角度等相关参数。完成注入后去除光刻胶即完成阱的形成。实际上 N 阱和 P 阱的形成顺序对最终的晶体管性能影响很小,离子注入不仅仅用于阱的形成,同时也用于 PMOS 与 NMOS 阈值电压 V_{th} 的调整和防止穿通。需要注意的是,N 阱离子注入后需要使用快速热退火激活杂质离子推进离子注入深度。

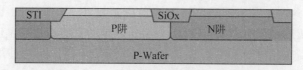

图 3.14　完成 P 阱与 N 阱的横截面

3. 栅极叠层

完成 N 阱和 P 阱的注入后,开始形成栅氧层与多晶硅栅,最终形成结构如图 3.15 所示。为了提高栅介质氧化层的质量,获得低界面态密度,需要使用湿法刻蚀去掉牺牲氧化层,再通过热氧化生长第一层栅氧层。使用热氧化方式形成的栅氧层具有高质量、低内部缺陷和低界面态密度的优点。在生长完栅氧化层后,随即完成多晶硅层沉积和掺杂,并沉积硬掩膜层。硬掩膜层主要由一层薄的 SiON 与 SiO_2 构成。在沉积栅叠层后,将硬掩膜光刻形成特定的图形,一般使用掩膜 Poly,然后去除光刻胶后,使用 SiON 和 SiO_2 作为硬掩膜刻蚀多晶硅栅。使用硬掩膜进行栅的刻蚀主要是为了得到比较规整的栅形状。栅的形状决定了晶体管沟道的长度,也决定了 CMOS 节点中的最小临界尺寸(pitch)。栅的形状在 CMOS 电路中对器件的特性有很大的影响,所以好的栅极形状是非常重要的。

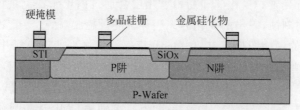

图 3.15　外围电路完成栅氧层与多晶硅栅横截面图

4. 补偿隔离与轻掺杂漏(LDD)工艺

完成栅氧层和多晶硅栅的刻蚀后,紧接着是完成补偿隔离。补偿隔离主要是为了隔开轻掺杂漏(Lightly Doped Drain,LDD)离子注入所引起的横向扩散,削弱由此引起的短沟道效应。具体工艺为在表面沉积一层薄的氮化硅或者 SiON,然后进行回刻蚀(即无掩膜刻蚀),只在栅的侧壁上形成一层薄的隔离。在补偿隔离完成后剩下的一层氧化层可以对栅极进行保护,这有利于后续工艺的进行,保证了器件的完整性。

随着工艺节点不断缩小,器件的栅长也不断减小,短沟道效应也愈发明显。为了有效防止短沟道效应,在集成电路制造工艺中引入了 LDD 工艺。工艺简要来说是晶圆清洗干净后,进行氧化,使用两个离子注入掩膜形成不同掺杂类型的 LDD:一个掩膜用于 NMOS,另一个掩膜用于 PMOS。LDD 工艺是 CMOS 集成电路进入亚微米后应用最广泛的技术,该技术很好地改善了沟道的电场分布,避免了在器件漏端的强场效应,在可靠性方面明显地提高了器件与电路的热载流子寿命。和 N 阱、P 阱一样,LDD 也分为 nLDD 与 pLDD 两种类型,该步骤有选择地对 NMOS 和 PMOS 进行漏极轻掺杂离子注入。LDD 结构如图 3.16 所示,在完成 LDD 离子注入后,需要采用尖峰退火。该步骤主要是为了消除在离子注入过程中对结构产生的缺陷影响,对缺陷进行修复,同时激活 LDD 注入的杂质。根据 Howard Chih-Hao 等的研究,nLDD 和 pLDD 离子注入的顺序和 RTA 的温度对结果的优化有重要影响,这主要是由横向的暂态扩散导致的[45]。

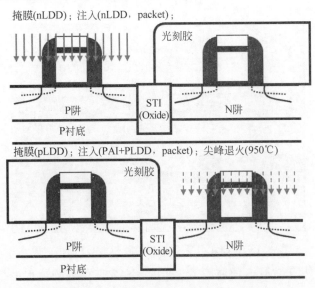

图 3.16 nLDD 与 pLDD 形成工艺图解

5. 侧墙主隔离

接下来是 CMOS 器件主隔离的形成。侧墙隔离的主要目的是防止后续的大剂量源漏注入过于接近沟道,导致沟道过短甚至源漏穿通(punch through)。首先在器件表面沉积 TEOS(是一种含氢类似氧化硅的氧化物)与氮化硅的复合层。TEOS 氧化层可以缓冲氮化硅的应力,同时作为氮化硅的刻蚀停止层。然后对该复合层进行离子回刻蚀以形成复合主隔离。在该步骤中形成的隔离的形状和材料可以减小 CMOS 晶体管中热载流子的退化。

6. 源漏注入

接着是源漏注入工艺。先要进行的是 n+源漏注入,在光刻完成 N 型晶体管区域后,对源漏进行等剂量的注入,其注入深度需要大于 LDD 的结深。同理,接下来完成 p+源漏注入,在 n+、p+源漏注入中,前程工艺所形成的侧墙起到了阻挡的作用。在完成离子注入后,需要 RTA 和尖峰退火来修复注入造成的缺陷损伤并激活在源漏区的杂质,注入的能量和剂量决定了源漏的注入结深,同时这些参数会影响晶体管的工作性能。一般来说,较浅的源漏结深(相比于 MOSFET 的栅耗尽层宽度)也会明显减小器件的短沟道效应。图 3.17 为完成源漏注入后的 CMOS 器件截面图。

外围电路前段工艺的最后一步是氮化硅线性沉积和非常厚(3mm)的氧化硅沉积作为金属沉积前的电介质层(Pre-Metal Dielectric,PMD),工艺完成后的外围 CMOS 横截面如图 3.18 所示。

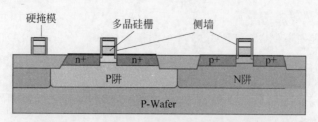

图 3.17 源漏注入后周边 CMOS 的横截面

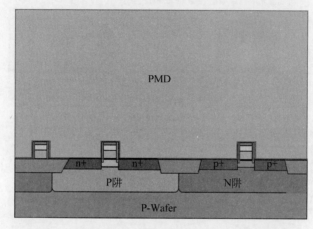

图 3.18 FEOL 工艺完成后,外围 CMOS 的横截面

  表 3.1 列出了外围 CMOS 的前段工艺步骤。在实际的外围流程中,工艺步骤比表 3.1 中列出的步骤要多。例如,输入/输出晶体管不同于传感器放大器晶体管。它们的工作电压不同,因此它们的栅氧化层厚度也不同,这就需要额外的掩膜步骤。它至少需要两个栅氧化过程。此外,由于结深和掺杂剂浓度的要求不同,它们的离子注入过程也不同,这也需要额外的离子注入和掩膜步骤。

表 3.1 外围 CMOS 工艺步骤

晶圆清洗	光刻胶去除	牺牲氧化层的氧化	光刻胶去除
垫氧化层	硬掩膜沉积	N 阱掩膜	侧墙介电质 CVD
氮化物沉积	栅掩膜	N 阱/P 沟道离子注入	电介质回刻
AA 掩膜	硬掩膜刻蚀	光刻胶去除	N-S/D 掩膜
氮化物刻蚀	光刻胶去除	P 阱掩膜	N-S/D 离子注入
光刻胶去除	硅/多晶硅刻蚀	P 阱/N 沟道离子注入	光刻胶去除
硅刻蚀	晶圆清洗	光刻胶去除	P-S/D 掩膜
晶圆清洗	N-LDD 掩膜	去除牺牲氧化层	P-S/D Ion 离子注入
氧化	N-LDD 离子注入	栅氧化	光刻胶去除
氧化物沉积	光刻胶去除	多晶硅/硅沉积	RTA
氧化物 CMP	P-LDD 掩膜	多晶硅掺杂	SiN 衬沉积
Strip Nitride & Pad Oxide/Clean	P-LDD 离子注入	多晶硅掺杂离子注入	PMD 沉积

3.2.2 NO 叠层模块

3D NAND Flash 作为固态硬盘的存储介质,其主要的功能是为了存储大数据时代下的大量数据信息,为了增大存储容量,3D NAND Flash 在结构上是通过增加在垂直方向上的堆叠层数来实现存储容量的提高。3D NAND Flash 在垂直方向的堆叠主要是利用多层薄膜沉积的形式实现,而且薄膜沉积主要应用于 3D NAND Flash 核心存储阵列区。

核心存储区域中制造 3D NAND Flash 单元是在外围区域的前段工艺完成后开始。首先进行刻蚀处理,去除厚的氧化物和氮化硅。由于该阵列太大,因此可以采用湿法刻蚀工艺;氢氟酸可用于氧化硅的刻蚀,热磷酸可用于氮化硅刻蚀。经过刻蚀、光刻胶去除和晶圆清洗后,阵列区域与外围区域过渡区的截面如图 3.19 所示。

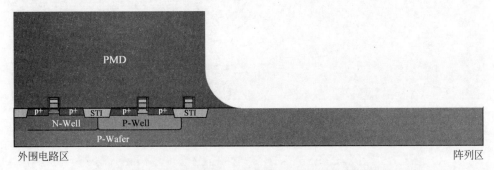

图 3.19 刻蚀后的阵列区与外围电路过渡区的横截面示意图

目前 3D NAND Flash 的多层薄膜沉积主流为两种方案,一种方案为氧化硅-氮化硅交替堆叠,其中氧化硅作为隔离层。氮化硅作为后续字线结构的替代层,会在后续的工艺中被金属替代。替代氮化硅的工艺一般使用磷酸刻蚀掉氮化硅层,然后在空隙层填充导电金属材料(常为钨)。字线需要的功能是在编程/擦除等操作中承受需要施加的电压。

多层薄膜沉积的另一种方案为氧化硅-多晶硅交替堆叠,该方法主要应用于浮栅结构中,该方案省去了氧化硅-氮化硅方案中氮化硅的刻蚀工艺,简化了工艺流程,节省了工艺成本。然而由于其字线结构采用的是多晶硅材料,电阻率较高,会影响电性操作延时。因此,在量产的产品中,通过缩小块尺寸降低延时。

本节主要介绍第一种沉积方案——氧化硅-氮化硅交替堆叠。在 NAND Flash 中,氧化硅作为隔离层,氮化硅作为字线替代层,一对氧化硅和氮化硅作为 NAND Flash 的一层电学存储,例如对于 64 层 NAND Flash,至少需要 64 对氧化硅-氮化硅叠层,该 64 层是作为核心存储区的叠层,另外还有多对作为上下选择管的叠层,其中一个下选择管位于底部,多个作为上选择管位于顶部。为了避免串扰,需要多个冗余层隔离选择管和存储单元。

在目前的主流工艺中,氧化硅-氮化硅叠层采用化学气相沉积(Chemical Vapor Deposition,CVD)法生成,通过交替沉积氮化硅和氧化硅实现多对 NO 堆叠。图 3.20 为 3D NAND Flash 存储器阵列区与外围电路过渡区沉积多层氮化硅-氧化硅薄膜后的截面示意图,图 3.21 为阵列区沉积多层氮化硅-氧化硅薄膜的工艺示意图。核心存储区是依靠层层堆叠的氮化硅-氧化硅叠层实现存储密度的增加的,该步工艺随着 NAND Flash 技术节点不断提升,也存在着很大的技术挑战。这些技术挑战包括:

（1）更高的堆叠层数更容易引起晶圆翘曲；

（2）多层氮化硅-氧化硅薄膜的厚度精确性和均匀性控制需求增大；

（3）需要具有较低的缺陷密度。

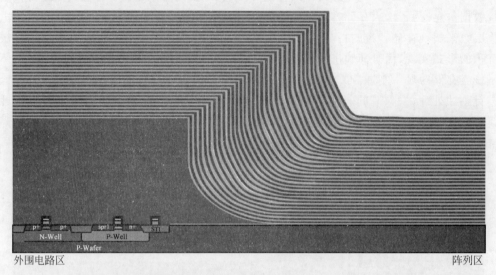

图 3.20　3D NAND Flash 存储器阵列区与外围电路过渡区沉积多层氮化硅-氧化硅薄膜后的截面示意图

图 3.21　3D NAND Flash 存储器阵列区沉积多层氮化硅-氧化硅薄膜工艺示意图

　　以下详述相关技术挑战的相关原理，3D NAND Flash 工艺从衬底开始，所遇到的第一个技术挑战便是 NO 薄膜叠层的堆积，使用 CVD 法在一片平整的晶圆衬底上生长几十层甚至上百层的堆叠薄膜，这个工艺过程可以用"千层饼"来类比。在堆叠这么多层后，由于薄膜之间是不同的材料，薄膜又是直接相接触的，因此会产生晶格失配，从而导致薄膜发生拉伸或者压缩，从结构上来看就会发生形变，导致晶圆发生马鞍形的翘曲现象，严重影响器件性能，更严重的情况可能会导致晶圆破片进而直接报废。所以，在整个 3D NAND Flash 制造过程中，需要仔细控制薄膜沉积过程中产生的应力。随着层数的增加，这尤其重要。

　　除了需要注意薄膜应力之外，叠层薄膜厚度的精确性以及均一性在制造工艺中也是非常重要的。从理论上讲，制造商可以堆叠无限数量的层。但是，随着层数的增加，如何确保这些层的厚度精度和均匀性是一个挑战，且该工艺必须以高成品率进行。由于 3D NAND Flash 的存储单元就是依靠氮化硅-氧化硅叠层薄膜实现的，所以对每一层的厚度要求也是非常严格的。从工艺上来看，如果薄膜叠层厚度均一性很差，在后面的沟道孔刻蚀及台阶刻蚀工艺步骤中，由于等离子体刻蚀的刻蚀速率、选择比对薄膜的厚度很敏感，就会导致刻蚀结果不理想,出现错误的器件结构。从电性上来看,由于NAND器件为高压操作器件,在编程/擦除过程中对字线加高压时,若是氧化层的厚度不均匀,会导致很严重的电容耦合效应等电性问题。

3.2.3 台阶模块

完成薄膜沉积后,接下来是台阶形成工艺,台阶的形成是3D Flash特有的工艺过程。台阶工艺的引入主要是为了分别给每层字线引出金属接触线,在编程/擦除操作中给不同的字线分别加电压,从而选中某一层特定的字线完成电学操作。在2D NAND Flash结构中,由于字线都是平行排布的且只有一层,所以引出金属接触线很简单。由于3D NAND Flash在垂直方向上进行了存储结构的堆叠,因此要像2D NAND Flash那样直接引出金属接触线,在工艺上很难实现。针对此问题,台阶形成工艺也就相应而生。通过将垂直方向堆叠的氮化硅和氧化硅薄膜的叠层结构刻蚀出台阶形状,来解决3D NAND Flash难以引出字线金属接触线的问题。

所谓台阶工艺,主要就是采用修剪-刻蚀(trim-etch)光刻胶工艺形成特殊的台阶形状。完成多层氮化硅和氧化硅薄膜沉积后,在晶圆表面涂上一层非常厚的光刻胶层,采用台阶掩膜版,对曝光区域的氧化硅和氮化硅进行刻蚀,同时控制刻蚀深度,在第一对氧化硅和氮化硅被刻蚀掉后停止刻蚀。然后对光刻胶进行修剪,并利用修剪后的光刻胶对第二对氧化硅和氮化硅进行蚀刻。然后再次修剪光刻胶,蚀刻第三对、第四对氧化物/氮化物,台阶的形成过程具体可参考图3.22。

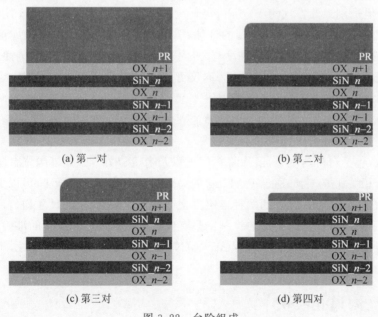

(a) 第一对   (b) 第二对

(c) 第三对   (d) 第四对

图3.22 台阶组成

台阶工艺中光刻胶的厚度相比于一般工艺来说要厚很多,因为工艺中每刻蚀一次台阶,就需要将光刻胶进行修剪。光刻胶还需要起到保护最后一层台阶的作用,如果光刻胶太薄,在刻蚀过程中会受到等离子体刻蚀气体的伤害,将无法起到保护作用,所以光刻胶可修剪的次数受其原始厚度的限制。超过此限制后,必须将原光刻胶剥离,再涂上另一层足够厚的光刻胶,并使用另一个台阶掩膜版重复台阶刻蚀过程。在整个台阶工艺中,修剪-刻蚀过程会重复多次,直到达到硅表面。相比于存储单元所在的氧化硅和氮化硅叠层,用于底部和顶部的选择管的氧化硅和氮化硅的叠层厚度是不一样的。这是出于 NAND Flash 器件特性所考虑,当然,业界采用的厚度也都不尽相同。

随着技术节点不断提升,NAND 堆叠层数也逐渐增高。如果每次刻蚀只能为一层字线引出相应的金属接触线,那么层数增高之后,修剪-刻蚀工艺步骤的重复次数会越来越多,这对 NAND Flash 器件工艺制造来说,是低效率的。为解决此问题,在台阶工艺中采用了图 3.23 所示的分区工艺减少工艺步骤,节省工艺成本[46]。

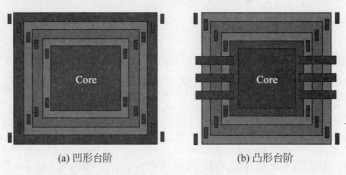

(a) 凹形台阶　　　　　　　　　　　(b) 凸形台阶

图 3.23　锚定方案[47]

没有分区的台阶可以看作一维台阶,主要是在 X 方向上进行台阶刻蚀。有分区的台阶可以看作 2D 台阶,因为该方法将台阶的 Y 方向利用了起来,相当于在 Y 方向同样采用修剪-刻蚀工艺,但是刻蚀的方向为 Y 方向,与传统的 X 方向垂直。采用分区技术,可以在一次刻蚀中完成多对氮化硅-氧化硅叠层的刻蚀,引出金属接触线的效率也相应提升。例如对 64 对氮化硅-氧化硅叠层的刻蚀,如果没有分区技术,总共需要 64 次修剪-刻蚀工艺,至少需要 8～10 张掩膜版。使用台阶分区技术,不仅可以节省修剪-刻蚀工艺步骤,减少光刻掩膜版数量,还可以在 X 方向上减少台阶区所占长度与面积,充分利用 Y 方向的面积。在同一个 NAND Flash 阵列中,能够增加有效的核心存储阵列区面积,进而增加有效的存储容量。

台阶工艺不仅需要考虑面积和成本的要求,在实际的工艺制造中还需要关注其相关的结构形状参数,包括台阶角度、台阶边缘粗糙度以及台阶位置等。业界围绕台阶部分工艺的检测方法也有相关研究,例如通过 P. Hong 等提出的台阶误差量测算法,可以更精确地控制台阶刻蚀均匀性。在如图 3.23 的两种锚定方案上进行实验,台阶的尺寸均匀性得到了显著改善,从而使字线泄漏得到了很好的控制。只有保证形状的规整和位置的准确,才能顺利完成后续的金属接触线的引出工艺,确保 3D NAND Flash 器件结构的稳定性,不至于使器件产生失效问题。

3.2.4　沟道孔模块

沟道孔模块是 3D NAND 中最重要的模块之一,沟道孔的质量直接影响到产品的可靠性,最终影响到产品的良率。图 3.24 是一个 4 层的 3D NAND Flash 结构图,其中各层中间的圆柱即沟道孔结构,众多的沟道孔形成存储阵列。在其阵列串上包括上选择管和下选择管,在上下选择管之间有 4 个存储单元。在实际的产品中,栅极与栅极之间、沟道周围以及接触塞周围被氧化硅填充,从而达到了隔离层的作用。为了能看清氧化硅里面的结构,图 3.24 中省略了氧化硅膜层,保留了重要的示意性结构。3D NAND Flash 芯片在大规模量产过程中基本具有类似这样的结构,不同的是同一阵列串上有更多的存储单元。

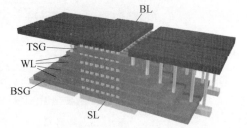

图 3.24 3D NAND Flash 的 3D 立体图

沟道孔工艺模块基本上使用到所有的工艺,包括光刻工艺、等离子体刻蚀工艺、湿法刻蚀工艺和薄膜沉积工艺等。当前,沟道孔制备过程中,难度最大的是形成侧壁良好、孔径圆度均匀的具有较大的深宽比的深孔结构,以及沟道孔内栅介质功能层的沉积技术。具体的工艺模块可分为两大类:沟道孔刻蚀技术和深孔薄膜沉积技术。

干法刻蚀技术是形成垂直沟道深孔的关键技术。它是利用等离子体对薄膜进行刻蚀的一种技术,可分为三种类型:物理性刻蚀、化学性刻蚀和物理化学性刻蚀。干法刻蚀的能量较高,对光刻胶和掩膜版的损伤比较大,所以需要高质量的光刻胶和硬掩膜才能较好地进行刻蚀,否则在刻蚀的过程光刻胶和硬掩膜脱落,会对整个刻蚀过程造成极大的影响。干法刻蚀一般采用物理性刻蚀与化学性刻蚀相结合的方式,化学性刻蚀利用等离子体将刻蚀气体电离并形成带电离子、分子及反应性很强的原子团,它们扩散到被刻蚀薄膜表面后与被刻蚀薄膜的表面原子反应,生成具有挥发特性的反应产物,并被真空设备抽离出反应腔,这种反应完全利用化学反应,故称为化学性刻蚀。物理性刻蚀利用辉光放电将气体电离成带正电的离子,再利用偏压将离子加速,溅击被刻蚀物的表面将被刻蚀物的原子击出,这个过程中没有发生化学反应,整个过程利用的是能量的转移,所以称为物理性刻蚀,其具有非常好的方向性,可以获得接近垂直的刻蚀轮廓。现在广泛使用的物理化学性刻蚀结合了物理性的离子轰击与化学反应的反应离子刻蚀,兼具非等向性与高刻蚀选择比的双重优点。

1. 沟道孔模块工艺

在完成台阶工艺后,对晶圆进行清洗,保证晶圆的洁净,之后沉积硬掩膜层。在 2D NAND Flash 中,由于刻蚀的深宽比较低,因此掩膜层选用光刻胶就可以满足需求。在 3D NAND Flash 的制造工艺当中,随着堆叠层数的增加,刻蚀的深宽比增大,为了获得更为理想的垂直的沟道孔结构,对硬掩膜层的要求也越来越高,需要多层不同材料共同组成具有极强的耐刻蚀的膜层。接下来旋涂光刻胶,之后使用沟道孔掩膜版完成光刻工艺。刻蚀沟道孔首先要刻蚀硬掩膜,硬掩膜一般由无定形碳和抗反射涂层等构成,刻蚀完硬掩膜后就可在一次刻蚀过程中刻穿 ON 叠层,即进行深沟道孔刻蚀,沟道孔深度一般大于 $4\mu m$,深宽比大于 40:1。最终刻蚀到单晶硅衬底上,图 3.25 为沟道孔刻蚀完成后的 X 方向截面示意图,图 3.26 为阵列区沟道孔刻蚀完成后的顶部和底部 Y 方向截面示意图。由于 3D NAND Flash 中存储单元为环栅结构,因此,在沟道孔刻蚀工艺中,需要尽可能保持深孔上下特征尺寸趋于一致,沟道孔的圆整度良好,从而为形成良好的环栅结构打好基础。另外,环栅结构的形状发生改变时,也会对器件性能产生严重的影响。在进行沟道孔刻蚀的过程中,为保证阵列串能够连接到源端,需要刻蚀到硅衬底表面合适的位置停止刻蚀,否则阵列串将无法与源端连接,导致良率问题。在很多孔同时刻蚀的情况下,还要保证深孔停止在合适的位置,沟道孔深度的均匀性良好,这对深沟道孔刻蚀工艺来说,是一项巨大的挑战。

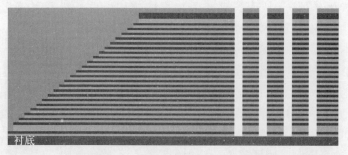

图 3.25　阵列区沟道孔刻蚀完成后的 X 方向截面示意图

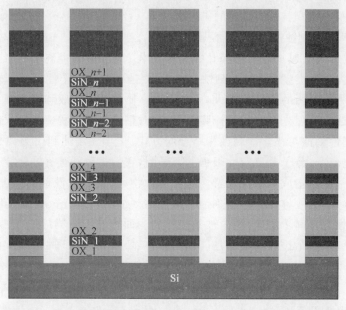

图 3.26　阵列区沟道孔刻蚀完成后的顶部和底部 Y 方向截面示意图

　　完成沟道孔刻蚀工艺后,深沟道孔形状已经成型。然而在高深宽比刻蚀中,刻蚀通常需要考虑膜叠层厚度变化,因此需要更多的"过度刻蚀"量,导致沟道孔深部不均匀。此时,如果后续多晶硅沟道与衬底直接相连,沟道电流将存在很大的波动,严重影响器件阵列操作。Lai 等的研究表明,选择性外延生长单晶硅工艺可以很好地改善这一问题[48]。首先采用适当的清洗工艺,对沟道孔底部进行去碎处理,清理完碎晶后,保证沟道孔内部洁净,无残留污染物。接下来进行选择性外延单晶硅生长工艺。图 3.27 是在沟道孔底部选择性外延生长单晶硅。外延硅只能生长在沟道孔底部单晶硅暴露的区域。SiN_1 部分最后会形成下选择管,因此 SEG 的高度需要在下选择管与冗余单元之间。如果 SEG 高度过低(比如在 SiN_1 范围内),下选择管就不能正常起作用;如果 SEG 高度过高(比如在 SiN_2 范围内),选择管和存储单元间会发生短路。因此沟道孔之后的清洗处理过程非常必要,因为沟道孔底部的任何残留物都能导致 SEG 的问题进而影响产品良率。同时,沟道孔底部硅衬底上的诱导刻蚀损伤也会严重降低 SEG 的质量。Tobias Reiter 等提出了一种感应等离子体干法刻蚀的物理过程模型,并将其应用于模拟垂直沟道孔刻蚀。在刻蚀模型中,证明去除这一受损层便可生长高度晶体外延硅[49]。Luo 等提出了一种有效的刻蚀后处理(Post Etch

Treatment，PET)方法，以消除深度和深宽比分别超过 $3\mu m$ 和 30：1 的沟道孔中的刻蚀损伤[50]。如图 3.28 所示，在 PET 中使用低能等离子体能够有效地消除电容耦合等离子体在通道孔底部和侧壁引起的损伤层，在通道孔中获得良好的表面条件并制备出无空洞的 SEG 外延层。

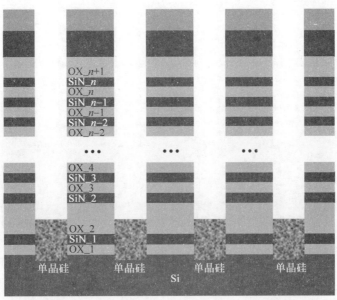

图 3.27 沟道孔底部 SEG 单晶硅后的 Y 方向截面示意图

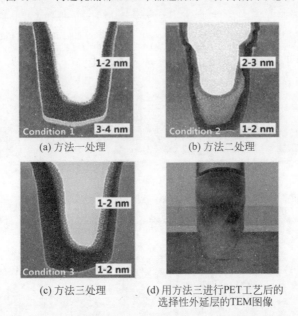

(a) 方法一处理   (b) 方法二处理

(c) 方法三处理   (d) 用方法三进行PET工艺后的选择性外延层的TEM图像

图 3.28 PET 工艺后沟道孔底部的 TEM 图像[50]

沟道孔底部 SEG 单晶硅之后，继续在沟道孔内沉积薄且具有良好台阶覆盖率的阻挡氧化层、电荷存储层(主要组分为氮化硅)和隧穿氧化层薄膜。为了满足台阶覆盖率及材料组分的需求，介质层需要采用 ALD 技术完成相关工艺。图 3.29 是阻挡氧化层、电荷存储层和隧穿氧化层在沟道孔中的结构。

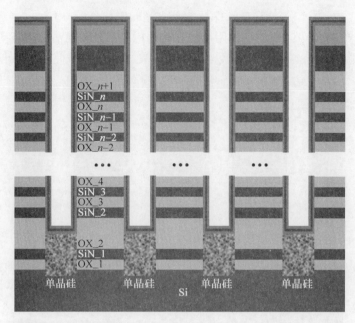

图 3.29　沟道孔内沉积阻挡氧化层、电荷存储层和隧穿氧化层薄膜后的 Y 方向截面示意图

　　由于沉积在沟道孔底部的介质层封住了沟道,因此需要通过刻蚀工艺去除底部介质层以确保沟道和 SEG 单晶硅的电学连通。但是,为了避免底部介质去除过程中,隧穿氧化层侧壁被破坏,需要预先沉积一定厚度的牺牲材料,用于保护侧壁隧穿氧化层。对沟道孔底部的介质层刻蚀是一种垂直方向的回刻,它只去除沟道孔底部和晶圆表面的牺牲材料。这道工艺与形成侧壁隔离的介质层回刻工艺很类似。在回刻工艺结束后,将牺牲材料去除,并对底部露出来的 SEG 单晶硅表面和隧穿氧化层表面进行清洗,处理后的截面如图 3.30 所示。

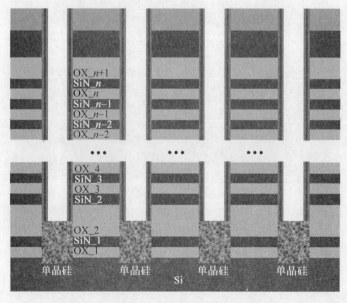

图 3.30　沟道孔顶部 CMP 清理并去除沟道孔底部介质层后的 Y 方向截面示意图

　　清洗后,在沟道孔内采用 LPCVD 技术沉积多晶硅薄膜作存储单元的沟道材料。如图 3.31 所示,在沟道底部附近,多晶硅连接到 SEG 单晶硅,SEG 单晶硅作为下选择管的沟道连接到源端,实现整个沟道的连通。由于沟道的多晶硅材料中存在大量晶界缺陷,影响迁移率,使其导电性较差,这是限制在 3 D NAND Flash 器件在垂直方向堆叠的潜在因素。因此,在实际生产中,通常采用工艺优化的方式来增大多晶硅的晶粒尺寸,从而降低晶界数量,实现开态电流的增加。R. Delhougne 等采用外延的单晶硅作为 3D NAND Flash 的沟道,结果如图 3.32 显示,可以有效的降低漏电流。并且相比于多晶硅沟道,电子迁移率提升了 30 倍[51]。而 Antonio Arreghini 等人使用了含有 20%Ge 的 SiGe 作为沟道材料。如图 3.33 所示,这可以有效地提高开态电流,但是也带来了亚阈值摆幅变大的问题[52]。此外,Miyagawa 等将金属诱导横向结晶(Metal Induced Lateral Crystallization,MILC)技术应用在 3D NAND Flash 垂直沟道孔中生长类单晶硅沟道,获得了优越的器件性能,其方法如图 3.34 所示[53]。

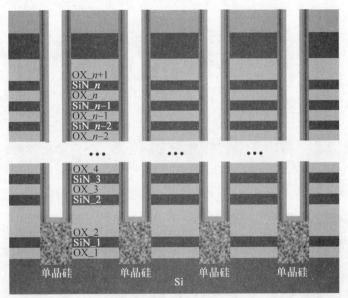

图 3.31　多晶硅沉积后的沟道孔 Y 方向截面示意图

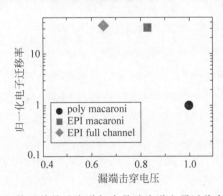

图 3.32　外延单晶硅沟道与多晶硅沟道电子迁移率对比[51]

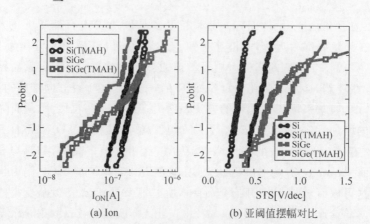

(a) Ion

(b) 亚阈值摆幅对比

图 3.33　SiGe 沟道与多晶硅沟道[52]

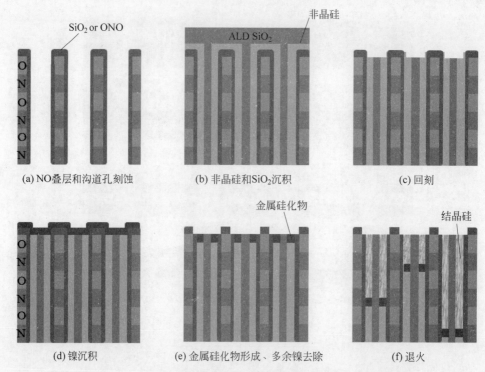

(a) NO叠层和沟道孔刻蚀

(b) 非晶硅和SiO$_2$沉积

(c) 回刻

(d) 镍沉积

(e) 金属硅化物形成、多余镍去除

(f) 退火

图 3.34　金属诱导横向结晶在 3D NAND Flash 沟道孔中的应用[53]

　　为了获得更好的器件阈值分布，沟道通常为薄膜结构。在多晶硅沉积后，常用氧化硅填满沟道孔。多晶硅和氧化硅沉积后，要对氧化硅进行回刻。氧化硅回刻后，在凹陷位置沉积多晶硅塞（plug），用于在之后的工艺中实现沟道与位线的连通。多晶硅沉积后的沟道截面如图 3.35 所示。

　　最后对多晶硅进行 CMP，之后沉积一层氧化硅覆盖所有沟道，沟道孔模块的工艺过程就完成了。沟道孔模块工艺完成后的阵列区 Y 与 X 方向截面如图 3.36 和图 3.37 所示。

2. 等离子体刻蚀对沟道孔形状的影响

　　深孔刻蚀是形成沟道孔结构的前驱工艺，深孔刻蚀质量直接决定沟道孔形状质量。在

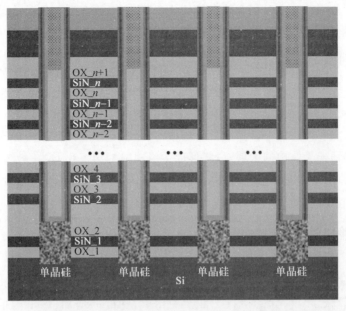

图 3.35 多晶硅沉积后的沟道孔 Y 方向截面示意图

图 3.36 沟道孔模块工艺完成后的阵列区 Y 方向截面示意图

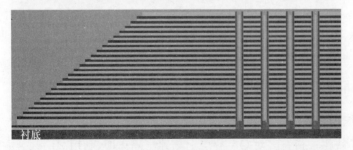

图 3.37 沟道孔模块工艺完成后的阵列区 X 方向截面示意图

进行深孔刻蚀时,会出现各种的刻蚀形状,主要可分为横向沟道孔形状问题和纵向沟道孔形状问题,横向沟道孔形状问题表现为在进行深孔刻蚀时会出现孔边缘粗糙的刻蚀形状,并且在深孔底部会出现类似椭圆形状。纵向沟道孔的形状问题表现为出现层间过刻蚀等现象。出现这些形状问题的原因可通过等离子体刻蚀的基本理论解释。

由于当前深孔刻蚀基本采用含碳和氟的化合物气体，在深孔刻蚀的过程中，这些气体会反应生成碳氟短链副产物，这些副产物聚集生成聚合物钝化膜，随后附着在待刻蚀材料表面，对后续的物理轰击和化学腐蚀起到阻挡作用。随着刻蚀深度的增加，刻蚀气体能够进入深孔内的比例急剧减小。生成的聚合物附着在侧壁上，随着刻蚀深度的增加，进入孔内的不饱和碳链基团一部分沿纵向前进，一部分黏附在侧壁上，还有一部分被真空泵抽走。而且，越往沟道孔深处，聚合物保护的程度越弱。沟道孔顶部的聚合物沉积越厚，底部越薄。最终造成的结果是等离子体一部分碰到聚合物侧壁，发生散射效应，撞击到未受保护的区域，另一部分直接撞击到未受保护的区域，最终形成边缘粗糙的沟道孔形状。另外，随着刻蚀深度的增加，等离子的刻蚀的能量越来越弱，侧壁的轰击效应减弱。同时会出现沟道孔上部直径较大，下部较小的刻蚀形状。

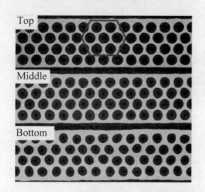

图 3.38　3D NAND Flash 沟道孔的水平剖面图，分别位于沟道孔顶部、中部、底部[54]

Ashley 等在 3D NAND Flash 存储单元沟道的多个高度进行关键维度分析，分析结果显示了沟道孔形貌是如何随着深度的增加而缩小和变形的[54]。随着沟道逐渐缩小，底部单元的面积缩小（约 20%）。随着深度的增加，每个沟道孔的大小和形状差异也在增加。顶层单元圆度方差为 ±4%，底层单元的方差为 ±11%。如图 3.38 所示，由刻蚀步骤引起的变形会导致关键尺寸的变化。由于形貌的传递性，以及沟道孔的倾斜（tilting）效应等，最终，在沟道孔底部的形貌会偏向椭圆形貌。

最终造成的结果是在编程与擦除的过程中出现较大的编程擦除速度的差异。所以控制沟道孔底部与顶部的特征尺寸的比率就显得非常重要。

当前对于沟道孔，主要采用扫描式电子显微镜（Scanning Electron Microscope，SEM）、穿透式电子显微镜（Transmission Electron Microscope，TEM）等拍摄沟道孔形貌图片来确定其形貌质量。为了进一步评估沟道孔的质量，必须对沟道孔形貌进行量化，从而根据量化的数值信息进行有效的评估。Zang 等提出，单一的计量技术不能满足要求，将引入混合计量，使用两个或多个工具集来测量同一样品的各个方面。一个工具集的数据与另一个工具集中的数据交换，以提高测量性能[55]。未来，随着人工智能的发展，计算机视觉的智能化程度也将更高，人工神经网络等机器学习方法在该领域的应用也值得期待。

3.2.5　栅隔离槽模块

1. 隔离模块工艺

栅隔离槽模块主要指在多对 ON 叠层上刻蚀出隔离槽，利用湿法刻蚀方式，通过栅隔离槽，将 NO 叠层的截面暴露出来，随后选择性地去除 NO 叠层中的氮化硅。氮化硅被去除干净后，通过氧化工艺生成下选择管栅介质氧化层。随后，沉积 Hi-K 材料，作为存储单元阻挡层的 Hi-K 部分。接下来前驱体进入该位置，在沟道柱上沉积形成上下选择管和存储单元的金属栅，并使用导电金属（比如钨）填充去除掉氮化硅的区域，形成字线和台阶区域的字线接触坐落区域。详细流程如下：

　　完成沟道孔模块后，就要在晶圆表面沉积一层厚的硬掩膜。使用的栅隔离槽掩膜版，将图形转移到光刻胶上，之后要刻蚀硬掩膜，硬掩膜刻蚀完成后再进行主刻蚀工艺。主刻蚀工艺要刻穿 ON 叠层直至到达硅表面，以形成高深宽比的沟槽。沟道刻蚀工艺中产生的俘获电荷会严重影响阵列共用源极的刻蚀。电荷被困在底部的 N/O 薄膜层中，受库仑力影响，等离子体运动路径发生变化，使得阵列共用源极发生如图 3.39 的缺陷，影响器件的可靠性。Han 等通过去除背面薄膜并利用多晶硅沟道释放俘获的电荷解决了阵列共用源极倾斜的问题[56]。刻蚀工艺完成后，要去除硬掩膜并清洗晶圆。上述工艺完成后的 NO 叠层顶部的 X 方向截面以及沟道孔区 Y 方向截面如图 3.40 所示。

　　栅隔离槽刻蚀完成后，采用湿法刻蚀工艺将所有的氮化硅层从 NO 叠层中去除，热磷酸是选择性刻蚀 Si_3N_4 的首选化学物质。在这个过程中，要保证氧化硅层和硅表面的损耗最小化，因此提高腐蚀剂对 Si_3N_4 的选择比尤为重要。可以通过在热磷酸中添加 SiO_2 刻蚀抑制剂以提高 Si_3N_4/SiO_2 刻蚀选择性，然而这可能导致 SiO_2

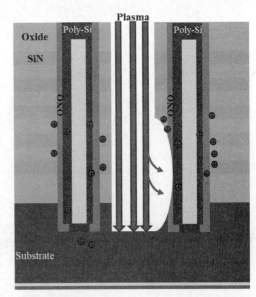

图 3.39　共源区等离子刻蚀缺陷示意图[60]

(a) 栅极材料替换前的台阶区NO叠层顶部X方向截面

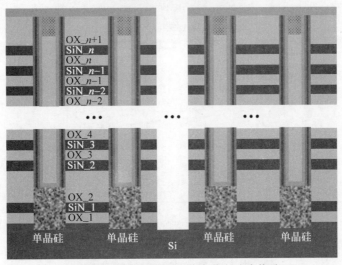

(b) 栅隔离槽硬掩膜刻蚀后的阵列区Y方向截面

图 3.40　NO 叠层顶部的 X 方向截面以及沟道孔区 Y 方向截面示意图

刻蚀停止层与 NO 叠层底部产生严重的氧化物再生问题,如图 3.41 所示。对腐蚀剂的选择与刻蚀过程存在一系列优化研究,例如 Hsu 等研究了 Si_3N_4 选择性腐蚀与氧化物的再生机理,通过在热磷酸中加入一系列添加剂,提高了其对 Si_3N_4 的选择比与抑制氧化物再生的能力[57];Kim 等通过执行两步刻蚀实验(在磷酸中预刻蚀,然后在含有硅酸的磷酸中进行刻蚀),如图 3.42 所示,通过增加预刻蚀时间,很好地抑制了第二刻蚀步骤中的氧化物再生

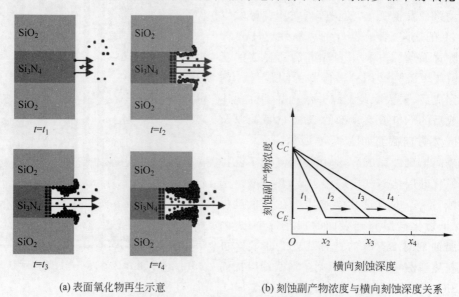

(a) 表面氧化物再生示意　　　　　　(b) 刻蚀副产物浓度与横向刻蚀深度关系

图 3.41　氧化硅刻蚀停止层[58]

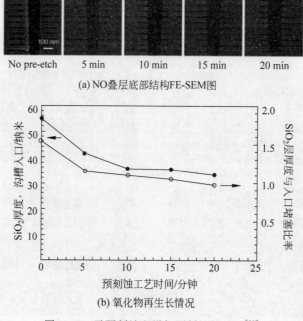

(a) NO叠层底部结构FE-SEM图

(b) 氧化物再生长情况

图 3.42　无预刻蚀和增加预刻蚀的对比[58]

长[62]。腐蚀剂通过栅隔离槽到达每一层氮化硅层,去除氮化硅层过程中产生的刻蚀副产物也可以通过栅隔离槽出来。氮化硅去除完成后,阵列区的 NO 叠层中便只剩下氧化硅层,这些氧化硅层由已被介质层、多晶硅等填充的沟道柱支撑。这些沟道孔柱以及其他非存储单元的孔柱保证氧化硅层结构稳定,不发生坍塌等现象。氮化硅去除后的 NO 叠层顶部的 X 方向截面以及沟道孔区 Y 方向截面示意图如图 3.43 所示。

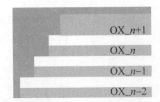

(a) 氮化硅材料去除后的台阶区顶部 X 方向截面

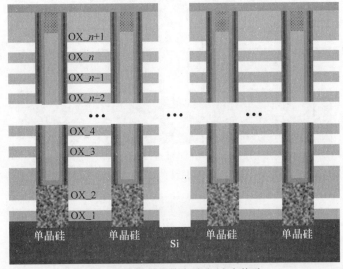

(b) 氮化硅材料去除后的阵列区 Y 方向截面

图 3.43　氮化硅去除后的 NO 叠层顶部的 X 方向截面以及沟道孔区 Y 方向截面示意图

氮化硅层被去除干净后,晶圆再次被清洗,接下来要进行一步热氧化工艺,在原来 SEG 单晶硅柱周围形成栅氧层。其他层虽然也去除了氮化硅,但多晶硅沟道被栅介质层保护起来了,因此多晶硅沟道不会被氧化。栅氧层环绕着 SEG 单晶硅柱生长。

下选择管栅氧层热氧化工艺后,要在沟道柱周围沉积一层薄且保形性良好的 Hi-K 层,作为存储单元阻挡层,覆盖住栅隔离槽侧壁。原子层沉积技术由于具有优越的 3D 共形性和台阶覆盖性而被应用在此道工艺之中。在沉积字线金属钨之前,首先沉积氮化钛(TiN)层,形成良好的保形性和台阶覆盖率,防止金属钨扩散。Hi-K 与 TiN 沉积完成后的 NO 叠层顶部的 X 方向截面以及沟道孔区 Y 方向截面如图 3.44 所示。

TiN 层沉积完成后,用金属钨填充多层膜之间的空隙并且要覆盖好栅隔离槽的侧壁,这些金属钨将作为字线,同时要作为台阶区的字线接触坐落区,将被用作上下选择管和存储单元的栅极。金属钨填充的台阶区顶部的 X 方向截面及阵列区 Y 方向截面如图 3.45 所示。

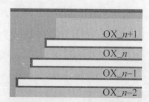

(a) NO叠层顶部的 X 方向截面

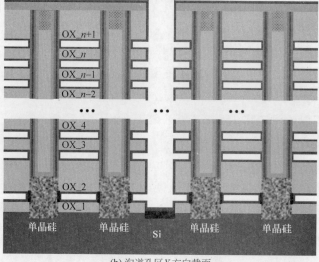

(b) 沟道孔区 Y 方向截面

图 3.44　Hi-K 与 TiN 沉积完成后的 NO 叠层顶部的 X 方向截面以及沟道孔区 Y 方向截面示意图

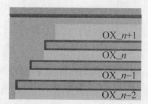

(a) 金属钨填充后的台阶区顶部 X 方向截面

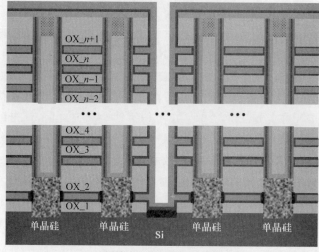

(b) 金属钨填充后的阵列区 Y 方向截面

图 3.45　金属钨填充后台阶区顶部的 X 方向截面及阵列区 Y 方向截面示意图

在金属钨沉积过程中,控制金属钨薄膜厚度至关重要。金属钨太薄,就会在多层膜的氧化硅层之间(原来的氮化硅区域)留有间隙。金属钨太厚,在下一步的金属钨刻蚀工艺中,容易在栅隔离槽侧壁上留有金属钨残留,在导电层之间引起短路,如图 3.46 所示。接下来要使用对金属钨和 TiN 具有高选择比的化学腐蚀剂去除隔离槽侧壁上的金属钨和 TiN。

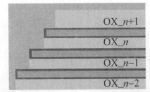

(a) 侧壁清理后的台阶区顶部 X 方向截面

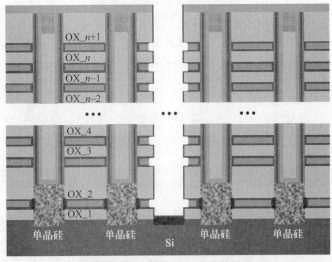

(b) 侧壁清理后的阵列区 Y 方向截面

图 3.46　侧壁清理后的台阶区顶部 X 方向和阵列区 Y 方向截面示意图

晶圆清洗后,沟道孔底部氧化硅清理后的阵列区如图 3.47 所示,要在隔离槽中沉积一层氧化硅以密封金属栅极和字线,之后要采用垂直刻蚀工艺对栅隔离槽底部和晶圆表面的氧化硅进行刻蚀,如图 3.48 所示。为邻近的存储阵列提供更好的电学隔离的同时,也让接下来沉积在隔离槽内的金属钨能够连接硅表面和源端。

刻蚀完成后,再次进行晶圆清洗,然后在隔离槽内和晶圆表面沉积一层 TiN 衬垫层。之后采用 CVD 法在隔离槽内填满金属钨,再进行一道金属钨的 CMP 工艺将晶圆表面的金属钨和 TiN 层去除,最终形成金属钨隔离墙。在晶圆表面沉积一层氧化硅覆盖住金属钨隔离墙,如图 3.49 所示,隔离模块的工艺过程就完成了。

2. 后栅工艺的主要问题及挑战

在上述隔离模块工艺流程中,其中后栅工艺是最为关键的,因为其对 3D NAND Flash 的主要性能(如读写速度、漏电及可靠性)有直接影响。所以接下来将重点阐述后栅工艺中的主要问题及挑战,以便实现读写更快、低漏电、高可靠性的 3D 存储器。

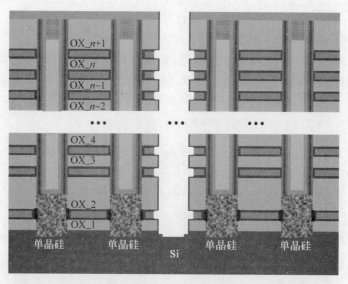

图 3.47 沟道孔底部氧化硅清理后的阵列区 Y 方向截面示意图

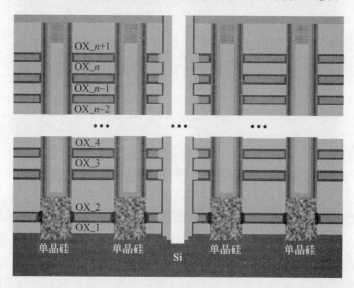

图 3.48 氧化硅沉积并刻蚀后的阵列区 Y 方向截面示意图

1) 金属钨栅的填充

3D NAND Flash 的字线填充通常采用置换栅极工艺(Replacement Metal Gate,RMG),即后栅工艺(Gate Last),如图 3.50 所示。同层中存储单元的导线连接是靠钨填充实现的。字线填充工艺的挑战性在于:需要在数十层堆叠层的复杂纤细的水平结构中无缝填充金属钨,且尽量不造成额外应力[59]。

由于结构的复杂性(如高深宽比),字线填充需要原子级别的精度,所以传统的钨薄膜填充工艺(如 PVD、CVD)由于其固有特性(如台阶覆盖能力、均匀性等)限制了其在 3D NAND Flash 字线填充上的应用。面对高深宽比结构,PVD 无法控制粒子的入射角度而且沟槽侧壁对底部有遮挡效应,导致顶部沉积的原子比底部多,使得在顶部先封口从而形成空洞(Void)缺陷[60],如图 3.51 所示。

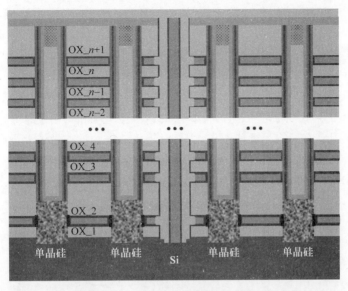

图 3.49　隔离模块工艺完成后的阵列区 Y 方向截面示意图

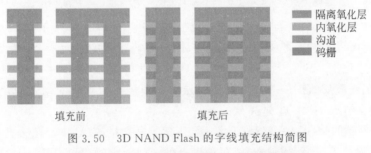

图 3.50　3D NAND Flash 的字线填充结构简图

图 3.51　PVD 填充沟槽时形成的空洞缺陷

在进行钨栅填充之前,必须要在二氧化硅基底上先沉积一层薄的 Ti/TiN 层,其主要作用是充当黏合层和扩散阻挡层。然后在 Ti/TiN 层上进行钨栅填充。由于钨材料的电阻率相对较低且能够以气体的形式沉积,所以在 3D Flash 中常以钨膜作为栅极填充的主要材料。钨薄膜的沉积通常分为两步,成核层沉积(nucleation deposition)和体沉积(bulk deposition),其化学反应过程分别如下[60]:

$$WF_6 + B_2H_6 \rightarrow W + 2BF_3 + 3H_2 \tag{3.12}$$

$$2WF_6 + H_2 \rightarrow 2W + 6HF \tag{3.13}$$

在高堆叠层数的 3D NAND Flash 中,为了精确控制钨膜的厚度以及均匀性好、台阶覆盖率高、填充性好的钨膜沉积,通常采用原子层沉积的方式沉积钨膜。ALD 可在交替周期中提供不同的气体,并在每个周期内精确控制特定的反应物分子。所以在沉积成核层钨时,首先向腔室通入乙硼烷(B_2H_6),待 B_2H_6 在基底材料铺平均匀后,通入 WF_6,形成一层薄的钨层。将上述过程反复循环数次,即可形成厚度均匀的钨成核层。在成核层钨沉积完成后,体钨的沉积以其为基底,反应过程和成核层钨类似,即先向腔室中通入还原物 H_2,待其铺均匀后再通入 WF$_6$ 进行反应以生成薄钨层,如此循环数十个周期,即可形成厚度均匀的体钨层。值得注意的是,在体钨沉积中,还原物采用氢气是因为 H$_2$ 与 WF$_6$ 生成的副产物更少,且氢气能够带走更多的氟元素,从而减少氟攻击。

如图 3.52 所示,成核层钨就是很薄的一层钨,其作用是作为体钨的种子层,即有利于接下来低电阻率体钨层的生长。高质量且薄的钨成核层对高质量的钨栅填充是必需的,因为,钨成核层的台阶覆盖率和均匀性越好,体钨层的台阶覆盖率和均匀性越好。此外,钨成核层还对体钨层的电阻率有影响。近些年来,业界对钨成核层的沉积做了大量研究,以获得低电阻率、高质量的钨成核层。由于体钨层厚度和深宽比较大,所以在填充的时候比较容易在钨膜中间形成缝隙,故实现体钨的无缝填充是最为关键的。

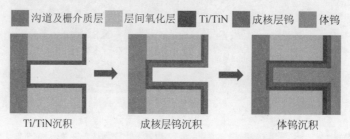

图 3.52 钨栅薄膜沉积过程示意图

CVD 钨具有高张应力,会导致晶圆翘曲,同时工艺带来的氟元素会扩散到周边氧化层并进一步侵蚀氧化层,从而导致缺陷并影响良率。此外,钨的电阻率也限制了 3D NAND Flash 进一步向更高层数扩展。虽然降低每层字线厚度可以增加总层数(以实现更高的存储密度),但也会造成字线电阻过高[61]。

解决以上问题的途径之一就是采用一种具有低氟含量的 ALD 工艺进行钨填充。通过 ALD 能实现台阶覆盖率高、均匀性好、粗糙度低的金属钨薄膜,可以更紧密地贴合每个字线层,即实现无缝填充,从而减小沉积过程中产生的应力。此外,ALD 生长中的吹扫(purge)过程有利于含氟副产物的排出,降低钨栅中的氟含量。如图 3.53 所示,和传统 CVD 钨沉积相比,ALD 低氟钨可以降低一个数量级以上的应力、至少一个数量级的氟含量以及 30% 的电阻率。

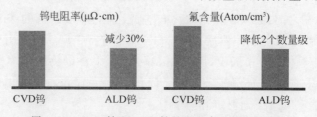

图 3.53 ALD 钨和 CVD 钨的电阻率和氟含量比较

2)氟攻击问题

3D NAND 氟攻击问题主要来源于钨栅沉积所残留的含氟副产物(主要成分是 HF)。钨栅中的含氟副产物会对其周边绝缘氧化层进行腐蚀,形成漏电通道。如图 3.54 所示为氟攻击造成氧化层失效的 TEM 切片图,从图中可以看出字线层和沟道孔之间的阻挡氧化层、相邻字线层之间的层间氧化层(tier oxide)以及字线层和阵列公共源(Array Common Source,ACS)之间的阻隔氧化层(spacer oxide)均被钨栅中残留的含氟副产物所侵蚀,从而产生漏电通道。

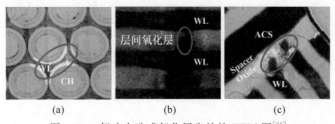

图 3.54 氟攻击造成氧化层失效的 TEM 图[63]

3D NAND Flash 氟攻击问题的具体产生机制可以通过图 3.55 说明。在 3D NAND Flash 金属栅(或字线层)的填充过程中,由于填充结构的复杂性(如高深宽比),使得其金属钨栅中不可避免地存在一些缝隙(seam),而沉积钨栅过程中产生的含氟副产物会残留在这些缝隙中。在某些条件下(如高温工艺等),含氟副产物主要从图 3.54 所示的三个方向扩散出来,并分别从三个方向侵蚀钨栅周边的氧化层。当含氟副产物往沟道孔方向侵蚀阻挡氧化层时,会造成字线和沟道孔之间的漏电(WL-CH leakage);当含氟副产物往层间氧化层侵蚀时,会造成上下字线层之间的短接,从而造成相邻字线层之间(WL-WL leakage);当残余氟往公共源端方向侵蚀隔离氧化层时,会造成字线与阵列公共源之间的短接,从而造成字线和阵列公用源端之间的漏电[63]。

含氟副产物的产生以及氟侵蚀氧化层的具体化学反应机理可以通过式(3.14)和式(3.15)说明:

$$WF_6 + H_2 \rightarrow W + HF \tag{3.14}$$

$$HF + SiO_2 \rightarrow SiF_4 + H_2O \tag{3.15}$$

由于六氟化钨和氢气反应不充分导致含氟副产物(HF)的产生,而含氟副产物会进一步与氧化层反应[64],从而形成漏电通道,图 3.55 所示的空洞组成的漏电通道,并最终导致字线漏电。

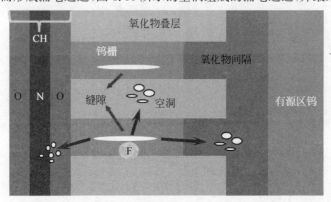

图 3.55 氟攻击氧化层示意图

关于氟攻击问题的优化,首先可以从残余氟的源头—钨栅沉积工艺进行优化,即将体钨沉积工艺由传统的 CVD-体钨工艺改为 ALD-体钨工艺。Luoh 等提出,ALD 一体钨工艺是为下一代 3D NAND Flash 应用提供超级填充性能、低电阻和最小应力替换栅工艺的可行解决方案[65]。如图 3.56 所示为 CVD-体钨、ALD-体钨薄膜中的二次离子质谱(Secondary Ion Mass Spectroscopy,SIMS)氟含量图。从图中可以明显地看出,采取 ALD 工艺生长的体钨薄膜中的氟含量比 CVD-体钨薄膜中的氟含量低了 2 个数量级左右。这是因为 ALD 工艺中的吹扫步骤可以及时将反应产生的含氟副产物排出,所以能够减少钨膜中的氟含量。其次,通过 ALD 工艺生长的钨薄膜具有更大的晶粒,使得晶界数量减少,从而减少残留在晶界中的氟含量[66]。

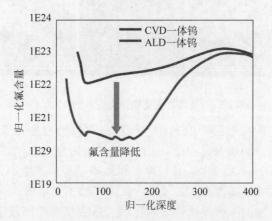

图 3.56　CVD-体钨和 ALD-体钨中 SIMS 氟含量的比较

　　最后进一步降低钨栅的残余氟含量,在钨栅沉积完成后,增加了一道高温退火工艺——金属钨栅后退火(Post-W Deposition Annealing,PDA),将钨栅的残留氟驱赶出去。

　　除此之外,也有使用新的栅极材料来彻底规避氟攻击问题的相关研究。L. Breuil 等引入钌金属作为字线材料,与钨相比电阻率更小[67],如图 3.57 所示。

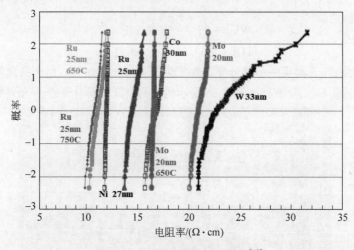

图 3.57　不同金属层的电阻率[67]

3.2.6　接触孔模块

　　完成栅隔离槽工艺后,接下来是接触孔工艺。3D NAND Flash 中接触孔需要通过刻蚀工艺形成具有不同深宽比的孔,与核心存储阵列区顶部的掺杂多晶硅搭配使用,可以实现存储阵列中的位线接触;与每层台阶分别连接起来搭配使用,可以实现将每层存储单元的栅极引出。其中最深的接触孔几乎需要贯穿整个阵列的高度,为了保证电势传输速度,减小电阻,接触孔必须采用填充金属钨的工艺实现。

　　对于台阶区域的接触孔,具体工艺步骤如下。

　　(1)在表面沉积一层硬掩膜,接着旋涂光刻胶,选择台阶接触孔掩膜版进行光刻。

　　(2)刻蚀硬掩膜,将台阶接触孔图案转移到硬掩膜上。

（3）刻蚀氧化硅停在金属钨上，在对应的台阶位置形成接触孔。由于每层台阶对应的高度不同，因此该过程所用的化学腐蚀剂需要对金属钨具有很高的选择比。在刻蚀过程中一旦到达金属钨表面就能够停止刻蚀，这样对于深浅不一的接触孔才能保证都准确地停在每层台阶上，实现对应栅极引出。

同样，在刻蚀过程中也会损伤硬掩膜，仅用一张硬掩膜同时刻蚀出很多个不同深度的接触孔是非常困难的，因此使用多张硬掩膜，分多次刻蚀接触孔是必要的。图3.58是完成了硬掩膜沉积并进行接触孔刻蚀后的台阶区顶部 X 方向截面放大图和接触孔全部刻蚀完成后的台阶区域与沟道孔区域的 Y 方向横截面示意面。

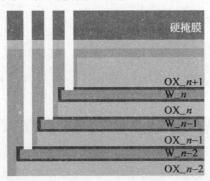

(a) 硬掩膜淀积并进行接触孔刻蚀后的台阶区顶部X方向横截面

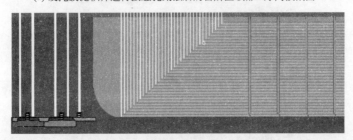

(b) 硬掩模沉积并进行接触孔刻蚀后的台阶区、阵列区与外围电路区的Y方向横截面示意面

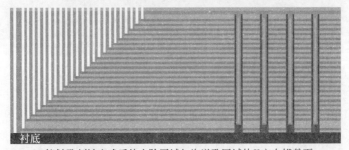

(c) 接触孔刻蚀完成后的台阶区域与沟道孔区域的Y方向横截面

图 3.58　硬掩膜沉积并进行接触孔刻蚀后的台阶区顶部 X 方向横截面和接触孔
全部刻蚀完成后的台阶区域与沟道孔区域的 Y 方向横截面示意面

刻蚀完台阶区域的全部接触孔后，就需要对晶圆进行清洗以去除接触孔底部的聚合物残留，为接触孔内的金属填充做准备。首先用氩等离子体溅射去除台阶金属表面的自然氧化层，然后沉积一层 TiN 作为阻挡层，防止后续填充的金属钨扩散，接着沉积金属钨，填满接触孔。最后通过 CMP 工艺去除晶圆表面的金属钨和 TiN，完成台阶区域的接触孔的工艺。

接着进行核心存储阵列区的接触孔工艺，主要目的是形成核心存储阵列区顶部的掺杂多晶硅与位线的接触。与台阶区域一样,首先在表面沉积一层硬掩膜,然后旋涂光刻胶,选择位线接触孔掩膜版进行光刻,将位线接触孔图案转移到硬掩膜上,接着刻蚀氧化硅停在掺杂多晶硅上,在对应位置形成接触孔,最后完成接触孔内的金属填充,通过 CMP 工艺去除晶圆表面的金属钨和 TiN,完成核心存储阵列区的接触孔工艺。接触孔模块工艺中,台阶区域顶部的 X 方向的放大如图 3.59 所示,台阶与沟道孔区 Y 方向截面如图 3.60 所示。

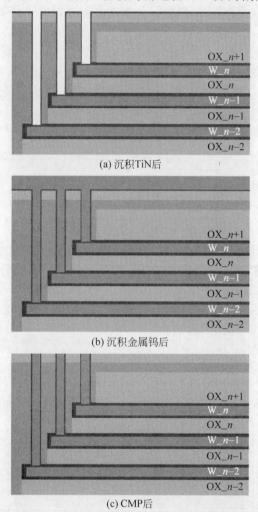

(a) 沉积TiN后

(b) 沉积金属钨后

(c) CMP后

图 3.59　接触孔模块工艺中的台阶区域顶部的 X 方向截面放大图

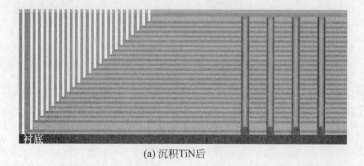

(a) 沉积TiN后

图 3.60　接触孔模块工艺中的台阶与沟道孔区 Y 方向截面示意图

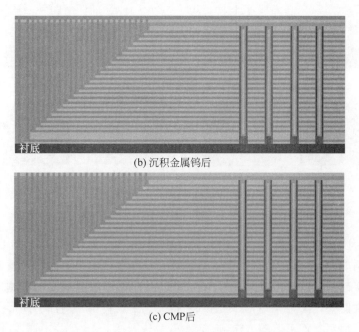

(b) 沉积金属钨后

(c) CMP后

图 3.60　（续）

3.2.7　后段模块

至此,外围 CMOS 电路和核心阵列区的前段工艺就已经全部完成了。下面就来介绍后段金属化工艺——3D NAND Flash 的接触孔和互连模块。

1. 典型金属化工艺

典型的金属化工艺有三类,分别是铝互连、金属钨塞和铜互连。

1) 铝互连

铝互连是一种成熟稳定的互连技术,在超大规模集成电路中有着广泛的应用。铝互连工艺既可以用于平坦的金属连线,也可以作为填充材料代替钨塞连接两层金属。铝互连工艺与传统 CMOS 工艺相近,首先需要在晶圆上沉积一层平坦的铝薄膜,然后通过光刻和含氯的等离子体刻蚀技术可直接将图形转移到铝薄膜上,工艺简单,成本较低。

一种典型的铝互连工艺如图 3.61 所示。在预处理完成后需要先生长一层 Ti/TiN 薄膜才能开始沉积铝。因为金属与氧化物介质的黏附性不好,不能直接生长金属,Ti/TiN 能增强金属与氧化物的黏附性并降低界面电阻。同时 TiN 还能防止 Al 原子的电迁移和应力迁移,增强铝互连的可靠性。

随着工艺节点不断更新,器件特征尺寸不断缩小,铝线也变得越来越薄,这对互连线的速度、电性能和可靠性造成了严峻挑战[68]。铝的电迁移问题历来是铝互连技术中的难题。为了增强铝互连的抗电迁移能力,通常使用略含铜的铝铜合金（AlCu）或铝硅铜合金（AlSiCu）代替高纯铝作为铝互连的靶材[69]。同时大金属线宽也可以削弱电迁移效应。在 3D NAND Flash 中,铝互连线通常用于顶层金属的互连以及用于焊盘这类大线宽互连层中。

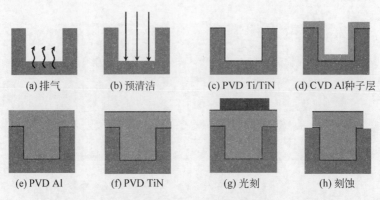

图 3.61　铝互连工艺流程图

2) 钨塞

金属铝的台阶覆盖性会随深宽比增大而急剧减小,而金属钨通过类 ALD 的方式生长,具有出色的填洞能力,即使在高深宽比的应用场合也能表现出很好的台阶覆盖,因此主要作为钨塞用于连接硅和金属线的接触孔(contact)以及相邻两层金属之间的通孔(via)。金属钨的抗电迁移性能要好于金属铝,只是电阻率稍大。金属钨难于刻蚀出图形,因此金属钨塞工艺不能采用类似铝互连工艺的方法,通常采用大马士革工艺:首先沉积氧化物介质,并通过光刻的方式形成图形,然后在余下的介质表面、接触孔和通孔开口处覆盖式地沉积一层钨薄膜,最后用 CMP 至露出氧化物介质,如图 3.62 所示。钨与 SiO_2、SiN 的黏附性差,通常需要 TiN 做胶水层以方便钨的生长,同时减小界面处的电阻。钨的沉积过程分为两步,首先生长一层薄的形核层,此时钨晶粒较小,主要作为第二步主沉积过程的生长点。

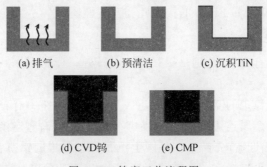

图 3.62　钨塞工艺流程图

3) 铜互连

铜互连工艺的优点在于铜的电阻率低、熔点高,抗电迁移性能好,是目前最广泛使用的互连工艺[70]。但铜的活动性强,极易在介质材料中扩散,使介质材料抗击穿能力下降,而引起失效。传统用于铝互连的阻挡层材料(如 Ti 和 TiN)已不能满足对铜扩散的阻挡,因此必须使用阻挡性更好的钽(Ta)。

铜的化学性质比较稳定,几乎不会与酸发生反应,也无法与现有的刻蚀气体反应产生气态产物,因此无法通过刻蚀的方式形成图形。铜互连工艺几乎只能通过大马士革或双大马士革的方式实现,前者与前面所述的钨塞工艺相近。目前业界使用最多的铜互连工艺是双大马士革工艺。

所谓的双大马士革工艺是一种镶嵌工艺,就是在介质层中刻蚀出金属槽(trench)和通孔后一次性沉积铜,同时形成金属导线和通孔,多出的部分用 CMP 磨平,这样铜就镶嵌到了特定的图形里。

铜的沉积方式主要有两种:物理气相沉积和电镀。物理气相沉积使用氩等离子体轰击铜靶材将铜溅射到晶圆上从而沉积出一层金属铜。但 PVD 生长铜对于导线尺寸和形状有一定要求,通常要求形状侧壁角度不能过大,否则溅射的铜无法在侧壁生长。此外 PVD 铜要求线宽不能太小。铜是一种流动性较强的金属,在 PVD 铜的过程中,铜原子会发生移动,并向铜原子多的地方聚集,因此通孔底部的铜会向上运动至形状的开口处并聚集,从而会导致开口处提前封口,铜无法填满形状,并在金属导线和通孔中形成空洞,影响金属连线的电阻和可靠性。在小线宽下就需要使用电化学电镀(Electrochemical Plating,ECP)的方式生长铜。电镀需要先用 PVD 生长一层很薄的铜作为种子层以方便铜的生长,另一方面电镀也需要这层铜作为电镀的阴极。

铜沉积完成后需要进行一次退火,以便铜晶粒长大,一方面是为了获得更小的电阻,另一方面则是为了消除金属薄膜的应力,防止后续工艺中出现缺陷,同时也能提高铜的抗电迁移和应力迁移的能力。对于多层互连而言,CMP 是必需的,尤其是对于钨和铜这类采用双大马士革工艺的互连技术。平坦的晶圆表面会更有利于精细图形的曝光。

目前业界主要有三种双大马士革工艺:先槽后孔(trench first)、先孔后槽(via first)以及自对准(self-aligned)双大马士革[71]。三种之间的差异在于刻蚀过程中先形成金属槽还是通孔。

图 3.63 所示就是一种先槽后孔的双大马士革工艺:①在前层金属上依次生长通孔介质层、中间停止层、金属槽介质层以及抗反射层,刻蚀停止层实际上就是前层金属的阻挡层;②将金属沟槽图形转移到抗反射层上,同时作为刻蚀过程中的硬掩膜;③在介质层中高选择比刻蚀出金属沟槽,并停止在中间刻蚀停止层上;④重新涂一次光刻胶,将通孔图案转移到光刻胶上;⑤在通孔介质层中刻蚀出通孔;⑥用 PVD 方式溅射一层 Ta(或 TaN)阻挡层和 Cu 种子层,由于 Cu 在介质中的扩散能力强,需要用 Ta 防止 Cu 扩散到介质中引起可靠性问题;⑦电镀生长铜,前一步中的 Cu 种子层就是为了用作电镀的阴极以便沉积出铜;⑧CMP 至露出介质层。这种方式的缺点是在沟槽铺完光刻胶时会有光刻胶的堆积,导致通孔显影区光刻胶过厚使通孔图形发生偏差,给干法刻蚀带来很大困难。

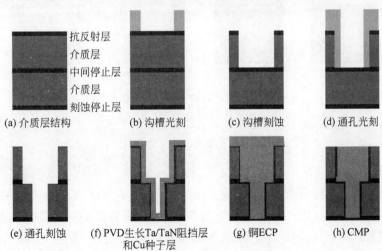

(a) 介质层结构   (b) 沟槽光刻   (c) 沟槽刻蚀   (d) 通孔光刻

抗反射层
介质层
中间停止层
介质层
刻蚀停止层

(e) 通孔刻蚀   (f) PVD生长Ta/TaN阻挡层和Cu种子层   (g) 铜ECP   (h) CMP

图 3.63 先槽后孔的双大马士革工艺

图 3.64 给出了先孔后槽的双大马士革工艺。先孔后槽的技术是双大马士革工艺中最常用的方法。先孔后槽技术的优势是易对准,但给槽的光刻带来难度。因此要在刻蚀出孔后将孔用易去除的材料(如旋涂碳)重新填上,以便完成槽的光刻。

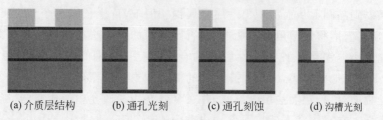

|(a)介质层结构|(b)通孔光刻|(c)通孔刻蚀|(d)沟槽光刻|

图 3.64　先孔后槽的双大马士革工艺

首先涂胶曝光显影,然后干法刻蚀穿过硬掩膜和中间停止层一直刻蚀并停止在刻蚀停止层上。这层刻蚀停止层通常是一层氮化硅,在刻蚀过程中选用高选择比的干法刻蚀,并通过监测溅射出来的氮元素将刻蚀精确停止在刻蚀停止层上。同时这层氮化硅也会用作前一层金属的覆盖层,保证前层的铜不会在刻蚀过程中溅射出来扩散到介质中。在刻蚀金属沟槽前需要使用一种抗反射层 I 填满刻蚀出来的通孔,然后再沉积另一种抗反射层 II,之后才能旋涂光刻胶。抗反射层 I 通常使用一种类似光刻胶的旋涂材料,能很好地填充通孔,保护下半部分的通孔不会在沟槽刻蚀过程中被过分刻蚀。抗反射层 II 一方面防止光刻胶在曝光时受到驻波影响而使图形发生变化,同时也作为刻蚀过程的硬掩膜。这些工艺流程都是为了后续曝光考虑,能使沟槽的显影更均匀。在刻蚀出沟槽和通孔后会先进行上述抗反射层的剥离和清洗,采用有机材料的好处之一是可以直接用氧烧掉,清洗后不容易产生副产物残留。后续只需要用氩等离子溅射掉前层氧化的铜就可以开始 Ta(或 TaN)和 Cu 的沉积,最后 CMP 磨平去除晶圆表面的 Cu 和扩散阻挡层即可。

图 3.65 所示为自对准的双大马士革工艺。自对准的双大马士革提前将通孔的图形制作在中间停止层中,然后在沟槽刻蚀过程中一起刻蚀出通孔,这种工艺的校准难度过大,已被业界淘汰。

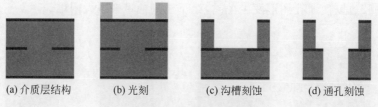

|(a)介质层结构|(b)光刻|(c)沟槽刻蚀|(d)通孔刻蚀|

图 3.65　自对准的双大马士革工艺

与单大马士革工艺相比,双大马士革工艺能使用更少的工艺流程实现相同的结构,减少了一次 PVD、一次 ECP 和一次 CMP,从而降低了工艺成本。

2. 多层互连工艺

接下来进入后段互连模块部分。首先是 M1 部分,这段工艺采用金属钨的先孔后槽双大马士革工艺形成局部互连。这个过程分为两步,第一步为 Via1(V1),第二步为 M1。首先在金属钨塞上沉积氧化硅覆盖层、抗反射层以及光刻胶,之后使用 V1 掩膜版刻蚀出通孔,如图 3.66 所示。实际上所有的多晶硅沟道、接触孔以及隔离墙都需要通过 V1 连接。

如图 3.67 所示,最终通孔会打到沟道孔的多晶硅塞和台阶区域的金属钨上。

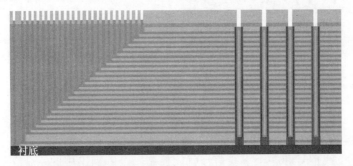

图 3.66　对阵列区域和台阶区域进行 V1 刻蚀后的 X 方向截面示意图

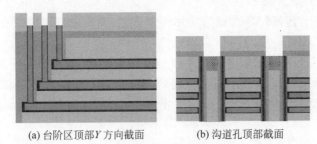

(a) 台阶区顶部 Y 方向截面　　　　(b) 沟道孔顶部截面

图 3.67　V1 刻蚀后

　　通孔完成后,需要通过 M1 在阵列区形成局部互连。首先生长一层有机抗反射层,这层抗反射层的性质与光刻胶类似,能通过旋涂的方式覆盖在晶圆表面并填充刻蚀出的通孔。这层有机抗反射层可以在后续沟槽刻蚀过程中起到保护通孔形状的作用。然后生长一层抗反射层防止光刻胶在曝光过程中受到驻波影响。接下来使用 M1 掩膜版进行光刻工艺,以在氧化硅上形成局部互连的沟槽。在主刻蚀过程中需要调节刻蚀剂的选择比,使有机抗反射层与氧化硅的刻蚀选择比为 1∶1,以便两者能一起被刻蚀,否则会引起刻蚀形状的问题。

　　光刻胶去除并清洗后,要沉积 TiN 介质和金属钨填充 M1 沟槽和 V1 通孔。通过 CMP 去除晶圆表面的金属钨和 TiN,以完成第一层金属互连线工艺,如图 3.68 所示。金属钨线与钨塞连接到沟道的多晶硅塞和台阶区域的金属钨上,如图 3.69 所示。

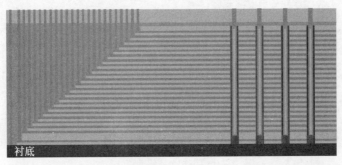

图 3.68　M1 互连线工艺完成后的阵列区 X 方向截面示意图

　　Metal 2(M2)用来形成阵列区域的位线,台阶区域的字线或源线和外围电路的互连线。因为每两个隔离墙之间的字线控制四排沟道孔,所以位线间距必须是沟道孔间距的 4 倍,以

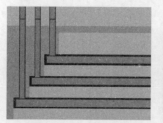 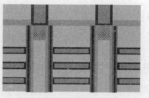

(a) 台阶区顶部 Y 方向截面 (b) 沟道孔顶部截面

图 3.69 M1 工艺完成后

确保能够用一个位线信号和一个字线信号就能控制一个阵列串中的一个存储单元。晶圆清洗和层间介质沉积后，就要进行 Via 2（V2）和 M2 工艺了。为了降低金属线的 RC 延迟，M2 需要使用铜互连工艺，而 V2 则继续使用钨塞工艺，为此这段工艺流程需要使用两次单大马士革工艺完成。

如图 3.70(a)所示，V2 刻蚀、光刻胶去除和晶圆清洗后，需要沉积一层 TiN 衬垫，之后要沉积金属钨，如图 3.70(b)所示，沉积完成后，通过 CMP 去除晶圆表面的金属钨和 TiN 以形成 V2 的金属钨塞，如图 3.71 所示。放大后的台阶区顶部 Y 方向截面与沟道孔顶部截面如图 3.71 所示。

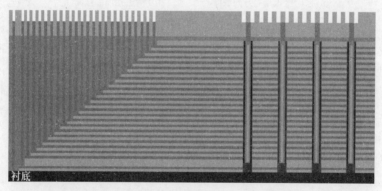

(a) 刻蚀

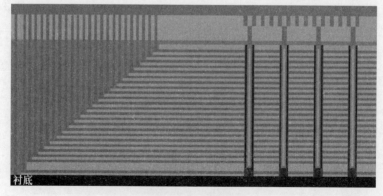

(b) TiN 和金属钨淀积

图 3.70 阵列区域和台阶区域的 V2 工艺步骤

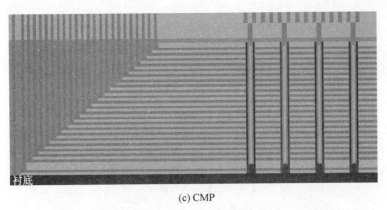

(c) CMP

图 3.70 （续）

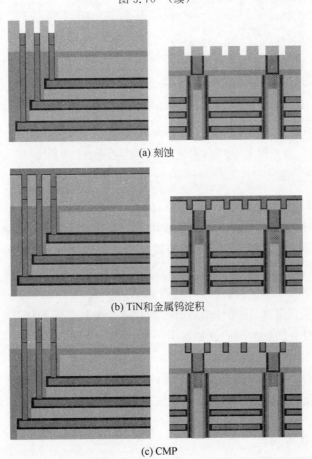

(a) 刻蚀

(b) TiN和金属钨淀积

(c) CMP

图 3.71 V2 工艺中的台阶区顶部 Y 方向截面示意图与沟道孔顶部截面示意图

CMP 后,再沉积一层层间介质,然后进行 M2 金属沟槽刻蚀。光刻胶去除和晶圆清洗以后,需要在 M2 沟槽内沉积一层 TaN 阻挡层和 Cu 的种子层,镀铜并退火后,用铜的 CMP 工艺去除晶圆表面的 Cu 和 TaN 以形成阵列区和台阶区的互连线。M2 工艺完成后的阵列区截面如图 3.72 所示。

外围电路区的金属化工艺与阵列区相同,在此不做赘述。

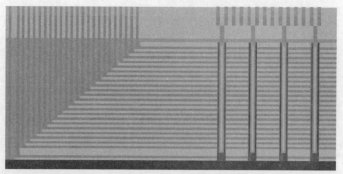

(a) 阵列区 X 方向截面

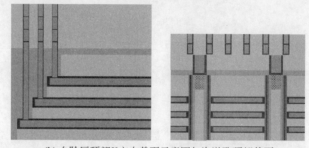

(b) 台阶区顶部 Y 方向截面示意图与沟道孔顶部截面

图 3.72　M2 模块工艺完成后的截面示意图

3. 氢钝化工艺

至此，基本的 3D NAND Flash 工艺流程已经完成了。因为 3D NAND Flash 采用了多晶硅作为沟道材料，这样制作出来的 3D NAND Flash 存储单元电学性能较差，可靠性也达不到实际应用要求。与平面器件沟道所使用的单晶硅材料相比，多晶硅是一种内部含有很多晶粒的半导体材料。在多晶硅和隧穿氧化层界面处也会存在有 $10^{12}\,\mathrm{cm}^{-2}$ 左右的界面陷阱，并且多晶硅晶粒和晶粒的界面处含有相当量的陷阱态，通常会含有 $10^{19}\,\mathrm{cm}^{-3}$ 左右的晶界陷阱。对于存储单元而言，多晶硅中陷阱态的存在会导致电荷的俘获，引起阈值电压的漂移，分布展宽，栅极对多晶硅沟道的控制能力下降，载流子迁移率减小，沟道电流下降[72-73]。为了实现更好的器件性能，尽可能减少这些陷阱态是必须的。一方面是优化多晶硅的生长工艺，减少晶界，获得大晶粒的多晶硅沟道，而一部分陷阱态也会在快速热退火中消除；另一方面需要使用钝化工艺对这些陷阱态进行钝化，例如在 CMOS 工艺中通常会有一道钝化工艺，即在氢气和氮气的混合气体氛围下退火，让气体中的氢和氮与硅和二氧化硅界面处的陷阱相结合，使之失去电活性。

氢钝化工艺作为最后一道后段工艺。从本质上讲，是一道退火工艺，即将晶圆放在氢气或其混合气体中退火。其原理和目的就是在多晶硅薄膜中引入氢原子，让氢原子与多晶硅沟道中的陷阱态相结合，使陷阱态失去电活性。业界围绕氢钝化方式与氢扩散过程展开了大量研究，例如 Shu 等提出的氢等离子体注入增强工艺，表面极高的氢浓度梯度能显著地增强氢的扩散。很好地减小了沟道中的悬挂键密度，改善了多晶硅沟道的电学特性[72]。如图 3.73 所示，使得沟道中开态电流增加 2 倍，开关比增大 44 倍。Zhao 等通过分析用于氢钝化的钝化层和中间层对钝化效果的影响，优化了后段工艺中的钝化薄膜叠层，减少了多晶硅沟道中的晶界陷阱密度和悬挂键密度,很好地改善了器件性能[75]。氢钝化的机理十分复杂,目前也是不少研究的重点。有一种简单的解释是,氢可以与悬挂键相结合,从而将悬挂键对应的陷阱能级从带隙中移除,如图 3.74 所示。除此之外,氢原子还能与氧化物中的固定电荷以及一些杂质相互作用,使之失去电活性。

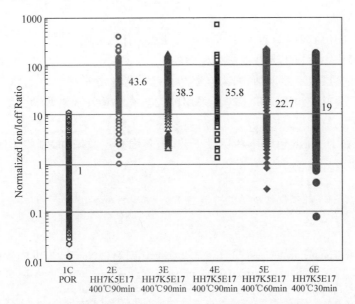

图 3.73　多晶硅沟道在不同氢钝化条件下的 Ion/Ioff 比率分布图[74]

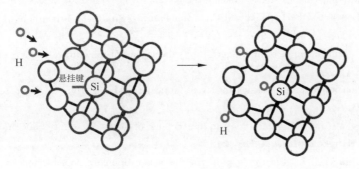

图 3.74　氢钝化原理

　　氢钝化工艺对采用多晶硅沟道的 3D NAND Flash 而言非常重要,在多晶硅沟道制作完成后只有氢钝化工艺可以继续消除陷阱态改善多晶硅质量。多晶硅钝化后,器件亚阈值特性变好,栅极对沟道控制能力加强,阈值电压分布可以得到改善。

本章小结

　　本章节主要介绍了 3D NAND Flash 工艺集成技术,首先对 Flash 技术中采用的基本单步工艺进行了简要介绍,随后对 3D NAND Flash 存储器工艺集成中存储阵列与 CMOS 电路的工艺流程分别进行简要介绍,主要包含存储阵列工艺集成和外围电路工艺集成,为了解

3D NAND Flash 存储器的制备流程提供参考。

习题

（1）3D NAND Flash 包含哪些主要的工艺模块？

（2）沟道孔的形状对 3D NAND Flash 的性能有什么影响？

（3）隔离模块中后栅工艺存在哪些问题？

（4）随着堆叠层数不断增加，未来有哪些关键工艺亟须开发？

（5）栅介质叠层及沟道沉积工艺所采用的工艺有哪些？随着堆叠层数增加，是否需要进行多次沉积？

（6）3D NAND Flash 包含哪些后段工艺，随着堆叠层数增加，哪些关键后段工艺会面临挑战？

参考文献

[1] Sze S M. Semiconductor devices: physics and technology[M]. New York: John wiley & sons, 2008.

[2] Moreau W M. Semiconductor lithography: principles, practices, and materials[M]. Berlin: Springer Science & Business Media, 2012.

[3] Arscott S. The limits of edge bead planarization and surface levelling in spin-coated liquid films[J]. Journal of Micromechanics and Microengineering, 2020, 30(2): 025003.

[4] Holmes S J, Mitchell P H, Hakey M C. Manufacturing with DUV lithography[J]. IBM Journal of Research and Development, 1997, 41(1.2): 7-19.

[5] Madou M J. Fundamentals of microfabrication: the science of miniaturization[M]. Boca Raton : CRC press, 2018.

[6] Rimini E. Ion implantation: basics to device fabrication[M]. Berlin: Springer Science & Business Media, 1994.

[7] Walukiewicz W. Intrinsic limitations to the doping of wide-gap semiconductors[J]. Physica B: Condensed Matter, 2001, 302: 123-134.

[8] Spear W, Comber P L. Electronic properties of substitutionally doped amorphous Si and Ge[J]. Philosophical Magazine, 1976, 33(6): 935-949.

[9] Morin F, Maita J. Electrical properties of silicon containing arsenic and boron[J]. Physical Review, 1954, 96(1): 28.

[10] Gibbons J F. Ion implantation in semiconductors—Part I: Range distribution theory and experiments [J]. Proceedings of the IEEE, 1968, 56(3): 295-319.

[11] Gibbons J F. Ion implantation in semiconductors—Part II: Damage production and annealing[J]. Proceedings of the IEEE, 1972, 60(9): 1062-1096.

[12] Kornelsen E. The interaction of injected helium with lattice defects in a tungsten crystal[J]. Radiation Effects, 1972, 13(3-4): 227-236.

[13] Matzke H, Whitton J. Ion-bombardment-induced radiation damage in some ceramics and ionic crystals: determined by electron diffraction and gas release measurements[J]. Canadian Journal of Physics, 1966, 44(5): 995-1010.

[14] Brown W, Augustyniak W, Waite T. Annealing of radiation defects in semiconductors[J]. Journal

of Applied Physics，1959，30(8)：1258-1268.

[15] Mitchell J，Pronko P，Shewchun J，et al. Nitrogen? implanted silicon. I. Damage annealing and lattice location[J]. Journal of Applied Physics，1975，46(1)：332-334.

[16] Eyre B，Maher D. Neutron irradiation damage in molybdenum：part v. mechanisms of vacancy and interstitial loop growth during post-irradiation annealing[J]. Philosophical Magazine，1971，24 (190)：767-797.

[17] McReynolds A，Augustyniak W，McKeown M，et al. Neutron irradiation effects in Cu and Al at 80 K[J]. Physical Review，1955，98(2)：418.

[18] Fair R B. Rapid thermal processing：science and technology[M]. NewYork：Academic Press，2012.

[19] Pradeep D J，Noel M M. A finite horizon Markov decision process based reinforcement learning control of a rapid thermal processing system[J]. Journal of Process Control，2018，68：218-225.

[20] Tedder L L，Lu G，Crowell J E. Mechanistic studies of dielectric thin film growth by low pressure chemical vapor deposition：The reaction of tetraethoxysilane with SiO2 surfaces[J]. Journal of Applied Physics，1991，69(10)：7037-7049.

[21] Joubert P，Loisel B，Chouan Y，et al. The effect of low pressure on the structure of LPCVD polycrystalline silicon films[J]. Journal of The Electrochemical Society，1987，134(10)：2541.

[22] Lee G H，Hwang S，Yu J，et al. Architecture and process integration overview of 3D NAND flash technologies[J]. Applied Sciences，2021，11(15)：6703.

[23] Shareef I，Rubloff G，Anderle M，et al. Subatmospheric chemical vapor deposition ozone/TEOS process for SiO2 trench filling[J]. Journal of Vacuum Science & Technology B：Microelectronics and Nanometer Structures Processing，Measurement，and Phenomena，1995，13(4)：1888-1892.

[24] Watanabe K，Tanigaki T，Wakayama S. The Properties of LPCVD SiO2 Film Deposited by SiH2Cl2 and N 2 O Mixtures[J]. Journal of The Electrochemical Society，1981，128(12)：2630.

[25] George S M. Atomic layer deposition：an overview[J]. Chemical reviews，2010，110(1)：111-131.

[26] Leskel? M，Ritala M. Atomic layer deposition (ALD)：from precursors to thin film structures[J]. Thin Solid Films，2002，409(1)：138-146.

[27] Eskildsen S S，Mathiasen C，Foss M. Plasma CVD：process capabilities and economic aspects[J]. Surface and Coatings Technology，1999，116：18-24.

[28] Chang C，Abe T，Esashi M. Trench filling characteristics of low stress TEOS/ozone oxide deposited by PECVD and SACVD[J]. Microsystem technologies，2004，10(2)：97-102.

[29] Bulla D，Morimoto N. Deposition of thick TEOS PECVD silicon oxide layers for integrated optical waveguide applications[J]. Thin Solid Films，1998，334(1-2)：60-64.

[30] Massines F，Sarra-Bournet C，Fanelli F，et al. Atmospheric pressure low temperature direct plasma technology：status and challenges for thin film deposition[J]. Plasma Processes and Polymers，2012，9(11-12)：1041-1073.

[31] Gherardi N，Martin S，Massines F. A new approach to SiO2 deposit using a N2-SiH4-N2O glow dielectric barrier-controlled discharge at atmospheric pressure[J]. Journal of Physics D：Applied Physics，2000，33(19)：L104.

[32] Hong P，Xu Q，Hou J，et al. Pre-metal dielectric PE TEOS oxide pitting in 3D NAND：mechanism and solutions[J]. Semiconductor Science and Technology，2021，37(2)：025007.

[33] Nguyen S. High-density plasma chemical vapor deposition of silicon-based dielectric films for integrated circuits[J]. IBM Journal of Research and Development，1999，43(1.2)：109-126.

[34] Mattox D M. Handbook of physical vapor deposition (PVD) processing[M]. William Andrew，2010.

[35] Kim S-H, Hwang E-S, Kim B-M, et al. Effects of B2H6 pretreatment on ALD of W film using a sequential supply of WF6 and SiH4 [J]. Electrochemical and Solid-State Letters, 2005, 8(10): C155.

[36] Kern W. The evolution of silicon wafer cleaning technology[J]. Journal of The Electrochemical Society, 1990, 137(6): 1887.

[37] Pan T M, Lei T F, Chao T S, et al. One-step cleaning solution to replace the conventional RCA two-step cleaning recipe for pregate oxide cleaning[J]. Journal of The Electrochemical Society, 2001, 148(6): G315.

[38] Kern W. Cleaning solution based on hydrogen peroxide for use in silicon semiconductor technology [J]. RCA review, 1970, 31: 187-205.

[39] Itano M, Kern F W, Miyashita M, et al. Particle removal from silicon wafer surface in wet cleaning process[J]. IEEE Transactions on semiconductor manufacturing, 1993, 6(3): 258-267.

[40] Bera B. Silicon wafer cleaning: a fundamental and critical step in semiconductor fabrication process [J]. International Journal of Applied Nanotechnology, 2019, 5(1): 8-13p.

[41] Krishnan M, Nalaskowski J W, Cook L M. Chemical mechanical planarization: slurry chemistry, materials, and mechanisms[J]. Chemical reviews, 2010, 110(1): 178-204.

[42] Parat K, Dennison C. A floating gate based 3D NAND technology with CMOS under array[C]// IEEE International Electron Devices Meeting, 2015.

[43] Goda A. 3-D NAND technology achievements and future scaling perspectives[J]. IEEE Transactions on Electron Devices, 2020, 67(4): 1373-1381.

[44] YMTC. Yangtze Memory Technologies Introduces New 3D NAND Architecture -- Xtacking[EB/OL] http://ymtc. com/index. php? s=/cms/index/detail/id/172. html.

[45] Wang H C-H, Wang C-C, Chang C-S, et al. Interface induced uphill diffusion of boron: An effective approach for ultrashallow junction[J]. IEEE Electron Device Letters, 2001, 22(2): 65-67.

[46] Hong P, Xia Z, Yin H, et al. A high density and low cost staircase scheme for 3D NAND flash memory: SDS (stair divided scheme)[J]. ECS Journal of Solid State Science and Technology, 2019, 8(10): P567.

[47] Hong P, Zhao Z, Luo J, et al. An Improved Dimensional Measurement Method of Staircase Patterns With Higher Precision in 3D NAND[J]. IEEE Access, 2020, 8: 140054-140061.

[48] Lai S-C, Lue H-T, Hsu T-H, et al. A bottom-source single-gate vertical channel (BS-SGVC) 3D NAND flash architecture and studies of bottom source engineering[C]//IEEE 8th International Memory Workshop, 2016.

[49] Reiter T, Klemenschits X, Filipovic L. Impact of High-Aspect-Ratio Etching Damage on Selective Epitaxial Silicon Growth in 3D NAND Flash Memory[C]// Joint International EUROSOI Workshop and International Conference on Ultimate Integration on Silicon, 2021.

[50] Luo L, Lu Z, Zou X, et al. An effective process to remove etch damage prior to selective epitaxial growth in 3D NAND flash memory [J]. Semiconductor Science and Technology, 2019, 34 (9): 095004.

[51] Delhougne R, Arreghini A, Rosseel E, et al. First demonstration of monocrystalline silicon macaroni channel for 3-D NAND memory devices[C]//IEEE Symposium on VLSI Technology, 2018.

[52] Arreghini A, Delhougne R, Subirats A, et al. First demonstration of SiGe channel in macaroni geometry for future 3D NAND[C]//IEEE International Memory Workshop, 2017.

[53] Miyagawa H, Kusai H, Takaishi R, et al. Metal-assisted solid-phase crystallization process for

vertical monocrystalline Si channel in 3D flash memory[C]//IEEE International Electron Devices Meeting，2019.

[54] Tilson A，Strauss M. STEM/EDS metrology and statistical analysis of 3D NAND devices[C]// IEEE International Symposium on the Physical and Failure Analysis of Integrated Circuits，2018.

[55] Zhang W，Xu J，Wang S，et al. Metrology challenges in 3D NAND flash technical development and manufacturing[J]. J Microelectron Manuf，2019，3(1)：1-8.

[56] Han C，Wu Z，Yang C，et al. Influence of accumulated charges on deep trench etch process in 3D NAND memory[J]. Semiconductor Science and Technology，2020，35(4)：045003.

[57] Hsu C-P S. Improved Selective Silicon Nitride ETCH for Advanced Logic and Memory Applications [C]//China Semiconductor Technology International Conference，2020.

[58] Kim T，Son C，Park T，et al. Oxide regrowth mechanism during silicon nitride etching in vertical 3D NAND structures[J]. Microelectronic Engineering，2020，221：111191.

[59] Kim S-H，Kim J-T，Kwak N，et al. Effects of phase of underlying W film on chemical vapor deposited-W film growth and applications to contact-plug and bit line processes for memory devices [J]. Journal of Vacuum Science & Technology B：Microelectronics and Nanometer Structures Processing，Measurement，and Phenomena，2007，25(5)：1574-1580.

[60] Chandrashekar A，Chen F，Lin J，et al. Tungsten contact and line resistance reduction with advanced pulsed nucleation layer and low resistivity tungsten treatment[J]. Japanese Journal of Applied Physics，2010，49(9R)：096501.

[61] Wu K，Lee S，Banthia V，et al. Improving Tungsten gap-fill for advanced contact metallization [C]//IEEE International Interconnect Technology Conference/Advanced Metallization Conference，2016.

[62] Yamashita R，Magia S，Higuchi T，et al. 11.1 A 512Gb 3b/cell flash memory on 64-word-line-layer BiCS technology[C] //IEEE International Solid-State Circuits Conference，2017.

[63] Song Y-j，Xia Z-l，Hua W-y，et al. Modeling and optimization of Array Leakage in 3D NAND Flash Memory[C]//IEEE International Conference on Integrated Circuits，Technologies and Applications，2018.

[64] Kim C-H，Rho I-C，Kim S-H，et al. Pulsed CVD-W nucleation layer using WF6 and B2H6 for low resistivity W[J]. Journal of The Electrochemical Society，2009，156(9)：H685.

[65] Luoh T，Huang Y，Chen C-M，et al. Tungsten Gate Replacement Process Optimization in 3D NAND Memory[C]//Joint International Symposium on e-Manufacturing & Design Collaboration (eMDC) & Semiconductor Manufacturing，2019.

[66] Huang F，Chandrashekar A，Danek M. 降低电阻率进一步实现钨金属化等比微缩[J]. 集成电路应用，2009，1.

[67] Breuil L，El Hajjam G，Ramesh S，et al. Integration of Ruthenium-based wordline in a 3-D NAND memory devices[C]//IEEE International Memory Workshop，2020.

[68] 张文杰，易万兵，吴瑾. 铝互连线的电迁移问题及超深亚微米技术下的挑战[J].物理学报,2006,55(10)：5424-5434.

[69] Ames I，d'Heurle F，Horstmann R. Reduction of electromigration in aluminum films by copper doping[J]. IBM Journal of Research and Development，1970，14(4)：461-463.

[70] 张汝京. 纳米集成电路制造工艺[M]. 北京：清华大学出版社，2014.

[71] Kriz J，Angelkort C，Czekalla M，et al. Overview of dual damascene integration schemes in Cu BEOL integration[J]. Microelectronic Engineering，2008，85(10)：2128-2132.

[72] Nowak E，Kim J-H，Kwon H，et al. Intrinsic fluctuations in vertical NAND flash memories[C]// Symposium on VLSI Technology，2012.

［73］ Xia Z，Kim D S，Jeong N，et al．Comprehensive modeling of NAND flash memory reliability：Endurance and data retention［C］//IEEE International Reliability Physics Symposium，2012．

［74］ Qin S．H 2 PLAD hydrogenation process on 3D NAND array poly-Si access devices［C］//18th International Workshop on Junction Technology，2018．

［75］ Zhao Y，Liu J，Hua Z，et al．Influence of BEOL process on poly-Si grain boundary traps passivation in 3D NAND flash memory［J］．Solid-State Electronics，2019，156：28-32．

第4章

3D NAND Flash存储器器件单元特性

NAND Flash 存储器器件可以分为浮栅型和电荷俘获型,这两种结构都是利用隧穿层和阻挡层的能带势垒阻挡电子,从而实现电荷的存储。为了便于 3D NAND 存储器垂直沟道工艺的实现,3D NAND Flash 的导电沟道使用多晶硅材料。而多晶硅的晶界缺陷会导致存储器器件特性退化,例如温度特性、器件漏电流等。本章将介绍 NAND Flash 存储器器件的基本特性,包括存储单元基本结构、存储机理、基本操作机制、多晶硅沟道特性与优化以及温度对器件特性的影响等部分内容。

4.1 NAND Flash 操作物理机制

4.1.1 NAND Flash 存储单元基本结构

NAND Flash 存储单元采用多层栅介质叠层结构,主要分为电荷俘获型和浮栅型,这两种结构的差异如图 4.1 所示。NAND CTF 的栅介质叠层从上到下依次为栅极、阻挡层、电荷俘获层、隧穿层以及沟道。NAND FCF 的栅介质叠层从上到下依次为控制栅、多晶硅间绝缘介质、浮栅、隧穿层以及沟道。

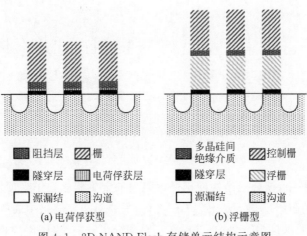

图 4.1　2D NAND Flash 存储单元结构示意图

如图 4.1 所示,相比于 MOSFET,NAND FGF 的基本单元是一种带有浮栅的金属氧化物半导体器件,其浮栅介于隧穿氧化层和阻挡氧化层之间[1]。

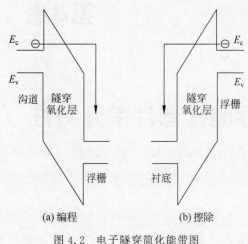

图 4.2 电子隧穿简化能带图

NAND FGF 利用 F-N 隧穿效应实现电子注入,从而完成编程和擦除。图 4.2 是电子发生隧穿时的能带图,其中图 4.2(a)为编程态,栅端加偏压,沟道加 0V,在强电场(E_{ox} 约为 10mV/cm)作用下,电子将穿过隧穿氧化层进入浮栅;图 4.2(b)为擦除态,沟道加偏压,栅极加 0V,浮栅电子可以穿过隧穿氧化层进入沟道。

相比于 NOR Flash 编程时采用的沟道热载流子注入机制,F-N 隧穿要求更高的电压,因此需要更复杂的高压产生电路以及较长的编程时间。一方面,编程/擦除操作采用高电压的 F-N 隧穿机制会造成隧穿氧化层的性能退化,从而影响器件的可靠性;另一方面,F-N 隧穿电流的优势在于相比于沟道热载流子注入机制,编程功耗较低,很大程度上降低了器件的功耗。

NAND CTF 的存储单元结构包括控制栅、电荷俘获层、阻挡层和隧穿层,其中电子存储在电荷俘获层中,隧穿层和阻挡层可以保护存储层中的电荷不会轻易泄漏。在 3D NAND Flash 存储器中主要采用电荷俘获型器件,相比于浮栅 NAND Flash 存储单元,NAND CTF 易实现工艺集成。从工艺集成的角度看,NAND CTF 结构比 NAND FGF 结构有更高的存储密度。如图 4.3 所示,在浮栅存储技术中,位线特征尺寸受到浮栅结构的限制,而 NAND CTF 是扁平结构,更容易缩小尺寸。

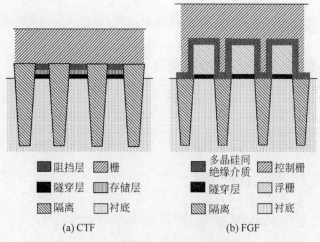

图 4.3 2D NAND Flash 的位线截面

在 NAND CTF 中,栅叠层结构使用低电阻率的金属硅化物作为顶层(栅)。

NAND CTF 的阻挡层与 NAND FGF 类似,需要阻挡存储层中的电子隧穿到栅极。理想的阻挡层材料需要满足多个要求,其中之一是高介电常数。Hi-K 的阻挡层材料可以支持较厚的氧化层厚度,以此改善保持特性,同时将整个栅介质堆叠层的等效氧化物厚度 (Equivalent Oxide Thickness,EOT)控制在合理范围。另外,在编程/擦除操作过程中,当电荷俘获层没有电荷时,隧穿氧化层的电场可表示为

$$E_{tun} = \frac{V_G - V_{FB}}{EOT} \tag{4.1}$$

其中,V_G 是栅极的偏置电压;V_{FB} 是平带电压。从式(4.1)可以看出较小的等效氧化层厚度也是高隧穿氧化层电场和快速编程/擦除操作的必要条件。

此外,理想的阻挡层材料需要满足较小的栅极漏电。随着特征尺寸不断缩小,在编程操作下的存储层只有几百个电子。这要求流经阻挡层的漏电非常小,从而确保器件具有良好的保持特性。为了实现这个目的,就要确保阻挡层材料和存储层材料之间的导带差值或势垒高度尽可能大,限制存储层中俘获电荷隧穿到栅极。这一要求与阻挡层材料 Hi-K 的要求相矛盾。图 4.4 是部分电介质材料的介电常数和对应的禁带带隙,可以看出具有 Hi-K 的材料带隙往往较低。

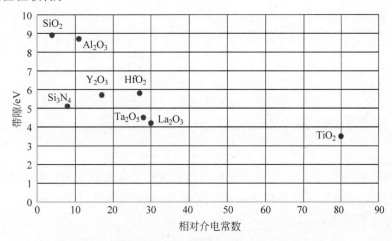

图 4.4　部分电介质材料的带隙和相对介电常数的关系

电荷俘获层介质必须能够俘获编程进入存储层中的电子,理想电荷俘获层介质应满足以下条件。

(1) 高陷阱密度。高陷阱密度的材料可以在很薄的存储层中俘获足够多的电荷,从而使整个堆叠层的等效氧化层厚度保持在较低的水平。此外,使用高陷阱密度的电荷俘获层在特征尺寸缩小技术中越来越重要。

(2) 深陷阱能级。深陷阱能级可以降低电子通过隧穿层和阻挡层逃离陷阱的概率。

(3) 更高的介电常数可以降低整体 EOT。

隧穿层介质是实现高性能存储单元和良好可靠性的基础。它必须具有较大的能带偏移和较低的陷阱密度,从而抑制漏电问题。为了更好地平衡器件的耐久性和保持特性,目前提出的大多数电荷俘获型存储单元都是使用氧化硅或者氧化硅与氮化硅组合作为隧穿介质层[2]。

平面电荷俘获型存储器对衬底没有特殊的要求,大多数技术使用的是传统的硅衬底,只有少数提出使用绝缘体硅(Silicon on Isolation,SOI)[3]作为衬底。

4.1.2 NAND Flash 存储单元操作机制

图 4.5 比较了 NAND CTF 和 NAND FGF 存储单元栅堆叠层结构的能带结构示意图。两种结构存储电荷的基本原理类似：存储层（通常 CTF 器件采用氮化硅，FGF 器件采用多晶硅）中的电子受到隧穿层和阻挡层材料的势垒阻挡，因此俘获电荷不易逃离存储层，实现电荷和数据的保持。

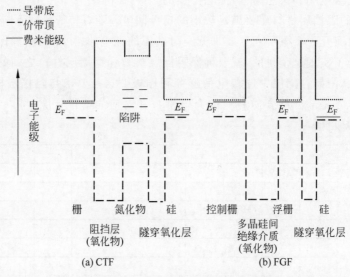

图 4.5 NAND Flash 能带结构示意图

电荷俘获型存储单元的编程/擦除操作通过 F-N 隧穿机理实现对陷阱俘获层内俘获电子和空穴数量的调整；而浮栅型存储单元的编程/擦除操作则通过 F-N 隧穿机理实现对浮栅层内电子数量的调整。

4.1.3 NAND Flash 存储单元读取操作

NAND Flash 读取操作首先是源端接地，位线施加正电压 V_{BL}，通过对选中存储单元的字线施加读取电压（read voltage）V_{read}，其余存储单元的字线施加较大的导通电压（pass voltage）V_{pass} 使单元沟道导通，同时上下选择管（Select Gate，SG）施加正电压 V_{SG} 打开。利用流过沟道电流的大小判断选中存储单元的存储态。通常 NAND 串读取电流都在几十纳安量级。读操作需要定义单元阈值电压 V_{th} 的读取窗口，V_{th} 等级区分受窗口限制。如图 4.6 所示，在存储单元字线上施加 $V_{read} = 0V$ 的读取电压。读操作需要定义单元阈值电压的读取窗口，阈值电压等级的区分受到这个窗口的限制。如果存储单元处于编程态，读取电压低于存储单元阈值电压 V_{th}，NAND 串无法导通，位线几乎没有电流，读出电路会判断该存储单元处于编程（"0"）状态。如果存储单元处于擦除态，读取电压高于存储单元 V_{th}，NAND 串导通，位线导通电流，读出电路将判断存储单元处于擦除（"1"）状态。

对于 MLC 和 TLC 技术，每个存储单元需要进行多次读取操作，分别施加不同的读取电压。读取过程所需的时间（read time）通常为几十微秒。相比于 SLC 技术，TLC 和 MLC 技术的读操作需要更长的时间。相比于其他存储器技术（如 NOR Flash）的约 100ns 的范围，

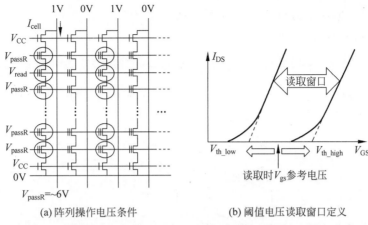

(a) 阵列操作电压条件　　　　(b) 阈值电压读取窗口定义

图 4.6　读操作——栅极电压在擦除单元和编程单元之间进行分类

NAND Flash 的读取操作时间较长。缩小 t_R 的主要限制在于较大的字线和位线的寄生电容和电阻。基于容量的考虑,NAND Flash 的字线和位线通常很长。字线和位线的寄生电容和电阻带来了微秒量级的 RC 延迟,而且增加了读出电路对串电流进行读取操作的时间。

4.1.4　NAND Flash 存储单元编程操作

NAND FGF 编程操作通过对选中存储单元字线施加编程电压(program voltage)V_{pgm},其余存储单元字线施加导通电压使沟道导通。位线上的 0V 电势传导进沟道,上选择管栅极施加 V_{CC} 打开上选择管,下选择管栅极施加 0V 关闭下选择管,此时,选中存储单元的栅极和沟道电压之间电压差为编程电压,沟道中电子通过 F-N 隧穿注入存储层。如图 4.7(a)所示为单元器件编程操作,在编程过程中,对控制栅加偏压 $V_{CG}=20$V,向浮栅注入电荷,增加了浮栅电压 $V_{FG}(V_{SE})$,降低了隧穿氧化层上方的电场,同时减少了隧穿电流。V_{SE} 电位跟随所施加的栅极电压变化。如图 4.7(b)所示,F-N 隧穿通过势垒的量子隧穿过程是一个几乎瞬时的过程,低隧穿电流与势垒高度 φ_B 呈指数关系[4]。隧穿过程是可逆的,因此加相反的电压可移除存储电荷。

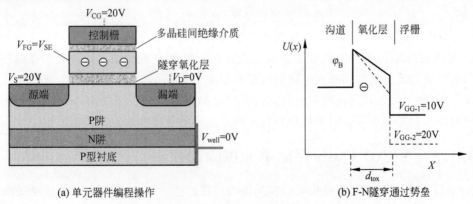

(a) 单元器件编程操作　　　　(b) F-N隧穿通过势垒

图 4.7　编程操作与 F-N 隧穿通过势垒示意图[4]

图 4.8 是电荷俘获型存储单元在编程时的能带图和其主要作用的物理机制[5],其中①表示隧穿电子穿过隧穿层未与存储层作用;②表示存储层俘获电子;③表示 Poole-Frenkel 电子脱离陷阱;④表示隧穿电子脱离陷阱。存储单元堆叠层上的电场使电子从沟道注入,其

中一部分电荷被存储层中的陷阱俘获,从而提高了存储单元的阈值电压。式(4.2)描述了被俘获电子的数量随时间的变化:

$$\frac{\mathrm{d}N_\mathrm{T}(t)}{\mathrm{d}t} = \alpha_\mathrm{T} J_\mathrm{FN} \left[N_\mathrm{T,0} - N_\mathrm{T}(t) \right] / q \tag{4.2}$$

其中,α_T 是俘获截面;J_FN 是 F-N 隧穿电流密度(即从衬底注入的电流密度);$N_\mathrm{T,0}$ 是存储层中的陷阱密度。

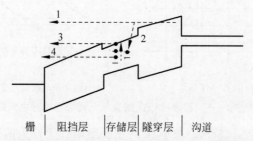

图 4.8 电荷俘获型存储单元堆叠层的能带结构和编程时的重要物理机制[5]

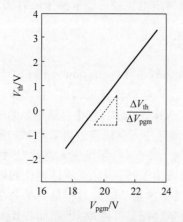

图 4.9 编程阈值电压变化斜率量化

未被存储层陷阱俘获的电子,流过栅介质层并被栅电极收集。这部分电流对编程操作没有贡献,而 NAND FGF 中不存在这部分电流[5],因此浮栅型存储器件的编程效率高于电荷俘获型存储器件。这个差异可以用编程阈值电压变化斜率 $\dfrac{\Delta V_\mathrm{th}}{\Delta V_\mathrm{pgm}}$ 量化,如图 4.9 所示,其中 ΔV_th 表示阈值电压变化量,ΔV_pgm 表示 ISPP 编程电压变化量,此斜率的意义是:如果用 ISPP 进行编程,那么存储单元的阈值电压也会以一定步长变化。浮栅型存储器件的阈值电压变化[5]斜率接近 1,而电荷俘获型存储器件的小于 1。

影响电荷俘获器件编程效率的另一个因素,是 Poole-Frenkel 发射[5]。不同于浮栅型存储器件,在编程操作时,电荷俘获型存储单元存储层中有部分电子通过 Poole-Frenkel 发射和隧穿发射逃离俘获陷阱并穿过阻挡层。在 Poole-Frenkel 发射的情况下,被俘获的电子先被热激发到导带上,再通过电场作用脱离存储层。

当被俘获的电子数量和脱离陷阱的电子数量相等时,存储单元的阈值达到饱和[5]。理想情况下,存储单元饱和阈值通常由存储层中自由陷阱能级的数量决定,而实际情况下,饱和阈值电压由存储层中俘获电子数量和脱离陷阱电子的数量达到的平衡态决定。

4.1.5 NAND Flash 存储单元擦除操作

NAND FGF 器件的擦除操作可以视为编程操作的逆过程。NAND FGF 擦除操作是通过对沟道施加擦除电压(erase voltage)V_erase,使浮栅电子穿过隧穿氧化层进入沟道,从而移除了浮栅中的电荷。

由于电荷俘获层中电子移动受限,NAND CTF 通常采用空穴注入进行擦除。具体而言,电荷俘获型器件的擦除操作是通过对 P 型沟道施加擦除电压,空穴进入沟道并抬升沟道电势。所有存储单元字线施加 0V,沟道中的空穴隧穿进入存储层,并与其中的电子复合,降低存储单元的 V_{th},实现擦除操作。

如图 4.10 所示,擦除操作是空穴从沟道 F-N 隧穿至电荷俘获层的过程,同时存在电子从栅极反向遂穿。其中①表示电子从存储层陷阱脱离;②表示空穴从沟道注入(标准隧穿氧化层);③表示反向隧穿电流;④表示存储层陷阱俘获陷阱。当陷阱俘获空穴电流和释放电子电流达到了动态平衡时,达到擦除饱和。一般浅能级俘获电子的隧穿概率高,所以陷阱能级靠近导带附近的存储层(或电荷俘获层)材料具有快擦除的特点,但这种材料保持特性较差;与之相反,具有深陷阱

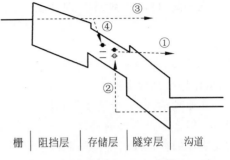

图 4.10　堆叠层的能带结构和擦除时的重要机制[5]

能级的存储层(或电荷俘获层)材料拥有较好的保持特性但可能会限制擦除性能。

为了克服此问题,引入了隧穿层能带调制工程的概念。单一结构的隧穿氧化层厚度不利于空穴从衬底注入,但是采用能带调制工程的隧穿层,可以通过优化的能带结构提高空穴隧穿电流来提供更快的擦除速度[6],同时还使存储单元具备较好的保持特性。

另外,隧穿脱离存储层陷阱的电子可以被从栅极反向隧穿的电子部分补偿。这种来自栅极的隧穿电流可以通过优化栅极和阻挡层来限制:增大栅极材料和阻挡层之间带隙可以降低隧穿概率,并且引入 Hi-K 的阻挡层也会降低阻挡层的电场。

4.2　3D NAND 多晶硅沟道技术

4.2.1　多晶硅沟道模型与晶界陷阱

由于单晶硅材料实现垂直沟道的工艺困难,3D NAND Flash 存储器通常采用多晶硅材料作为导电沟道。多晶硅沟道的迁移率显著低于单晶硅沟道迁移率。随着堆叠层数的增加,NAND 串的串联电阻增加,使沟道电流逐渐减小,这也是 3D NAND Flash 进一步发展的技术挑战之一。此外,多晶硅晶界缺陷还会引起其他一些器件特性退化,例如温度特性或器件漏电流等。为了改善 3D NAND Flash 的电流特性,多晶硅沟道优化具有重要的研究意义。

描述多晶硅器件电流特性,经常采用多晶硅晶界沟道模型。这里涉及多晶硅晶界缺陷陷阱(grain boundary trap)引起的沟道势垒(potential barrier)的概念。首先回顾一下,以沟道势垒和能带结构的角度,理解单晶硅 MOSFET 器件的导通过程。以 Si n-MOSFET 为例[19],由于衬底为 P 型硅,在衬底、源极和漏极接地时,P 型硅衬底和源极漏极费米能级相同。而由于材料特性,P 型衬底硅导带高于源极漏极区域,使得源极和漏极之间形成势垒,阻碍载流子在源漏间导通。而在栅极施加电压时,源极和漏极之间的势垒降低,使得 MOSFET 能够导通电流。

对于多晶硅器件,针对多晶硅薄膜晶体管(Thin Film Transistor,TFT)的早期研究即提出了多晶硅器件的晶界缺陷概念。这些晶粒界面的缺陷,能够在沟道反型时悬挂电荷,从而形成载流子迁移的势垒。载流子需要热激发等过程才能越过这些势垒。这些多晶硅晶界

缺陷引起的势垒,会阻碍源极与漏极之间的电流流动。当源漏电压低于阈值电压时,沟道处于关断状态,但端端漏端之间仍然有较低的漏电流,称为亚阈值电流,是一种关态漏电流。

在亚阈值区,N 型 MOSFET 的亚阈值电流可以表示为源漏之间的势垒高度的函数[19]:

$$I_{ds} \sim \exp\left[-\frac{q}{kT}\left(\frac{E_g}{2} + \Phi_F - \Psi_s\right)\right] \tag{4.3}$$

其中,Ψ_s 是表面势;E_g 是禁带宽度;Φ_F 为费米能级。随着栅极电压的增加,表面势 Ψ_s 增加,从而势垒高度降低。

在亚阈值区,无论是多晶硅器件还是单晶硅器件,源漏之间的势垒高度均随 V_g 升高而降低。但多晶硅器件的栅控能力要比单晶硅器件低得多,因而克服源极与漏极之间的势垒需要更高的栅压或者更高的温度。目前,主流 3D NAND Flash 采用环栅技术,增强介质层电场强度,提高栅控能力,进而提高器件性能。

多晶硅器件晶界缺陷在多晶硅层随机分布,随机的多晶硅晶界陷阱会严重影响器件的特性和阈值电压分布。图 4.11 说明了多晶硅环栅空心结构器件,其晶界的缺陷密度对器件阈值电压 V_{th} 有影响。当多晶硅层厚度 T_{si} 小于耗尽层宽度 W_d,阈值电压的变化与晶界缺陷的总数量有关。因而,采用超薄体空心结构,器件阈值电压将随着多晶硅层减薄而减小,并且一致性将得到改善。

晶界缺陷带来的多晶硅器件的另一个特点,是高温下器件导通能力更强,这是因为在高温下,载流子能量较高,更容易克服源漏之间的势垒。这使得多晶硅器件具有负的温度系数,在 3D NAND Flash 芯片中,需要对多晶硅器件的这一特点设计专门的温度补偿电路。由于晶界缺陷参与沟道的电学活动,还会带来随机电报噪声现象,这对于 NAND Flash 阵列阈值电压分布有不利影响。

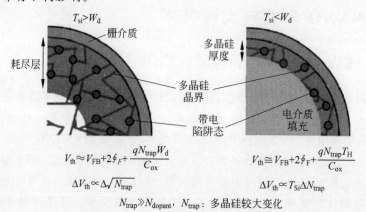

图 4.11　环栅空心结构多晶硅器件[20]

多晶硅器件晶粒尺寸的均值和标准差的变化也会导致阈值电压分布波动。在对数正态分布的垂直沟道中,晶粒尺寸均值与标准差之间存在线性相关关系。因此可以通过提取各晶粒尺寸均值下阈值电压对晶粒度标准差的敏感性,并利用其优化晶粒尺寸均值与方差之间的线性相关关系,来获得更好的器件性能和稳定的阈值电压分布。垂直沟道 3D NAND Flash 中多晶硅晶粒尺寸的分布趋势可以用对数正态分布很好地近似表达:

$$f(g) = \frac{1}{g\sigma_N\sqrt{2\pi}}\exp\left(-\frac{(\ln g - \mu_N)^2}{2\sigma_N^2}\right) \tag{4.4}$$

$$\mu_{L} = \exp\left(\mu_{N} + \frac{\sigma_{N}^{2}}{2}\right) \tag{4.5}$$

$$\sigma_{L} = \left[\exp(\sigma_{N}^{2} - 1)\exp(2\mu_{N} + \sigma_{N}^{2})\right]^{\frac{1}{2}} \tag{4.6}$$

其中，μ_{N} 和 σ_{N} 分别为对数尺度上的正态分布均值和；μ_{L} 和 σ_{L} 分别为对数正态分布的均值和标准差。这种对数正态分布主要来自于多晶硅的结晶机制。在相同的多晶硅结晶过程中，晶粒尺寸均值与晶粒尺寸正态分布的标准差之间存在线性相关。晶粒尺寸均值越大，标准差越大，说明晶粒尺寸均值越大，出现不同晶粒尺寸差异的可能性越大。在当前的多晶硅结晶过程中，晶粒尺寸标准差与晶粒尺寸均值的归一化值基本一致。

提取不同晶粒尺寸分布多晶硅通道上测得的阈值电压 V_{th}、亚阈值摆动 SS 和开态电流 I_{on} 统计分布，如图 4.12 所示，其中晶粒尺寸均值 GSM1＜GSM2＜GSM3。随着晶粒尺寸的增大，器件的性能明显提升，但是，阈值电压、亚阈值摆幅以及开态电流分布均明显展宽，器件性能的波动性变大。在提高器件性能的同时，波动性变大，这对外围电路的设计带来了更大的挑战。

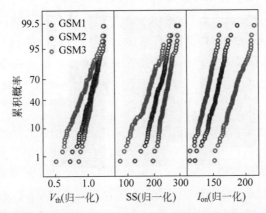

图 4.12　在不同晶粒尺寸分布的多晶硅沟道上测量阈值电压、亚阈值摆幅和开态电流[21]

图 4.13 所示为 5 种多晶硅晶粒尺寸平均值与标准差的线性关系。其中，Case1 为实验数据，其余为仿真数据。为了能够更好地得到阈值电压稳定分布的线性关系，将这 4 种仿真结果及实验数据得到的线性关系按照其斜率分为 3 类，分别为线性关系斜率大于、等于或小于实验数据。

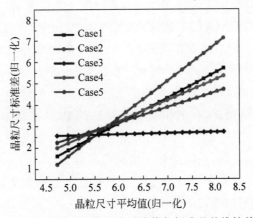

图 4.13　5 种多晶硅晶粒尺寸平均值与标准差的线性关系[21]

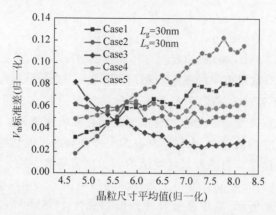

图 4.14 V_{th} 分布标准差与晶粒尺寸标准差在不同晶粒尺寸平均值的关系[21]

图 4.14 为 5 种线性关系对应的阈值电压标准差与晶粒尺寸平均值的关系图。其中 Case1 为实验数据,Case2～Case4 为提及的 4 种线性关系。

当多晶硅晶粒尺寸平均值固定时,阈值电压分布标准差与晶粒尺寸标准差很好地满足线性关系。而该线性关系的斜率即为阈值电压分布标准差对晶粒尺寸标准差的敏感度。该敏感度随着多晶硅晶粒尺寸平均值的增加而逐渐减小。这一关系产生的原因是:随着晶粒尺寸平均值的增加,晶粒的状态增多,因此,晶粒状态的变化对器件的影响敏感度降低。从图中选取的线性关系来看,实现器件性能稳定分布,即阈值电压标准差稳定可以实现的。

在 3D NAND Flash 器件中,为了抑制多晶硅沟道的这些缺点,除了采用空心结构之外,通用的做法是将多晶硅沟道层减薄,并采用氢气退火等方式对晶界缺陷做钝化处理。2011 年三星在 IEDM 会议上发表论文,通过减薄多晶硅,器件的亚阈值特性得到显著改善,而导通电流和可靠性没有显著的影响。2016 年,IMEC 首次报道了利用 InGaAs 半导体材料作为沟道的 3D NAND 结构,器件的迁移率得到超过 10 倍的提升,为未来 3D NAND 器件层叠数目增多以后的电流下降问题找到一个解决问题的方向。此外,2016 年 IMEC 的另一篇报道显示,通过高压氢或者氘退火,可以实现更有效的缺陷钝化,也可以改善阈值电压、亚阈值斜率及开态电流等器件参数,同时不影响器件的编程/擦除等特性。

两步多晶硅形成方案有助于改善多晶硅沟道性能。2016 年,Micronix 公司在 IEDM 会议上发布了两步多晶硅沟道形成的工艺流程,如图 4.15 所示。在阵列的字线刻蚀之后,栅介质叠层和第一层多晶硅 PL0 沉积在沟道孔中。由于栅介质叠层和多晶硅依次沉积,PL0 与字线之间由栅介质叠层隔开,而 PL0 与 n⁺ 衬底之间也存在栅介质叠层,无法导通电流。因此必须用另一步刻蚀,将底部的栅介质叠层去除,使得 PL0 能够与 n⁺ 衬底接触。在这一步刻蚀之后,进行表面清洁处理,在沉积第二层多晶硅 PL1,使用 PL1 与 n⁺ 衬底接触。这里需要去除 PL0 和 PL1 之间,以及 PL1 与衬底之间的界面氧化层,需要进行高温退火,以减少这些层之间的电阻。最后,在沟道上方填充多晶硅,形成多晶硅塞,从而形成整个沟道的连通。PL0 层起到了保护栅介质层的作用。采用这种方法形成多晶硅沟道,可以增加多晶硅晶粒的大小,减小晶界缺陷态的影响。

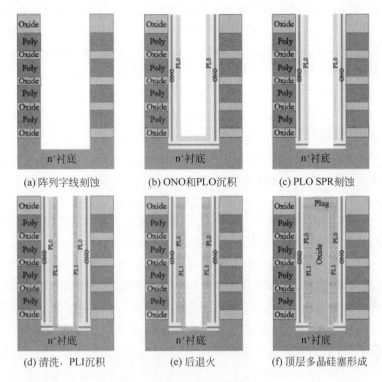

图 4.15　多晶硅沟道形成过程

4.2.2　多晶硅沟道漏电控制

多晶硅器件的漏电控制也是一个重要问题,与 3D NAND Flash 的抗编程干扰能力密切相关。如图 4.16 所示,多晶硅器件由于沟道晶界缺陷的大量存在,除了类似平面 MOS 器件的 GIDL 等漏电流,还存在和沟道缺陷相关的漏电机制。这一漏电机制来源于通过晶界缺陷的热离子场发射(thermionic field emission)或通过晶界缺陷发生的陷阱辅助隧穿作用。由于热辅助场发射作用的存在,多晶硅器件的漏电对温度升高很敏感。

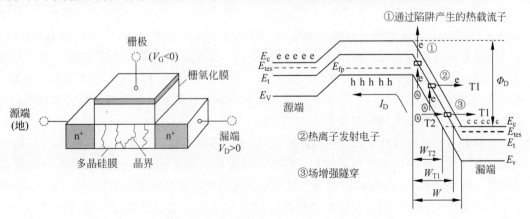

图 4.16　多晶硅沟道晶体管的漏电流机制[22]

在 3D NAND Flash 中,上选择管通常采用和存储单元一致的多晶硅晶体管结构,而上选择管(Top Select Transistor,TSG)对于 NAND Flash 的编程抑制起着重要的作用。在抑制编程干扰时,上选择管处于关断状态,随着编程脉冲的上升,沟道电势自提升。在这种电压偏置下,选择管会产生漏电现象。因此,多晶硅器件的漏电特性需要进行优化和调控。通过增大晶粒大小,改善晶界质量,可以减少晶界缺陷,从而改善多晶硅器件的漏电流。此外,在 3D NAND Flash 中,为了克服基于多晶硅的选择管的漏电流,可采用多层选择管作为漏端选择管,而不同于 2D NAND Flash 采用单一的漏端选择管的方式。多个单元作为漏端选择管,相当于增加了漏端选择管的沟长,有利于关断能力的改善和对漏电的抑制。

3D NAND Flash 选择管的均匀性或阈值电压分布对编程干扰抑制至关重要。2012年,SK 海力士公司的 K. S. Shim 在 IEDM 会议上发表相关论文,取消掺杂可以使漏端选择管的阈值电压分布显著改善。另外,由于漏端选择管成为可编程的晶体管,也需要避免操作过程中选择管的阈值电压漂移,否则会影响存储单元的编程特性。2013 年首尔大学和三星公司的研究者对 3D NAND Flash 中选择管衬底掺杂浓度与编程干扰的关系进行了研究。沟道电势随着选择管掺杂的增加以及阈值电压的升高而降低。这是由于选择管的衬底掺杂升高,将在选择管和邻近的边缘存储单元之间产生较强的带带隧穿效应,引起电子-空穴对的产生,从而产生热载流子注入效应。此外,沟道电势还与掺杂的峰值浓度位置有关,上选择管的栅压也需要针对编程干扰进行优化。

4.3 温度对 3D NAND Flash 单元器件特性的影响

存储器阈值电压的温度特性是衡量器件可靠性评估的关键指标。存储器可能会被应用在不同的产品上,不同的环境温度中。交叉温度下的读写能力是消费级存储器产品的基本要求之一。由于器件的本征特性,不同的环境温度会造成存储单元 V_{th} 漂移。V_{th} 的变化导致读电压窗口的变化,通过研究存储器 V_{th} 和温度特性,可进一步优化器件参数以降低读数据错误概率。

在跨温度下进行读写操作时,存储单元 V_{th} 的漂移如图 4.17 所示,主要有两个明显的现象。一种现象是阵列 V_{th} 分布的整体漂移,读操作温度越高,存储阵列 V_{th} 越低,这是由 3D NAND Flash 的多晶硅沟道特性决定的。多晶硅沟道中存在晶界,由于陷阱的存在,电子从沟道源端流到漏端需要越过势垒。温度增加时,晶界的传导特性增强,克服了声子散射造成的迁移率下降,沟道中流过的电流增大,V_{th} 减小。另一种现象是存储阵列 V_{th} 分布展宽。在高温编程低温读时,V_{th} 分布展宽且分布右侧偏移量更大。在低温编程高温读时,V_{th} 分布也会展宽但分布左侧偏移量更大。

存储器芯片上会设计温度补偿电路,可以补偿因温度变化引起的存储单元 V_{th} 漂移,例如通过字线或位线电压偏置电路实现。在温度补偿电路的作用下,可以补偿 V_{th} 分布的整体漂移。而第二种 V_{th} 分布的展宽现象是无法通过温度补偿电路实现补偿的。因为一个页上所有存储单元都有相同的温度补偿值,V_{th} 漂移较小的单元会造成过补偿,V_{th} 漂移较大的单元会造成欠补偿。当温度补偿不能解决温度变化引起的 V_{th} 漂移时,读电压窗口会减小,可靠性会下降。

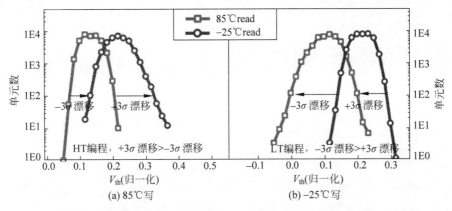

图 4.17　跨温度下的读写操作造成的阵列V_{th}分布展宽[23]

4.3.1　3D NAND Flash 单元器件阈值电压温度特性分析

当存储单元编程时的温度发生改变时,可以通过测试研究不同环境温度对 3D NAND Flash 编程的影响。测试发现,在高温下存储单元的编程效率略有提高,这是由于高温下电子迁移率提高,编程过程中有足够多的电子隧穿进入电荷存储层。在栅压相同时,高温下进入存储层的电子更多,编程效率提高。而由于 NAND Flash 采用 ISPP 算法进行编程,编程验证可以精确控制存储单元的阈值电压。在不同的环境温度下,虽然编程效率不同,但编程完成后最终的阵列V_{th}分布是相同的。图 4.18 所示为不同温度下编程后的阵列V_{th}分布。25℃编程和 85℃编程后,阵列V_{th}分布是相同的。

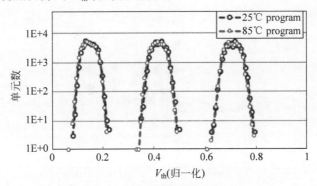

图 4.18　不同温度的编程V_{th}分布

在相同温度下编程后,不同温度下读取时,阵列V_{th}分布会发生平移和展宽。当读取温度比编程温度低时,V_{th}分布右移,且分布右侧偏移量更大导致分布宽度增加。当读取温度比编程温度高时,V_{th}分布左移,且分布左侧偏移量更大导致分布宽度增加。

针对存储阵列交叉温度读写操作时的阵列V_{th}分布展宽问题,需要测试分析单个存储单元的器件特性。

利用图 4.19 所示方法测试得到器件的I_d-V_g曲线后,可以提取出器件的V_{th}。提取不同温度下存储单元的V_{th},结果如图 4.20 所示。不同温度下,存储单元V_{th}呈线性关系,斜率即温度系数T_{co}。温度系数是存储单元的本征特性,与测试条件无关。通过测试 25℃和 85℃器件的V_{th},可以提取出存储单元的温度系数,计算公式为

$$T_{co} = \frac{V_{t1} - V_{t2}}{t_1 - t_2} \tag{4.8}$$

其中,t_1 和 t_2 分别是 V_{t1} 和 V_{t2} 测试时的环境温度。

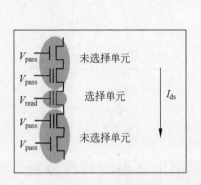

图 4.19　3D NAND Flash 串结构的简化图
及读操作的电压偏置

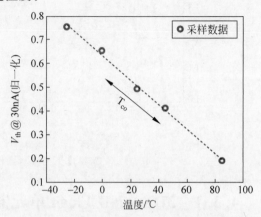

图 4.20　不同温度的存储单元的阈值电压[23]

通过测试提取出各个存储单元的温度系数,存储单元温度系数存在差异,其结果如图 4.21 所示。根据存储单元温度系数与 V_{th} 之间的相关性,可以将温度系数的差异分为两类:差异类型①,温度系数与未编程时的初始 V_{th} 线性相关,单元初始 V_{th} 越高则温度系数越高;差异类型②,温度系数与初始 V_{th} 无关,呈现随机波动特性。这两类温度系数共同作用,可以解释 3D NAND Flash 在变温环境下的 V_{th} 漂移。

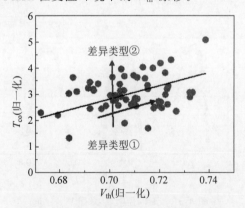

图 4.21　温度系数和阈值电压的关系[23]

4.3.2　3D NAND Flash 单元器件阈值电压温度特性优化

基于前文的单元特性研究,有两种优化方案以抑制阵列分布展宽现象,提高存储器的可靠性。阵列 V_{th} 分布展宽产生的原因是单元之间温度系数的差异,可以通过工艺优化减小温度系数的差异。当所有单元温度系数差异变小,跨温度下 V_{th} 分布的偏移会趋近平行偏移而减少展宽,进而可以通过温度补偿电路进行调节,改善了可靠性下降的问题。

温度系数差异类型①是多晶硅特性导致的存储单元本征特性差异。针对这种差异的优化主要是调整工艺条件,控制多晶硅的生长温度和退火温度以控制多晶硅晶粒大小和陷阱浓度。多晶硅晶粒尺寸减小有利于降低存储单元V_{th}温度系数的差异。

温度系数差异类型②是其他因素导致的电流差异。针对这种差异的优化是调节相应的器件参数。在读操作时,使用较小的读电流可以减小存储单元V_{th}温度系数差异,优化结果如图4.22所示。以V_{th}分布的$\pm 3\sigma$偏移为计算标准,$+3\sigma$和-3σ的偏移差距越大表示V_{th}分布展宽越严重。由于多晶硅晶界陷阱的存在,晶界是影响沟道电流的重要因素,读电流越大时,沟道的反型和导通特性就会呈现不均匀性,导致存储单元V_{th}的温度系数差异增大。

另一方面,未经优化情况下,底部选择管V_{th}呈现的波动较大。在读操作时,底部选择管的栅压是固定的,当V_{th}过大而导致选择管无法完全打开时,整个沟道的电流就会被限制,存储单元的V_{th}就会偏高。最终导致存储单元温度系数差异增大。通过调整器件参数,提高读操作时底部选择管的栅压,底部选择管不再是沟道电流的瓶颈,则存储单元V_{th}受底部选择管的影响变小。存储单元温度系数差异变小,阵列V_{th}分布展宽现象得到抑制,其优化结果如图4.23所示。

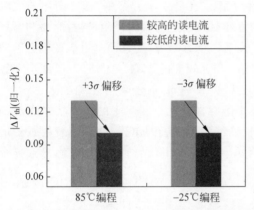

图4.22　不同读电流时,交叉温度V_{th}偏移量

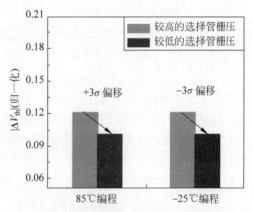

图4.23　底部选择管不同的导通电压时,交叉温度V_{th}偏移量

4.4　3D NAND Flash 器件挑战与发展

为了减少单位存储成本(bit cost),3D NAND Flash 需要增加堆叠层数。随着堆叠层数的增加,3D NAND Flash 结构将面临一些新的技术挑战。首先是由于层叠厚度的增加带来的沟道孔刻蚀,字线分区刻蚀等困难。层数的增加也会导致硬掩膜工艺变得更加困难,需要更好的选择比和更高密度,这些都对工艺流程产生了较大的挑战。在多层堆叠结构中,传统的刻蚀方法会在沟道侧壁形成副产物,导致沟道口是上大下小的锥形形状,增加了器件的不均匀性,同时导致上方器件的栅控能力减弱。沟道孔刻蚀是 3D NAND Flash 发展的一个关键挑战。在新一代 3D NAND Flash 中,叠层可能分成若干组,分别形成,以避免过高的刻蚀深宽比。从产品成本角度,单步工艺时间也将随着叠层高度的增加而增加,对生产能力也将提出更高的要求。另外,由于层叠数目增加带来的多晶硅沟道的电流减小,需要低电流读出电路设计,或者采用新材料代替目前的多晶硅沟道。针对更多叠层带来的电流下降问题,IMEC 提出了 InGaAs 半导体材料作为沟道的 3D NAND Flash 结构,以及通过高压氢或者氘退化改善多晶硅沟道等方案。

　　由于复杂的工艺结构,3D NAND Flash 生产工艺中的机械应力是一个重要问题。工艺流程中许多单项工艺都可能造成阵列机械应力的变化,从而造成阵列变形。机械应力引起的结构变形,需要通过适当的绝缘介质或金属等材料的调制,实现工艺过程中的应力调控。对于更多叠层的 3D NAND Flash,应力控制也将是技术挑战之一。

　　3D NAND Flash 封装芯片的高度也将是技术挑战之一。随着层叠数目的增加,存储阵列叠层的高度将会接近 $10\mu m$,而要实现 16 层的多芯片堆叠封装,每层芯片的厚度大约需要控制在 $25\mu m$ 以内。为了将 3D NAND Flash 的层数扩展至 200 层左右,今后的 3D NAND Flash 发展将面临 Z 方向的尺寸缩小(即缩小叠层厚度)的需求。Z 方向上尺寸缩小会带来一系列器件和可靠性技术的挑战。叠层厚度减小还会带来字线电容的增加和字线电阻的减小,给字线带来更严重的 RC 延迟,给字线工艺带来更严峻的挑战。

　　3D NAND Flash 的字线 RC 延迟大于同等密度的 2D NAND Flash 单元。针对字线电容耦合引起的邻近字线的电压尖峰(glitch),三星公司在 2014 年的论文中介绍了两种方案:一种是电压尖峰抵消的方案;另一种是偏置控制方案。在前一个方案中,耦合产生的尖峰信号被字线放电电路补偿,由于阵列控制信号的运作具有确定的时间控制,通过时序和电压控制,可以补偿字线之间耦合形成的电压尖峰。在后一个方案中,通过预测可能被耦合影响的字线电压,再加入偏置补偿,可以减弱这种字线间耦合效应的影响。此外,为了减小字线 RC 延迟,可能的工艺改进方向是在字线之间采用 Low-K 材料,或者采用空气分隔。

　　3D 存储器随着集成的层数逐渐增加,带来了上下存储单元半径大小的差异。如图 4.24 所示,由于刻蚀工艺限制导致,顶层的存储单元半径将大于底层的单元,并且随着层数的增加,这种差异将继续增加[25]。尺寸的差异导致了存储单元的电学特性差异,最终导致整个存储阵列的差异性恶化。

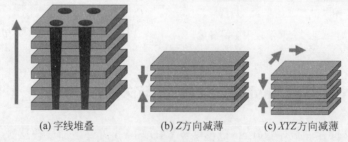

(a) 字线堆叠　　　　(b) Z方向减薄　　　　(c) XYZ方向减薄

图 4.24　上下存储单元半径差异

　　在 3D NAND Flash 中,存储阵列被分割为若干存储块。同一个存储块中集成更多的存储单元是提高存储密度和减少成本的有效方法。提高存储块中存储单元的数量有两种方法:一种是增加存储器的层数,这对深孔刻蚀和多层膜沉积工艺带来更多的挑战;另一种是在水平方向增加存储单元数量,将越来越多的存储串集成到同一个存储块里面。但是,这导致了不同存储串的下选择管阈值电压有很大差异性,整个存储块或存储阵列的阈值电压分布范围很宽。这是由于下选择管是 L 形的环栅器件,不同的存储串到公共源极的距离(沿 X 方向)不同。如图 4.25 所示为 3D NAND Flash 的结构示意图。

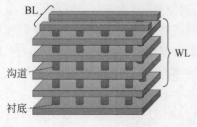

图 4.25　3D NAND Flash 结构示意图

　　除此之外,当越来越多的存储串被集成到同一个块中,意味着编程抑制的存储单元将会经受更多次的编程电压的干扰,导致器件的编程干扰特性变差[26-28]。在编程操作时,为了抑制编程干扰,编程抑制串发生沟道电势自抬升(self-boosting)。在沟道电势自抬升时,编程抑制串的上选择管和下选择管处于关断状态,上下关断的沟道相当于处于悬浮状态。编程时,栅上所加的编程电压在沟道里面耦合出高电势可以克服编程干扰。但是上下选择管存在漏电流,电子可以通过上下选择管进入沟道,降低沟道自抬升时的电势。因此,自抬升时的电势和选择管的关断特性直接相关。优化下选择管的关断特性抑制对 3D NAND Flash 阵列单元的编程干扰具有重要的作用。因此,调节下选择管的阈值分布和优化关断特性是 3D NAND Flash 重要的问题。

　　在传统的 3D 存储器结构设计中,总的存储器芯片尺寸可以比存储器阵列大 20%(或更多)[29]。由于芯片的成本与面积的 4 次方成正比[30],即 cost of die＝f(die area)^4。为了达到更高的存储密度,需要提高芯片利用效率,必须进一步提高集成密度和存储容量。随着技术在应用需求上的不断改进,CUA(CMOS Under Array)[31-32] 和 COP(Cell Over Periphery)[33-37] 两种结构有望成为将来 3D 存储器的发展方向。

　　CUA 结构由美光和英特尔共同研发,在制备 CUA 结构的存储器时,先制备外围控制逻辑电路,再制备存储单元,3D Flash CUA 架构如图 4.26 所示。将 3D NAND Flash 存储单元制作在外围 CMOS 控制电路上,可以缩减 3D NAND Flash 芯片的面积,提高存储密度和阵列效率。由于外围逻辑控制电路约占整体 3D NAND Flash 芯片面积的 20%,将 3D NAND Flash 存储单元制作在 CMOS 电路之上,可以大幅度缩减芯片面积[38]。COP 结构由三星公司于 2015 年 12 月在 IEDM 上提出,可用于提升 3D NAND Flash 芯片的存储密度,其结构与 CUA 结构类似。

　　在 CUA 或 COP 的结构中,除引脚(pad)以外的整个外围电路需要放置在存储阵列以下。CUA 或 COP 结构需要全新的芯片布局(layout)设计,还需要新的外围电路器件架构,以克服复杂的连线网络带来的电路 RC 延迟。由于芯片的高速数字输入输出(I/O)需要更低的接触电阻,CUA 或 COP 结构需要严格控制存储阵列工艺带来的热预算。

　　新型 3D 存储器除了在结构上的改进外,在器件材料上也需要使用新的材料。随着器件的层数逐渐增加,多晶硅沟道的电流逐渐减小,这将成为存储器容量提高的限制因素。并且多晶硅晶界陷阱导致存储单元的阈值值特性的退化,同时引起阈值电压分布范围展宽等问题。为了进一步提高 3D 存储器的电流并且提高其特性,高迁移率的新型沟道材料越来越引起关注。图 4.27 为多晶硅(Poly-Si)和 InGaAs 沟道的示意图。$In_{1-x}Ga_xAs$ 等Ⅲ-Ⅴ化合物已被证明可以提高沟道的电流[39]。

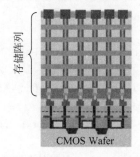

图 4.26　3D Flash CUA 架构

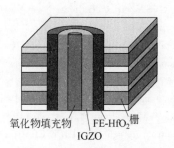

图 4.27　Poly-Si 和 InGaAs 沟道

本章小结

本章主要介绍了 NAND Flash 器件的基本特性,包括 NAND Flash 存储器编程/擦除(Program/Erase,P/E)物理机制,3D NAND Flash 多晶硅沟道技术,温度对 NAND Flash 器件特性的影响等。同时本章介绍了 NAND Flash 从 2D 到 3D 的技术变革以及 3D NAND Flash 技术的挑战与展望。

习题

(1) 简述 3D NAND 器件读操作时在阵列上的电压情况。

(2) 画出 3D NAND 在编程和擦除时的能带图。

(3) 说明多晶硅环栅空心结构;如何改善晶界缺陷带来的影响 V_{th} 特性的问题?

(4) 简单描述 CUA 和 COP 两种结构。

(5) 浅谈一下字线层叠数目增加带来的工艺和器件物理问题。

(6) 一种浮栅非易失性半导体存储器的总电容为 3.61fF,控制栅对浮栅电容为 2.55fF,漏端对浮栅电容为 0.45fF,浮栅对衬底电容为 0.12fF。计算将测量的阈值电压提高 0.5V 需要多少隧穿电子(从控制栅测量)。

参考文献

[1] Masuoka F,Momodomi M,Iwata Y,et al. New ultra high density EPROM and flash EEPROM with NAND structure cell[C]//IEEE International Electron Devices Meeting,1987.

[2] Likharev K, Konstantin K. Layered tunnel barriers for nonvolatile memory devices[J]. Applied Physics Letters,1998,73(15): 2137-2139.

[3] Yong K L,Jae S S,Suk K S,et al. Multilevel vertical-channel SONOS nonvolatile memory on SOI[J]. IEEE Electron Device Letters,2002,23(11): 664-666.

[4] Cappelletti P,Golla C,Olivo P,et al. Flash memories[M]. German:Springer Science & Business Media,2013.

[5] Micheloni R,Crippa L,Marelli A. NAND flash memories[M]. German:Springer Science & Business Media,2010.

[6] Ghidini G,Scozzari C,Galbiati N,et al. Cycling degradation in TANOS stack[J]. Microelectronic Engineering,2009,86(7):1822-1825.

[7] Micheloni R,Aritome S,Crippa L,Array Architectures for 3-D NAND Flash Memories [J]. Proceedings of the IEEE,2017,105(9):1634-1649.

[8] Mauri A,Compagnoni C M,Amoroso S,et al. A new physics-based model for TANOS memories program/erase[C]//IEEE International Electron Devices Meeting,2008.

[9] Masuoka F,Momodomi M,Iwata Y,et al. New ultra high density EPROM and flash EEPROM with NAND structure cell[C]//IEEE Electron Devices Meeting,1987.

[10] Hwang J, Seo J,Lee Y,et al. A middle-1X nm NAND flash memory cell (M1X-NAND) with highly manufacturable integration technologies[C]//IEEE Electron Devices Meeting,2011.

[11]　Endoh T,Kinoshita K, Tanigami T,et al. Novel ultrahigh-density flash memory with a stacked-surrounding gate transistor (S-SGT) structured cell[J]. IEEE Transactions on Electron Devices, 2003,50(4): 945-951.

[12]　Tanaka H,Kido M,Yahashi K,et al. Bit cost scalable technology with punch and plug process for ultra high density flash memory[C]//IEEE Symposium on VLSI Technology,2007.

[13]　Fukuzumi Y,Katsumata R,Kito M,et al. Optimal integration and characteristics of vertical array devices for ultra-high density,bit-cost scalable flash memory[C]//IEEE International Electron Devices Meeting,2007.

[14]　Katsumata R,Kito M,Fukuzumi Y,et al. Pipe-shaped BiCS flash memory with 16 stacked layers and multi-level-cell operation for ultra high density storage devices[C]//IEEE Symposium on VLSI Technology,2009.

[15]　Kim J Y. Novel Vertical-Stacked-Array-Transistor (VSAT) for ultra-high-density and cost-effective NAND Flash memory devices and SSD (Solid State Drive)[C]//IEEE Symposium on VLSI Technology,2009.

[16]　Jang J. Vertical cell array using TCAT (terabit cell array transistor) technology for ultra high density NAND Flash memory[C]//IEEE Symposium on VLSI Technology,2009.

[17]　Whang S J,Lee K H,Shin D G,et al. Novel 3-dimensional Dual Control-gate with Surrounding Floating-gate (DC-SF) NAND flash cell for 1TB file storage application[C]//IEEE Electron Devices Meeting,2010.

[18]　Noh Y,Ahn Y,Yoo H,et al. A new Metal Control gate last process (MCGL process) for high performance DC-SF (dual control gate with Surrounding Floating gate) 3D NAND Flash memory [C]//IEEE Symposium on VLSI Technology,2012.

[19]　Hu Z M. Modern semiconductor devices for integrated circuits[M]. USA: Prentice Hall,2010.

[20]　Fukuzumi Y,Katsumata R,Kito M,et al. Optimal integration and characteristics of vertical array devices for ultra-high density,bit-cost scalable Flash memory[C]//IEEE International Electron Devices Meeting,2007: 449-452.

[21]　Yang T,et al. Analysis and optimization of threshold voltage variability by polysilicon grain size simulation in 3D NAND Flash memory[J]. IEEE Journal of the Electron Devices Society,2020,(99): 1-1.

[22]　Kim K. Technology challenges for deep-nano semiconductor[C]//IEEE International Memory Workshop,2010.

[23]　Zhao C,Lei J,Da L,et al. Investigation of threshold voltage distribution temperature dependence in 3D NAND Flash[J]. IEEE Electron Device Letters,2018,(99): 1-1.

[24]　Sanvido M A. NAND Flash memory and its role in storage architectures[C]//Proceedings of the IEEE,vol. 96,no. 11,Nov,2008

[25]　Goda A. 3D NAND technology achievements and future scaling perspectives[J]. IEEE Transactions on Electron Devices,2020,(99): 1-9.

[26]　Prall K. Scaling non-volatile memory below 30nm[C]//IEEE Non-volatile Semiconductor Memory Workshop,2007.

[27]　Kim K,Jeong G. Memory technologies for sub-40nm Node[C]//IEEE International Electron Devices Meeting,2007.

[28]　Parat K. Recent developments in NAND Flash scaling[C]//International Symposium on VLSI Technology,Systems,and Applications,2009.

[29]　Kim K. From the future Si technology perspective: challenges and opportunities[C]//IEEE International Electron Devices Meeting,2010.

[30]　Goda A,Parat K. Scaling directions for 2D and 3D NAND cells[C]//IEEE International Electron

Devices Meeting,2012.

[31] Goda A. Opportunities and challenges of 3D NAND scaling[C]//International Symposium on VLSI Technology,Systems,and Applications,2013.

[32] Goda A. Recent progress and future directions in NAND Flash scaling[C]//13th Non-Volatile Memory Technology Symposium,2013.

[33] Park Y,Lee J. Device considerations of planar NAND Flash memory for extending towards sub-20nm regime[C]//5th IEEE International Memory Workshop (IMW),2013.

[34] Park Y,Lee J,Cho S,et al. Scaling and reliability of NAND flash devices[C]//IEEE International Reliability Physics Symposium,2014.

[35] Aritome,S. 3D Flash memories,International Memory Workshop 2011 (IMW 2011),short course.

[36] Prall K,Parat K. 25nm 64Gb MLC NAND technology and scaling challenges[C]//IEEE International Electron Devices Meeting,2010.

[37] Seokkiu L. Scaling challenges in NAND Flash device toward 10nm technology[C]//4th IEEE International Memory Workshop,2012.

[38] Suh K D,Suh B H,Suh K-D,et al. A 3.3V 32 Mb NAND flash memory with incremental step pulse programming scheme[J]. IEEE Journal of Solid-State Circuits,2002,30(11): 1149-1156.

[39] Hemink G J. Fast and accurate programming method for multi-level NAND EEPROMs[C]//IEEE Symposium on VLSI Technology,1995.

第5章

3D NAND Flash存储器模型模拟技术

在对 3D NAND 存储器器件单元特性进行详细介绍后,本章将对 3D NAND 存储器模型的模拟技术进行概述,从而更好地推动 3D NAND 存储器技术的发展。本章首先介绍仿真工具,并分析了纳米尺度器件模拟过程中使用的模型,最后分别对 2D NAND Flash 器件和 3D NAND Flash 器件模型和模拟方法进行归纳总结。

5.1 仿真工具简介

由于 3D NAND 存储器结构复杂,使用仿真工具进行仿真可以加快研发速度。商用仿真工具收录模型全面,覆盖领域广泛,性能稳定可靠,在半导体产业界有着重要的应用。目前主流商用仿真工具包括 Synopsys 公司的 Sentaurus 计算机辅助设计技术(Technology Computer-Aided Design,TCAD)工具和 Silvaco 公司的 Silvaco 仿真工具。下面对 Sentaurus TCAD 模拟仿真工具以及其在 3D 电荷俘获存储器中的应用进行介绍。

5.1.1 Sentaurus TCAD

TCAD 是指利用计算机仿真技术进行半导体工艺模拟以及半导体器件模拟的技术,所使用的软件就是 TCAD 仿真工具。TCAD 仿真工具通过对基本的物理模型方程进行计算求解(例如求解漂移扩散方程等),还原半导体器件在制造或者工作过程中发生的物理过程。TCAD 工具主要有以下几方面的应用。

(1) 对现有的 IC 工艺流进行模拟,对其进行监测、分析和优化,分析每一步工艺波动对器件的影响。

(2) 对现有器件的电学特性进行模拟,帮助改进器件设计和优化器件的操作方式。

(3) 对新工艺新器件进行模拟,提供具有参考价值的预测性结果。

如图 5.1 所示,TCAD 模拟已广泛应用于存储器件、CMOS 逻辑器件、光电器件、射频器件以及高压器件等半导体领域。随着半导体器件的持续微缩,技术变得更加复杂,TCAD 作为辅助性设计工具已成为半导体行业不可或缺的组成部分。

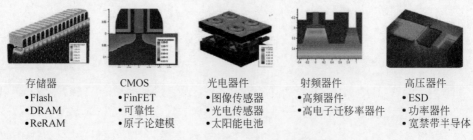

存储器	CMOS	光电器件	射频器件	高压器件
•Flash	•FinFET	•图像传感器	•高频器件	•ESD
•DRAM	•可靠性	•光电传感器	•高电子迁移率器件	•功率器件
•ReRAM	•原子论建模	•太阳能电池		•宽禁带半导体

图 5.1　TCAD 工具的应用领域

作为一种常用的 TCAD 工具,Sentaurus TCAD 仿真工具是 Synopsys 公司在收购和整合了多家公司的 TCAD 仿真软件之后形成的完整的 TCAD 仿真组件集合。其中,最为核心的是 Sentaurus 模拟仿真工作平台(Sentaurus Workbench,SWB)[1]。如图 5.2 所示,SWB 包含众多组件,主要由工艺仿真模块(Sentaurus Process,S-Process)、器件结构仿真模块(Sentaurus Structure Editor,SDE)和器件物理特性仿真模块(Sentaurus Device,S-Device)等模块构成。基于 SWB,可以使用其他各种仿真组件,并且不同仿真组件间可以相互调用。

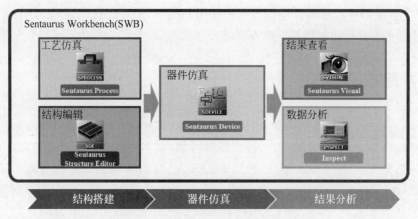

图 5.2　Sentaurus TCAD 工具组成

5.1.2　Sentaurus WorkBench

SWB(Sentaurus WorkBench)将各种 Sentaurus 仿真工具整合到一个环境中。用户可以通过图形用户界面(Graphical User Interface,GUI)直观地设计、组织和运行各个模块,进行半导体工艺和器件的仿真模拟。仿真流程通常包括多个模块,图 5.3(a)展示出已经整合到 SWB 里的仿真模块,包括工艺仿真、器件仿真、输出和分析模块。将所有的模块整合到一个平台后,SWB 可以自动管理各个模块间的信息流。其中,信息流包括输入程序及参数的预处理、参数的传递、各个模块执行顺序、各个模块的输入输出、仿真结果的查看等。使用 SWB 平台,用户可以自定义参数和变量,从而灵活地进行参变量分析[1]。其结果可导出到处理软件中,也可以直接输出到 GUI 的表格中,如图 5.3(b)所示。

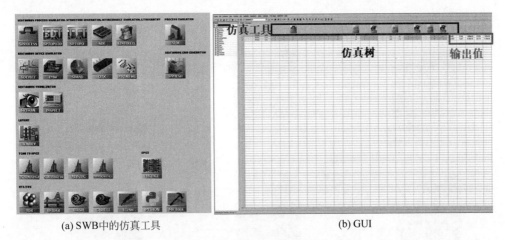

(a) SWB中的仿真工具　　　　　　　(b) GUI

图 5.3　SWB 中的仿真工具及 GUI

5.1.3　Sentaurus Process

Sentaurus Process(S-Process)是一个完整的、高度灵活的多维工艺模拟工具。它以现代化软件体系结构为基础,通过已验证的校准方法对大量的实验数据进行模拟。S-Process工艺仿真对现代硅和其他半导体的工艺提供了很好的预测能力[2]。

通过求解不同物理方程,S-Process 可以仿真不同的工艺步骤,如离子注入、杂质扩散、氧化、刻蚀、沉积、热退火等。其中离子注入仿真可以分为蒙特卡罗法和解析查表法。模拟的晶圆或器件离散化地划分为网格,在每一个网格内通过有限元计算求解物理方程。相比于接下来介绍的结构编辑工具 Sentaurus Structure Editor,使用 S-Process 构建仿真结构的优势在于:能够准确计算注入和退火扩散后的杂质分布;可以仿真氧化过程中 SiO_2 的结构(比如 LOCOS 工艺中的鸟嘴结构)及结构变化引入的机械应力。

图 5.4 中列举了一个简单的 2D MOSFET 的工艺仿真流程。利用 S-Process 工艺仿真工具,可以清晰准确地提取出器件在每一步工艺过程中的结构变化和杂质的再分布情况。为集成工艺的优化提供了参考,同时为之后器件电学特性的仿真奠定了基础。

图 5.5(a)所示为 LOCOS 氧化工艺中产生的鸟嘴结构。虽然在先进的工艺制程中已经不再使用 LOCOS 工艺,但这个例子有助于理解使用 S-Process 工具进行仿真的优势,其可以准确地仿真出在氧化过程中硅材料逐渐被氧化的过程。图 5.5(b)所示是 MOSFET 局部结构,S-Process 可以准确地仿真在氧化工艺后漏端上的氧化层、栅氧化层、栅侧壁上氧化层及交界处的厚度,并且 S-Process 还可以计算由于结构的变化引入的局部应力变化。由于器件结构和应力的改变都会引起器件电学特性的变化,S-Process 能够为后面进行器件仿真提供准确的支持。

5.1.4　Sentaurus Structure Editor

SDE 是 2D 和 3D 器件结构搭建及编辑工具。SDE 不进行工艺的仿真过程,而是将工艺步骤转换成几何操作,从而完成器件结构的搭建。相比于 S-Process,SDE 可以灵活地编

(a) 多晶硅栅再氧化

(b) HALO注入

(c) LDD注入，沉积SiN侧墙

(d) 侧墙刻蚀

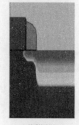
(e) 源漏注入

(f) 栅沉积

图 5.4　简单 2D MOSFET 的工艺仿真流程

(a) 鸟嘴结构

(b) MOSFET局部结构

图 5.5　LOCOS 氧化工艺产生的鸟嘴结构以及 MOSFET 的局部结构

辑器件结构，例如进行圆滑、旋转、摆动和结构之间的混合等结构编辑功能。SDE 可与 S-Process 联合使用，以弥补各自的不足。SDE 支持图形用户界面，以交互的方式可视化地生成、编辑器件结构。SDE 工具在工作时的输入输出文件如图 5.6 所示。SDE 输入可以是以命令行或文本方式组织的语句，也可以是 S-Process 生成的结构边界文件和带有网格的杂质分布文件。SDE 输出为带有具体结构、掺杂分布和网格的文件[3]。

　　为了对器件进行离散化处理以完成仿真计算，需要将器件分割成若干小的三角形。这些小的三角形称为网格，这一分割过程就称为网格划分[3]。网格的划分对仿真过程的收敛性和仿真结果的准确性起到了至关重要的影响。网格数目太少，会降低仿真结果的准确性，而划分得过多会大幅增加计算量，同时会导致仿真的收敛性变差。此外，SWB 平台还有专门的网格生成工具 Sentaurus Mesh，同时 SDE 也支持网格生成策略，即调用 Sentaurus Mesh，以生成基于四叉树或八叉树的网格，既可以产生与坐标轴对齐的普通网格结构，也可以沿着材料边界方向定义出特殊的网格。SDE 中进行的网格优化是为后面的器件仿真做铺垫的重要步骤。所以使用 SDE 生成网格时，需要在电场强度大或者掺杂浓度高的地方加密网格,以保证器件仿真具有足够的收敛性。

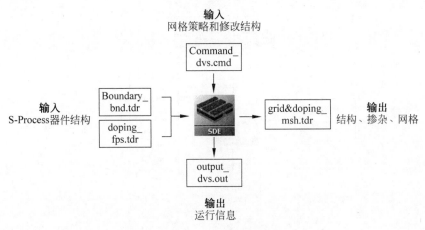

图 5.6　SDE 工具的输入与输出流程

5.1.5　Sentaurus Device

Sentaurus Device(S-Device)是模拟各种半导体器件的电学、热学、光学等物理特性的仿真工具。作为业界领先的半导体器件模拟器,S-Device 可以基于 2D 和 3D 的器件结构,进行物理特性的仿真。此外,还可以结合紧凑模型(compact modeling)添加一些电学元件,从而进行混合电路仿真。S-Device 的强大之处在于其包含一个复杂的物理模型库集,可以对多种器件和材料进行物理特性的模拟与预测[4]。通过使用 S-Device 工具,可以对 S-Process 或 SDE 工具生成的结构进行电学特性模拟,可以得到器件在工作过程中各个时刻的多种物理量,包括电场、电势、电流、载流子浓度和能带结构等。

S-Device 可以对不同类型的半导体器件进行仿真。例如,在进行 CMOS 逻辑器件仿真时,在根据二次离子质谱(Secondary Ion Mass Spectroscopy,SIMS)实验结果校准后,可以准确地模拟出阈值电压 V_{th}、roll-off 特性和开态电流 I_{on} 的大小。S-Device 还可以实现基于阻抗场法(Impedance Field Method,IFM)的变异性(variability)分析技术,从而能够用来分析线边缘粗糙度(line edge roughness)可能引起的器件性能的变异性。在存储器仿真领域,S-Device 也有着重要应用,可以应用在不同种类的存储器中,如 SRAM、DRAM、NOR Flash、NAND Flash、RRAM、PCM 等。此外,S-Device 还可以应用在射频器件领域和功率器件领域。

如图 5.7 所示,S-Device 仿真工具的输入为之前 S-Process 或 SDE 输出的具有结构、掺杂分布和网格的文件,以及物理模型、求解所使用的迭代算法及电极电压要求等在内的指令文件。同时还要输入参数文件,仿真中涉及的材料特性参数需要在参数文件中指出,否则将使用默认参数。S-Device 输出的分析文件分为两种:一种是器件的物理特性曲线,比如转移特性曲线(I_d-V_g);另一种是包含了各种物理量(如电场、电势、载流子浓度等)的可视化结构文件。

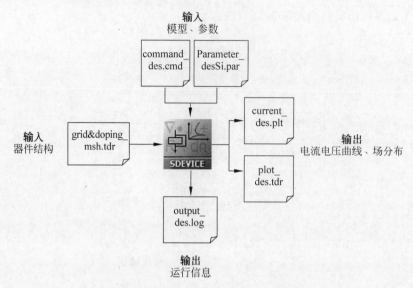

图 5.7　S-Device 工具的输入与输出流程

5.2　纳米尺度器件模拟

5.2.1　纳米尺度 MOS 器件输运特性简介

随着集成电路制造工艺的不断改进,集成电路产业得到了迅猛的发展,如今,5nm 工艺制程已进入大规模量产阶段,单个芯片上集成的晶体管数量 10^{10} 以上。为了满足对产品的设计要求,对器件的设计、制造和分析需要综合考虑其详细的器件物理特性。

回望 MOSFET 器件的发展,自 MOS 器件的尺寸进入纳米尺度后,面临着如图 5.8 所示的一系列问题。

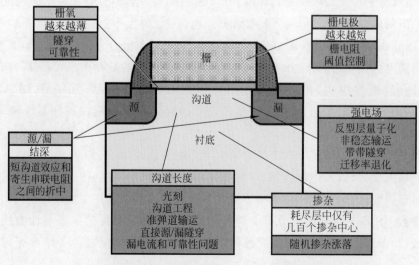

图 5.8　纳米尺度 MOSFET 器件遇到的问题

(1) 随着栅氧化层厚度的不断减薄,栅氧隧穿和可靠性问题变得越来越严重,要考虑隧穿漏电流、可靠性和多晶硅栅的耗尽等问题。

(2) 由于尺寸变小,沟道量子化效应及沟道变短、带带隧穿(Band To Band Tunneling, BTBT)效应、迁移率降低、非平衡态的输运,栅电极变得越来越短,栅电阻变得越来越大,阈值控制也越来越难。

(3) 由于沟道中强电场的影响,反型层载流子量子化和非稳态输运变得更显著,高电场诱发的带带隧穿和沟道中的载流子迁移率退化严重地影响了器件性能。

(4) 由于器件尺寸的缩小,耗尽层中仅有几百个掺杂中心,随机掺杂涨落的影响越来越大。

(5) 沟道长度的不断减小使得源漏隧穿现象和准弹道输运变得显著。

(6) 为了减小短沟道效应和源漏串联电阻,需要对源漏的结深做优化设计。

以上问题都成为制约器件尺度进一步缩小的因素,如何解决这些问题,如何将这些问题的影响降至最小,成为目前亟待解决的主要问题。MOSFET 器件是构成 MOSFET 集成电路的基本单元,输运则是 MOSFET 器件特性的基础。在以上各种纳米尺度 MOSFET 器件遇到的问题中,输运方面的问题将直接决定纳米尺度器件特性,纳米尺度器件要求从根本上对输运特性做新的研究和认识,分析其对器件特性的影响,从而建立正确的器件模型,为实验制备提供更好的支持,同时为电路设计提供坚实的基础。

纳米尺度 MOSFET 器件中的输运行为主要有三个特点:非稳态输运、准弹道输运和量子输运。

随着器件尺寸不断缩小,器件内的电场越来越大,强电场效应的影响已经无法忽略。在器件内电场不是很大的情况下,载流子分布趋向于平衡分布,载流子的平均速度与电场强度成正比,其比值是迁移率。迁移率的大小在微观上来说取决于各种不同的散射机制的影响。在纳米尺度 MOSFET 器件内,电场强度急剧增大,载流子分布已经远远偏离了平衡分布,根据载流子输运与电场强度的关系,漂移速度首先从线性关系经过过渡区进入饱和区。由于起始阶段载流子能量弛豫时间大于动量弛豫时间,可能产生漂移速度过冲现象。研究表明,稳态输运不能描述此时器件中载流子的输运过程,必须使用非局部、非稳态载流子输运模型。图 5.9 给出了纳米尺度 MOSFET 器件内不同部分的载流子分布。图 5.9(a) 和图 5.9(b) 分别为源端和漏端的分布,可以看出,由于源端和漏端的电场强度较低,此时的分布趋向于平衡分布。图 5.9(c) 和图 5.9(d) 分别为沟道内靠近源端和靠近漏端的分布,强电场使沟道内的载流子分布已远远偏离平衡位置。在沟道不同位置,中间圆圈非常小的点,只位于导带底或者价带顶。当移动到其他地方时,中间的圆圈会很大,导带底在中间,距离越远,K 空间的波矢便越远离导带底或者价带顶,为非平衡态的输运。高能载流子能量越高,对可靠性损害越大,不仅损坏钝化之后的悬挂键,甚至会进入氧化层中,打断 Si-O 键,导致器件的进一步退化。

对于纳米尺度 MOSFET 器件,载流子在渡越沟道的过程中将受到极少的散射。在这种情况下,载流子将实现准弹道输运甚至弹道输运。由于散射次数显著减少,载流子将以较大的速度渡过沟道,器件的特性也将会有很大的提高。同时由于准弹道输运已不属于散射现象占主导地位的输运,漂移扩散(Drift Diffusion,DD)模型和流体动力学(HydroDynamics, HD)模型不再适用,如何预测纳米尺度 MOS 器件的准弹道输运特性以及对器件特性的影响变得尤为重要。

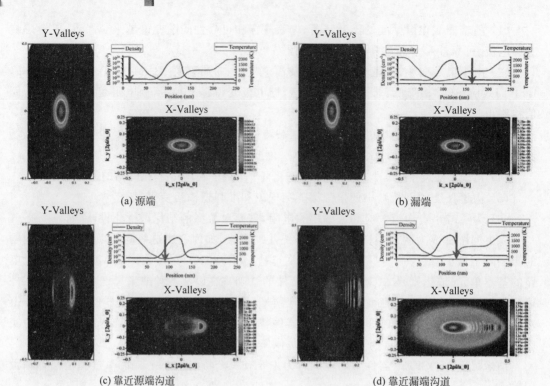

图 5.9　纳米尺度 MOSFET 器件内不同部分的载流子分布

　　由于波函数可以透射、散射、反射等性质,载流子会出现图 5.10 所示的行为。在纳米尺度下,能级会分裂,原来是 3D 的电子,在这里会变成 2D 电子气,能级就会有阶梯形的能级效应,反映到具体的器件中,沟道中能级会量子化,能级量子化会带来一些结果。传统情况下,载流子从沟道表面向沟道里逐渐减少,但是由于能级量子化,峰值会平移,此平移会带来一些问题,如实际和等效的氧化层厚度变厚,同时由于变厚,阈值电压也会漂移,量子化的阈值电压会高一些。逻辑中对阈值电压的要求是不变的,但是在存储器中,阈值电压可以通过编程/擦除操作进行调节。

5.2.2　半导体仿真模拟概述

　　半导体器件模拟是指通过电子计算机的模拟计算,得到半导体器件或集成电路的性能参数。

　　早期的器件模拟主要是基于漂移扩散模型或流体动力学模型[5-10]。其历史可以追溯到 H. K. Gummel 在 1964 年的开创性工作[11],他在一维情况下求解了漂移扩散方程,采用的器件结构是双极型晶体管。20 世纪 70 年代后期,出现了一些专用模拟程序,比如维也纳大学的 MINIMOS(针对 MOS 器件)[12],斯坦福大学的 SEDAN(针对双极器件)[13]。实际上,当时已经出现了通用、非平面结构及多维的模拟程序,其中最著名是 IBM 公司的 FIELDAY[14]。真正具有影响力的 2D 通用模拟器是斯坦福大学于 20 世纪 80 年代开发的 PISCES-Ⅱ程序[15],它能够模拟两种载流子和非平面结构,除了 Si 以外还能够模拟 Ge、GaAs 等其他材料。20 世纪 90 年代,PISCES-Ⅱ的改进版本 PISCES-2ET 能够模拟异质结

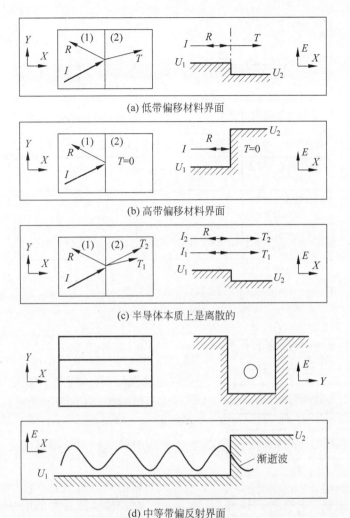

(a) 低带偏移材料界面

(b) 高带偏移材料界面

(c) 半导体本质上是离散的

(d) 中等带偏反射界面

图 5.10　波函数效应

器件[16]，同时在原有的漂移扩散模型的基础上增加了能量平衡方程，很大程度地丰富了器件的模拟范围，最终 PISCES 发展成为 MEDICI[17]，后期被 Synopsys 收购。不过由于软件主要基于经典情况下的漂移扩散模型和流体动力学模型，无法准确模拟纳米尺度 MOS 器件的输运特性。而另外一些模拟方法如 Wigner 函数[18]和 Green 函数方法[19]虽然在理论上是最精确的模拟方法，但是由于其自身的复杂性，无论是精度还是速度都无法满足器件模拟的需要。图 5.11 给出了器件模拟所采用的各种方法。

蒙特卡罗方法是应用于半导体中的电荷传输的用于求解半经典玻尔兹曼方程的统计数值方法。它包括依次模拟空间中的粒子运动的单粒子蒙特卡罗模拟和作为一个整体的多粒子蒙特卡罗模拟。这种方法首先由 Jacoboni 和 Reggiani 于 1983 年用于散装材料研究[20]，经过大约十年后被应用于器件仿真[21-22]。在过去的 20 年中，对蒙特卡罗器件仿真技术进行了许多项改进，例如全频带色散关系的数值描述[21]，实现与泊松方程的自洽，模拟热电子现象（碰撞电离、栅极电介质注入等）等。

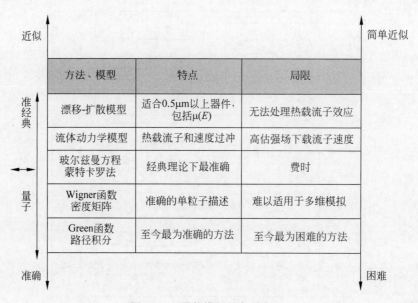

图 5.11　器件模拟的各种方法

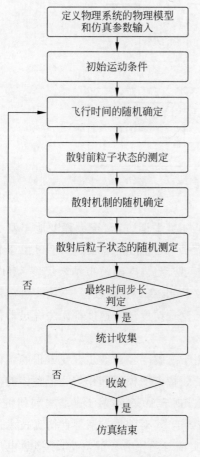

图 5.12　蒙特卡罗仿真流程

蒙特卡罗方法基于随机数的生成,用于随机确定自由飞行持续时间并选择散射后的状态。在载体运动期间,将执行基于图 5.12 的基本步骤。

(1)散射率评估,为了确定自由飞行时间的中断频率。

(2)自由飞行时长随机确定。

(3)载体运动开始,遵循经典运动规律。

(4)自由飞行被散射事件打断。

(5)基于该载体状态的单个机制的散射率,以一种偶然的方式选择负责自由飞行停止的散射机制;一旦确定了散射机制,就可以随意选择粒子状态,即确定最终的动量。

重复以上步骤,直到到达时间步长终点,此时可确定总体的相位状态。

图 5.13 给出了使用不同模拟方法模拟 20nm 沟长器件的结果对比图。从图中可以看出,由于此时的漂移扩散模型已不再符合纳米尺度 MOSFET 器件的载流子输运状态,漂移扩散模型的结果与其他方法的结果相差较大。由于非平衡格林函数方法(Non-Equilibrium Green's Function Formalism,NEGF)[23]忽略了散射的影响,模拟结果又比蒙特卡罗方法偏小。当去掉蒙特卡罗方法中的散射事件时,蒙特卡罗的结果和 NEGF 模拟结果偏差变小。由此可

见,在实际的纳米尺度 MOSFET 器件输运特性模拟中,随机散射仍然具有重要的影响,蒙特卡罗模拟方法是精确模拟纳米尺度 MOSFET 器件输运的首选方法。

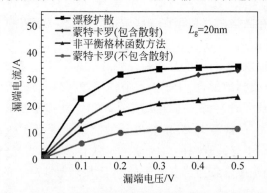

图 5.13　各种不同模拟方法的结果对比

5.2.3　半导体器件模型介绍

半导体器件仿真基本模型主要包含以下几种主要模型。

1. 泊松方程

在半导体物理中,泊松方程用来描述空间电荷区中电荷密度与电场之间的关系:

$$\nabla^2 \phi = -\frac{\rho}{\varepsilon \varepsilon_0} \tag{5.1}$$

其中,ε 和 ε_0 分别为相对介电常数和真空介电常数;ρ 代表空间电荷区中电荷密度;ϕ 代表电势。一维情况下,式(5.1)可简化为

$$\frac{\mathrm{d}^2 \phi}{\mathrm{d} x^2} = -\frac{\rho}{\varepsilon \varepsilon_0} \tag{5.2}$$

2. 漂移扩散模型/流体力学模型

漂移扩散模型/流体力学模型的最大差异是电子-空穴的温度项。假设载流子是一个平衡态,只在导带底或者价带顶,便是漂移扩散模型。

$$\nabla(\varepsilon \varepsilon_0) \nabla\varphi = -q(p - n + N_D^+ - N_A^-) \tag{5.3}$$

$$\frac{\partial n}{\partial t} = G_n - R_n + \frac{1}{q} \nabla J_n \tag{5.4}$$

$$\frac{\partial p}{\partial t} = G_p - R_p - \frac{1}{q} \nabla J_p \tag{5.5}$$

式(5.3)是泊松方程,式(5.4)和式(5.5)分别是电子和空穴的连续性方程;另外还需要两个附加的条件:

$$J_n = q\mu_n n E_n + q D_n \nabla n \tag{5.6}$$

$$J_p = q\mu_p p E_p - q D_p \nabla p \tag{5.7}$$

随着半导体技术的不断发展,器件尺寸越来越小,为了更精确地描述载流子的输运特性,开始引入流体动力学模型,该模型引入了载流子的能量,同时可以模拟高电场下的载流子传输。

3. 迁移率退化模型

迁移率退化模型主要包含电离杂质散射模型、表面退化模型和高场饱和模型。由于半导体沟道会进行掺杂,在晶格中总是存在一些磷或者硼,作为正电中心或负电中心,可以通过库仑作用影响载流子的运动,该种现象称为电离杂质散射,由于是电离中心的库仑作用造成的影响,也称为库仑散射,库仑散射与掺杂是强相关的。对于表面退化模型,沟道中的载流子会因为表面粗糙度受到散射,由于表面散射作用,迁移率会显著降低。而对于高电场饱和模型,当漏端电场比较大时,会发生高电场饱和现象。迁移率如果是恒定值,电场很大,速度 $v = \mu E$ 也将变得很大,在常温下,硅中载流子的漂移速度是 $10^7 \mathrm{cm/s}$,因此电场增强,载流子迁移率便会下降,产生这一现象的原因是光学声子散射。当光学声子的能量比较高时,可以与载流子发生强烈碰撞,因此,当载流子的动能大于光学声子的能量时,便会失去部分动能,载流子速度出现饱和现象。

4. 产生复合模型

产生复合模型过程描述的是导带和价带之间交换载流子的过程,这在器件物理学中非常重要,大多数模型是局部的,因为它们的实现不涉及电荷的空间传输。对于每个单独的产生复合过程,所涉及的电子和空穴在同一位置出现或消失。其中的例外是 SRH(Shockley-Read-Hall)模型和带带隧穿模型。接下来介绍这两类产生复合模型。

1) SRH 模型

SRH 模型通过禁带中的深陷阱能级进行间接复合,通常称为 SRH 复合[24]。SRH 模型的复合率为

$$R_{\mathrm{net}}^{\mathrm{SRH}} = \frac{np - n_{\mathrm{i,eff}}^2}{\tau_{\mathrm{p}}(n + n_1) + \tau_{\mathrm{n}}(p + p_1)} \tag{5.8}$$

$$n_1 = n_{\mathrm{i,eff}} \exp\left(\frac{E_{\mathrm{Trap}}}{kT}\right) \tag{5.9}$$

$$p_1 = p_{\mathrm{i,eff}} \exp\left(\frac{-E_{\mathrm{Trap}}}{kT}\right) \tag{5.10}$$

其中,E_{Trap} 为陷阱能级与本征费米能级的差值;τ_{n} 和 τ_{p} 分别为电子和空穴的寿命。在 SRH 模型中,载流子寿命与掺杂浓度、电场增强以及温度有紧密的联系,因此,在仿真过程中需根据实际需求选择产生复合影响因素。

2) 带带隧穿模型

隧穿是一种量子力学过程,其中电子移动穿过能量势垒。当电子从价带通过禁带跃迁到导带(或反之亦然)时,即发生带带隧穿。在平面 MOSFET 中,BTBT 路径沿着垂直沟道和平行沟道方向传导[25]。结中的电场既受栅极到漏极电位的控制,也受漏极到体电位的控制[26]。

能带间的隧穿过程主要包含两种形式:局部隧穿和非局部隧穿。对于局部隧穿模型,不会发生真正通过势垒的载流子传输,而是在充分假设的前提下将隧穿过程的非局部属性转换为局部变量,然后将通常取决于电场或费米势的梯度的产生复合项添加到连续性方程中。因此,此模型仅使用离散化网格的每个顶点处的局部变量,而忽略了隧穿效应的距离影响。

与局部隧穿模型相比,非局部隧穿模型引入了通过势垒的实际空间载流子传输。两种方法的区别如图 5.14 所示。对于局部隧穿模型,电子在同一位置复合空穴,而在非局部模型中,电子和空穴在不同的位置复合,因此存在真正的载流子通过势垒。

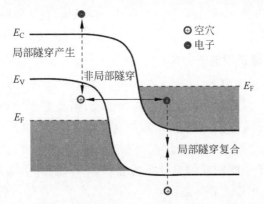

图 5.14　局部和非局部隧穿模型的空间行为之间的差异[27]

S-Device 仿真工具可以仿真 1D、2D 及 3D 结构,并且包含多种隧穿模型。Schenk 模型是基本的声子辅助隧穿模型,没有对非局部依赖性区域进行计算,即不执行对导带等于价带的区域的计算。使用 Schenk 模型的产生率为

$$G_{BTBT} = AE^{3.5} \frac{np - n_{i,eff}^2}{(n + n_{i,eff})(p + n_{i,eff})} \left[\frac{E_C^{\mp 1.5} \exp\left(\frac{-E_C^{\mp}}{E}\right)}{\exp\left(\frac{\hbar\omega}{kT}\right) - 1} + \frac{E_C^{\mp 1.5} \exp\left(\frac{-E_C^{\mp}}{E}\right)}{1 - \exp\left(\frac{\hbar\omega}{kT}\right)} \right]$$

(5.11)

而 Hurkx 模型同样不支持基本的非局部隧穿的带带隧穿模型,Hurkx 模型没有考虑任何非局部依赖性,但它的优势是在计算带隙时考虑了温度依赖性,该模型表达式为

$$G_{BTBT} = DA \left(\frac{E}{1\left(\frac{V}{cm}\right)} \right)^P \exp\left[\frac{-BE_G T^{1.5}}{E_G (300K)^{1.5} E} \right]$$

(5.12)

$$D = \frac{np - n_{i,eff}^2}{(n + n_{i,eff})(p + n_{i,eff})} (1 - |\alpha|) + \alpha$$

(5.13)

S-Device 包括一个简单的 Kane 公式,用于带带隧穿[28],其简单模型为

$$G_{BTBT} = AE^P \exp\left(\frac{-B}{E}\right)$$

(5.14)

隧穿概率取决于沿着整个隧穿路径的能带分布。根据 GIDL 效应的物理机制,由电场引起的足够的能带弯曲可以使价带中某个位置的电子通过直接隧穿或者声子辅助隧穿到达导带,此时模型为

$$R_V = |\nabla E_v(0)| C_d \exp\left(-2\int_0^l k \, dx\right) \left[\left(1 + \exp\left(\frac{\varepsilon - E_{Fn}(l)}{kT(l)}\right)\right)^{-1} - \right.$$
$$\left. \left(1 + \exp\left(\frac{\varepsilon - E_{Fp}(l)}{kT(0)}\right)\right)^{-1} \right]$$

(5.15)

在 S-Device 中,已经开发了一种适用于涉及非均匀电场和突变/渐变异质结的任意隧

穿势垒的非局部带带隧穿模型[29]。采用动态非局部路径带带隧穿模型,该模型实现了由直接和声子辅助的带间隧穿过程引起的电子和空穴的非局部产生[30]。如果导带波谷之间的能量差很小,则直接和声子辅助隧穿过程都很重要。隧穿路径是根据能带的梯度动态确定的。该模型考虑了直接隧穿和声子辅助隧穿过程,在均匀电场内,它精确地简化为 Kane 和 Keldysh 的模型[30-31]。式(5.15)显示了空穴直接隧穿的复合率,与传统的非局部隧穿模型相似。

5. 量子效应模型(修正载流子密度)

经典半导体器件方程式表明,移动载流子、电子和空穴的行为类似于半导体中的经典粒子。对于较大的器件尺寸,此假设给出了很好的结果,但是对于较小的器件几何形状,量子效应(如前文所述的量子隧穿)和量子力学限制变得非常重要。后一种效应导致 Si-SiO₂ 界面附近电子和空穴的允态减少。在使用经典的 DD 模型器件仿真中,经计算的 N 型沟道 MOSFET 的沟道中电子浓度的峰值被计算为直接位于 Si-SiO₂ 界面。该计算方式是不准确的,因为在界面附近,允态的数量急剧减少,因此载流子浓度的峰值距离界面几埃。

1) 量子约束

对于 NBTI 的建模,量子限制模型的使用降低了靠近 Si-SiO₂ 界面的载流子浓度,并且可能对所使用的 NBTI 模型产生重大影响。在经典的器件模拟器中,通过使用其他量子校正模型来解决量子限制问题。这些模型局部地改变载体的态密度[32-33]或修改靠近界面处的材料导带边缘[34]。

在经典器件仿真中,建模时材料的态密度(Density Of States,DOS)在整个器件中为恒定值。为了描述在考虑量子效应限制后 Si/SiO₂ 界面处 DOS 与距离的关系,提出以下模型[32,35]:

$$h_{coor} = 1 - \exp\left(-\frac{(z+z_0)^2}{\zeta^2 \lambda_{TH}^2}\right) \tag{5.16}$$

其中,z 是到 Si-SiO₂ 界面距离;z_0 是相对于所述 Si-SiO₂ 界面整个函数偏移量,是一个新引入的参数,可以进行 λ_{TH} 变化以进行校准。符号 λ_{TH} 表示热波长,且

$$\lambda_{TH} = \frac{\hbar}{\sqrt{2m^* k_B T}} \tag{5.17}$$

其中,$\hbar$ 为约化普朗克常数;m^* 是有效载流子质量;k_B 玻尔兹曼常数,T 为温度。且有

$$N_c = N_{c,0} \cdot h_{coor} \tag{5.18}$$

图 5.15[36] 中示意性地描述了不同参数的相互作用。参数 z_0 很重要,当 $z_0 = 0$,DOS 在界面处变为零。这将导致数值问题并降低数值求解器的收敛性。由于考虑了波函数的渗透,正数 z_0 将校正函数向介质移动。$\zeta\lambda_{TH}$ 定义了校正的有效深度。当 $\zeta > 1$ 可以实现的高值导致 DOS 的减少,即使在衬底深处也是如此[36]。

2) 导带边缘校正

基于 E_0 三角形能量阱的替代方法的一个特征值如图 5.16 所示,该模型由 Van Dort[34] 提出:

$$\Delta E_g = E_0 - E_c(0) = \frac{13}{9}\beta\left(\frac{\varepsilon_{si}}{4qk_B T}\right)^{1/3} |E_n|^{2/3} \tag{5.19}$$

其中,$\beta = 4.1 \times 10^{-8} \text{eV} \cdot \text{cm}$ 是从高掺杂水平下观察到的阈值电压偏移中找到的比例因子[33];ε_{si} 是硅的介电常数;E_n 是垂直于 Si-SiO₂ 界面的界面处的电场。

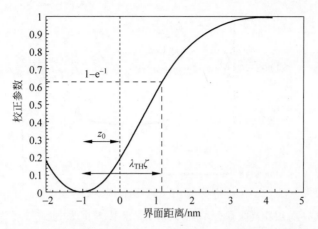

图 5.15　DOS 校正参数 h_{coor}（$z_0=1$ 和 $\zeta=1$，温度 $T=300K$）

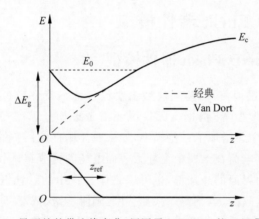

图 5.16　Si/SiO$_2$ 界面处的带边缘弯曲，用因子 $\Delta E_g F(z)$ 校正经典的能带边缘[36]

ΔE_g 值乘以距离相关的权重函数（该函数已由 Selberherr[37] 引入）用于建模 MOSFET 中的表面粗糙度。该函数具有以下形式：

$$F(z)=\frac{2\exp\left[-\left(\dfrac{z}{z_{ref}}\right)^2\right]}{1+\exp\left[-2\left(\dfrac{z}{z_{ref}}\right)^2\right]} \tag{5.20}$$

其中，z_{ref} 是界面距离的比例因子。因此，用 Van Dort 对经典能带边能量 E_{class} 进行量子校正得到的带边能量如下：

$$E_c=E_{class}+F(z)\Delta E_g \tag{5.21}$$

图 5.17 描绘了 FinFET 中"鳍"的一维剖视图，显示了在相同偏置条件下不同模型的载流子浓度。可以发现 DOS 校正模型定性地提供了更好的结果。

虽然 DOS 校正模型可以产生合理的结果，但是由于它不能解决平带弯曲问题，因此必须针对每个偏置点进行校正。Van Dort 的模型无法重现沟道中的载流子浓度，可能是由于假设了三角能阱。对于极细的沟道，此假设是过于粗略的估计。因此，这些模型可以很好地用于描述非常薄的沟道器件中的电流减小。

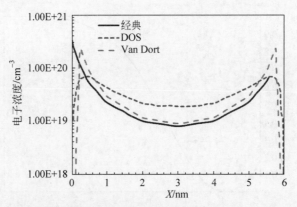

图 5.17　使用经典的器件模拟和约束校正模型，整个鳍片上的电子浓度[36]

5.3　2D NAND Flash 器件模拟

5.3.1　2D NAND Flash 器件模型

关于 NAND Flash 模拟仿真，基础模型主要包含基本器件模拟所考虑的泊松方程、能带、介电常数、漂移扩散模型等，根据实际情况还需考虑如迁移率模型、产生-复合模型等。NAND Flash 器件仿真中还增加了一些模型，如一般浮栅存储器中的浮动金属栅、浮动半导体栅、电荷守恒等模型。电荷在浮栅中会导致表面电场的再分布，同时要考虑陷阱模型。陷阱是局域态，可以表现为界面的悬挂键，也可以是体材料中的悬挂键、断键、键扭曲、陷阱空或者满、电子陷阱或空穴陷阱、电子或空穴捕获率、陷阱能级、浓度、陷阱类型等。

根据陷阱位置，可分为界面陷阱模型、体陷阱模型以及电荷俘获存储器的氮化硅中的转移特性模型。在具体的操作过程中还会涉及隧穿模型、退化模型、NBTI 模型以及物理模型接口（Physical Model Interface，PMI）模型等。虽然已经在一定程度上进行了简化，但对于 NAND Flash 来说，仿真还是十分复杂的。

1. 隧穿模型

Flash 器件可以分为 NOR 型和 NAND 型，NOR 型器件使用沟道热载流子注入（Hot Carrier Injection，HCI）方式进行编程操作[38]；而 NAND 型则使用 F-N 隧穿方式实现编程和擦除操作[38]。在 S-Device 仿真模块中，隧穿分为越过势垒的隧穿和热载流子注入隧穿。图 5.18 列出了 S-Device 仿真模块中的各种隧穿模型[39]。

对于 NOR 型存储器的编程操作仿真需要使用热载流子注入隧穿模型。势垒隧穿模型要比热载流子注入模型复杂，包括 P-F 发射（Poole-Frenkel Emission）模型[39]和非局部（Nonlocal）隧穿模型[40]。P-F 发射模型主要应用于电荷俘获型存储器中保持特性的仿真。Nonlocal 隧穿模型为用途最广的隧穿模型，应用于浮栅存储器的仿真、电荷俘获型存储器仿真、肖特基接触仿真、异质结仿真等。直接隧穿模型包含于 Nonlocal 隧穿模型内，主要应用于栅漏电流的仿真。F-N 隧穿是简单的隧穿模型也包含于 Nonlocal 隧穿模型内，常应用于三角形势垒隧穿仿真。

Nonlocal 隧穿模型同时考虑了载流子温度，可以提供多种不同的隧穿概率近似计算方

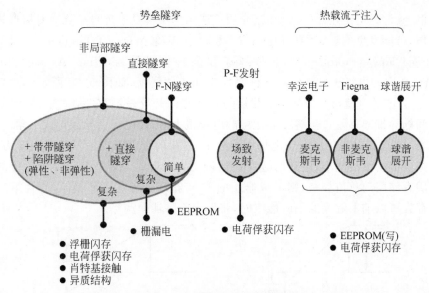

图 5.18 隧穿模型及主要应用介绍

法。Nonlocal 隧穿模型适用于各种势垒的隧穿情况,例如,肖特基接触、异质结、薄栅漏电、叠层等发生的隧穿[41]。图 5.19 展示了 Nonlocal 隧穿模型适用的多种隧穿过程。对绝缘体势垒的隧穿包括 F-N 隧穿、直接隧穿、带带隧穿、陷阱辅助的弹性隧穿和陷阱辅助的非弹性隧穿[42-48]。这些隧穿主要发生在存储器编程和擦除操作过程中。半导体内部的带带隧穿按照隧穿方向分为垂直沟道方向和平行沟道方向。电荷泵测量操作时会发生垂直沟道的带带隧穿,此时界面态被俘获的电荷会先发生 F-N 发射。平行沟道方向的带带隧穿发生在 3D NAND Flash 中,这会给 3D NAND Flash 带来影响,既要利用又要抑制这种隧穿。在 BiCS 结构中使用 GIDL 擦除方式时,由于漏极空穴为少数载流子,需要利用带带隧穿产生大量空穴实现擦除操作。另外,在编程抑制时,沟道电势发生自抬升,在上下选择管发生带带隧穿,导致沟道电势下降。这种带带隧穿可以是直接带带隧穿也可以是陷阱辅助带带隧穿。

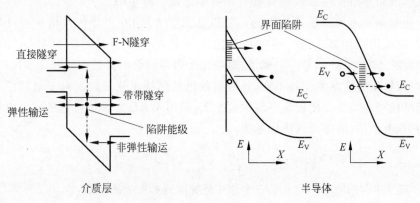

图 5.19 Nonlocal 隧穿模型适用的各种隧穿过程

电荷俘获存储器的栅堆栈结构包括半导体的衬底、半导体或金属的栅电极和具有高缺陷态密度的存储层。这三个功能层通过隧穿氧化层和阻挡层进行隔离,电荷从衬底进入存储层及从存储层到栅电极都是通过隧穿的方式进行。以载流子从衬底通过隧穿氧化层进入存储层为例,无论是电子还是空穴,在栅介质叠层结构中都是通过势垒隧穿对器件进行编程和擦除操作,可能发生的隧穿类型包括 F-N 隧穿、直接隧穿(Direct Tunneling,DT)、修正的 F-N(Modified Fowler-Nordheim,MFN)隧穿和陷阱辅助隧穿(Trap Assisted Tunneling,TAT)。当介质内的电场满足特定的条件时发生相应的隧穿,如图 5.20 所示,d_{ox} 为隧穿氧化层厚度,q 为电子电荷,$q\phi_1$ 为隧穿氧化层与衬底之间的导带漂移差,$q\phi_2$ 为隧穿氧化层与存储层之间的导带漂移差。当隧穿氧化层的电场很大时,高电场会导致形成三角形势垒,发生 F-N 隧穿,电荷穿过氧化层。当电场继续减小,电荷的隧穿路径由三角形转变为梯形,形成直接隧穿。电场继续减小,电荷的隧穿路径将变为两层——第一层隧穿氧化层的梯形势垒和第二层存储层的三角势垒,则形成修正的 F-N 隧穿。当电场足够低,而且第二层介质层较厚且存在可以辅助隧穿的陷阱能级时,将发生陷阱辅助隧穿。

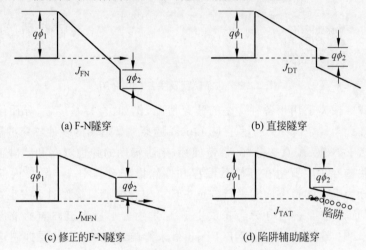

图 5.20　SONOS 结构在不同电场下的导带图

1) WKB 近似

WKB(Wentzel-Kramers-Brilloui)近似是一种广泛应用于大规模数值计算的求解隧穿概率的方法,下面介绍其在 F-N 隧穿和直接隧穿计算中的应用。

WKB 近似是对一维薛定谔方程的一种近似求解方法,在半导体数值模拟计算中通常用来对隧穿电流进行计算求解。通常认为能量为 E 的粒子穿过势能为 $V(x)$ 的区域时,$V(x)$ 保持恒定。当 $V(x)$ 不是一个常量,但相比于振荡函数的波长变化非常缓慢时,对于给定区域仍可以假设势能基本保持不变,且波函数仍然保持正弦形式。对于电荷俘获存储器而言,在栅堆栈隧穿势垒变化较为平缓的情况下,采用 WKB 近似是首选隧穿电流计算的近似方法。在该近似中,隧穿系数可表示为

$$\mathrm{TC}(\xi) = \exp\left(-\frac{2}{\hbar}\int_{x_1}^{x_2}\sqrt{2m\left(W(x)-\xi\right)}\,\mathrm{d}x\right) \tag{5.22}$$

其中,ξ 表示隧穿电荷的能量;$W(x)$ 为在介质中隧穿距离和电场的函数,积分仅当 $W(x)-\xi>0$ 是有效。因为 $W(x)$ 和电场有关,所以在 F-N 隧穿、直接隧穿以及修正的 F-N 隧穿中,$W(x)$ 的变化导致了隧穿系数的变化。

2) F-N 隧穿

当隧穿介质层上所加的电场比较大的情况下:$E_{ox}\geqslant\phi_1/d_{ox}$,电荷的隧穿区域为三角形

势垒,如图 5.20(a)中所示,$W(x) > q\phi_1 - qE_t d_t$,积分的上限 $x_2 = (q\phi_1 - \varepsilon)/qE_t$,因此,F-N 隧穿概率可表示为

$$TC(\xi) = \exp\left(-\frac{2}{\hbar}\int_0^{x_2}\sqrt{2m_{ox}(q\phi_1 - qE_{ox}x - \xi)}\,\mathrm{d}x\right) \tag{5.23}$$

对式(5.23)积分可得

$$TC(\xi) = \exp\left(-4\frac{\sqrt{2m_{ox}}}{3q\hbar E_{ox}}(q\phi_1 - \xi)^{\frac{2}{3}}\right) \tag{5.24}$$

隧穿电流密度 J_{FN} 正比于传输系数,可表示为

$$J_{FN} = \frac{m_0 q^3}{8\pi m_{ox} q h \phi_1}E_{ox}^2\exp\left(-4\frac{\sqrt{2m_{ox}}}{3q\hbar E_{ox}}q\phi_1^{\frac{3}{2}}\right) \tag{5.25}$$

其中,m_0 为自由电子的质量;h 为普朗克常数;m_{ox} 为隧穿氧化层中电子的有效质量。

3) 直接隧穿

当电场强度 $(\phi_1 - \phi_2)/d_{ox} < E_{ox} < \phi_1/d_{ox}$,如图 5.20(b)所示,电荷发生隧穿的势垒为梯形,隧穿系数为

$$TC(\xi) = \exp\left(-\frac{2}{\hbar}\int_0^{d_{ox}}\sqrt{2m_{ox}(q\phi_1 - qE_{ox}x - \xi)}\,\mathrm{d}x\right) \tag{5.26}$$

进一步积分得到

$$TC(\xi) = \exp\left(-4\frac{\sqrt{2m_{ox}}}{3q\hbar E_{ox}}((q\phi_1 - \xi)^{\frac{3}{2}} - (q\phi_1 - qE_{ox}d_{ox} - \xi)^{\frac{3}{2}})\right) \tag{5.27}$$

直接隧穿电流

$$J_{DT} = \frac{m_0 q^3\exp\left(-4\dfrac{\sqrt{2m_{ox}}}{3q\hbar E_{ox}}((q\phi_1 - \xi)^{\frac{3}{2}} - (q\phi_1 - qE_{ox}d_{ox} - \xi)^{\frac{3}{2}})\right)}{8\pi m_{ox}h\left(\sqrt{q\phi_1} - \sqrt{q\phi_1 - qE_{ox}d_{ox}}\right)^2}E_{ox}^2 \tag{5.28}$$

4) 修正的 F-N 隧穿

当电场 $(\phi_1 - \phi_2)/(d_{ox} - \gamma d_N) < E_{ox} < (\phi_1 - \phi_2)/d_{ox}$ 时,发生的隧穿为修正的 F-N 隧穿,其中 $\gamma = k_{SiN}/k_{SiO_2}$,$\gamma$ 为存储层与隧穿层介电常数之比,d_N 为存储层厚度。如图 5.20(c)所示,当发生修正的 F-N 隧穿时,电子隧穿通过的势垒为隧穿氧化层的梯形势垒和存储层的三角势垒,而后进入存储层的导带。修正的 F-N 隧穿发生时,隧穿系数近似等于直接隧穿通过氧化层的隧穿系数与通过存储层三角形势垒的 F-N 隧穿系数的乘积。

$$TC(\xi) = \exp\left\{-4\frac{\sqrt{2m_{ox}}}{3q\hbar E_{ox}}\left[(q\phi_1 - \xi)^{\frac{3}{2}} - (q\phi_1 - qE_{ox}d_{ox} - \xi)^{\frac{3}{2}}\right]\right\} \cdot$$
$$\exp\left\{-4\frac{\sqrt{2m_{ox}}}{3q\hbar E_{ox}}\left[\frac{\varepsilon_n}{\varepsilon_{ox}}\sqrt{\frac{m_n}{m_{ox}}}(-qE_{ox}d_{ox} - \xi)^{\frac{3}{2}}\right]\right\} \tag{5.29}$$

隧穿电流为

$$J_{MFN} = \frac{m_0 q^3\exp\left\{-4\dfrac{\sqrt{2m_{ox}}}{3q\hbar E_{ox}}\left[(q\phi_1 - \xi)^{\frac{3}{2}} - (q\phi_1 - qE_{ox}d_{ox} - \xi)^{\frac{3}{2}}\right] + \dfrac{\varepsilon_n}{\varepsilon_{ox}}\sqrt{\dfrac{m_n}{m_{ox}}}(-qE_{ox}d_{ox} - \xi)^{\frac{3}{2}}\right\}}{8\pi m_{ox}h\left[\sqrt{q\phi_1} - \sqrt{q\phi_1 - qE_{ox}d_{ox}} + \dfrac{\varepsilon_n}{\varepsilon_{ox}}\sqrt{\dfrac{m_n}{m_{ox}}}(-qE_{ox}d_{ox} - \xi)\right]^2}E_{ox}^2$$

$$\tag{5.30}$$

5）陷阱辅助隧穿

当电场满足 $E_{ox} \leqslant (\phi_1 - \phi_2 - \phi_t)/d_{ox}$ 时，发生陷阱辅助隧穿，如图 5.20(d)所示。其中 ϕ_t 表示陷阱能级的深度。在通常的电荷俘获存储器件编程/擦除操作过程中，电场强度一般不会引发陷阱辅助隧穿，且其需要考虑的计算过程非常复杂，在模拟中将其忽略并不会对模拟结果造成太大的影响。

6）P-F 发射模型

P-F 发射模型经常用于解释电介质和非晶薄膜中的传输效应[49]。该模型预测带电陷阱中心发射概率的变化，其中介质层的势垒高度会随着外部电场的增强而降低。图 5.21 展示了在 MIS 结构中，当半导体端施加正压，由于介质层的能带发生倾斜，介质层中被俘获的电荷将会发射出来。随着电场增强，P-F 系数逐渐增大（见图 5.22），发射概率增大。

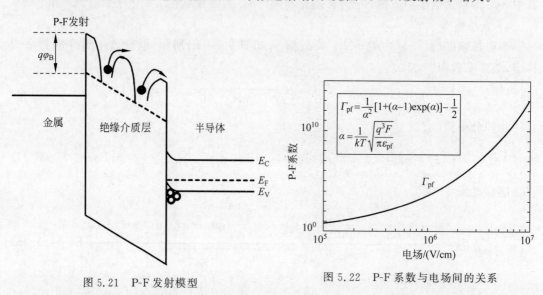

图 5.21　P-F 发射模型

图 5.22　P-F 系数与电场间的关系

$$\Gamma_{pf} = \frac{1}{\alpha^2}[1 + (\alpha - 1)\exp(\alpha)] - \frac{1}{2}$$

$$\alpha = \frac{1}{kT}\sqrt{\frac{q^3 F}{\pi \varepsilon_{pf}}}$$

在 Flash 仿真中，该模型应用于载流子在氮化硅存储材料中输运过程的模拟。P-F 过程是存储器编程机制开始时的传导限制机制，因为隧穿提供了更高的电流。随着捕获的电子增加，开始屏蔽电场，修正的 F-N 隧穿成为主要限制机制。此时，氧化物-氮化物界面处的俘获电荷密度与流过它的 P-F 电流的积分成正比[50]。随着存储器编程和擦除循环次数的增加，由于氮化物的体电导率增加，保持特性将会出现退化。

2. 陷阱模型

在 Flash 中，电荷存储在单元的电荷存储层中。氮化硅是目前应用最为广泛的电荷存储层材料。在制造过程中，氮化硅材料内部会产生大量的缺陷。这些原子结构上的缺陷会在氮化硅的禁带中引入陷阱，电荷存储层中的电荷就存储在这些陷阱中。因此，氮化硅材料中电荷陷阱的性质对于 3D NAND Flash 器件的性能有着重要影响。本节对在 3D NAND Flash 器件的模拟和仿真中使用的电荷陷阱模型进行介绍。

1）电荷陷阱的能量分布

从能带的角度来看，陷阱实际上是一个电子态，其能级位于氮化硅材料的禁带之中，不同缺陷所引起的陷阱能级在禁带中的位置存在差异。在氮化硅材料(禁带宽度约为5eV)中,如果陷阱能级较浅,与导带底的距离小于1eV,这样的陷阱属于浅能级陷阱(shallow trap)。当陷阱能级与导带的距离大于1eV时,这样的陷阱则归类为深能级陷阱(deep trap)。在实际的电荷存储层中,由于不同类型的缺陷在数量上存在很大差异,因此不同能级的陷阱的浓度也不同。电荷陷阱的能量范围以及陷阱浓度(即态密度DOS)在能量范围内的变化情况,共同构成了电荷陷阱的能量分布。

电荷陷阱的能量分布对于Flash器件的性能有极其重要的影响。首先,根据费米统计分布,不同能级的陷阱被电荷占据的概率不同,因此陷阱的能级分布最终决定了编程后存储单元俘获电荷的浓度。其次,陷阱能级与导带的距离决定了其俘获的电荷进入导带或价带所需能量的大小,电荷陷阱的能量分布会影响存储电荷在电荷存储层内部的运动。最后,陷阱能级一定程度上决定了电荷在隧穿过程中面对的势垒,因此电荷陷阱的能量分布会影响隧穿电流的大小。总之,电荷陷阱的能量分布对于Flash器件的编程/擦除、保持特性、耐久性等方面都有着重要的影响。

但是,由于在氮化硅材料的制造工艺和陷阱的表征方法上存在差异,因此对于氮化硅材料电荷陷阱能量分布的研究并没有统一的结论。在电荷俘获型存储单元发展的早期,Kapoor等通过光电效应的方法,对LPCVD形成的氮化硅材料电荷陷阱的能级分布进行了研究,发现在氮化硅中存在5种不同的陷阱能级[51]。Toshiyuki等则利用雪崩电荷注入和电容-电压曲线测量的方法,通过对不同厚度的结构进行研究,发现电子陷阱分布在距导带$0.9\sim1.7$eV范围内[52]。此外,还有研究者使用深能级瞬态谱方法对氮化硅和SONOS栅堆叠结构中的电荷陷阱进行类似的研究[53-54]。

除了实验,还有研究者利用理论计算与计算机仿真技术对氮化硅材料电荷陷阱的能级进行了研究。Gritsenko等通过理论计算分析了与氢结合的氮空位(V_N-H)这一缺陷引起的陷阱能级[55],并将理论计算结果与其他文献中的实验数据进行了对比,如图5.23所示。左侧为实验数据,右侧为理论计算结果,包括电子陷阱和空穴陷阱两种情况[55]。J. Wu等则通过第一性原理计算的方法,研究了氮化硅材料中6种主要类型的缺陷引起的电荷陷阱的能级[56]。这些陷阱包括:①氮空位(V_N);②硅取代氮的替位原子(Si_N);③与氢结合的氮空

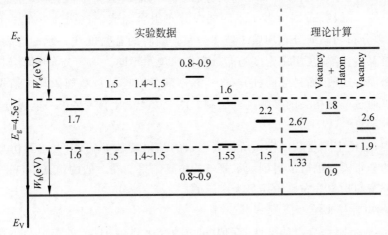

图5.23　由V_N-H缺陷引起的电子陷阱和空穴陷阱的能级[55]

位(V_N-H)；④与氢结合的硅替位原子(Si_N-H)；⑤与氧结合的氮空位(V_N-O)；⑥与氢氧结合的氮空位(V_N-OH)。图 5.24 给出了这些缺陷的结构，图 5.25 是与这些缺陷相对应的陷阱能级。研究结果表明，不同的缺陷所引起的陷阱能级差异较大，同时有些缺陷可以引起多个陷阱能级。其中，存在一些距离导带非常近的超浅能级陷阱，这些陷阱可能会引起存储电荷的快速电荷泄漏(fast charge loss)问题[57]。

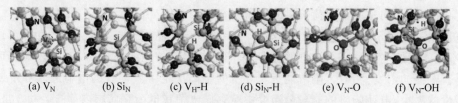

(a) V_N (b) Si_N (c) V_H-H   (d) Si_N-H   (e) V_N-O   (f) V_N-OH

图 5.24   氮化硅材料中的 6 种主要缺陷[56]

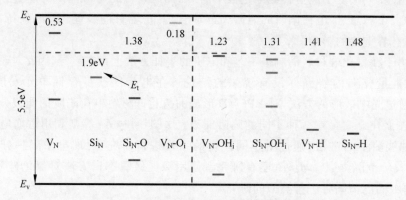

图 5.25   氮化硅中不同陷阱能级分布情况[56]

以上这些研究结果反映出，在氮化硅材料中，由于缺陷有多种类型，缺陷的产生又与工艺过程密切相关，因此电荷陷阱的能量分布具有多样性和复杂性。在 Flash 器件的模拟和仿真中，对于电荷陷阱的能量分布，往往采用一定的简化模型进行处理，以兼顾仿真准确性与仿真速度。根据由简单到复杂的顺序，这些电荷陷阱能量分布模型包括单一能级分布、多单一能级分布、均匀分布、指数分布和高斯分布。单一能级分布中，陷阱只分布在一个固定的能级上，多单一能级分布则由多个单一能级分布组合而成。这两种分布属于离散分布。均匀分布、指数分布和高斯分布均属于连续分布。陷阱的态密度在一定的连续的能量范围发生变化，它们的差异就在于态密度随能量变化的规律不同。均匀分布中，陷阱在整个能量范围上的态密度为定值，而另外两种分布中，态密度分别遵循指数规律和高斯规律变化，具体的分布可以通过调整相关的参数进行控制。图 5.26 给出了除多单一能级分布以外的其他 4 种分布的示意。

在仿真中，理论上越复杂的模型所仿真出来的结果就越准确，但考虑到仿真的速度，使用较为简单的分布模型也可以得到满足要求的仿真结果。在一般的仿真中，单一能级分布、多单一能级分布和均匀分布是应用最为广泛的。

2）陷阱的电性模型

陷阱在俘获电荷后，自身的电性会产生相应的变化。在 Flash 的模拟和仿真中，对于陷阱的电性有两种处理方式，即存在两种电性模型，分别称为单性陷阱模型和两性陷阱模型。

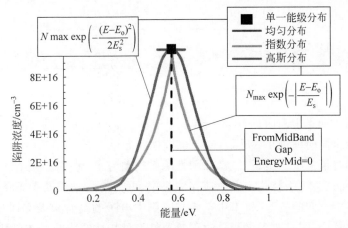

图 5.26 4 种陷阱能量分布

在单性陷阱模型中,陷阱被划分为两种类型:一种在俘获电子时带负电,不被电子占据时不显电性,称为电子陷阱;另一种在俘获空穴(不被电子占据)时带正电,不被空穴占据(俘获电子)时不显电性,称为空穴陷阱,因此电子陷阱又称为受主陷阱(acceptor),空穴陷阱又被称为施主陷阱(donor)。两种陷阱俘获和发射电荷的过程以及电性变化的情况如图 5.27 和图 5.28 所示。其中,电子陷阱的两种电性的状态分别用 A_0 和 A_- 来表示,空穴陷阱的两种电性的状态分别用 D_0 和 D_+ 来表示。

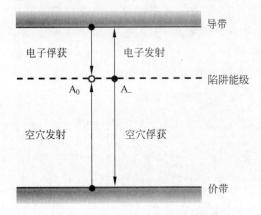

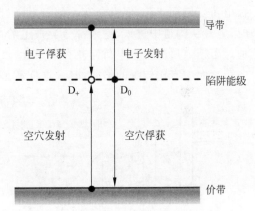

图 5.27 电子陷阱对电荷的俘获和发射
以及电性变化

图 5.28 空穴陷阱对电荷的俘获和发射
以及电性变化

而在两性陷阱模型中,不再按照电性的变化将陷阱分为两类进行处理,而是统一为一类陷阱,对陷阱的行为统一进行描述。在两性陷阱模型当中,每一个陷阱均存在三种不同的电性状态,分别用 D^-、D^0 和 D^+ 来表示。D^- 状态表示陷阱带一个负电荷,D^0 状态表示陷阱能级为电中性状态,D^+ 状态表示陷阱能级带一个正电荷。D^- 态的陷阱释放一个电子或者俘获一个空穴可以使其变为 D^0 态,反之亦然。同样 D^0 和 D^+ 态之间也可以进行类似的转化。三者的相互转化关系可以用图 5.29 进行表示。

对于两性陷阱来说,其既可以与一个电子作用,也可以与一个空穴作用。在 D^0/D^+ 状态之间转换的过程即相当于单性陷阱模型中的施主陷阱,而在 D^0/D^- 状态之间转换的过程即相当于受主陷阱。但与单性陷阱模型中的施主和受主陷阱不同的是,两性陷阱模型中的

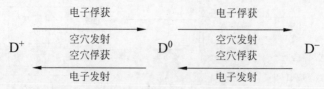

图 5.29 两性陷阱模型中三种状态的转化

陷阱同时具有施主和受主陷阱的性质。当一个中性状态(D^0)的陷阱变为 D^- 态的同时,一个施主型的陷阱也同时消失了;反之,当一个中性状态(D^0)的陷阱变为 D^+ 的同时,一个受主型的陷阱也同时消失了。也就是说,在两性陷阱模型当中,施主型陷阱和受主型陷阱的数量不是独立的,而是会互相转化。在电荷存储层中,电荷的运动需要考虑复合过程,包括导带中电子与陷阱中空穴的复合、价带中空穴与陷阱中电子的复合以及陷阱中的电子和陷阱中的空穴之间的复合,同时要考虑复合过程对器件编程特性的影响。在单性陷阱模型中,需要 Shockly-Read-Hall 模型来描述电荷的复合过程,但是对于两性陷阱模型来说,其本身就将电子与空穴的相互影响和耦合考虑在内,所以不需要考虑额外的复合效应。

5.3.2　2D NAND Flash 器件操作及可靠性模拟

对于 2D 电荷俘获存储单元的编程/擦除操作,需要重点考虑的是能带调制工程,编程时的能带图如图 5.30(a)所示,擦除时如图 5.30(b)所示。编程时电子的隧穿经过隧穿层后被电荷存储层俘获,但也会有一部分电子可能会继续隧穿通过氧阻挡层。当进行擦除操作时,空穴从沟道中进入,绝大部分会被电荷存储层俘获实现擦除,但也有一部分会继续隧穿通过阻挡氧层。对于电荷俘获存储单元,最理想的情况是,隧穿层和阻挡层中不存在陷阱,电荷存储层有比较深的陷阱能级,这样就可以最大限度地实现存储的功能。

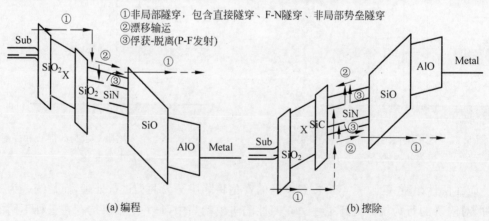

图 5.30　CTF 的编程和擦除操作

电荷俘获存储单元的关键是能带的调控。实际应用中,调控的重点是隧穿层,如果隧穿层采用纯氧化层,空穴面临的势垒高度和宽度都非常大,因此擦除操作的实现就变得非常困难。考虑采用三明治结构,把中间 X 的势垒降低,这样空穴需要穿过的势垒显著降低,擦除效率可以显著提高。

对于半导体而言,主要的隧穿机制是直接隧穿中的带带隧穿;对于绝缘介质层而言,主要的隧穿机制是间接隧穿中的陷阱辅助隧穿,该隧穿会造成 GIDL 效应。对于金属硅化物

(silicide)而言,肖特基隧穿是主要的隧穿方式,也是主要漏电机制,在肖特基模型中,除了上述所说的隧穿模型之外还有一个很显著的现象:费米能级钉扎效应,由于界面存在很多陷阱,会导致费米能级被钉扎,也会增加能带调制的难度。

对于浮栅器件,在沟道和隧穿层界面、氧化层和氮化硅中都存在陷阱,其中,界面陷阱(N_{it})主要影响亚阈值摆幅、阈值电压等,此外,一部分陷阱会引发库仑散射,从而导致沟道电流下降。同时,这些陷阱还会影响到高温存储(High Temperature Storage, HTS),在高温下,一部分界面态会被修复,影响保持特性。氧化物体陷阱(N_{ot})会导致阈值电压变化,此外,编程/擦除的阈值电压的窗口也会减小甚至关闭,单元的电流也会下降,并伴有 HTS 的问题。

器件耐久性的退化主要源于编程/擦除期间电荷隧穿对栅介质的损伤。研究显示[58],造成耐久性退化的机制主要分为以下 5 种:①电子注入隧穿氧化层;②空穴注入氧化层;③器件阳极附近电子-空穴对的产生,其中一部分空穴注入隧穿层导致空穴陷阱的产生;④在氧化层中注入的电子和被陷阱束缚的空穴复合,这会产生电子陷阱;⑤空穴脱离陷阱束缚时释放的氢原子则会运动到界面处导致 Si-H 键的断裂,产生界面陷阱[59]。

接下来考虑电荷俘获存储单元的数据保持特性,电荷俘获存储单元的数据保持特性模型和浮栅单元类似,主要的电荷流失路径依旧是隧穿层以及阻挡层,如图 5.31 所示共有 4 种方式:①P-F 的陷阱俘获和发射模型;②漂移扩散;③包括 DT、F-N、修正的 F-N 等势垒隧穿;④陷阱辅助隧穿。数据保持特性和温度、陷阱能级等都息息相关。一般来说,随着温度的升高,数据保持特性会明显降低,陷阱越深,保持特性越好。

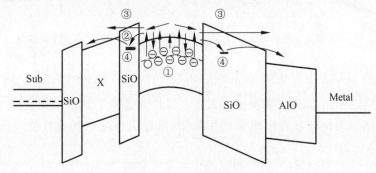

图 5.31 CTF 的数据保持特性

在数据保持特性中,电荷分别经过隧穿层和阻挡层两条路径流失。因此,可以通过仿真研究具体的栅介质叠层结构中电荷流失的主要路径,从而探索降低电子流失的解决方法。仿真结果显示 如图 5.32 所示,电荷的流失主要是通过隧穿层的损耗,因此需要进一步优化隧穿层结构。

在 2D NAND Flash 模拟中,还需要考虑 STI 结构。STI 形状不同,电场的分布也不同,这便需要借助仿真来进行分析。根据高斯定理,该点的曲率越小,电场就会更强,电子的聚集就越明显。对于 ACD=$10\mu m$ 和 ACD=100nm,从图 5.33 中可以看出,尺寸对电性的影响十分明显,尺寸越小,性能越差。随着器件尺寸的缩小,出现了越来越多的问题,这时就需要考虑 3D 存储器模型。

氧化层的陷阱的产生主要有以下几种方式。

(1)键的断裂,比如高能载流子轰击。

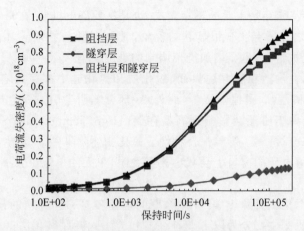

图 5.32　通过隧穿层与阻挡层的电荷流失对比

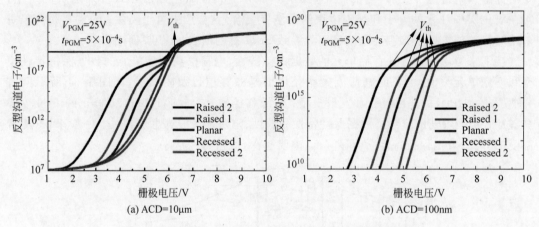

(a) ACD=10μm　　　　　　　　(b) ACD=100nm

图 5.33　ACD=10μm 和 100nm 时,沟道电子聚集速度对比

（2）阳极空穴注入,高能的载流子引入空穴和共价键结合,由此降低键能,产生陷阱。

（3）在存储器工作的过程中也会产生陷阱,这是由于高电场或高能载流子的引入产生的。

陷阱的产生会对存储器的编程/擦除操作有很大影响,如电子陷阱的产生会使能带向上弯曲,如图 5.34 所示。会降低电子的隧穿概率,使单元阈值电压下降,同时由于其所带负电荷的影响,会造成阈值电压上升,因此在编程操作中,阈值电压基本保持不变。但对擦除操作而言,阈值电压会增加,总阈值电压窗口会缩小,反复编擦之后存储窗口会逐渐变小,保持特性会受到很大影响。

由于存在陷阱,因此在考虑载流子的传输特性时,除了漂移扩散模型,还需要考虑陷阱的俘获和发射模型。当电子隧穿过势垒后被陷阱俘获,还会存在发射现象,在经历漂移扩散后,可能还会被俘获,这就需要进一步考虑陷阱的发射俘获率。电子从陷阱发射的原理是当外加电压时势垒倾斜,电场越强,势垒的倾斜程度越大,电子面对的势垒明显减小,电子便越容易隧穿。

除了电场的影响,发射效率和温度以及陷阱所处的能级也存在关系,如图 5.35 所示,随着温度升高,发射效果变强。同样地,能级越浅,发射效果越好。

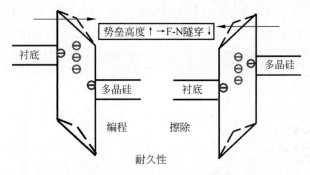

图 5.34 陷阱的产生对编程/擦除操作的影响

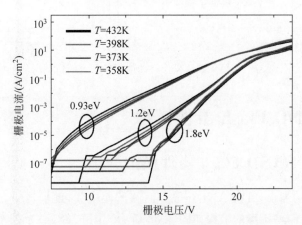

图 5.35 发射效率和温度以及能级的关系

从前文的分析了解到,在电荷俘获存储器中,陷阱是离散化的,如图 5.36(a)所示。为了描述方便,引入陷阱浓度的概念,用连续性陷阱描述问题。一般来说,陷阱的分布大约是服从泊松分布的。值得注意的是,电子可能会经过多个陷阱隧穿,这在应力感应漏电流(Stress Induced Leakage Current,SILC)效应中会产生尤为明显的尾巴。图 5.36(b)所示,虽然这种情况发生的概率要远低于直接隧穿和单陷阱隧穿,但不能忽略这种现象。

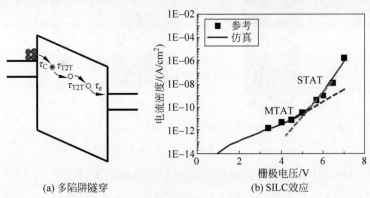

(a) 多陷阱隧穿　　　　(b) SILC效应

图 5.36 多陷阱隧穿及 SILC 效应中的"尾巴"

前文提到了陷阱的发射概率和温度的关系,接下来关注室温情况。对浮栅单元,在浮栅中存储大量电子,由于电子的存在,能带发生倾斜,如图 5.37 所示,在该情况下,在讨论保持特性时就需要同时考虑陷阱自身的电荷失去和 SILC 效应的影响。此时的保持特性和隧穿层厚度、存储单元阈值电压分布、反复编程/擦除次数、隧穿层存储层及阻挡层（ONO）的厚度、读取电压等都息息相关。当进行读取操作时，由于外加电压，能带发生弯曲，特别是对擦除态单元进行读取操作时，隧穿层的能带弯曲非常剧烈，这会造成严重的电荷丢失，产生读干扰，在阈值电压分布中产生"尾巴"。

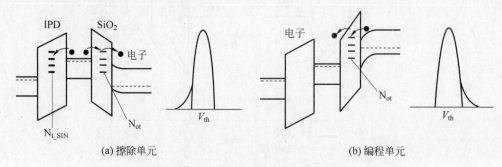

(a) 擦除单元　　　　　　　　　(b) 编程单元

图 5.37　室温下和读操作时的能带特征及阈值电压分布

5.4　3D NAND Flash 器件模拟

5.4.1　3D NAND Flash 器件模拟介绍

随着工艺尺寸的缩小，2D NAND Flash 面临严峻挑战，逐步转向 3D NAND Flash，3D NAND Flash 中，存储单元串的结构如图 5.38 所示。图 5.38(a) 为 3D 结构图，图 5.38(b) 为剖面图。与 2D NAND Flash 相比，3D NAND Flash 在结构上有着很大的不同，最主要的区别包括以下几点。

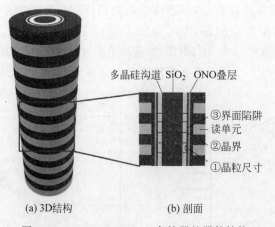

(a) 3D结构　　　　　　　　(b) 剖面

图 5.38　3D NAND Flash 存储器的器件结构

（1）3D NAND Flash 的单个存储单元是一个环栅晶体管。

（2）3D NAND Flash 的沟道在单元间是连续的，整个沟道是非掺杂的状态。受到工艺限制，单元之间的沟道部分无法进行高浓度掺杂，因此 3D NAND Flash 属于无结器件。

（3）3D NAND Flash 的沟道为多晶硅材料。

（4）3D NAND Flash 的电荷存储层也是连续的，没有进行分割。

这些结构上的变化为 3D NAND Flash 器件的工作性能和可靠性带来了许多变化。首先，环栅结构改变了原来平面结构晶体管所具有的电场分布，对编程和擦除性能有很大影响。由于单元之间的沟道没有进行高掺杂，因此在沟道导通时，该部分沟道的开启依赖于相邻单元对其产生的边缘电场，这会使沟道的导电能力受到影响，同时单元之间的距离（也称为栅间距）成为影响 3D NAND Flash 性能的重要因素。由于 3D NAND Flash 的沟道材料为多晶硅，这为沟道电势的传导、随机电报噪声、导电性能、阈值电压的温度特性等都带来了一系列的问题。此外，由于 3D NAND Flash 的电荷存储层在单元间是连续的，更使一个单元存储的电荷会向单元两侧运动，甚至进入相邻的单元中，从而影响存储单元的保持特性。

在 3D NAND Flash 存储器的研发过程中，为了更好地研究这些问题，并提高其工作性能，TCAD 仿真技术逐渐成为一种重要的研究手段。对于 3D NAND Flash 来说，由于其复杂的器件结构和阵列结构，以及使用材料的多层次和多样性，2D NAND Flash 中某些常见实验的成本增加，实验的难度和复杂度都有所上升。在这种情况下，TCAD 仿真的重要性更加突出。

例如，为了提高存储密度，需要不断增加存储单元的层数。在这个过程中，会有一些非理想效应出现，比如进行读取操作时，沟道电流会经过所有的存储单元，因此，存储单元的增加会造成沟道电流的减小。利用 TCAD 仿真技术，就可以预测当 3D NAND Flash 层数增加时，沟道电流的变化情况。如图 5.39 所示，随着存储单元层数增加，沟道电流出现大幅下降。类似地，利用 TCAD 仿真技术，就可以在进行下一步的制造与研发之前，对 3D NAND Flash 器件的性能进行预测，从而提高研发效率。

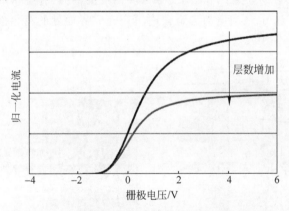

图 5.39　存储单元层数的增加与沟道电流的减小

与 2D NAND Flash 一样，3D NAND Flash 器件的模拟同样是基于物理模型完成的，其在基本物理机制上，与 2D NAND Flash 器件是一致的。有所不同的是，3D NAND Flash 器件的结构更加复杂，仿真中需要考虑更多的因素，3D NAND Flash 中涉及的主要物理模型如图 5.40 所示。在器件的仿真中，除了存储单元本身，更多地需要关注存储单元串的性能以及单元与单元之间的影响。本节将继续补充 3D NAND Flash 器件模拟中重要的物理模型，并介绍 3D NAND Flash 器件模拟技术在实际问题研究中的应用以及常见仿真工具的基本情况。

在 3D NAND Flash 仿真中，影响存储单元性能的陷阱包括以下几种。

（1）存储层氮化硅中含有大量的陷阱，在多晶硅沟道中也同样含有大量体陷阱。

图 5.40　3D NAND Flash 涉及的主要物理模型

（2）多晶硅沟道中含有大量晶粒，而晶粒与晶粒间的界面即晶界处同样含有大量的界面陷阱。

（3）多晶硅沟道与隧穿层界面以及与沟道内侧填充介质层的界面处均含有大量的陷阱。

多晶硅陷阱模型如下。

在 3D NAND Flash 中，沟道材料为多晶硅，相对于单晶硅沟道，多晶硅沟道引入了大量的陷阱，这些陷阱主要存在于晶粒间界处[60]。如图 5.41 所示，在 3D NAND Flash 中，多晶硅沟道的陷阱主要分为 3 类：沟道与隧穿层界面处的前界面陷阱（Front Interface Traps，FIT）、晶界陷阱（GB traps）、沟道与沟道孔内填充介质界面处的背界面陷阱（Back Interface Traps，BIT）[60]。

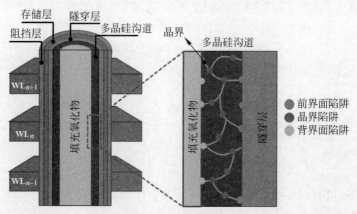

图 5.41　多晶硅沟道陷阱：前界面陷阱、晶界陷阱和背界面陷阱

前界面和背界面陷阱是多晶硅与氧化硅层的界面陷阱，这些界面陷阱主要是 Si 悬挂键。而晶界陷阱主要包含 Si-Si 键扭曲形成的浅能级陷阱和 Si 悬挂键形成的深能级陷阱[61-62]。浅能级陷阱主要影响沟道开态电流和跨导，而深能级陷阱主要影响亚阈值摆幅和阈值电压[61-62]。

从 2D NAND Flash 到 3D NAND Flash，沟道材料由单晶硅变为了多晶硅，受晶界陷阱的影响，多晶硅展现出不一样的温度特性，如图 5.42 所示。随着温度的升高，受声子散射影响,电子迁移率降低,导致单晶硅沟道开态电流降低;相反,由于晶界处陷阱的影响,受主陷阱会形成势垒,阻碍电子在沟道中传输。随着温度升高,晶界陷阱导电能力增强,克服了声子散射造成的迁移率降低问题,进而出现开态电流随温度升高而增加的现象[63]。

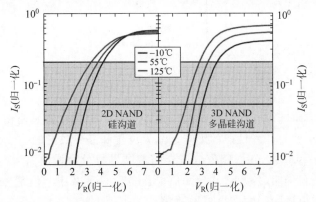

图 5.42　2D NAND Flash 与 3D NAND Flash 不同温度下,开态电流对比[63]

5.4.2　3D NAND Flash 器件沟道模拟

1. 多晶硅沟道晶粒尺寸对数正态分布对器件性能影响

在 3D NAND Flash 中,多晶硅作为主流沟道材料受到了广泛的关注。要从根本上降低晶界陷阱对器件性能波动性的影响,需要进一步优化多晶硅的结构,增大多晶硅晶粒尺寸,减小晶界数量。为了优化多晶硅沟道,首先利用透射电子显微镜及旋进电子衍射技术统计出多晶硅晶粒尺寸分布图,可以清晰地发现,在多晶硅沟道中,晶粒尺寸满足对数正态分布,如图 5.43 所示,该分布形式的产生原因是多晶硅成核以及晶粒生长。随着晶粒的生长,成核位点耗尽,此时分布如图 5.44(a)所示,成核过程结束,随着进一步晶粒的生长如图 5.44(b)所示,最终形成了对数正态分布的晶粒尺寸分布形式[64]。

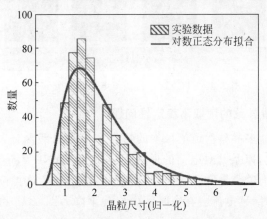

图 5.43　多晶硅晶粒尺寸对数正态分布图

为了研究多晶硅晶粒尺寸对数正态分布对器件性能的影响,利用 TCAD 2D 器件仿真,搭建了对数正态分布仿真平台,根据给定的对数正态分布平均值和标准差在多晶硅沟道中生成对数正态分布的晶粒尺寸列表,并根据该列表将多晶硅沟道进行分割,随后利用

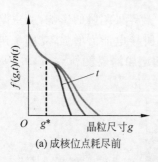
(a) 成核位点耗尽前

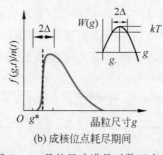
(b) 成核位点耗尽期间

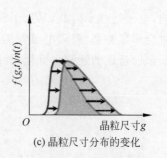
(c) 晶粒尺寸分布的变化

图 5.44 晶粒尺寸满足对数正态分布

S-Device 工具对该结构进行电学特性仿真。图 5.45 为 TCAD 仿真阈值电压统计分布图，对数正态分布晶粒尺寸对器件性能的影响是晶界位置和晶界数量的综合影响。当晶粒尺寸比较小时，即远小于存储单元时，阈值电压会随着晶界数量的增加而增大；相反，随着晶粒尺寸的增大，晶界数目会明显减小，并且阈值电压也会显著减小。但是，随着晶界数量的减小，晶界位置对阈值电压的影响变得更加敏感。

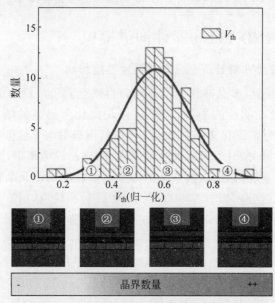

图 5.45 TCAD 仿真阈值电压统计分布图

2. 多晶硅晶界陷阱导致的读取不稳定性问题

与单晶硅沟道相比，多晶硅沟道最根本的特点在于其内部含有大量的晶界陷阱。这些晶界陷阱的产生与修复，以及其对电荷的俘获，会对 3D NAND Flash 器件的性能造成很大的影响。因此，多晶硅沟道会导致读取操作的不稳定性问题。这种读取操作的不稳定性在于，当对单元进行读取时，读电流会在短时间内出现下降。图 5.46 中对比了单晶硅沟道器件(S1、S2)和多晶硅沟道器件(P0、P1)在读取操作开始后 $2\mu s$ 到 1s 时间内读电流的变化情况。当沟道为多晶硅时，读电流会出现瞬态的变化，在短时间内出现大幅下降，而单晶硅沟道的器件则不存在这种现象。同时，这种读电流的变化与读取时所加的偏压有关。随着读操作栅极偏压的增加，读电流的快速变化过程逐渐变得不明显直至消失。

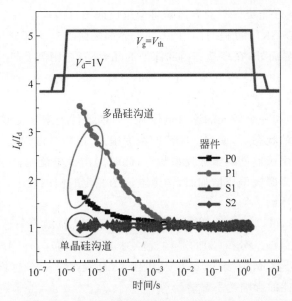

图 5.46　多晶硅沟道和单晶硅沟道读电流的变化

由于晶界陷阱导致的现象都可以用晶界陷阱的占据模型予以解释,如图 5.47 所示,在晶界陷阱占据模型中,晶界陷阱有着三种占据状态。除了晶界陷阱,还存在着隧穿氧化层与多晶硅沟道间的界面陷阱(interface trap)。对栅极施加一个小的读取电压(V_{g1}),使器件处

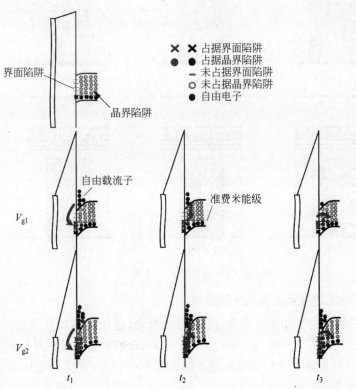

(a) 界面陷阱快速俘获　(b) 界面附近晶界俘获　(c) 沟道深处晶界陷阱较慢的俘获

图 5.47　晶界陷阱占据模型

于弱反型时,首先在费米能级以下的界面陷阱会很快地被自由电子占据(t_1)。之后,在很短的时间内(约 $10\mu s$),在 SRH 过程的作用下,邻近界面陷阱的这一部分晶界陷阱会被电子占据(t_2)。而对于远离界面处,在多晶硅内部深处的晶界陷阱,则需要较长的时间(约 200ms)才会被电子占据(t_3)。由于这些电荷填充过程的存在,将会导致在读取过程中,阈值电压上升,读取电流出现下降,即产生如图 5.46 所示的现象。

类似地,在栅极施加一个较大的读取电压(V_{g2}),使器件处于强反型状态时,也会出现相似的情况。在强反型的状态下,反型层电荷的浓度很高,能带弯曲程度也更大,因此,晶界陷阱会更快地被填充。由于器件处于强反型状态,此时的沟道电流对阈值电压的变化不如在弱反型区那么敏感。当栅极偏压增加时,沟道电流的变化的幅度减小,这便是不同栅压下产生读取操作不稳定的原因。

在 TCAD 仿真中,可以方便地调整晶粒的尺寸以及晶粒的均匀性。如图 5.48 中的 6 种晶粒分布情况,分布(1)~分布(3)的晶粒直径为 30nm,分布(4)~分布(6)的晶粒直径为 10nm,均匀性有所差异。研究表明,晶粒尺寸越大,晶粒尺寸分布越均匀,晶界陷阱对 3D NAND Flash 器件性能的影响越不显著。

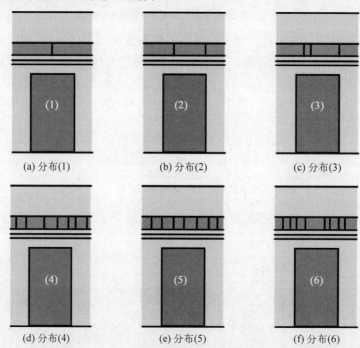

(a) 分布(1)　　　　　(b) 分布(2)　　　　　(c) 分布(3)

(d) 分布(4)　　　　　(e) 分布(5)　　　　　(f) 分布(6)

图 5.48　6 种晶粒分布情况

3. 多晶硅沟道对上选择管阈值电压的影响

在 3D NAND Flash 的存储单元串中,除了存储单元,还包括一部分功能单元,如上选择管、冗余管(dummy)和下选择管(Bottom Select Gate,BSG),可以实现对存储单元的操作并改善性能。上选择管控制着编程和读取时存储单元串的选择,其阈值电压的稳定对于器件的正常工作非常重要。

如图 5.49 所示,在对存储单元进行反复编程/擦除操作的过程中,存储单元串的上选择管的阈值电压会显著上升,其阈值电压分布会出现非对称右移。研究表明,这种上选择管阈值电压的变化仅与对存储单元擦除的工作过程有关,而与对存储单元编程的工作过程无关。此外还发现,在操作结束一段时间之后,上选择管阈值电压又会逐渐恢复,如图5.50所示。

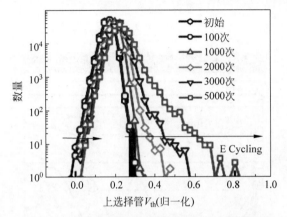

图5.49 工作过程中上选择管阈值电压分布的变化

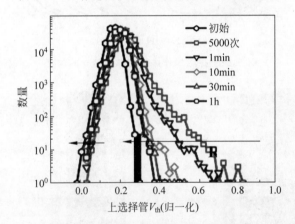

图5.50 上选择管阈值电压的恢复

在3D NAND Flash的擦除过程中,会对存储单元串末端的P阱施加一个高电压,使沟道电压上升,同时P阱中的空穴注入沟道中提供单元擦除所需的空穴,以完成擦除操作。由于受到多晶硅沟道中晶界陷阱的散射,沟道电势的传导缓慢,在单元栅极间结构电容的作用下,P阱的电势会率先传导到位线端,这时P阱的电势还没有完全传导到沟道上端,因此会造成位线端和顶部单元的沟道间出现巨大的电势差。由于与位线相连的沟道部分进行了N型重掺杂,而单元部分的沟道为未掺杂,沟道的顶部处会出现一个近似PN结。由于电势差的作用,这个PN结处于反偏的状态。

利用TCAD仿真技术,可以更好地分析这一过程。图5.51给出了随着P阱所加电压的增加,沟道电势的分布情况。无论P阱所加电压的大小如何,位线端都能耦合出相应的电势,当P阱上的电压超过9V时,上选择管处的沟道电压会显著上升。在仿真中,可以进一步提取出当P阱电压为9V时,沟道中的电势分布和PN结处带带隧穿效应的强弱。如图5.52所示,由于电势差在沟道的顶端产生了一个巨大的电场,且由于PN结的存在,还会引起强烈的带带隧穿现象,产生大量的电子-空穴对。其中电子被位线收集,而空穴则在强电场的作用下，被加速至很高的能量，成为了热空穴（Hot-Hole，HH），足以在上选择管附近打断多晶硅中的硅-氢键（≡Si-H）产生晶界陷阱[67]，从而引起上选择管阈值电压的上升。而在对器件的操作结束之后，硅-氢键（≡Si-H）又会发生钝化，从而恢复阈值电压。

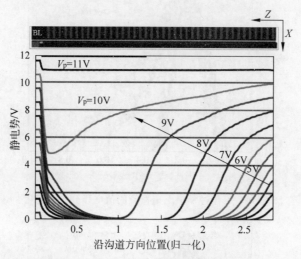

图 5.51　擦除操作中沟道电势传导的仿真

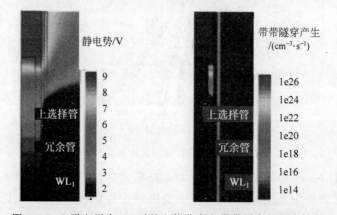

图 5.52　P 阱电压为 9V 时的电势分布和带带隧穿的仿真结果

5.4.3　3D NAND Flash 器件操作及可靠性模拟

当 2D NAND Flash 转变到 3D NAND Flash 后，与需要操作的存储串的相邻存储串数量增多，存储串的环境变得复杂，如图 5.53 所示。根据位线和上选择管的组合方式，可以分为四类，其中一类是编程状态，被编程的单元为图中所框单元，另外的相邻存储单元分为 Case A、Case B 和 Case C 三类。三类的主要区别在于上选择管的关断状态不同，上选择管端的漏电情况会影响编程抑制时沟道电势抬升的效果。如图 5.54 所示，Case C、Case A 和 Case B 的上选择管端漏电流依次降低，沟道电势的抬升效果逐渐增强，编程抑制效果更好。

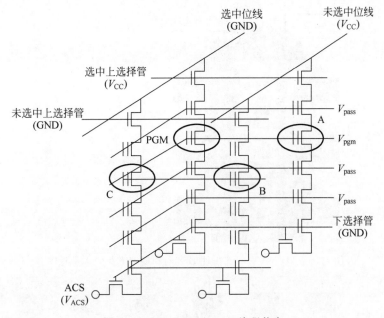

图 5.53　3D NAND Flash 编程状态

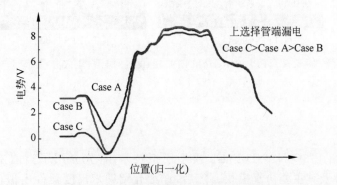

图 5.54　不同编程抑制的沟道电势情况

　　在 3D NAND Flash 中,存储单元多为 CTF 型,相邻单元间存储层是连续的,因此,电荷不仅失去在垂直方向上通过隧穿层和阻挡层流失,还会出现存储的电荷在存储层中横向扩散,进而影响数据保持特性,如图 5.55 所示[68-69]。基于 TCAD 仿真工具,并结合 P-F 发射模型和陷阱辅助隧穿等模型,可以将垂直方向电荷流失和横向扩散电荷流失进行独立模拟,更有助于研究其失效机制。研究结果表明,单元间不同状态组合,对横向扩散具有不同的影响,当存储单元间为图 5.56(a)所示的编程-编程-编程模式(Program-Program-Program Pattern,PPP Pattern)时,电荷失去得最少,电荷分布展宽最少,而图 5.56(b)所示的擦除-编程-擦除模式(Erase-Program-Erase Pattern,EPE Pattern)时,电荷分布展宽严重,电荷失去严重,数据保持特性最差[68-71]。此外,研究结果表明,存储层中浅陷阱有助于电荷的横向扩散,不利于数据保持特性,因此,在材料方面的优化在于减少存储层中浅陷阱数量,增加深陷阱数量[56],从而实现数据保持特性的进一步提高。

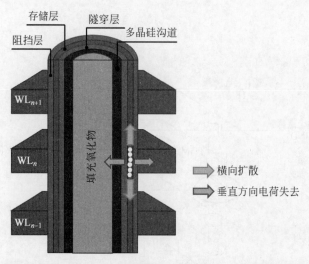

图 5.55　3D NAND Flash 垂直方向和横向电荷失去示意图

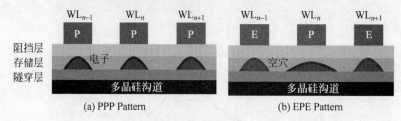

图 5.56　PPP Pattern 和 EPE Pattern 的电子-空穴分布图

本章小结

　　本章主要介绍了 3D NAND Flash 模型模拟技术,首先介绍了当前主流的仿真工具 Sentaurus TCAD 及其主要仿真模块。随后,详细介绍纳米尺度器件模拟,以及随着 MOS 器件的发展,MOS 器件的尺寸进入纳米尺度后面临着的系列问题。为了研究纳米尺寸器件的各项性能,对半导体仿真模拟技术进行了介绍,并针对关键器件模型进行了介绍。2D NAND Flash 器件的模拟在传统逻辑器件仿真的基础上还增加部分模型,如浮栅存储器中的浮动金属栅、浮动半导体栅、电荷守恒等模型。同时要考虑陷阱模型,陷阱是局域态,可以表现为界面的悬挂键、也可以是体材料中的悬挂键、断键、键的扭曲,界面陷阱的占据状态、陷阱状态、不同类型陷阱的俘获率、陷阱能级等。相比于 2D NAND Flash 器件模拟,3D NAND Flash 器件模拟增加了多晶硅沟道相关模拟、复杂阵列中的操作模拟以及连通存储层带来的横向电荷流失模拟等。

习题

　　(1) NAND Flash 器件仿真中,势垒隧穿机制有哪些?

　　(2) 在 Sentaurus 中实际建立一个三层的 3D NAND Flash,模拟不同的多晶硅晶粒尺寸对器件特性的影响。

（3）相比于单晶硅,多晶硅在电学仿真中,需要考虑哪些物理模型? 并解释原因。

（4）在进行 3D NAND Flash 模拟中,详细介绍需要考虑的输运模型。

（5）3D NAND Flash 模拟中,横向电荷失去产生的原因有哪些? 需要重点使用哪些仿真模型?

（6）3D NAND Flash 与 2D NAND Flash 在仿真过程中的主要差别有哪些?

（7）相比于 MOSFET 仿真,NAND Flash 仿真需要考虑更多的物理模型,介绍相关模型。

（8）陷阱仿真需要考虑哪些因素? 如何有效地确定仿真中的陷阱设置?

（9）半导体和介质材料间的载流子输运有哪些特点?

（10）使用 WKB 近似值,计算当电势为①平坦和②下坡时,动能为 1eV 的电子从左侧入射的隧穿概率,如图 5.57 所示。可以使用 Wolfram-alpha。其中,

$$T \approx e^{-2\gamma}, \quad \gamma = \int_0^a \frac{1}{\hbar} \sqrt{2m\left[V(x) - E\right]} \, dx$$

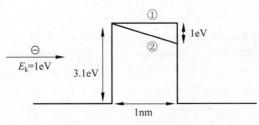

图 5.57　习题(10)图

（11）硅衬底上 SiO_2 厚度为 5nm,顶部采用 Pt 探针,当探针上施加 0~6V 电压时,请计算流过 SiO_2 的 F-N 隧穿电流。

$$I = A_{eff} \frac{m_0 q^3}{8\pi m_{ox} q h \phi_B} E_{ox}^2 \exp\left(-4 \frac{\sqrt{2m_{ox}}}{3q\hbar E_{ox}} q \phi_B^{\frac{3}{2}}\right)$$

其中,I 为 F-N 隧穿电流;$E_{ox} = V_{ox}/d_{ox}$ 为电场;$A_{eff} = 50nm^2 = 5 \times 10^{-17} m^2$ 为探针与样品间的有效面积;$q = -1.602 \times 10^{-19}$ 电荷量;$\hbar = 6.58 \times 10^{-16} eVs = 1.055 \times 10^{-34} J$ 为约化普朗克常数;$m_{ox} = 0.37m_e$ 为氧化硅中电子有效质量;$m_e = 5.10 \times 10^3 eV/c^2 = 9.1 \times 10^{-31} kg$ 为电子有效质量;$d_{ox} = 5nm$ 为 SiO_2 厚度;$\phi_B = 3.5eV = 5.61 \times 10^{-19} J$ 为 SiO_2 势垒高度。

参考文献

[1] Synopsys. Sentaurus™ Workbench User Guide[EB/OL]. https://www.doc88.com/p-181690531371.html.

[2] Synopsys. Sentaurus™ Process User Guide[EB/OL]. https://www.doc88.com/p-7764823673172.html.

[3] Synopsys. Sentaurus™ Structure Editor User Guide[EB/OL]. https://www.doc88.com/p-6631629724317.html.

[4] Synopsys. Sentaurus™ Device User Guide[EB/OL]. https://www.docin.com/p-351831400.html?_t_t_t=0.7626968347126073.

[5] Stratton R. Diffusion of hot and cold electrons in semiconductor barriers[J]. Physical Review,1962,126(6):2002.

[6] Blotekjaer K. Transport equations for electrons in two-valley semiconductors[J]. IEEE Transactions on Electron Devices,1970,17(1):38-47.

[7] Tang T-W. Extension of the Scharfetter—Gummel algorithm to the energy balance equation[J]. IEEE Transactions on Electron Devices,1984,31(12): 1912-1914.

[8] Chen D,Yu Z,Wu K-C-C, et al. Dual energy transport model with coupled lattice and carrier temperatures[M]. Simulation of Semiconductor Devices and Processes. Springer. 1993: 157-160.

[9] Li Y. A Novel Approach to Carrier Temperature Calculation for Semiconductor Device Simulation using Monotone Iterative Method. Part I: Numerical Algorithm[C]//3rd WSEAS Symposium on Mathematical Methods Computing Technology Electrical Engineering,2001.

[10] Li Y,Sze S,Chao T-S. A practical implementation of parallel dynamic load balancing for adaptive computing in VLSI device simulation[J]. Engineering with Computers,2002,18(2): 124-137.

[11] Gummel H K. A self-consistent iterative scheme for one-dimensional steady state transistor calculations[J]. IEEE Transactions on Electron Devices,1964,11(10): 455-465.

[12] Selberherr S,Fichtner W,Pötzl H. MINIMOS—A program package to facilitate MOS device design and analysis[J]. Numerical Analysis of Semiconductor Devices and Integrated Circuits,1979,1: 275-279.

[13] Cottrell P E,Yu Z. Velocity saturation in the collector of Si/Ge/sub x/Si/sub 1-x//Si HBT's[J]. IEEE Electron Device Letters,1990,11(10): 431-433.

[14] Buturla E,Cottrell P. FIELDAY-Finite Element Device Analysis Program[J]. IBM TR 190356,1975.

[15] Pinto M R,Rafferty C S,Dutton R W. PISCES II: Poisson and continuity equation solver[EB/OL]. https://www. docin. com/p-283656253. html.

[16] Yu Z, Chen D, So L, et al. PISCES-2ET—Two-Dimensional Device Simulation for Silicon and Heterostructures[J]. Integrated Circuits Laboratory,Stanford University,Stanford,California,1994.

[17] Francis P,Terao A,Flandre D,et al. Modeling of ultrathin double-gate nMOS/SOI transistors[J]. IEEE Transactions on Electron Devices,1994,41(5): 715-720.

[18] Mari A,Eisert J. Positive Wigner functions render classical simulation of quantum computation efficient[J]. Physical Review Letters,2012,109(23): 230503.

[19] Do V-N. Non-equilibrium Green function method: theory and application in simulation of nanometer electronic devices [J]. Advances in Natural Sciences: Nanoscience and Nanotechnology, 2014, 5(3): 033001.

[20] Jacoboni C,Reggiani L. The Monte Carlo method for the solution of charge transport in semiconductors with applications to covalent materials[J]. Reviews of Modern Physics,1983,55(3): 645.

[21] Fischetti M V,Laux S E. Monte Carlo analysis of electron transport in small semiconductor devices including band-structure and space-charge effects[J]. Physical Review B,1988,38(14): 9721.

[22] Venturi F,Smith R K,Sangiorgi E C,et al. A general purpose device simulator coupling Poisson and Monte Carlo transport with applications to deep submicron MOSFETs[J]. IEEE Transactions on Computer-Aided Design of Integrated Circuits and Systems,1989,8(4): 360-369.

[23] Aeberhard U. Theory and simulation of quantum photovoltaic devices based on the non-equilibrium Green's function formalism[J]. Journal of Computational Electronics,2011,10(4): 394-413.

[24] Aberle A G,Glunz S,Warta W. Impact of illumination level and oxide parameters on Shockley-Read-Hall recombination at the Si-SiO$_2$ interface[J]. Journal of Applied Physics,1992,71(9): 4422-4431.

[25] Gundapaneni S,Kottantharayil P,Ganguly P J. Investigation of junction-less transistor (JLT) for CMOS scaling[D]. 2012.

[26] Caillat C,Beaman K,Bicksler A,et al. 3D NAND GIDL-assisted body biasing for erase enabling CMOS under array (CUA) architecture[C]//IEEE International Memory Workshop,2017.

[27] Hermle M,Letay G,Philipps S,et al. Numerical simulation of tunnel diodes for multi-junction solar cells[J]. Progress in Photovoltaics: Research and Applications,2008,16(5): 409-418.

[28] 刘明军. 隧穿场效应晶体管的新型器件结构及优化设计研究[D]. 成都：电子科技大学，2019.

[29] Synopsys. 3D NAND Flash cell device simulation[R]. Synopsys Inc,2016.

[30] Kane E O. Theory of tunneling[J]. Journal of applied Physics,1961,32(1)：83-91.

[31] Keldysh L. Behavior of non-metallic crystals in strong electric fields[J]. Soviet Journal of Experimental and Theoretical Physics,1958,6：763.

[32] Hänsch W,Vogelsang T,Kircher R,et al. Carrier transport near the Si/SiO$_2$ interface of a MOSFET [J]. Solid-State Electronics,1989,32(10)：839-849.

[33] van Dort M J,Woerlee P H,Walker A J,et al. Influence of high substrate doping levels on the threshold voltage and the mobility of deep-submicrometer MOSFETs[J]. IEEE Transactions on Electron Devices,1992,39(4)：932-938.

[34] Van Dort M,Woerlee P,Walker A. A simple model for quantization effects in heavily-doped silicon MOSFETs at inversion conditions[J]. Solid-State Electronics,1994,37(3)：411-414.

[35] Paasch G,Übensee H. A modified local density approximation. Electron density in inversion layers [J]. Physica Status Solidi (b),1982,113(1)：165-178.

[36] Entner R. Modeling and simulation of negative bias temperature instability[D]. Austria：Vienna University of Technology,2007.

[37] Selberherr S. MOS device modeling at 77K[J]. IEEE Transactions on Electron Devices,1989, 36(8)：1464-1474.

[38] Cappelletti P,Golla C,Olivo P,et al. Flash memories[M]. Berlin：Springer Science & Business Media,2013.

[39] Yeargan J,Taylor H. The Poole-Frenkel effect with compensation present[J]. Journal of Applied Physics,1968,39(12)：5600-5604.

[40] Biswas A,Dan S S,Le Royer C,et al. TCAD simulation of SOI TFETs and calibration of non-local band-to-band tunneling model[J]. Microelectronic Engineering,2012,98：334-337.

[41] Ieong M,Solomon P M,Laux S,et al. Comparison of raised and Schottky source/drain MOSFETs using a novel tunneling contact model[C]//IEEE International Electron Devices Meeting,1998.

[42] Kameda E,Matsuda T,Emura Y,et al. Fowler-Nordheim tunneling in MOS capacitors with Si-implanted SiO$_2$[J]. Solid-State Electronics,1998,42(11)：2105-2111.

[43] Yeo Y-C,King T-J,Hu C. Direct tunneling leakage current and scalability of alternative gate dielectrics[J]. Applied Physics Letters,2002,81(11)：2091-2093.

[44] Schenk A. Rigorous theory and simplified model of the band-to-band tunneling in silicon[J]. Solid-State Electronics,1993,36(1)：19-34.

[45] Gundapaneni S,Bajaj M,Pandey R K,et al. Effect of band-to-band tunneling on junctionless transistors[J]. IEEE Transactions on Electron Devices,2012,59(4)：1023-1029.

[46] Houssa M,Tuominen M,Naili M,et al. Trap-assisted tunneling in high permittivity gate dielectric stacks[J]. Journal of Applied Physics,2000,87(12)：8615-8620.

[47] Jiménez-Molinos F,Palma A,Gamiz F,et al. Physical model for trap-assisted inelastic tunneling in metal-oxide-semiconductor structures[J]. Journal of Applied Physics,2001,90(7)：3396-3404.

[48] Jiménez-Molinos F,Gámiz F,Palma A,et al. Direct and trap-assisted elastic tunneling through ultrathin gate oxides[J]. Journal of Applied Physics,2002,91(8)：5116-5124.

[49] Schroeder H. Poole-Frenkel-effect as dominating current mechanism in thin oxide films—An illusion?![J]. Journal of applied physics,2015,117(21)：215103.

[50] Sze S M,Li Y,Ng K K. Physics of semiconductor devices[M]. New York：John Wiley & Sons,2021.

[51] Kapoor V,Turi R. Charge storage and distribution in the nitride layer of the metal-nitride-oxide semiconductor structures[J]. Journal of Applied Physics,1981,52(1)：311-319.

[52] Mine T,Fujisaki K,Ishida T,et al. Electron trap characteristics of silicon rich silicon nitride thin films[J]. Japanese Journal of Applied Physics,2007,46(5S):3206.

[53] Seo Y J,Kim K C,Kim H D,et al. Study of hole traps in the oxide-nitride-oxide structure of the SONOS flash memory[J]. Journal of the Korean Physical Society,2008,53(6):3302-3306.

[54] Cho H-Y,Kim W-S,Oh J,et al. The Origin of Trap and Effect of Nitrogen Plasma in the Oxide-Nitride-Oxide Structures for Non-Volatile Memory[J]. Journal of the Korean Physical Society,2010,57(2):255-259.

[55] Gritsenko V,Nekrashevich S,Vasilev V,et al. Electronic structure of memory traps in silicon nitride [J]. Microelectronic Engineering,2009,86(7-9):1866-1869.

[56] Wu J,Han D,Yang W,et al. Comprehensive investigations on charge diffusion physics in SiN-based 3D NAND flash memory through systematical Ab initio calculations[C]//IEEE International Electron Devices Meeting,2017.

[57] Chen C-P,Lue H-T,Hsieh C-C,et al. Study of fast initial charge loss and it's impact on the programmed states Vt distribution of charge-trapping NAND Flash[C]//IEEE International Electron Devices Meeting,2010.

[58] Lee J-D,Choi J-H,Park D,et al. Degradation of tunnel oxide by FN current stress and its effects on data retention characteristics of 90nm NAND flash memory cells[C]//IEEE International Reliability Physics Symposium Proceedings,2003.

[59] El Hdiy A,Salace G,Petit C,et al. Relaxation of interface states and positive charge in thin gate oxide after Fowler-Nordheim stress[J]. Journal of Applied Physics,1993,73(7):3569-3570.

[60] Arreghini A,Banerjee K,Verreck D,et al. Improvement of conduction in 3-D NAND memory devices by channel and junction optimization[C]//IEEE International Memory Workshop,2019.

[61] Ikeda H. Evaluation of grain boundary trap states in polycrystalline-silicon thin-film transistors by mobility and capacitance measurements[J]. Journal of applied physics,2002,91(7):4637-4645.

[62] 邹兴奇. 3D NAND 存储器串列功能单元的可靠性研究[D]. 北京:中国科学院微电子研究所,2019.

[63] Resnati D,Goda A,Nicosia G,et al. Temperature effects in NAND Flash memories:A comparison between 2-D and 3-D arrays[J]. IEEE Electron Device Letters,2017,38(4):461-464.

[64] Bergmann R B,Shi F G,Queisser H J,et al. Formation of polycrystalline silicon with log-normal grain size distribution[J]. Applied Surface Science,1998,123:376-380.

[65] Lin W-L,Tsai W-J,Cheng C,et al. Grain boundary trap-induced current transient in a 3-D NAND flash cell string[J]. IEEE Transactions on Electron Devices,2019,66(4):1734-1740.

[66] Yan L,Jin L,Zou X,et al. Investigation of Erase Cycling Induced TSG Vt Shift in 3-D NAND Flash Memory[J]. IEEE Electron Device Letters,2019,40(1):21-23.

[67] Nakagawa H,Yano H,Hatayama T,et al. Hot Carrier Effect in Low-Temperature Poly-Silicon p-Channel Thin-Film Transistors[C]//Solid State Phenomena,2003.

[68] Kang H-J,Choi N,Joe S-M,et al. Comprehensive analysis of retention characteristics in 3-D NAND flash memory cells with tube-type poly-Si channel structure[C]//IEEE Symposium on VLSI Technology,2015.

[69] Padovani A,Pesic M,Kumar M A,et al. Understanding and variability of lateral charge migration in 3D CT-NAND flash with and without band-gap engineered barriers[C]//IEEE International Reliability Physics Symposium,2019.

[70] Oh D,Lee B,Kwon E,et al. TCAD simulation of data retention characteristics of charge trap device for 3-D NAND flash memory[C]//IEEE International Memory Workshop,2015.

[71] Park J,Shin H. Modeling of lateral migration mechanism of holes in 3D NAND flash memory charge trap layer during retention operation[C]//IEEE Silicon Nanoelectronics Workshop,2019.

第6章

3D NAND Flash存储器阵列操作技术

基于第4章对 NAND Flash 基本电学特性的介绍,本章首先介绍了 NAND Flash 存储阵列结构及基本操作机制,包括改善非理想效应的器件物理机制、各类干扰问题以及器件级优化方案,最后详细介绍了 NAND Flash 阵列基于多值存储应用的相关操作及优化方法,为改善 NAND Flash 可靠性提供技术支持。

6.1 NAND Flash 阵列简介

6.1.1 NAND Flash 阵列结构

为实现数据存储,需要具有大容量的存储单元集合,并且需要通过寻址选择其中某一特定存储单元,完成数据的正确存储和读取,这是存储阵列的两个基本特征。存储阵列这一半导体存储器的典型概念在计算机技术发展早期(20 世纪 50 年代)已出现,即早期的磁芯内存,可将磁性材料形成的磁芯置于磁性或非磁性的状态实现数据存储,其中磁性状态和非磁性状态分别代表逻辑"1"和"0",而将磁芯内存沿 X-Y 方向 2D 排列可以形成存储阵列,通过每个磁芯的不同状态产生多个"1"和"0"的组合,完成多个数据的存储,如图 6.1 所示[1]。至 1970 年,Honeywell 和英特尔推出了世界上第一个通过存储阵列实现数据存储的商用 DRAM 存储器芯片,其具有 1Kb 的存储容量。DRAM 存储阵列通常由矩形排列的一系列字线和位线组成,每个字线和位线的交叉区域连接一个晶体管和一个电容,而每根位线则连接一个灵敏放大器作为读出电路,并通过一组行译码器完成对字线的选择,确保每次操作只选中一个字线所对应的目标存储单元。NAND Flash 及其他存储器的存储阵列具有与 DRAM 存储阵列相似的基本定义[2]。

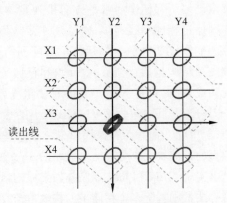

图 6.1 磁芯内存存储阵列示意图[1]

随着移动电子产品、人工智能等领域的发展,目前大容量数据存储对非易失性存储的需求逐渐增加,由于 NAND Flash 具有大容量存储、高读写速度、高可靠性等特性,因此 NAND Flash 被广泛用于实现大容量的非易失性存储。

低存储成本、高读写速度和高可靠性是 NAND Flash 存储器技术发展的重要指标。而实现高存储密度是降低存储成本的基础之一。一方面,可通过减小芯片面积及简化工艺制造流程实现存储成本的降低,其中减小器件特征尺寸或缩小存储单元面积可减小芯片面积,该方法是通过减小物理存储单元面积使存储成本降低;另一方面,采用多值存储技术可通过缩减等效存储单元面积实现低存储成本,即单个物理存储单元可存储多个逻辑数位[2-5],例如 MLC、TLC 及 QLC 等。对比 SLC 技术,MLC/TLC/QLC 存储单元与 SLC 存储单元的工艺技术类似,但基于多值存储技术的操作方式则更复杂,需要形成更窄的阈值电压分布。

由于 NAND Flash 具有大容量存储特性,需要更高的读写速度。NAND Flash 通过 F-N 隧穿机制实现以存储页为单位的编程操作以及以存储块为单位的擦除操作,其中以页为单位的编程操作提高了 NAND Flash 的并行编程能力,显著增加了其写入速率(throughput),提高了读写速度。

随着 NAND Flash 技术不断发展和广泛应用,高可靠性也成为 NAND Flash 最基本的特性之一。由于编程操作过程中隧穿氧化层承受强电场,所以 NAND Flash 器件经历反复编程/擦除过程后,会发生隧穿氧化层退化,其内部产生电子或空穴陷阱,并且栅介质层和 $Si-SiO_2$ 界面也会产生界面陷阱,这些陷阱俘获电荷,导致器件电学特性漂移或影响保持特性,将导致一系列可靠性问题的出现,所以编程/擦除循环后的数据保持特性是 NAND Flash 可靠性的关键指标之一。此外,随着 NAND Flash 存储密度不断提高,各种操作复杂性也随之提升,在操作过程则会出现多种干扰问题(例如编程干扰和读取干扰),所以 NAND Flash 的抗干扰能力也是衡量其可靠性的重要指标。

上述重要指标不仅与器件特性密切相关,也与 NAND Flash 存储阵列结构和相关阵列操作方式密切相关。在 2D NAND Flash 的存储阵列中,多个浮栅存储单元和上下选择管沿垂直方向组成一个存储串,即上选择管与位线相连,下选择管连接至共源端,其他存储单元则位于两种选择管之间,如图 6.2 所示为由 32 个存储单元组成的 NAND Flash 存储串结构示意图,通过选择管分别连接到源端和漏端,选择管保证了存储单元准确的数据存储和读取。多个存储串沿水平方向排列则构成 2D NAND Flash 存储阵列结构,其中多个存储串则通过相同字线连接,通过该种存储阵列结构则可实现大容量数据存储。

如图 6.3 所示 NAND Flash 阵列结构示意图,以存储串为基础形成的 NAND Flash 存储阵列结构包括存储页、存储块和存储平面。其中存储页由相同字线所连接的所有存储单元构成,存储页是 NAND Flash 存储阵列编程或读取操作的最小单位,通常一个页大小为 2~16KB。其中包含 2~16KB 大小的存储单元和一定大小的纠错码(Error Correct Code,ECC)单元。而一个存储块由多个存储页排列组成,构成擦除的最小单位,以 MLC 存储为例,典型的存储块大小是存储页大小的 8~32 倍,约 128KB 或 512KB。此外,存储平面则是工艺制造上实现 NAND Flash 存储阵列集成的最小单位[11],其由多个存储块(1024 或 2048 个)组成。现有技术则基于多个存储平面构成单个存储颗粒,而随着芯片级集成度的不断提高,多个存储颗粒堆叠封装形成一个 NAND Flash 存储芯片,以此集成技术实现存储容量的增加。

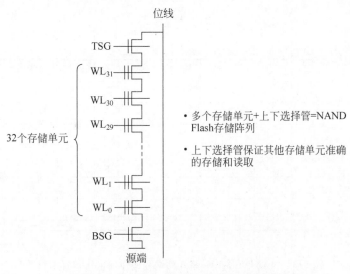

图 6.2　NAND Flash 存储串基本结构

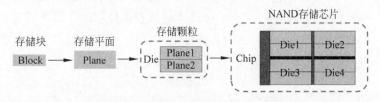

图 6.3　NAND Flash 阵列结构示意图

6.1.2　NAND Flash 阵列操作

1. NAND Flash 阵列编程操作

3D NAND Flash 与 2D NAND Flash 存储阵列基本操作原理相同,主要包括编程操作、擦除操作和读取操作。如图 6.4 所示 NAND Flash 存储阵列编程操作时电压偏置示意图[4],选择编程存储单元所处的存储串称为选择存储串(selected string),在编程操作中,其所对应的上选择管和下选择管分别处于开态和关态,实现被选择存储串与位线的连接,而选择编程的存储单元所对应的字线则偏置于编程电压 V_{pgm},其他非选择编程的存储单元对应字线均偏置于导通电压 V_{pass},该导通电压通常高于读取操作时的导通电压。由于非选择编程存储单元在 V_{pass} 条件下等效为多个传输管,因此,电子从位线传导至选择存储串沟道中,因沟道与选择编程存储单元栅极间存在的电场作用,电子将隧穿至电子存储层[14],引起阈值电压升高,实现数据存储。在编程过程中,当某一存储页编程完成后,再顺序进行下一个存储页编程,直至整个存储块编程完成。

当某一选择存储串进行编程操作时,由于同一页的存储单元共享同一根字线控制,它们被偏置在相同电压条件可能会被误编程,该现象称为编程干扰。3D NAND Flash 具有更复杂的存储阵列结构,其中存在的编程干扰现象可根据编程干扰发生位置分为三种模式:X 模式、Y 模式和 XY 模式,如图 6.5(a)所示[15]。在 X 模式中,非选择存储单元和选择存储单元具有相同的字线偏置条件和上下选择管偏置条件,但施加了不同的位线偏置电压,所以可以通过非选择存储串位线和上选择管均偏置在 V_{cc} 抑制 X 模式的编程干扰现象,该方法与

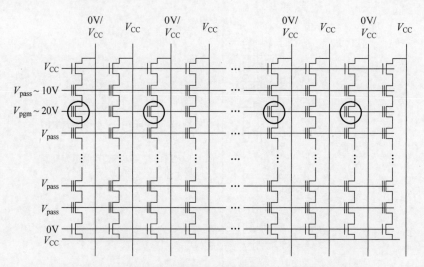

图 6.4　NAND Flash 存储阵列编程操作的电压偏置示意图

2D NAND Flash 中的编程干扰模式相同。在 Y 模式中,非选择存储单元和选择存储单元具有相同的字线和位线偏置电压,但上下选择管的偏置条件不同。而对于 XY 模式而言,非选择存储单元和选择存储单元具有相同的偏置电压,但上下选择管和位线偏置电压均不同。以上三种模式都可能导致编程干扰现象,其中 Y 模式造成的编程干扰最严重。

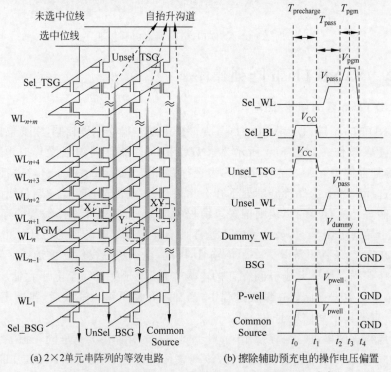

(a) 2×2 单元串阵列的等效电路　　　(b) 擦除辅助预充电的操作电压偏置

图 6.5　3D NAND Flash 中的编程干扰及抑制方法[15]

　　为改善 Y 模式下造成的编程干扰,目前已有研究表明通过增加非选择存储串的初始沟道电势或者减小沟道和位线间漏电流均可减小编程干扰现象[16],其中通过上选择管加压条件和其阈值电压的优化可减小沟道和位线间漏电流[17-18]。而通过预充电(pre-charge)操作可增加非选择存储串沟道电势,从而抑制编程干扰,该抑制方法被广泛采用[16]。所谓的预充电操作,即非选择存储串对应的位线和上选择管均偏置在V_{cc},同时下选择管关断,导致沟道在施加编程电压前被自抬升,当施加编程电压后,由于沟道和栅极间压差减小,从而减小编程干扰,但若仅利用位线进行单端预充电,由于载流子运输受多晶硅沟道低迁移率和晶界陷阱俘获/解陷机制影响,将造成预充电不充分,不利于编程干扰的充分抑制[20-21]。因此有研究提出了一种擦除辅助预充电(Erase Assisted Pre-charge,EASP)方法,其电压偏置波形图如图 6.5(b)所示,其中下选择管为 P 型晶体管[15]。

EASP 方法通过从 P 阱注入额外的空穴提升沟道电势,增强预充电操作对非选择存储串编程干扰现象的抑制效果,减小非选择存储单元阈值电压的漂移,也使编程过程中其他存储单元的偏置电压 V_{pass} 窗口显著增加,如图 6.6 研究结果所示[15]。EASP 方法有效改善了编程干扰造成的非选择存储单元阈值电压漂移,并且使阈值电压漂移量随 P 阱偏置电压增加而减小,但若 P 阱偏置电压过大则会导致上选择管发生穿通,使电子从上选择管反向漏至沟道,造成严重的编程干扰,所以如图 6.6 所示。EASP 方法中,P 阱偏置应保持在适当的电压以有效抑制编程干扰。研究验证,采用 EASP 方法在较低 P 阱偏置条件下可抑制编程干扰,并有利于减小预充电过程中 P 阱发生的漏电,也不会影响编程时间[15]。

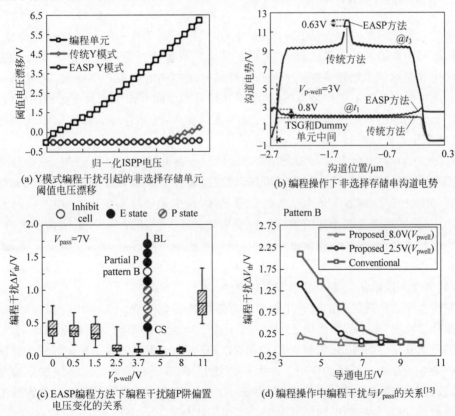

(a) Y模式编程干扰引起的非选择存储单元
阈值电压漂移

(b) 编程操作下非选择存储串沟道电势

(c) EASP编程方法下编程干扰随P阱偏置
电压变化的关系

(d) 编程操作中编程干扰与V_{pass}的关系[15]

图 6.6　编程干扰及抑制方法[15]

在之前介绍的存储串结构中,由于上下选择管及其邻近存储单元(边缘存储单元)之间没有冗余字线作为间隔单元,随着器件尺寸持续微缩,选择管和边缘存储单元之间的间距减小会造成可靠性问题[22]。而选择管和边缘存储单元间距无法实现微缩主要有以下几个原因。

（1）由于边缘存储单元被偏置于 V_{pgm} 或 V_{pass}，单元间的耦合作用将使选择管被打开，导致选择管产生漏电流，此时非选择存储串采用编程自抑制技术形成的沟道电势会降低，编程干扰随之增加。

（2）随着选择管和边缘存储单元间距减小，耦合效应增加，将导致读取操作错误，即选择管理想的偏置电压会受边缘存储单元耦合作用影响，导致选择管偏置电压增加，而边缘存储单元偏置电压也将因耦合作用产生凸起，导致理想的读取操作偏置电压产生波动。

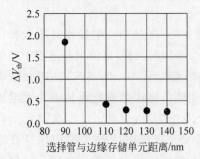

图 6.7　选择管与边缘存储单元的间距影响边缘存储单元阈值电压偏移量[23]

（3）选择管和边缘存储单元间距减小会产生热载流子干扰效应，由于选择管和边缘存储单元间距减小，带带隧穿效应将导致热载流子产生，产生的热电子则被选择管和边缘存储单元间的强电场加速，热电子将越过 Si-SiO$_2$ 能带势垒注入边缘存储单元中，引起边缘存储单元阈值电压偏移，如图 6.7 所示选择管与边缘存储单元之间的间距影响边缘存储单元阈值电压偏移量[23]。

为抑制热载流子干扰的产生，选择管和边缘存储单元之间的间距需要保持在 110nm 左右，但该间距条件不利于器件尺寸的微缩，所以为平衡该间距微缩及其可靠性影响，提出了冗余字线概念。所谓的冗余字线是指在每个选择管和边缘存储单元之间放置一个与普通存储单元相同的虚拟存储单元，通过调节该冗余单元的阈值电压和施加电压条件，使边缘存储单元和中间存储单元具有相同的电性环境，从而减小上述出现的非理想影响。由于冗余字线的存在，选择管和边缘存储单元间的电场减小，热电子注入效应减弱，如图 6.8 所示[23]。

NAND Flash 存储串中引入冗余存储单元可以改善编程过程中引起的边缘存储单元阈值电压漂移，即通过冗余字线施加偏置电压，以减缓编程抑制串中选择管到边缘存储单元间沟道电势的陡然变化，抑制沟道中电势的骤然下降，减少带带隧穿效应的发生，从而减少热电子的产生，保证边缘存储单元的阈值电压受影响较小。但随着编程/擦除循环次数增加，冗余字线也可能会产生干扰，阈值电压发生漂移，严重时可能导致串的读电流下降，最终导致读取操作失败，如图 6.9 所示。这时沟道电流下降的主要原因是冗余字线阈值电压明显升高，导致冗余字线限制了整个存储串正常导通[24]。

研究指出冗余字线发生的这种干扰现象存在两种退化机理[24]，如图 6.10(a) 所示。一种是在擦除过程中，电子从邻近单元的栅极背隧穿至冗余字线单元下方的存储层，引起冗余字线阈值电压升高，这种退化机制在 2D NAND Flash 中也存在；另一种是邻近的存储单元存储层中的电子在横向电场的作用下发生 F-P 发射，该部分电子被冗余字线单元的存储层俘获，导致冗余字线单元阈值电压升高，由于 3D NAND Flash 使用无结构和连续的存储层特殊结构，所以这种机理引起的冗余字线发生干扰是 3D NAND Flash 中特有的。

就第一种退化机理而言，在擦除操作过程中，冗余字线单元的栅极是浮置状态，当沟道电势开始上升时，由于栅极和沟道间的电容耦合作用，冗余字线单元栅极上将耦合产生一个电势。图 6.10(b) 为在擦除操作时的电势分布仿真结果，虚线表示耦合出的电势，此时冗余字线单元随沟道电势上升耦合出高电势，而相邻的边缘存储单元栅压一直处于接地状态，因

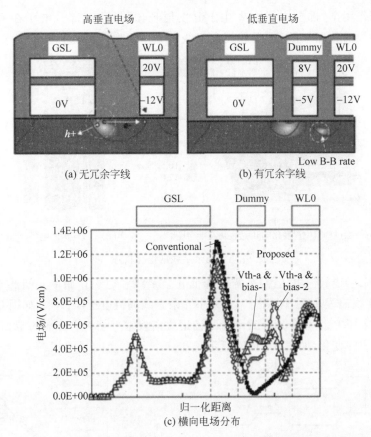

图 6.8　GIDL 产生的载流子和 WL₀ 编程过程中的横向电场[23]

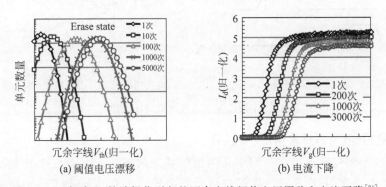

图 6.9　反复编程/擦除操作引起的冗余字线阈值电压漂移和电流下降[24]

此不仅在栅介质层上有较大的电场,同时在冗余字线和边缘存储单元间也存在电场,并且在边缘存储单元栅极尖角处的电场最大。在擦除的过程中,由于边缘存储单元的栅尖角处存在强电场,金属栅上的电子可以通过阻挡层发生 F-N 隧穿,这些电子是从栅上隧穿过阻挡层后注入存储层中,因此称这种隧穿现象为背隧穿。冗余字线单元和边缘存储单元间存在平行于沟道的电场,引起部分背隧穿电子将在该电场作用下向冗余字线单元方向漂移,电子加速成为热电子并进入冗余字线单元的存储层中,引起冗余字线阈值电压的漂移。而对于第二种退化机理而言,由于冗余字线和边缘存储单元间的存储层中也存在电压降,因此在存储层中也存在较大的横向电场。边缘存储单元编程完成电子存储后,在擦除操作时,在该横向电场作用下,部分电子会发生 F-P 发射现象,导致该部分电子在横向电场的作用下向冗余字线的存储层漂移,引起冗余字线单元阈值电压的漂移。

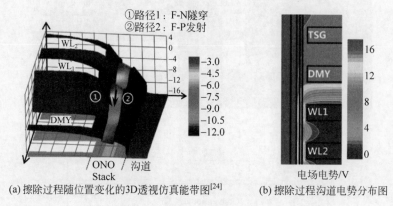

(a) 擦除过程随位置变化的3D透视仿真能带图[24]　　(b) 擦除过程沟道电势分布图

图 6.10　冗余字线的退化机理

为减小冗余字线阈值电压漂移,需要降低冗余字线和边缘存储单元间的电场。在擦除操作时,冗余字线偏置在适当电压 V_{dmy},减小冗余字线阈值电压漂移[24],如图 6.11(a) 所示。更高或更低的电压 V_{dmy} 会分别导致平行于沟道方向或垂直于沟道方向的电场变化,引起冗余字线阈值电压的变化,如图 6.11(b) 所示。

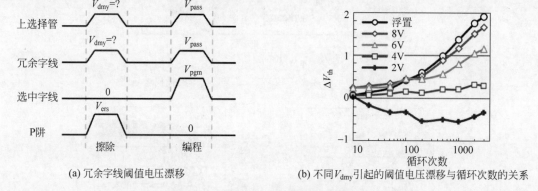

(a) 冗余字线阈值电压漂移　　　　　　　(b) 不同 V_{dmy} 引起的阈值电压漂移与循环次数的关系

图 6.11　减小冗余字线阈值电压漂移[24]

2. NAND Flash 阵列擦除操作

Flash 器件的编程操作是在存储单元为擦除状态时进行。大多数情况下,对一个存储块进行编程操作之前,需要先对该存储块进行擦除操作。对 NAND Flash 存储芯片而言,可以实现以存储块为单元的擦除操作,该过程通常需要 1~1.5ms。如图 6.12 所示为 NAND Flash 存储阵列擦除操作的电压偏置示意图。擦除时,存储阵列结构中的 P 阱及沟道电压偏置在 20V 左右,而被选择擦除的存储块中所有字线偏置为 0V,沟道和存储单元栅极间产生约为 20V 的压差,通过 F-N 隧穿机制使电子从存储层中隧穿至沟道(浮栅型),或使空穴从沟道隧穿至存储层(电荷俘获型),最终导致存储单元阈值电压变为负值[7],完成擦除操作。此外,由于 NAND Flash 阵列结构多个存储块共用相同的 P 阱区域,因此未被选择擦除的存储块对应的所有字线应与 P 阱保持相同的电压偏置,避免在擦除过程中发生误擦除。可以利用电容耦合作用抑制这类误擦除操作,即擦除时所有非选择存储块对应的存储单元均处于浮置状态,当 P 阱施加电压上升时,由于沟道和浮置栅极间的电容耦合作用,这些存储单元的栅极电压也将升高至接近 P 阱电压,确保非选择存储块中的存储单元不会被误擦除。

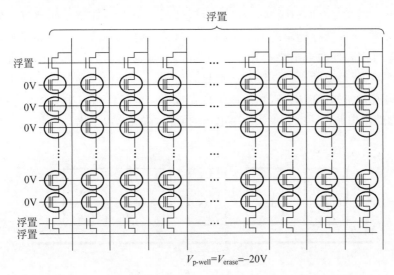

图 6.12　NAND Flash 存储阵列擦除操作的电压偏置示意图

3. NAND Flash 阵列读取操作

除编程和擦除操作外,读取操作也是 NAND Flash 的基本操作。将选择读取存储单元偏置在某一读取电压 V_{read},通过判断流经该存储单元电流的大小即可实现存储数据的读取。以 SLC 为例,在读取过程中,由于选择读取的存储单元处于编程态,其所施加的读取电压低于存储单元的阈值电压,则该存储串无法导通,沟道内几乎没有电流,读出电路则会判断该单元处于编程状态;而当该存储单元处于擦除态时,由于所施加的读取电压高于存储单元的阈值电压,存储串将导通,位线所连接的读出电路感应到沟道内的导通电流,则判断该存储单元处于擦除状态[7]。基于上述基本的读取原理,为能够感应流过选择读取存储单元电流的大小,除了选择读取存储单元栅极需加读取电压之外,相同存储串中的其他非选择读取存储单元均需施加导通电压 V_{pass},使这些非选择读取单元作为传输管(pass transistor),同时,选择管需要偏置在某一正电压,保证其处于开态,而位线则需施加正电压 V_{bl},使整个存储串处于导通状态,如图 6.13 所示。在实际读取过程中,位线先被预充至 V_{bl} 状态,随即位线被浮置,当沟道导通存在传输电流时,该电流将导致位线之前预充电压下降,此时读出电路则可以通过位线预充电压的变化判断存储单元的存储状态。随着堆叠层数和位存储密度的增加,读取操作中的偏置条件需精确控制,提升了读取操作的复杂性,例如在 MLC 存储技术中,其他非选择读取的存储单元所施加的导通电压需要高于最高编程态的阈值电压,以确保处于任意编程态的非选择读取存储单元均可导通。

与上述编程过程中发生编程干扰类似,当对某一存储单元进行反复读取操作时,其他非选择读取的存储单元也会发生读取干扰,其阈值电压发生变化,影响存储可靠性。NAND Flash 发生读取干扰的机制主要包含两种,一种是发生在选择存储串中的软编程(soft programming)现象[25],即在读取过程中,选择读取存储单元和非选择读取存储单元分别施加读取电压和导通电压,而非选择读取的存储单元所施加的导通电压在反复读取过程中导致该非选择读取单元发生软编程,引起该单元阈值电压的变化,造成读取干扰;另一种是发生在非选择存储串中的热载流子注入效应[26]。如图 6.13 所示,由于 NAND Flash 存储阵列中的多个存储串通过相同的位线控制,所以当对某一存储串进行读取操作时,其他非选择存储串中的上下选择管会同时关断,避免产生误读取。但由于存储串间通过相同字线偏置电压控制,所以当非选择存储串的上下选择管同时关断时,存储单元上施加的读取电压和导通电压会因电容耦合使沟道电势抬升,而读取电压和导通电压的不同将使耦合引起的沟道电势抬升也不同,所形成的沟道电势差产生热载流子。由于相邻存储单元间不同沟道电势所产生的沿沟道方向的横向电场,热载流子将在该横向电场作用下注入至非选择存储单元,导致非选择存储串中非选择读取单元阈值电压的变化,造成读取干扰。

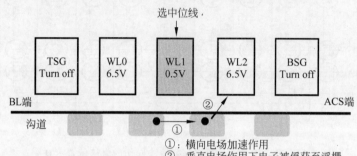

图 6.13 读取过程中非选择存储串热电子注入效应原理[26]

为减小上述两种读取干扰机制,已有研究提出一种新型读取方法[27],如图 6.14(b)所示,与如图 6.14(a)所示的传统方法相比,图 6.14(b)所示方法对选择读取的不同编程态的存储单元采用了由高阈值电压到低阈值电压的读取电压偏置,即施加的读取电压依次减小。在传统方法中,当读取电压先处于 R1 阶段时,选择读取的存储单元所对应的沟道电势较低,使非选择串中选择读取的存储单元与相邻非选择的存储单元间存在较大沟道电势差,引起显著的 HCI 效应,造成严重的读取干扰,如图 6.14(c)所示。而在图 6.14(b)所示的读取初始阶段,读取电压先处于 R3 阶段,此时在同一串中,选择读取的存储单元与相邻非选择读取的存储单元间沟道电势差较小,HCI 效应减弱,减小了读取干扰。采用新型的读取方法,当读取电压降低至 R1 阶段时,非选择存储串也不会引起显著的 HCI 效应,这是由于上下选择管在实际情况下总存在微弱的漏电,随着读取电压逐渐减小至 R1 阶段时,非选择读取的存储单元对应的沟道电势也会逐渐下降。因此当读取电压下降至 R1 阶段时,选择读取的存储单元和非选择读取的存储单元间也不会发生显著的 HCI 效应,读取干扰问题得到有效改善,结果如图 6.14(c)所示。如图 6.14(c)和图 6.14(d)研究结果显示,在 2×10^6 次反复读取后,相比于传统方法,该读取方法可有效减小因热电子注入及软编程产生的读取干扰,改善阵列的抗读取干扰。

相比于其他存储器技术,NAND Flash 读取操作时间较长,例如 NOR Flash 的读取时间在 100ns 范围,而在当前 NAND Flash 技术中,SLC 存储技术的读取时间基本保持在几十微秒的范围,这是因为 NAND Flash 具有大存储容量,其沿字线方向和位线方向所连接的存储单元较多,字线和位线长度增加,字线和位线的寄生电容和寄生电阻增加,发生的微秒量级的 RC 延迟导致 NAND Flash 读取操作时间增加。为了提高 NAND Flash 的读取效率,需要在一次读操作中尽可能读取较多数据。为实现上述功能,NAND Flash 采用以存

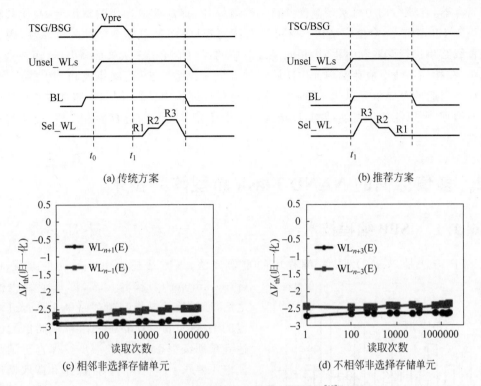

(a) 传统方案　　　　　　　　　　(b) 推荐方案

(c) 相邻非选择存储单元　　　　(d) 不相邻非选择存储单元

图 6.14　抑制读取干扰电压偏置图[27]

储页为单位的读取操作,相同存储页中的存储单元由相同字线控制,可通过图 6.15 中的读取操作电压偏置来实现多个数据的并行读取,目前普遍的存储页大小为 16KB。

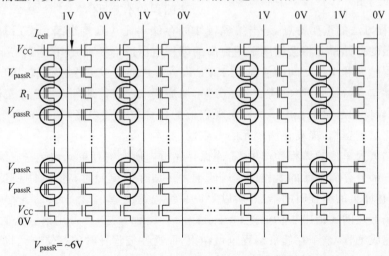

图 6.15　NAND Flash 存储阵列读取操作的电压偏置示意图

在存储阵列结构方面,NAND Flash 主要有两种存储页排布结构,一种是奇偶位线(even-odd bit line)结构;另一种是全位线(all bit line)结构[28-29],其中全位线结构是于 2008 年由闪迪公司引入的。在奇偶位线结构中,位线被分为奇数和偶数,两个相邻的奇数(偶数)位线共用一个读出电路,而在全位线结构中,每个位线均连接至一个独立的读出单路及一系列数据寄存器,在该结构中可实现高度并行的读取操作,提高读取操作的输出能力,使其输出能力高于 100MB/s。全位线结构不仅可提高读写速度,而且可提高器件的可靠性,因为在奇偶位线结构进行读取和编程时,相同字线对应的存储单元需多次施加高电压,而在全位线结构中,在相同字线对应存储单元中所施加的高电压次数减少,可减小因其产生的应力,减小因应力引起的存储单元退化。除此之外,在全位线结构中,因为同一存储页中的存储单元将同时编程,所以相比于奇偶结构,该结构可减少相邻单元间的电容耦合作用,提高编程的可靠性。

6.2 多值存储的 NAND Flash 新型阵列技术

6.2.1 ISPP 编程技术

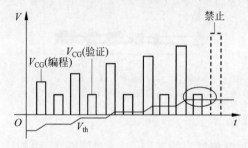

图 6.16 MLC 技术采用 ISPP 方法编程的示意图

ISPP 方法是 NAND Flash 编程中的重要方法,该方法通常由一系列的编程-验证(program-verify)操作构成,即每个编程操作之后,通过验证操作判断存储单元是否进入特定的编程态(program level),若存储单元没有达到预期编程态,将被进一步编程直至满足验证电压要求[30],上述的验证操作和读取操作类似,均是通过存储单元阈值电压与验证阈值电压(verify level)比较的结果判断该存储单元是否完成编程。图 6.16 为 MLC 技术采用 ISPP 方法编程的示意图。

ISPP 编程方法的重要特点,是当编程较快的存储单元达到特定编程态后被抑制编程,仅有编程较慢的存储单元将会继续采用更高的编程电压进行编程,使其达到特定的编程态。在不增加编程脉冲和编程时间的前提下,ISPP 编程方法还可以克服存储单元间的不均匀造成的电学特性差异,得到较窄的阈值电压分布,增加读取窗口。此外,ISPP 方法还有一个重要优势,通过较低的起始编程电压可以实现较低的隧穿氧化层电场,从而减小编程/擦除过程中隧穿氧化层的损伤,提高存储单元的可靠性。

在以存储页为单位的编程操作中,需确保存储页中所有编程单元均已完成编程,但当某一存储页中一部分存储单元的编程速度远低于大多数存储单元时,将会影响整个存储页的编程,导致该存储页的编程时间增加,所以为提高编程速度,单个存储页的编程时间也需要减小。为解决上述问题提出了伪通过(pseudo pass)编程方法,当采用该方法时,即使少量存储单元未完成编程,整个存储页编程也可结束,而这些编程异常的存储单元将通过纠错码进行修正,保证整个存储页的编程效率。由于传统的失效单元计数(Failure Bit Count,FBC)操作消耗时间较长,所以伪通过方法需要高速的失效单元计数操作。如图 6.17(a)所示,在传统的存储页编程中,存储单元根据载入的数据进行编程[2],之后每个存储单元将被验证,如果所有需要被编程的单元都达到了目标编程态,则编程操作结束,进入通过状态,如果有某些存储单元还未达到目标编程态,则这些存储单元会被继续编程。其中判断是否所有单元都完成编程,是通过每根位线对应的读写电路中的数据判断的。当页缓冲区中的数据为"1",表示对应的存储单元尚未完成编程;当页缓冲区中的数据为"0",表示单元编程已经完成,页缓冲区中的数据在每次验证动作时都将更新。在伪通过方法下,如图 6.17(b)所示,若在预先定义的编程脉冲次数之后仍有存储单元未完成编程,则失效单元计数电路将计算页缓冲区中未能完成编程的存储单元个数。如果得到的失效单元个数小于或等于允许值,则进入伪通过方法,编程过程终止。在预先定义编程循环次数时,需要保证多数的存储单元能够完成编程。因此,采用伪通过方法可以减小过长存储页编程时间,以 MLC NAND Flash 技术为例,若多数存储单元编程时间为 $200\mu s$,在传统的编程模式中,总的编程时间可能要 $250\mu s$ 以上,而采用伪通过方法,则可控制总的编程时间为 $200\mu s$,将减小 20％的编程时间,提高 NAND Flash 的编程效率。

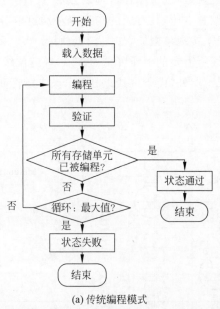

(a) 传统编程模式

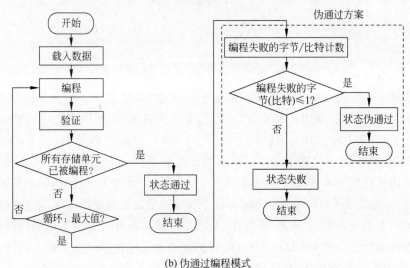

(b) 伪通过编程模式

图 6.17　页编程流程图

6.2.2　编程自抑制技术

由于 NAND Flash 存储阵列中,多个存储单元通过相同的字线连接,所以当选择某一存储单元进行编程操作时,其他相邻存储串中的非选择编程的存储单元会发生编程干扰。在早期的 NAND Flash 编程操作中,则通过非选择存储串的位线施加较大电压使沟道电势上升,减小栅极到沟道的压差,抑制非选择存储单元的编程干扰现象。但该方法需要设计额外的升压电路,增加操作时间,而且位线需要连接至高压晶体管,将导致位线电路尺寸的增加,不利于 NAND Flash 集成密度的提升。

为改善这种编程干扰现象,提出了编程自抑制方法[23],即当上下选择管均被关断时,非选择编程的存储单元施加偏置电压,其对应的沟道电势通过电容耦合作用被抬升,使栅极电压和沟道间压差减小,编程干扰现象减弱,如图 6.18 所示[23]。采用编程自抑制方法可以将编程时非选择存储串中位线所需要的电压降低至 V_{cc},对应位线则可以连接至低压晶体管,减小电路面积,提升集成度。此外,由于位线电压降低,选择管和边缘存储单元的可靠性也得到改善。

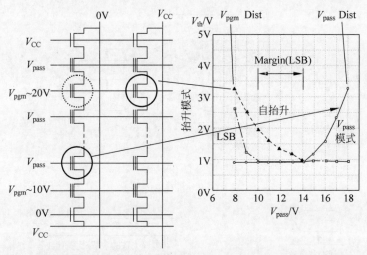

图 6.18　采用编程自抑制方法减小因编程干扰引起的存储单元阈值电压变化[23]

减小选择管的漏电流是实现有效编程自抑制的关键因素之一。浮栅晶体管的关态漏电流和单晶硅 MOS 晶体管漏电机制相似,主要包括亚阈值漏电、漏致势垒降低(Drain Induced Barrier Lower,DIBL)效应及 GIDL 效应等,其中 GIDL 效应是造成 2D NAND Flash 编程干扰的主要漏电机制。在 MOS 晶体管栅极加负偏压,漏端加正偏压的条件下,栅极与漏端重叠区域的沟道耗尽区显著减薄,造成较强的局部电场。发生带带隧穿,导致从漏端到衬底的漏电流产生,即发生 GIDL 效应。MOS 晶体管结构中的栅氧化层厚度和漏端电压均会影响该漏电流的大小。类似于 MOS 晶体管,当 NAND Flash 存储器件处于编程操作时,非选择存储串中的选择管会产生 GIDL 效应,此时选择管的漏电将导致电子进入沟道,使沟道电势降低,减弱编程自抑制作用,从而使编程干扰抑制效果减弱。

随着 3D NAND Flash 技术的不断发展,为抑制编程干扰现象,编程自抑制方法也在不断改进,如图 6.19 所示为三种编程自抑制模式[23]。

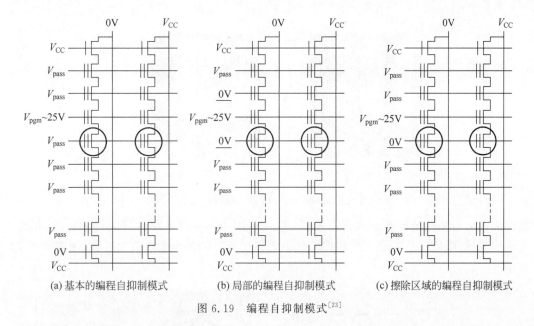

(a) 基本的编程自抑制模式　　(b) 局部的编程自抑制模式　　(c) 擦除区域的编程自抑制模式

图 6.19　编程自抑制模式[23]

（1）最基本的编程自抑制模式，即通过上下选择管同时关断，在外加导通电压作用下通过电容耦合作用导致沟道电势抬升，减小栅极和沟道间压差，抑制编程干扰。

（2）局部编程自抑制模式，即在邻近的非选择存储单元上施加 0V 电压，导致邻近非选择存储单元关断，形成局部的沟道电势提升，从而抑制编程干扰。

（3）擦除态沟道区域编程自抑制模式也可改善编程干扰现象，在该模式中，由于采用从靠近源区到靠近漏区的编程顺序，靠近源端的存储单元处于编程态，而靠近漏端的存储单元处于擦除态，所以可以通过将邻近的非选择存储单元偏置在 0V 实现编程态存储单元和擦除态存储单元的区分，此时编程态存储单元对应的沟道电势降低，而擦除态存储单元由于阈值电压较低，其对应沟道电势将高于编程态存储单元对应的沟道电势，即通过分隔编程态存储单元和擦除态存储单元，可以显著提高擦除态存储单元的沟道电势。

6.2.3　双堆栈编程技术

随着 3D NAND Flash 存储层数增加，如图 6.20(a) 所示的单堆栈（single-deck）结构使用的超深宽比沟道孔刻蚀成为 3D NAND Flash 未来发展所面临的严峻挑战。为了应对这一挑战，结合现有刻蚀工艺能力，为了获得更高的存储容量，提出了两次沟道孔刻蚀技术。

两次沟道孔刻蚀技术虽然能够一次性成倍增加 3D NAND Flash 存储层数，形成双堆栈（dual-deck）结构，但同时也引入了新的可靠性问题，如多晶硅沟道的加长和沟道电势自抬升效果的下降。另外，将整个 3D NAND Flash 存储层分为上层区（upper deck）和下层区（lower deck），而在上层区与下层区之间存在一段连接区（joint region）。连接区中包含有多个冗余存储单元和一段特殊形状的沟道连接结构，如图 6.20(b) 所示。

随着连接区结构的引入，双堆栈 3D NAND Flash 出现新的编程干扰机制。图 6.21(a) 是采用传统的编程方案对上层区存储单元进行编程操作时的编程波形时序图。在传统的编程方案中，位线预充是沟道预充电的常用方法，即在对上层区中选中的存储单元（upper deck sel. WL）进行编程操作前，通过对位线施加一预充电压，同时打开上选择管，从而对多

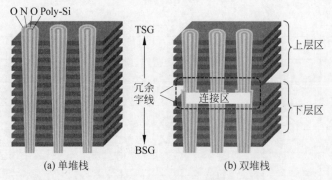

图 6.20　3D NAND Flash 结构示意图[31]

晶硅沟道进行预充电操作。当在双堆栈 3D NAND Flash 中采用传统编程方案时,相比于其他位置的存储单元,上层区中底部存储单元存在较为严重的编程串扰问题,如图 6.21(b)所示[31]。

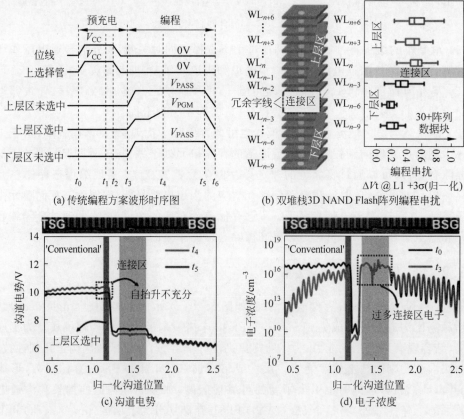

图 6.21　传统编程方案

对该编程串扰问题进行机制分析可知,一方面,由于连接区中的冗余存储单元通常处于未编程态(un-programmed state),连接区中沟道区域存在较多的残留电子(joint residual electrons),如图 6.21(d)所示;另一方面,当位于上层区中选中的存储单元与连接区之间的存储单元处于编程态时,沟道发生关断效应(turn-off effect),导致连接区中的沟道残留电子无法在位线预充电阶段顺利排出。因此,在传统编程方案的编程阶段,连接区中的沟道残留电子会降低沟道电势自抬升效果,如图 6.21(c)所示,从而导致较为严重的编程串扰问题[31]。

针对上层区底部存储单元较为严重的编程串扰问题,图 6.22(a)是采用新编程方案对上层区存储单元进行编程操作时的编程波形时序图[31]。在新编程方案的位线预充阶段,同时对上层区的所有存储单元施加特定电压 V_{PRE},使上层区的沟道能够完全导通,进而使连接区中沟道区域的残留电子进入上层区后被位线抽出,如图 6.22(b)所示。与传统编程方案相比,新编程方案能够有效提升沟道电势自抬升效果并减小上层区边缘存储单元的编程串扰,如图 6.23 所示[31]。

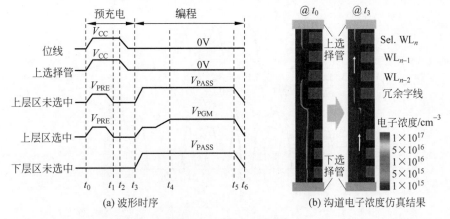

(a) 波形时序　　　　　　　　(b) 沟道电子浓度仿真结果

图 6.22　新编程方案[31]

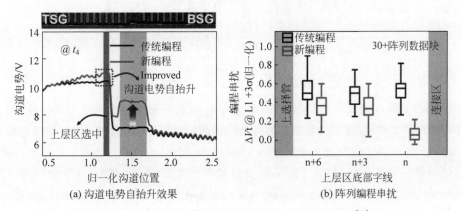

(a) 沟道电势自抬升效果　　　　　　(b) 阵列编程串扰

图 6.23　新编程方案与传统编程方案的可靠性对比[31]

6.2.4　读取窗口裕度

NAND Flash 通过控制存储单元阈值电压实现数据存储。如图 6.24 所示是 NAND Flash 存储阵列阈值电压分布的示意图,根据阈值电压的高低可将存储单元分为多个存储态。以存储态最少的 SLC 为例,阈值电压较低的存储单元表示存储数据“1”(擦除态),阈值电压较高的存储单元表示存储数据“0”(编程态)。因此,SLC 存储技术即为一个存储单元存储一位二进制数,而 MLC 存储技术有 4 个存储态,一个存储单元可以存储两位二进制数;TLC 存储技术有 8 个存储态,一个存储单元则可以存储三位二进制数,发展至有 16 个存储态的 QLC 存储技术,一个存储单元可以存储四位二进制数据[7]。由于 NAND Flash 编程和读取操作的基本单位为一个存储页,而存储单元间又存在不一致性等各种非理想因素,因此,各存储态的存储单元的阈值电压不完全一致,每个存储态的阈值电压分布近似为高斯分布。

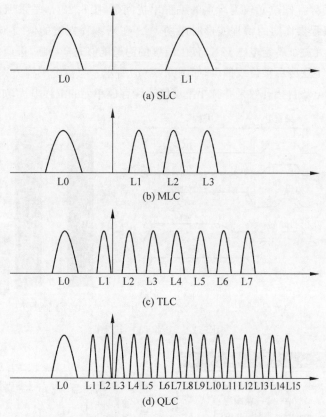

图 6.24　NAND Flash 多值存储技术(SLC、MLC、TLC 和 QLC)的阈值电压分布

　　为保证数据的正确读取,要求每个存储态中存储单元的阈值电压尽可能一致,即阈值电压的分布要尽量集中或"收窄",否则相邻存储态的阈值电压分布会发生交叠,难以判断交叠部分的存储单元属于哪个存储态。当超过 NAND Flash 的纠错能力时,会发生数据读取错误。

　　存储阵列在读取操作时,为了正确区分存储单元所归属的存储态,通常会将读取电压选在相邻存储态阈值电压分布的中间空隙位置。当相邻阈值电压分布中间空隙位置很大时,即使阈值电压分布受到串扰发生展宽和偏移,靠近两个存储态的交界阈值电压范围的存储单元仍然能够清楚地区分所属存储态,不容易发生数据读取错误,而如果相邻阈值电压分布的中间空隙位置很小,当阈值电压分布受到串扰发生展宽和偏移时,相邻两个存储态的阈值电压分布会产生交叠,当交叠部分的存储单元数量超过纠错码的纠错能力时,则会发生数据读取错误,降低存储器件可靠性。为了便于衡量阈值电压分布对存储器件可靠性的影响,通常将读取电压与相邻两侧阈值电压分布边界之间的距离定义为读取窗口裕度(read window margin)。由于读操作时,非选择读取的存储单元均等效为传输管,所以所有存储单元的阈值电压分布都需低于读取操作中所施加的导通电压 V_{pass},这是存储单元阈值电压分布的一个基本限制要求。为避免读取错误,提高读取裕度,则需要每个存储态的阈值电压分布更窄,并且需要保证当阈值电压分布发生"拖尾"(Tail)现象导致阈值电压分布展宽时,阈值电压边界处也需要与读取电压保持足够的安全间隔裕度。

　　NAND Flash 最主要的阈值电压分布不均匀性来自存储单元间制造工艺的不均匀性,

通常用本征存储单元阈值电压分布宽度来衡量存储单元的工艺均匀性,即每个存储单元的初始阈值电压表征了存储阵列各个存储单元间初始的工艺偏差。由于器件尺寸、隧穿层厚度及阻挡层厚度等结构差异,存储单元的编程速度和擦除速度也会存在差异,这些差异都将使得阈值电压分布发生展宽。所以 NAND Flash 需要减小工艺的不均匀性,以获得较窄的阈值电压分布和较大的读取窗口。除上述工艺不均匀性影响之外,一些寄生效应也将导致阈值电压分布发生展宽,例如背景模式影响(Background Pattern Dependence,BPD)、源端噪声(source line noise)、单元间串扰(cell to cell interference)等。图 6.25 给出了 60nm 技术节点下典型的各类寄生效应对阈值电压分布的影响[4],而且不同的 NAND Flash 器件结构及操作条件均会影响各种效应的发生比例。图 6.26 表示了 MLC 存储技术下阈值电压窗口和阈值电压分布宽度变化对读取裕度的影响[4]。

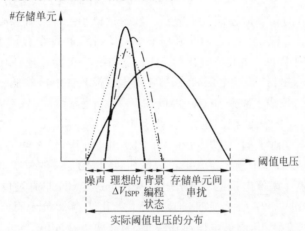

图 6.25　NAND Flash 阵列寄生效应对阈值电压分布的影响

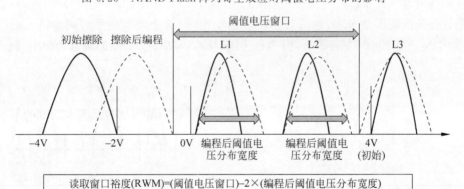

图 6.26　MLC 读取窗口裕度

随着位存储密度增加,阈值电压分布态也会随之增多,导致不同分布态之间的区分程度,即读取裕度也随之降低,而较多的阈值电压分布态意味着需要更精细的操作,相比于 SLC NAND Flash,MLC 和 TLC NAND Flash 的编程速度、读取速度、擦写耐受性及数据长期保存等性能均将有所下降。在编程过程中,由于 ISPP 的步进宽度既影响到阈值电压分布的宽度,又影响到整体的编程时间,所以选择合理的编程步进宽度是提高 NAND Flash 编程性能所必需的。当编程步进较小时,有利于单个阈值电压分布态获得更窄的分布,但也需要耗费较长的编程时间。通常 SLC 采用最大的编程步进电压,而 TLC 等多值存储为了获得较窄的阈值电压分布和较大的读取窗口裕度,则会采用较小的编程步进电压。除此以外,一些新方案试图在编程速度和阈值电压分布宽度之间取得平衡,例如一些编程技术在第一个编程脉冲时采用比较大的编程电压,或者较长的编程脉冲时间,有利于减小后续编程脉冲时间,以此获得较窄的阈值电压分布。以 MLC 技术下的编程过程为例,通常情况下,需要从"11"态首先编到"10"态,形成"11"和"10"两个存储态。再进一步地从"10"态编程到"00"态或"10"态。随着 3D NAND Flash 的发展,近年来也出现了 3D NAND Flash 高速编程的概念,即从"11"态直接编程到 MLC 分布的各个存储态,这样的优化同样是为了在保证良好读取窗口裕度的基础上提升编程速度。

6.2.5　两步验证技术

NAND Flash 多值存储技术,即单个存储单元中可存储多个二进制数,该技术使存储容量进一步得到提升。为在多值存储技术中获得较窄的阈值电压分布,提出了两步验证(two step verify)模式。以 TLC 为例,在两步验证模式下,TLC 的每个存储态会被验证两次,即对于 P1 编程态,分别用第一次验证电压(1st P1V)和第二次验证电压(2nd P1V)进行两次验证,其中 2nd P1V 是目标验证电压,1st P1V 则比目标验证电压略低。对于阈值电压低于 1st P1V 的存储单元,位线上将施加 0V,因此在下一次编程脉冲时该存储单元将正常编程。对于阈值电压高于 1st P1V 的存储单元,位线上则偏置在 V_{cc},在下一次编程脉冲时该单元将处于编程抑制状态。对于阈值电压处于 1st P1V 和 2nd P1V 之间的存储单元,在下一次编程脉冲时,位线将施加一个预先定义的位线电压,该预先定义的位线电压偏置将使下一次编程脉冲时该存储单元阈值电压的增加小于 ISPP 步进电压,即通过位线电压调控实现更低的 ISPP 斜率。如图 6.27 所示为两步验证模式。由于存储单元阈值电压靠近最终目标验证电压时,ISPP 斜率较小,阈值电压漂移较小,因此两步验证模式可以得到比一步验证模式更窄的阈值电压分布,这一技术有利于 TLC 模式下读取裕度的增加。采用该方法时,对于每个目标阈值电压分布态,均需要两次验证动作,因而会增加编程时间。这一影响对于 TLC 技术 NAND Flash 尤为显著,因为在 TLC 技术 NAND Flash 的编程操作中,验证操作

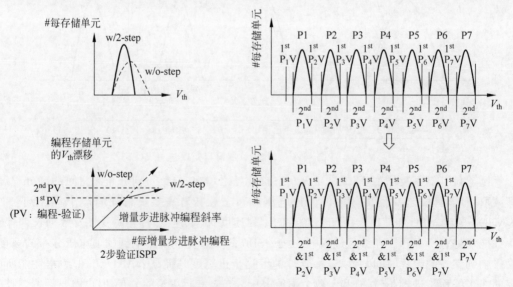

图 6.27　两步验证模式[32]

将消耗 66％ 的编程时间。为减少额外的验证操作，K. T. Park 于 2011 年进一步提出了 Verify-Skip Two Step Tunneling ISPP 方法[32]，该方法采用前一个目标编程态第二次的验证电压(2nd P1V)作为下一个编程态第一次的验证电压(1st P1V)。虽然采用这种编程方法可以提升编程速度大约 10％，但为了通过位线电压调节 ISPP 斜率以此获得更小的阈值电压增量，位线电压需要在几个编程脉冲之后施加，所以该操作也将会降低编程速度。

6.2.6 多值存储编程技术

3D NAND Flash 通过堆叠层数增加和多值存储技术实现了存储密度的提升，随着位存储密度增加，对各个存储态的阈值电压分布要求也更严格，要求每个存储态分布较窄，以实现更大的读取窗口，保证数据存储和读取的准确性。针对上述多值存储条件下获得较窄的阈值电压分布需求，3D NAND Flash 编程技术也不断改善，随着多值存储技术的发展，两步编程等编程技术也相继被提出，进一步提高了 3D NAND Flash 存储的可靠性和编程效率。

由于 3D NAND Flash 位存储密度从 SLC 发展到 MLC，对各个存储态阈值电压分布有更高要求，同时为减小在编程过程中存储单元之间的耦合作用影响，提出了传统的存储页编程技术，该技术通过最低有效位和最高有效位将编程过程分为两个阶段，即最低有效位(Least Significant Bit,LSB)编程阶段和最高有效位(Most Significant Bit,MSB)编程阶段，最终实现有效的 MLC NAND Flash 编程过程。该方法的实现基于一种奇偶位线结构，如图 6.28 所示，该结构中一个读出电路同时连接奇偶两根位线[23]，通过一个开关实现对奇偶位线的选择编程，该结构有效减小了读取和编程-验证操作中的位线噪声。当开始 MLC 编程操作时，首先是最低有效位编程阶段，被选择单元初始的擦除态"11"会被编程到最低编程态"10"，形成"11"和"10"两个存储态，随之完成最高有效位编程阶段，即根据之前最低有效位编程形成的两个存储态，依次形成较高编程态"00""01"，此时完成了字线 WL_n 中 4 个存储单元的 MLC 编程过程。当 WL_n 中所有的存储单元完成编程后会按照上述过程继续完成 WL_{n+1} 中存储单元的编程，以此类推，最终实现整个存储阵列单元的 MLC 编程。该奇偶编程方法可以提高 NAND Flash 的存储可靠性，结果表明，该方法不仅可以降低寄生电容，而且可以减少相邻已编程存储单元的数量和被选择编程单元在最高有效位编程阶段阈值电压分布的漂移量。这种奇偶编程方法已在 2000 年第一个 $0.16\mu m$ 512Mb 的 MLC NAND Flash 产品中使用。

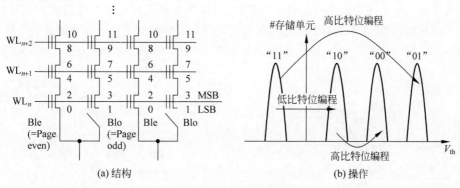

(a) 结构   (b) 操作

图 6.28 传统页编程

在传统的存储页编程操作中，由于奇偶位线选择性地轮换完成编程，当偶数位线对应的存储单元编程时，会对之前已完成编程相邻的奇数位线存储单元产生耦合作用，使已完成编程的存储态分布发生展宽,同时后编程的 WL_{n+1} 也会对已完成的 WL_n 中的存储单元产生影响。为避免这种耦合作用,提出了一种新的存储页编程方法,如图 6.29 所示。编程过程还是和传统的页编程方法一样,分为最低有效位编程阶段和最高有效位编程阶段,但该新方法在最低有效位编程阶段,被选择单元会首先从"11"编程到一个暂时的存储态"x0",在之后的最高有效位编程阶段[23],该"x0"存储态被编程到与输入数据相对应的最终存储态"00""01",将"11"存储态编程到最终的"01"存储态,最终在最高有效位编程阶段完成除"11"存储态之外所有存储态的编程。采用该方法可以减小先编程存储单元阈值电压分布因相邻存储单元后编程耦合而发生展宽的现象,提高了多值存储的数据可靠性。

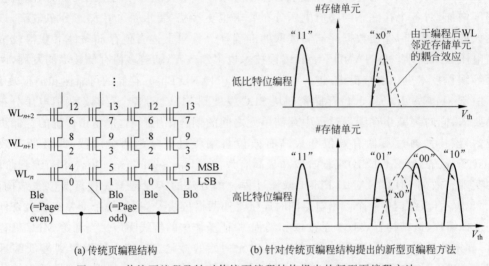

(a) 传统页编程结构　　　　　(b) 针对传统页编程结构提出的新型页编程方法

图 6.29　传统页编程及针对传统页编程结构提出的新型页编程方法

上述提到的新型存储页编程方法是基于传统的存储页编程结构改善提出的,为解决相邻的耦合问题,也有一种改变存储阵列结构的新方法,其存储阵列结构中读出电路分别连接偶数位线或奇数位线,形成偶数存储页组和奇数存储页组,如图 6.30 所示。该结构可以实现相邻的存储单元在同样的编程脉冲下编程,并显著减小因耦合产生的阈值电压分布展宽现象。对于偶数存储页组和奇数存储页组的边缘位线间的耦合作用,通过冗余位线进行屏蔽,如图 6.31 所示。该存储页编程方法只是对存储操作的阵列结构做出了更改,其采用的编程过程还是基于上一个新型的存储页编程过程,即先在最低有效位编程阶段完成对暂时存储态"x0"的编程,然后在最高有效位编程阶段完成除"11"存储态之外所有存储态的编程。

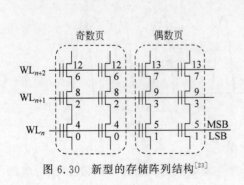

图 6.30　新型的存储阵列结构[23]

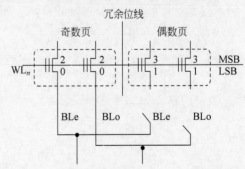

图 6.31　新型存储阵列结构的 MLC 编程操作[23]

以上都是针对 MLC 位存储密度的编程操作方法,随着产品存储密度的不断提高,位存储密度也逐步向 TLC 和 QLC 发展,其编程技术也随之得到研究和优化,以实现更高的存储密度和存储效率。以 QLC 技术为例,在 QLC NAND Flash 中,由于有 16 个存储态,所以读取窗口很小,容易发生数据读取错误。为了实现更集中的 V_{th} 分布和更大的读取窗口,通常采用两步编程的 ISPP 编程操作技术[33],所谓的两步编程 ISPP 编程算法是指利用第一次编程控制存储单元阈值电压由擦除态到中间状态,称为粗编程(coarse program),然后利用第二次编程控制存储单元阈值电压由中间状态到目标存储态,称为精细编程(fine program)。粗编程和精细编程的差异在于 ISPP 编程的脉冲步长(ISPP step)不同,粗编程采用较大的脉冲步长,得到的阈值电压分布也较宽,而精细编程采用较小的脉冲步长,进一步精确控制存储单元阈值电压,从而得到较窄的阈值电压分布。同时,两步编程通过减小存储单元在编程过程中的阈值电压变化量,可以削弱对邻近单元造成的耦合串扰影响。如图 6.32 所示为近期提出的几种 QLC 编程算法。

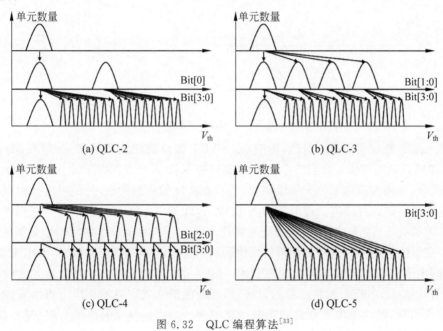

图 6.32　QLC 编程算法[33]

6.2.7　新型擦除技术

在传统电荷俘获型 3D NAND Flash 器件结构中,由于多晶硅沟道下方直接连接至高耐压 P 型阱(HVPW),所以传统 NAND Flash 采用高耐压 P 型阱擦除方法,即擦除时高耐压 P 型阱偏置在 20V 电压,而位线处于浮置状态,此时空穴将从 P 型阱区域传输至沟道中,使沟道电势抬升,空穴则通过隧穿层进入存储层中与电子复合,实现擦除操作。为适应工艺发展要求,一些 3D NAND Flash 技术需要采用 N 阱结构,使传统的基于 P 型衬底的擦除方法难以实现。所以,东芝公司在 2007 年首次提出了针对 BiCS NAND Flash 使用的 GIDL 辅助擦除方法[34]。在 2017 年,镁光公司将 GIDL 辅助擦除方法应用于 CUA(CMOS Under Array)架构 3D NAND Flash 中[35]。GIDL 辅助擦除方法利用栅诱导漏端漏电效应在源端或漏端产生额外空穴,而在外加电压条件下,这些空穴将传输至沟道,在栅极和沟道间的电场作用下,隧穿至存储层中,与存储层中存储的电子发生复合,从而实现擦除操作。

3D NAND Flash 中采用的 GIDL 辅助擦除方法,原理与 MOSFET 中的 GIDL 效应类似。如图 6.33(a)所示,当漏端偏置为高压,栅端偏置为 0V 时,在栅氧化层与漏区重叠区域产生强电场,进而使该区域发生深耗尽甚至反型。如图 6.33(b)所示,在强电场的作用下,栅漏重叠区处能带发生强烈弯曲,靠近栅极界面处价带高于衬底处导带,引发带带隧穿效应。栅氧化层与漏端重叠区域产生电子-空穴对,电子在电场作用下向漏端漂移,空穴被发射并横向扫向低电势的衬底,从而形成了一条漏电通路。

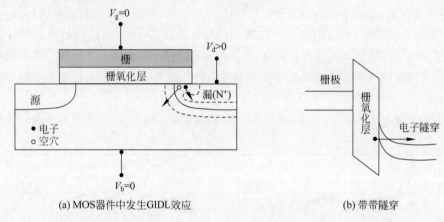

(a) MOS器件中发生GIDL效应   (b) 带带隧穿

图 6.33 GIDL 效应

虽然 GIDL 效应会引起漏电流,影响 MOSFET 器件的性能及可靠性,但在 3D NAND Flash 中却可以利用 GIDL 效应产生的空穴实现擦除操作[34-36]。如图 6.34(a)所示[35],3D NAND Flash 中的存储单元属于无结结构,不存在实际的源漏掺杂,但是可以利用电压偏置实现虚拟的 PN 结。存储串的源漏端为 N 型掺杂,施加 20V 的高压。当选择管栅极电压相对字线或源端电压为负时,选择管沟道处可被视为虚拟的 P 型区。当 N 型区与 P 型区间电压差大到一定程度时,虚拟 PN 结的能带将发生剧烈的弯曲,引发带带隧穿效应,如图 6.34(b)所示,产生的电子在电场作用下向 N 型区漂移。由于 3D NAND Flash 存储单元为薄膜 SOI 结构,没有传统 MOSFET 器件那样的衬底,因此产生的空穴在电场作用下将沿着沟道方向向沟道中心传导,使沟道填充空穴并抬升沟道电势。当存储单元的栅极上加 0V 电压时,栅沟间的电压差将使沟道中的空穴 F-N 隧穿至存储单元的电荷俘获层中,从而实现擦除操作。

如图 6.34(b)所示,电子从 P 型区的价带隧穿至 N 型区的导带过程中所面对的势垒可以近似等效为三角形势垒,如图 6.34(b)中的阴影区所示。三角形势垒的高度即为多晶硅沟道的禁带宽度 E_g,三角形势垒的宽度则为电子的隧穿距离 d。电子的隧穿距离 d 直接依赖于 PN 结中的电场强度 E,电场强度 E 越大,能带也将越倾斜,电子隧穿距离 d 也将越短,电子的隧穿概率将随之增大。而 GIDL 隧穿电流的大小与 BTBT 隧穿概率成正比,因此电场强度 E 越大,产生的 GIDL 电流越大。C. Caillat 研究的相关内容指出虚拟 PN 结中的电场强度是由栅极-漏极电势差 V_{gd} 以及漏极-源极电势差 V_{ds} 共同控制[35],对于确定的漏源电势差 V_{ds},GIDL 电流的大小为

$$I_{GIDL} = A \cdot E \cdot \exp\left(-\frac{B}{E}\right)$$

其中,E 表示受栅极-漏极电势差 V_{gd} 影响的电场强度;A 和 B 是常数。

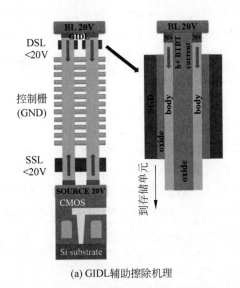

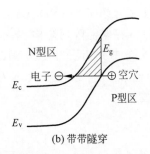

(a) GIDL辅助擦除机理   (b) 带带隧穿

图 6.34 GIDL 在 NAND Flash 中的应用

当存储串列的源漏端均为 N 型掺杂时,在源、漏端同时施加高电压可以实现双端 GIDL 辅助擦除。由于源、漏端和选择管间存在压差,沟道顶部和底部的能带将发生弯曲,产生 BTBT,生成的空穴将注入沟道中抬升沟道电势。注入沟道的空穴越多,沟道电势的抬升效果越明显,而高的沟道电势和空穴浓度又与器件的擦除密切相关,因此 GIDL 辅助擦除过程中沟道电势的变化情况至关重要。如图 6.35 所示为仿真得到的源漏端电压(V_{BL}、V_{SL})上升过程中沟道电势和源、漏端电流(I_{BL}、I_{SL})的变化情况,其中 V_{BL}、V_{SL} 以 $t_r = 200\mu s$ 的上升时间从 0V 增加至 20V。随着源、漏端电压的增加,沟道电势和源、漏端电流的变化可分为三个阶段。

(1) 在第 I 阶段,随着 $V_{BL} = V_{SL}$ 的增加,沟道电势未显著增加,I_{BL} 和 I_{SL} 几乎保持恒定值,这是由于源漏端和选择管间的压差较小,BTBT 作用较弱。

(2) 在第 II 阶段,I_{BL} 和 I_{SL} 快速增加,沟道电势也随着增加,此时 BTBT 作用逐渐增强。

(3) 在第 III 阶段,由于源漏端和选择管间的压差会随着沟道电势的不断增加而减小,导致 BTBT 作用逐渐减弱,因此 $I_{BL} = I_{SL}$ 达到最大值后逐渐下降到饱和值,而沟道电势的增长速率则接近 V_{BL} 和 V_{SL} 的抬升速率。

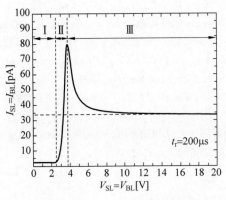

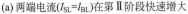

(a) 两端电流($I_{SL} = I_{BL}$)在第 II 阶段快速增大   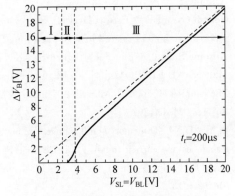

(b) 沟道电势在第 II 阶段抬升明显

图 6.35 双端 GIDL 辅助擦除技术

GIDL 辅助擦除方法在 3D NAND Flash 中作为一种新型的擦除形式,其擦除效率与众多因素相关,例如,源漏端与选择管间电压差、源漏端电压上升时间、串中存储单元个数等。因此采用 GIDL 辅助擦除技术需要考虑以上影响因素,以实现较高的 GIDL 辅助擦除效率。

本章小结

本章主要介绍了 NAND Flash 存储器阵列相关的操作技术,其中 6.1 节概括介绍了 NAND Flash 存储器阵列结构、基本操作技术以及部分为改善非理想干扰现象提出的技术优化方法,6.2 节介绍了为实现 NAND Flash 可靠的多值存储技术所提供的新型阵列操作技术,其中包括 ISPP 编程技术、编程自抑制技术、多值存储技术、两步验证技术以及 GIDL 辅助擦除技术。

习题

(1) 阐述 NAND Flash 基本的阵列结构操作条件及其原理。

(2) 阐述 ISPP 编程操作的基本原理及 ISPP 编程操作和传统编程操作的区别。

(3) 阐述 NAND Flash 读取窗口裕度的定义及影响因素。

(4) 阐述两步验证方法的基本原理及带来的好处。

(5) 解释 GIDL 效应及其在 NAND Flash 辅助擦除操作的原理。

参考文献

[1] 计算机存储历史[EB/OL]. https://www.chinastor.com/history/.

[2] Sanvido M A A, Chu F R, Kulkarni A, et al. NAND Flash memory and its role in storage architectures[J]. Proceedings of the IEEE, 2008, 96(11): 1864-1874.

[3] Yeargain J R, Kuo C. A high density floating-gate EEPROM cell[C]//IEEE International Electron Devices Meeting, 1981.

[4] Aritome S. NAND Flash innovations[J]. IEEE Solid-State Circuits Magazine, 2013, 5(4): 21-29.

[5] Ginami G, Canali D, Fattori D, et al. Survey on flash technology with specific attention to the critical process parameters related to manufacturing[J]. Proceedings of the IEEE, 2003, 91(4): 503-522.

[6] Aritome S. A 0.67μm^2 Self-Aligned Shallow Trench Isolation Cell (SA-STI CELL) For 3V-only 256 Mbit NAND EEPROMs[C]//IEEE International Electron Devices Meeting, 1994.

[7] Micheloni R, Crippa L, Marelli A. Inside NAND flash memories[M]. Berlin: Springer Science & Business Media, 2010.

[8] Li Y. 3D NAND memory and its application in solid-state drives: Architecture, reliability, flash management techniques, and current trends[J]. IEEE Solid-State Circuits Magazine, 2020, 12(4): 56-65.

[9] Paulo C, Carla G, Piero O, et al. Flash memories[M]. Berlin: Springer Science & Business Media, 2013.

[10] Kahng D, Sze S M. A floating gate and its application to memory devices[J]. The Bell System Technical Journal, 1967, 46(6): 1288-1295.

[11] Choi S,Kim D,Choi S,et al. 19. 2A 93. 4mm² 64Gb MLC NAND-flash memory with 16nm CMOS technology［C］//IEEE International Solid-State Circuits Conference Digest of Technical Papers,2014.

[12] Govoreanu B,Brunco D P, Van Houdt J. Scaling down the interpoly dielectric for next generation flash memory: Challenges and opportunities[J]. Solid-State Electronics,2005,49(11): 1841-1848.

[13] Park K T,Nam S,Kim D,et al. Three-dimensional 128Gb MLC vertical NAND flash memory with 24-WL stacked layers and 50MB/s high-speed programming［J］. IEEE Journal of Solid-State Circuits,2014,50(1): 204-213.

[14] Mori S,Sakagami E, Araki H, et al. ONO inter-poly dielectric scaling for nonvolatile memory applications[J]. IEEE Transactions on Electron Devices,1991,38(2): 386-391.

[15] Zhang Y,Jin L,Zou X,et al. A novel program scheme for program disturbance optimization in 3-D NAND flash memory[J]. IEEE Electron Device Letters,2018,39(7): 959-962.

[16] Kwon D W,Kim W,Kim D B,et al. Analysis on program disturb in channel-stacked NAND flash memory with layer selection by multilevel operation［J］. IEEE Transactions on Electron Devices,2016,63(3): 1041-1046.

[17] Yoo H S,Choi E S,Oh J S,et al. Modeling and optimization of the chip level program disturbance of 3D NAND Flash memory[C]//5th IEEE International Memory Workshop,2013: 147-150.

[18] Zhang Y, Jin L, Jiang D, et al. Leakage characterization of top select transistor for program disturbance optimization in 3D NAND flash[J]. Solid-State Electronics,2018,141: 18-22.

[19] Seo J Y,Kim Y,Park B G. New program inhibition scheme for high boosting efficiency in three-dimensional NAND array[J]. Japanese Journal of Applied Physics,2014,53(7): 070304.

[20] Wang J, Wang M. Separation of the geometric current in charge pumping measurement of polycrystalline Si thin-film transistors[J]. IEEE Transactions on Electron Devices,2014,61(12): 4113-4119.

[21] Tsai W J,Lin W L,Cheng C C,et al. Polycrystalline-silicon channel trap induced transient read instability in a 3D NAND flash cell string[C]//IEEE International Electron Devices Meeting,2016.

[22] Lee J D,Lee C K,Lee M W,et al. A new programming disturbance phenomenon in NAND flash memory by source/drain hot-electrons generated by GIDL current［C］//IEEE Non-Volatile Semiconductor Memory Workshop,2006.

[23] Aritome S. NAND flash memory technologies[M]. USA:John Wiley & Sons,2015.

[24] Zou X,Jin L,Jiang D,et al. Investigation of cycling-induced dummy cell disturbance in 3D NAND flash memory[J]. IEEE Electron Device Letters,2017,39(2): 188-191.

[25] Kang M,Park K T, Song Y, et al. Improving read disturb characteristics by self-boosting read scheme for multilevel NAND Flash memories［J］. Japanese Journal of Applied Physics, 2009, 48(4S): 04C-062.

[26] Wang H H,Shieh P S,Huang C T,et al. A new read-disturb failure mechanism caused by boosting hot-carrier injection effect in MLC NAND flash memory［C］//IEEE International Memory Workshop, 2009.

[27] Zhang Y,Jin L,Jiang D,et al. A novel read scheme for read disturbance suppression in 3D NAND flash memory[J]. IEEE Electron Device Letters,2017,38(12): 1669-1672.

[28] Li Y,Quader K N. NAND flash memory: Challenges and opportunities[J]. Computer,2013,46(8): 23-29.

[29] Li Y. 3D NAND memory and its application in solid-state drives: Architecture, reliability, flash management techniques,and current trends[J]. IEEE Solid-State Circuits Magazine,2020,12(4): 56-65.

[30] Mielke N,Marquart T,Wu N,et al. Bit error rate in NAND flash memories[C]//IEEE International Reliability Physics Symposium,2008: 9-19.

[31] Jia X,Jin L,Jia J,et al. A Novel Program Scheme to Optimize Program Disturbance in Dual-deck 3D NAND Flash Memory[J]. IEEE Electron Device Letters,2022.

[32] Park K T,Kwon O,Yoon S,et al. A 7MB/s 64Gb 3-bit/cell DDR NAND flash memory in 20nm-node technology[C]//IEEE International Solid-State Circuits Conference, 2011: 212-213.

[33] Liu S,Zou X. QLC NAND study and enhanced Gray coding methods for sixteen-level-based program algorithms[J]. Microelectronics Journal,2017,66: 58-66.

[34] Tanaka H,Kido M,Yahashi K,et al. Bit cost scalable technology with punch and plug process for ultra high density flash memory[C]//IEEE Symposium on VLSI Technology,2007.

[35] Caillat,Christian,et al. "3D NAND GIDL-assisted body biasing for erase enabling CMOS under array (CUA) architecture[C]//IEEE International Memory Workshop,2017.

[36] Malavena G,Lacaita A L,Spinelli A S,et al. Investigation and compact modeling of the time dynamics of the GIDL-assisted increase of the string potential in 3-D NAND Flash arrays[J]. IEEE Transactions on Electron Devices,2018,65(7): 2804-2811.

第7章

3D NAND Flash存储器可靠性技术

可靠性的定义是指系统或者元器件在规定条件下和规定时间内,无故障地执行规定功能的能力或可能性。"规定条件"包括使用时的环境条件和工作条件,"规定时间"是指产品规定的任务时间。"规定功能"是指产品规定的必须具备的功能及其技术指标。

随着集成电路工艺技术的快速发展,集成电路的特征尺寸不断缩小,集成度和性能不断提高,同时集成电路可靠性面临着更加严峻的挑战,集成电路工艺中使用的一些关键材料已逐渐接近其物理特性极限,失效物理机制日益复杂,同时,部分可靠性问题变得愈加严重。本章在 CMOS 器件可靠性基础上主要介绍了存储器可靠性特性以及相应的失效机制,并进行总结。

7.1 CMOS 器件可靠性简介

CMOS 器件由于具有功耗低、集成度高和速度快等优点,是目前应用最广泛的集成电路技术。为了不断优化超大规模集成(Very Large Scale Integration,VLSI)电路的性能,提高 VLSI 电路的速度和集成度,并降低电路功耗及版图尺寸,CMOS 器件的特征尺寸需要不断缩小。与此同时,CMOS 器件的可靠性成为制约 VLSI 电路发展的主要技术瓶颈之一,特别在 CMOS 电路技术进入先进工艺制程之后,各种可靠性问题对集成电路的影响更加凸显[1]。本节对 CMOS 集成电路主要本征失效机制进行简介。

影响 CMOS 集成电路长期工作的主要可靠性问题是栅极氧化层的退化,即在电应力的作用下,$Si-SiO_2$ 界面和栅极氧化层中会产生并累积界面态和电荷陷阱,这些界面态和陷阱会俘获电子,引起漏电和阈值电压偏移,从而影响器件的性能和可靠性。这些可靠性问题在基础机制上通常认为是栅氧化层结构中各类原子间键的断裂,如 NBTI 和 HCI 效应会造成 $Si-SiO_2$ 界面 Si-H 键的断裂,而电介质经时击穿(Time Dependent Dielectric Breakdown,TDDB)则会造成 Si-O 键的断裂。影响 CMOS 器件最主要的失效机理包括 HCI、F-N 隧穿和随机电报噪声(Random Telegraph Noise,RTN)、阳极空穴注入(Anode Hole Injection,AHI)和 TDDB。下面对这几种机理的模型进行详细介绍。

7.1.1　热载流子注入效应

热载流子是指动能高于平均热运动能量的载流子。当这些载流子与晶格处于非热平衡状态，其能量达到或超过 Si-SiO₂ 界面势垒时(电子注入势垒为 3.2eV,空穴注入势垒为 4.5eV)便会注入栅氧化层中,部分热载流子被陷阱所俘获,使氧化层电荷增加,也会导致新界面态、氧化层陷阱的产生,这种效应称为热载流子效应。当发生碰撞电离时,热载流子将产生电子-空穴对,其中电子电流方向为从漏端到源端,碰撞产生的空穴将漂移到衬底区,形成衬底电流 I_b。当单个 MOS 器件的衬底电流或多个 MOS 器件的总衬底电流较大时,衬底电流可能使电路的衬底偏压严重漂移引起器件失效[2]。从深亚微米 CMOS 技术开始,热载流子失效是影响 CMOS 器件可靠性的重要因素之一。

热载流子效应可以分为漏端雪崩热载流子效应(Drain Avalanche Hot Carrier,DAHC)和沟道热载流子效应(Channel Hot Carrier,CHC)。

漏端雪崩热载流子效应[3]：载流子在漏极强电场作用下获得加速成为热载流子,这些热载流子在漏端附近的势垒区发生碰撞电离产生雪崩效应。由于热载流子具有高能,在 SiO₂-Si 界面会使键能较弱的 Si-H 键断裂,在界面位置引入悬挂键。热载流子效应与栅极的电压偏置密切相关。如图 7.1 所示,从 0V 开始给栅极加压,当栅极电压较小时,晶体管处于关断的状态,尽管漏端附近产生了很强的电场,但由于载流子数量很少,碰撞电离不明显,因此流入衬底的空穴电流 I_{sub} 较小。随着栅极电压增大,载流子浓度增加,碰撞电离增强,衬底电流变大;当栅极电压超过 $1/2\,V_d$,热载流子与晶格碰撞交换能量产生电子-空穴对,并发生雪崩效应。当栅极电压继续增大时,由于晶体管饱和,V_{DSAT} 随 V_g 增大,碰撞电离率下降,热载流子减少,衬底电流下降。

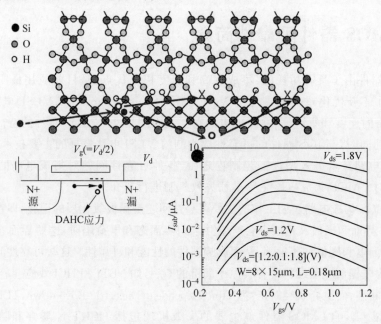

图 7.1　DAHC 模型及衬底电流随栅压变化曲线[3]

　　沟道热载流子效应[4]：当栅极电压接近 V_d 时，在栅极氧化层较薄（小于100nm）的情况下，电场强度较高（大于10mV/cm），一些获得高能量的热载流子克服 Si-SiO$_2$ 界面势垒注入栅氧化层，注入的大多数载流子将被栅极收集形成栅电流 I_g。在这个过程中，部分热载流子会破坏界面处的 Si-H 键，引入界面态。一部分热载流子在碰撞后进入氧化层，并在氧化层内中引入电荷，或破坏氧化层中的 Si-O 键引入陷阱，如图7.2所示。

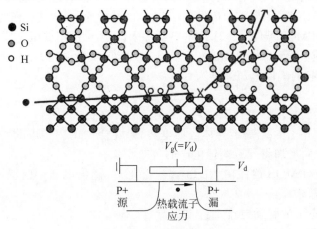

$$V_g(=V_d)$$

图 7.2　沟道热载流子模型[4]

　　HCI 电流可以通过测量衬底电流来表征，可以用源端电流 I_s 和电离概率的乘积表示[5]，即

$$I_{sub} = I_s \int_0^L A_{ION} \exp\left(-\frac{B_{ION}}{E_{LAT}}\right) dx \tag{7.1}$$

其中，A_{ION} 和 B_{ION} 是拟合参数；E_{LAT} 是源端和漏端之间的横向电场；L 是器件的栅长。当栅极电压足够高时，MOS 器件接近均一电阻，横向电场可近似为 $E_{LAT} \approx V_D/L$，此时衬底电流可以近似为

$$I_{sub} = I_s \frac{A_{ION} E_{MAX}^2 I_s}{B_{ION} \frac{dE_{LAT}}{dx} \mid (X=L)} \exp\left(-\frac{B_{ION}}{E_{MAX}}\right) \tag{7.2}$$

对于饱和区的 MOS 器件，有

$$E_{MAX} \approx A(V_D - V_{DSAT}), \quad A \approx \sqrt{\frac{\varepsilon_{ox}}{\varepsilon_{Si}(T_{ox} X_j)}}$$

因此

$$I_{sub} = \frac{A_{ION}(V_D - V_{DSAT})}{B_{ION}} I_s \exp\left(-\frac{B_{ION}}{A_{ION}(V_D - V_{DSAT})}\right) \tag{7.3}$$

　　热载流子注入栅氧化层还会引起其他一些效应，主要有：①热载流子被 SiO$_2$ 中电激活的陷阱俘获，使氧化层中的固定电荷密度 Q_{ot} 改变；②在 Si-SiO$_2$ 界面产生界面态 Q_{it}，由于 Q_{ot} 或 Q_{it} 引起的电荷积累，影响载流子输运；同时界面电荷 Q_{it} 也会增强界面附近电子的库伦散射，使迁移率降低。因此经过一段时间的累积，以上效应会使器件的性能退化，主要表现为阈值电压漂移或跨导降低等。这些退化将进一步影响器件的性能，降低 CMOS 集成电路的可靠性[2]。

7.1.2 负偏压温度不稳定性

NBTI 会引起器件的退化。NBTI 效应定义为：当 PMOS 器件中的空穴由于热激发而获得足够的能量，使轻掺杂漏区域附近的氧化层/界面缺陷发生分离，在 SiO_2 栅绝缘层和 Si 衬底界面产生陷阱，该陷阱使载流子的迁移率、沟道电流及器件跨导降低，造成器件性能退化。由于栅的边缘空穴具有更高的浓度，因此该效应发生在 LDD 区域附近。NBTI 损伤通常发生在加负栅压且工作在高温下的 PMOS 器件中。对 NMOS 器件来说，无论加正栅压还是负栅压，这种效应通常较小。NBTI 效应会导致漏端电流 I_{Dsat} 和跨导 g_m 减小，关断电流 I_{off} 和阈值电压 V_{th} 增加。

NBTI 效应引起的阈值电压漂移为

$$\Delta V_t = -\frac{\Delta Q_{it}(\phi_s)}{C_{ox}} - \frac{\Delta Q_f}{C_{ox}} \tag{7.4}$$

其中，C_{ox} 是氧化层电容；ϕ_s 是半导体表面电势，氧化层中的固定电荷 Q_f 和界面陷阱电荷密度 Q_{it}，两者的正向增加将导致阈值电压的负向漂移。

由此可以看出，PMOS 器件在 NBTI 效应退化下，阈值电压同时受界面陷阱和固定电荷的影响，向负向漂移。

MOSFET 开态下的驱动电流 I_{Dsat} 和跨导 g_m 为

$$I_{Dsat} = \frac{W}{2L}\mu_{eff}C_{ox}(V_{gs} - V_t)^2 \tag{7.5}$$

$$g_m = \frac{W}{L}\mu_{eff}C_{ox}(V_{gs} - V_t) \tag{7.6}$$

其中，W/L 是器件的宽长比；μ_{eff} 是载流子有效迁移率；C_{ox} 是氧化层电容。由式(7.5)和式(7.6)可以看出，I_{Dsat} 和跨导 g_m 的退化是由于阈值电压 V_{th} 和有效迁移率 μ_{eff} 的变化引起的。其中，迁移率的退化主要是因为存在界面陷阱，产生额外的表面散射，使有效迁移率降低。

目前 NBTI 的物理模型存在两类机制模型：反应-扩散(Reaction-Diffusion)机制和俘获-去俘获(Trap-Detrapping)机制。综合这两个机制模型，空穴的俘获-去俘获是可以恢复的部分，受温度影响很大，而界面陷阱的生成则很难被修复，并且温度依赖性不高[6]。以下以反应-扩散机制为例介绍 NBTI 效应的物理机制。

PMOS 器件在负极偏压($V_G < 0$，$V_S = V_D = 0$)和较高温度下工作时，V_{th}、I_{Dsat} 等参数不稳定。在栅极负偏压条件下，界面处的 Si-H 键会被破坏而积累 Si 悬挂键，这些悬挂键起施主作用，能够俘获空穴带正电荷，使表面势增大，阈值电压增加。器件中的 H 会被释放到氧化层中并向栅极扩散或漂移，使氧化层中产生缺陷。撤去偏置后，部分界面态能够被扩散到氧化层中的 H 重新钝化，使阈值电压恢复，如图 7.3 所示。

研究认为，NBTI 作用下的界面态产生和恢复是一种动态过程[6]，其界面态密度随时间变化满足

$$\frac{dN_{IT}}{dt} = k_F(N_0 - N_{IT}) - k_R N_{H(0)} N_{IT} \tag{7.7}$$

其中，N_{IT} 是产生的界面态密度；N_0 是最初的 Si-H 键数量；$N_{H(0)}$ 为 Si-SiO_2 界面处游离的 H 含量；K_F、K_R 分别为 Si-H 键被打开的速率和恢复的速率。由于界面态的产生速率远小于 Si-H 键被破坏的速率和恢复速率，且 $N_{IT} < N_0$，因此上述表达式被简化为

$$\frac{k_F N_0}{k_R} \approx N_{H(0)} N_{IT} \tag{7.8}$$

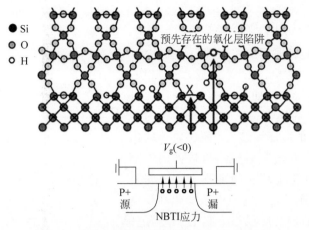

图 7.3　负偏压温度不稳定性(NBTI)模型[4]

界面态的数量即为扩散在氧化层中的 H 数量,使用

$$N_{IT}(t) = \int_0^{\sqrt{D_H t}} N_H(x,t)\mathrm{d}x = \frac{1}{2}N_H(0)\sqrt{D_H t} \tag{7.9}$$

$x=0$ 为 Si-SiO$_2$ 界面处,D_H 是扩散系数,$x=\sqrt{D_H t}$ 为扩散深度。因此有

$$N_{IT}(t) = \frac{1}{4}\sqrt{\frac{k_F N_0}{2k_R}}D_H t \tag{7.10}$$

$$D_H = D_0 \exp(-E_D/kT) \tag{7.11}$$

$$N_{IT}(t) \propto A\exp(-E_D/kT)tb, \quad \Delta V_t \propto N_{IT}(t) \propto Atb \tag{7.12}$$

7.1.3　栅氧化层击穿模型

CMOS 器件的栅氧化层在强电场的持续作用下,会发生时间相关的退化和击穿现象。对电应力(电场致退化作用,称为应力)下氧化层中及界面处产生的缺陷,多认为是负电荷积累引起的。该模型认为 SiO$_2$ 的导电机理是电子从阴极注入,注入的电子在电场作用下,以 F-N 隧穿电流形式从阴极注入氧化层中,注入电子在阴极附近可产生新的陷阱或被陷阱所俘获,局部电荷的累积,使其与阳极间某些局部区域电场增强。由于 SiO$_2$ 中场强分布不是线性的,只要达到该处介质的击穿场强就可能发生局部的介质击穿,进而扩展到整个 SiO$_2$ 层。载流子会在隧穿过程中碰撞原子,而在氧化层中进一步引入载流子陷阱态。这些位于氧化层中的陷阱态能俘获或发射载流子,引起陷阱辅助隧穿(Trap Assisted Tunneling,TAT)。一旦陷阱态积累过多就会形成漏电通道,并最终引起栅介质层击穿。

TDDB 又称为栅氧化层经时击穿。随着集成电路中 MOS 器件的栅氧化层厚度逐渐降低,TDDB 成为影响集成电路可靠性的主要因素之一。当晶体管的栅氧化层上电场强度达到一定程度时,材料发生持续退化,在绝缘的栅氧中形成导电通道,可能导致阳极与阴极之间的短路,造成器件失效。通常认为,TDDB 分为两个阶段发生,在第一阶段,栅氧化层或栅氧化层-衬底界面俘获载流子,形成陷阱电荷或生成新缺陷;随着栅氧化层内陷阱密度的增加,将在栅氧化层中形成贯穿的导电通道,即到达击穿的第二阶段,这一栅电极到衬底间的导电通道引起栅的失效。

当栅极电流增加到一定程度时,可以认为栅介质发生了击穿。介质击穿分为两类:硬击穿和软击穿。当介质中存在密集的漏电通道时,这些漏电通道的部分会有大电流通过,从而产生热击穿;栅电流时间曲线表现出陡直跳变的现象称为硬击穿。产生氧化层的局部毁伤时即为硬击穿,此时会对栅极造成永久损伤。当介质中只有少量的漏电通道,在介质中能通过大电流,但器件基本特性仍是正常的,栅电流时间曲线表现出一系列的阶跃跳变,这种现象为软击穿。如图 7.4 所示,软击穿对短沟道器件的影响较为显著,而对较长沟道器件短期不会造成明显的影响。虽然软击穿引起的阈值电压变化和漏电很小,并在软击穿的最初阶段不会显著影响器件的工作,随着多次软击穿影响的积累,最终栅介质的漏电流会急剧增大,发生不可逆的硬击穿。

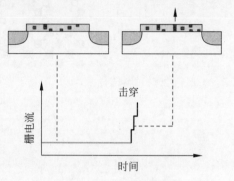

图 7.4　栅介质击穿特性[7]

7.2　NAND Flash 存储单元可靠性

3D NAND Flash 凭借其容量大、成本低、读写速度快等优点,得到了广泛的应用,同时广阔的市场需求也促进了 3D NAND Flash 技术的进步。随着 3D NAND Flash 技术的发展,不断增加的堆叠层数和多值存储技术的应用在提高存储密度的同时,也带来了严重的可靠性技术挑战。器件尺寸的不断缩减使得存储单元中存储的电荷数量越来越少,各种非理想因素对 3D NAND Flash 可靠性的影响变得更加突出。本节主要内容为 3D NAND Flash 器件的本征退化以及阵列可靠性问题,对重要的可靠性问题的物理机制以及解决方案进行介绍。

7.2.1　存储单元耐久特性

耐久(Endurance)特性用于衡量存储单元在多次编程/擦除循环(Program/Erase Cycling)后仍能保持良好特性的能力。

在 3D NAND Flash 中,如图 7.5 所示,对于整个块单元,对其不停地进行编程/擦除操作,假定编程前单元编程态预设阈值电压为 4V,擦除态预设电压为 -2V,编程时所加栅压 V_{pgm} 为 $+20$V,经过不断地编程/擦除之后,在没有编程/擦除验证的情况下,编程态和擦除态的阈值电压会产生漂移。这种阈值电压漂移源于界面态陷阱和氧化层陷阱的产生,从而改变了存储单元的电学特性。在编程/擦除循环过程中,主要有两种机制在栅介质层中产生缺陷: Si-SiO$_2$ 界面中 Si-H 键的断裂,栅氧化层 Si-O 键的断裂[8]。如果热空穴的产生并不显著,则界面态陷阱主要由 Si-H 键的断裂产生,如果热空穴的产生较为显著,界面态也会

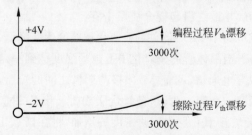

图 7.5　存储块编程/擦除循环过程中的
阈值电压漂移

由 Si-O 键的断裂产生。隧穿氧化层内的 Si-O 键在电子-空穴对复合时也容易断裂,产生氧化层陷阱。这些陷阱的产生可以通过编程/擦除前后亚阈值斜率和跨导的变化观察到。当器件经过编程/擦除循环后,由于隧穿氧化层发生本征退化,产生各类缺陷和陷阱[9],亚阈值斜率将增大,同时器件的栅控能力降低,跨导减小。

7.2.2　存储单元保持特性

1. 保持特性的等效测量

数据的保持(retention)特性描述非易失性存储器数据长时间保存而不丢失的能力。根据不同的应用环境,对存储器的要求也会有所不同。对于服务器和数据中心等企业级应用,一般要求存储器在正常工作 10 年的条件下,数据可以保持良好而不丢失。对于消费级应用,通常其数据保持时间达到 5 年。但是,在实际的测试中,不会将产品进行 5 年或者 10 年的保持特性测试。因此,在对保持特性进行评估时,往往采用加速寿命试验的方法。即以高温测得的保持特性数据来推测常温下的保持特性,其原理可以通过阿伦尼乌斯公式描述:

$$\frac{t_1}{t_2} = \exp\left[\frac{E_A}{k}\left(\frac{1}{T_1} - \frac{1}{T_2}\right)\right] \tag{7.13}$$

其中,E_A 为器件的激活能;k 代表玻尔兹曼常数;T_1 为器件的工作温度;T_2 是目标的等效温度;t_1 和 t_2 则分别对应于 T_1 和 T_2 的数据保持时间。

从式(7.13)可得,等效试验的时间和激活能 E_A 有关,Flash 器件的激活能大约为 1.1eV。因此,在 125℃下测试大约 10h,就可以等效于器件在室温数据保存 10 年的特性。加速等效实验的对应关系如图 7.6 所示。

根据阿伦尼乌斯公式,激活能 E_A 对等效时间的影响呈指数关系,E_A 越大,相同高温时间下的等效保持时长呈指数增加。通过分析数据保持特性测试前后阈值电压与 FBC 的概率关系,可以提取出器件的激活能。图 7.7 为 3000 次编程/擦除循环后和经过高温数据保持后的阈值电压分布,分别对阈值电压变化、各个存储态的 FBC 数量进行测量与分析,可以推算出数据保持时间。本节以电荷俘获型 3D NAND Flash 为例,对存储单元的数据保持特性进行介绍。

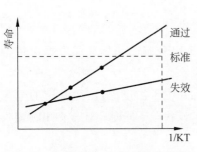

图 7.6　加速测试时,高温情况下的数据保持时间

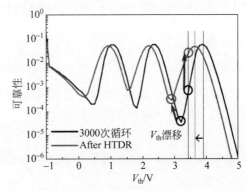

图 7.7　3000 次编程/擦除循环之后和经过高温数据保持之后的阈值电压分布

2. 保持特性机制

对于电荷俘获型存储器来说,邻近单元数据存储的模式也会对数据保持特性产生显著影响。最典型的模式可以分为两种: C/P(Checker-board Pattern) PPP 模式和 S/P(Solid-board Pattern)EPE 模式。对于 PPP 模式即 3 个存储单元处于编程态,由于沿沟道横向电场差异小,因此垂直方向的电荷泄漏是影响数据保持特性的主要原因,这与存储单元本身的特性强相关。对于 EPE 态即仅中间存储单元处于编程态,中间单元的电子浓度远高于上下单元的电子浓度,电子浓度差异会在局部形成电场,使电子发生横向扩散而造成电荷损失,导致器件的保持特性较差,如图 7.8 所示。

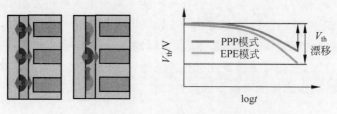

图 7.8 S/P 模式与 C/P 模式时的数据保持特性

举例说明数据模式对单元保持特性的影响。根据存储态以及测试单元是否经过耐久特性的测试,数据保持特性测试分成 4 种情况,如图 7.9 所示。

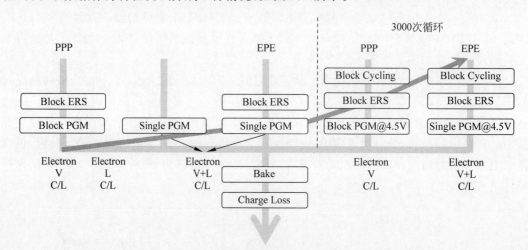

图 7.9 数据保持情况

(1) 对于未经过编程/擦除循环的初始样品,处于 PPP 态的初始样品数据保持特性最好,只有沟道垂直方向自身的电荷流失。

(2) 处于 EPE 态的样品,由于相邻存储单元间存在电子浓度差,产生一定的电荷横向扩散,数据保持特性较差。由于沟道横向电场的存在,该状态下同时存在横向电荷流失和垂直方向电荷流失。

(3) 经过反复编程/擦除的数据保持特性,由于编程/擦除过程中产生了大量的界面态,隧穿层已经有所损耗,因此,经过 3000 次编程/擦除循环后,PPP 态的数据存储特性会比初始状态的最差情况 EPE 有所下降。

（4）经过3000次编程/擦除循环后，EPE态最差。

经过3000次编程/擦除循环后的I_d-V_g曲线，阈值电压会有明显的漂移，且亚阈值摆幅也有明显降低，表明在反复编擦前后，不仅有界面态的产生，也有隧穿层陷阱电荷的产生。如图7.10所示，经过125℃的热处理之后，亚阈值摆幅呈现部分恢复[10]，表明此时界面态得到修复。

除了长期的数据保持特性，电荷俘获型3D NAND Flash还需要考虑短期的数据保持特性。短时间的数据保持特性指的是几秒内阈值电压的变化[11]，也称为初始阈值电压漂移（Initial threshold Voltage Shift，IVS），其产生机理如图7.11所示。为改善存储单元的编程/擦除特性，一些工艺会在隧穿层中引入一些浅能级陷阱。由于陷阱能级浅，存储在其中的电荷去俘获非常快，造成IVS。通过栅介质叠层优化，可以改善IVS特性。

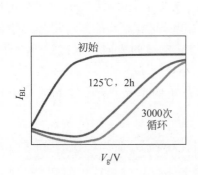

图7.10 数据保持过程中的I_d-V_g曲线

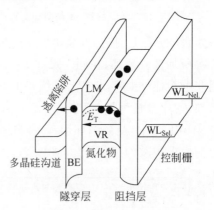

图7.11 IVS现象的主要物理机理[12]

3. 编程/擦除循环后保持特性

随着3D NAND Flash存储技术向着更高的堆叠层数发展，按比例缩小环形栅极的长度L_g和相邻存储单元之间的距离L_s成为3D NAND Flash未来发展的重要方向。如图7.12所示，按比例缩小L_g和L_s会对电荷俘获存储层中俘获电荷的分布和迁移产生直接影响，从而影响3D NAND Flash数据保持特性。

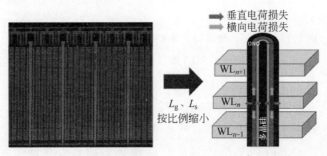

图7.12 按比例缩小L_g和L_s对保持特性产生影响

由于在编程/擦除操作中，隧穿氧化层上承载着不同的边缘电场分布，单元间（inter-cell）区域中电子和空穴分布不一致。随着循环编程/擦除操作次数增加，单元间区域电子和空穴分布不一致性加剧，从而造成单元间区域出现俘获电子累积现象，如图7.13所示。

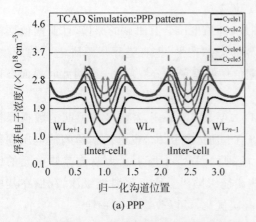 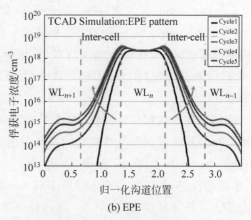

图 7.13 随着编程/擦除循环次数增加,单元间区域俘获电子数量逐渐增加[13]

一方面,L_g 和 L_s 按比例缩小后,3D NAND Flash 电荷俘获存储层中俘获电荷的横向迁移会有所加重。另外,在同一尺寸 L_g/L_s 情况下,循环编程/擦除操作所累积产生的单元间俘获电荷能够对存储单元字线 WL_n 存储层中俘获电荷的横向扩散产生抑制作用。由此可知,对于经过编程/擦除循环后的存储单元,在小尺寸 L'_g/L'_s($L'_g < L_g, L'_s < L_s$)的 3D NAND Flash 中,受到循环编程/擦除操作所累积产生的单元间俘获电荷对存储层中俘获电荷横向扩散的抑制作用,如图 7.14 所示。

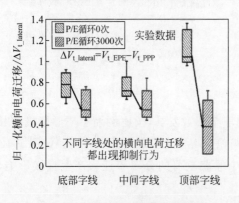 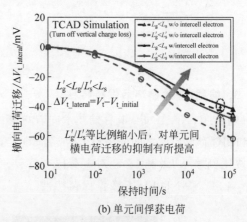

(a) 未进行/经过循环编程/擦除操作

(b) 单元间俘获电荷

图 7.14 未进行/经过循环编程/擦除操作及单元间俘获电荷
对存储单元 WL_n 横向电荷损失的影响[13]

另一方面,L_g 和 L_s 按比例缩小后,3D NAND Flash 电荷俘获存储层中俘获电荷在垂直方向的电荷损失有所加剧。另外,在同一尺寸 L'_g/L'_s($L'_g < L_g, L'_s < L_s$)情况下,单元间俘获电荷对存储层俘获电荷在垂直方向的电荷损失的促进作用会有所增强。在小尺寸 L_g 和 L_s 的 3D NAND Flash 中,单元间俘获电荷将更加靠近存储单元的栅极,这会使得栅极边缘电场和内建电场有所增加,Poole-Frenkel 效应和隧穿效应加剧,进而导致存储层中俘获电荷的发射概率增加,存储单元在垂直方向的电荷损失加剧,如图 7.15 所示。

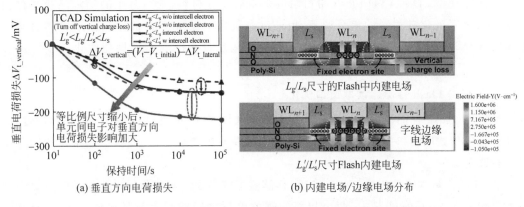

(a) 垂直方向电荷损失   (b) 内建电场/边缘电场分布

图 7.15 单元间俘获电荷对存储单元 WL_n 垂直方向电荷损失
及内建电场/边缘电场分布的影响[13]

7.2.3 NAND Flash 可靠性解决方案

1. 能带结构调制-栅介质调制

为了提高器件的编程/擦除速度,可以对存储单元的栅介质层进行能带调制[14]。能带调制有多种类型,典型的有"凹"形和"凸"形。如图 7.16 所示,"凹"形栅介质层两边的介质层导带高,中间材料导带低[14]。如图 7.17 所示,"凸"形栅介质层两边的电介质材料导带低,中间的电介质材料导带高[15]。这两种栅介质层相比于等效厚度相同单一的 SiO_2 绝缘栅介质层,具有更低的隧穿势垒。这种能带调制应用于 NAND Flash 存储器中,可以降低存储单元的操作电压,提高器件的编程/擦除速度。电荷俘获型 3D NAND Flash 的存储单元的主要组成部分包括多晶硅沟道(poly-Si channel)、隧穿氧化层(tunnel layer)、电荷俘获层(trap layer)、阻挡层(block layer)。相对于单层的 SiO_2 隧穿氧化层,能带调制的隧穿氧化层结构有助于减小编程/擦除时隧穿氧化层的势垒,改善器件的编程/擦除速度。调节各层的厚度和材料组分及能带特性可以在保持特性和编程/擦除性能间取得平衡,既可以获得良好的编程/擦除性能,又可以得到较好的数据保持特性。

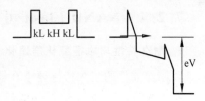

图 7.16 "凹"形栅介质层[15]

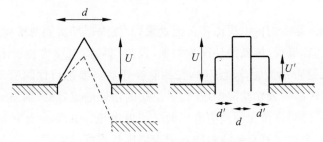

图 7.17 "凸"形栅介质层[15]

电荷俘获型 3D NAND Flash 的存储层采用氮化硅材料,通过其中的陷阱俘获并存储电荷。通过对氮化硅材料的组分调节,也可以调节数据保持特性而对于富含 N 的材料构成的存储层,其电子陷阱会比较深。此方面的优化是电荷俘获器件性能优化的一个重要方面。

2. NAND Flash 存储器读取窗口优化

NAND Flash 存储器的存储窗口受多重因素共同影响,编程/擦除循环、数据保持过程、干扰等会出现读取窗口缩小的情况。读取窗口可以通过调整器件结构、工艺条件和操作条件进行改善。

与 SLC 存储器器件相比,MLC/TLC 存储器更容易受到与氧化层退化相关的可靠性问题的影响。在 MLC 存储器中,两个相邻的阈值电压之间的间距只是典型 SLC 存储器的读取窗口的一部分。因此,MLC 对于编程/擦除循环导致的氧化层退化问题更加敏感。MLC/TLC 存储器所能承受的编程/擦除循环次数通常在 10^3 次的量级(SLC 典型值是 10^5 次)[17]。

存储器件栅堆栈层退化对器件可靠性的影响可以通过使用适当的存储算法来降低。例如,在存储系统中,频繁更新的数据块需要承受更多的编程/擦除循环应力。为了保持每个数据块的老化程度尽可能一致,需要记录每个块被读取以及编程的次数。损耗均衡技术[17-18]是基于逻辑地址到物理地址的转换。当主程序需要对同一个逻辑块进行更新时,控制器动态地将数据映射到不同的物理块。过期的副本块被标记为无效的并且可以删除。这样,所有的物理块都被均匀地使用,从而降低了整体氧化层的退化程度。为了减少存储器件栅堆栈层老化和磨损可能造成的读错误,可以使用 ECC 错误校正对异常的单元进行修正,该技术被广泛地应用于多态存储架构中[19]。

7.2.4　NAND Flash 可靠性物理机制

1. 耐久特性与本征氧化层退化

存储器器件的耐久特性要求在器件失效前能承受一定次数的编程/擦除循环。

在 NAND Flash 存储器件的编程/擦除循环过程中,隧穿电流会使器件的隧穿氧化层发生本征退化[20]。在连续的电子隧穿过程中,氧化层中会产生陷阱态[21],当陷阱态被电子填充时,陷阱电荷将会提高氧化层势垒高度从而降低隧穿电流,进而减慢编程速度,如图 7.18 所示。

如图 7.19 所示,器件阈值电压漂移会随着编程/擦除循环次数的增加而增加,直到耐久特性失效。另外,随着编程/擦除循环次数增加,擦除态阈值电压也会逐渐增加。为了判断存储块内所有单元是否都被正确地擦除,在擦除操作后需要进行擦除验证:将特定的读取操作中将所有的字线都偏置在读取电压,如果位线的读取电流较低,则表示至少有一个单元阻塞了串电流导通,说明该单元的阈值电压大于读取电压。如果一个块多次擦除均无法通过擦除验证,此时整个块将被存储控制器标记为坏块并不再寻址[17]。

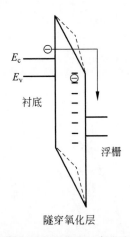

图 7.18　编程操作时的能带图：存在电荷陷阱（实线）
与无电荷陷阱（虚线）时的情况[23]

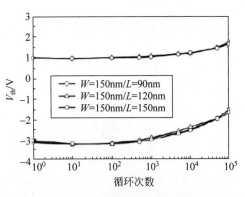

图 7.19　NAND Flash 在循环过程中的
阈值电压变化[23]

图 7.20 反映了 2D NAND Flash 和 3D NAND Flash 的耐久性特性对比[24]。2D NAND Flash 普遍采用浮栅型结构，3D NAND Flash 大多采用电荷俘获型结构。2D NAND Flash 经受 3×10^3 次编程/擦除循环后的阈值电压分布情况比 3D NAND Flash 经受 3.5×10^4 编程/擦除循环的分布情况退化更严重。在三星公司提供的比较数据中[24]，电荷俘获器件相比于浮栅器件具有更好的耐久特性。

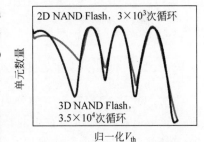

图 7.20　2D NAND Flash 与 3D NAND Flash 的编程/擦除循环耐久特性对比[24]

2. 存储器读取窗口优化

热空穴注入（Hot Hole Injection，HHI）发生在高场应力下，会造成器件氧化层的退化。HHI 会导致在衬底-栅氧化层界面处生成界面态，造成存储单元转移特性曲线退化，并俘获电荷，最终使阈值电压发生漂移[17]。

HHI 效应的机理如图 7.21 所示。对于编程操作，一个带有 w_e^{in} 能量（相对于硅的导带）的隧穿电子在抵达多晶硅浮栅时，在多晶硅中通过直接电离碰撞产生价带空穴以及导带电子，注入电子的过剩能量被假定平均分配给电子-空穴对。在多晶硅价带中的空穴带有 w_h 能量并通过隧穿方式穿过氧化层/浮栅界面势垒 Φ_a^h，最终反向注入氧化层，其中 w_h 小于势垒 Φ_a^h。

根据物理模型，单个隧穿空穴注入概率 α_h 为

$$\alpha_h = \sum P_h \theta_h \tag{7.14}$$

其中，P_h 是通过碰撞电离生成空穴的概率；θ_h 是生成的空穴注入氧化层的概率。如图 7.22 所示，运用三角形空穴势垒近似法，计算的 HHI 概率随氧化层电场强度的变化情况[25-26]。

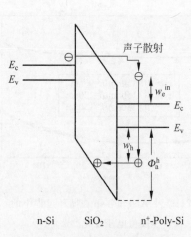

图 7.21 NAND Flash 结构中 HHI
效应的能带图

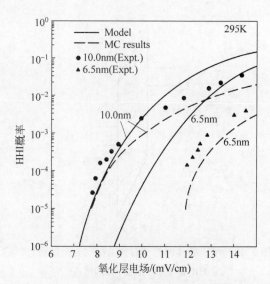

图 7.22 HHI 概率随氧化层电场的变化，
栅氧化层厚度作为参变量[25-26]

7.2.5 存储单元及阵列读取干扰

当对 3D NAND Flash 存储阵列中的某一个单元进行读取操作时，需要在该单元字线上施加读取电压，该单元所在串的其他邻近单元施加导通电压 V_{pass}，并根据串电流判断该单元的存储状态。在读取操作期间，读取电压会对选中的单元产生干扰，导致少量电子注入存储单元，使存储单元的阈值电压漂移，这种干扰称为单元读取干扰。由于读取电压较小，且隧穿电流与施加电压呈指数关系，因此读取电压产生的干扰十分小，但读操作的不断积累，单元读取干扰仍是需要关注的问题。在连续的读取过程中，施加导通电压的存储单元可能会在电应力作用下产生漏电流，使电荷进入存储层，导致该单元被"软编程"，这种干扰称为阵列读取干扰。如图 7.23 所示是典型的读取干扰情况。随着编程/擦除循环次数的不断增加，器件受到的读取干扰会愈加严重，尤其是对于在编程/擦除操作中受损的器件。由于读取干扰本身电压较低，不会造成隧穿氧化层陷阱，但编程/擦除循环造成的损伤和退化，加重了读取干扰。

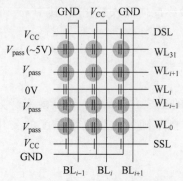

图 7.23 在 NAND Flash 阵列中的
读取干扰

读取干扰可以通过调整读取的操作条件得到改善[27]。如图 7.24(a) 所示，未选择的串中读取操作中上选择管和下选择管被关断，沟道电势抬升，选中的 NAND Flash 存储串，上选择管和下选择管打开，在选中的字线上施加导通电压。通过对选中字线的读取操作进行优化，优先读取高态的阈值电压分布，可以显著改善热载流子注入和软编程导致的读取干扰。在 2×10^6 次连续的读取循环后，邻近和非邻近字线的阈值电压漂移量几乎可以忽略，与图 7.24(c) 中的方法 1 相比，热载流子注入产生的干扰改善约 95%，与方法 2 相比，软编程改善超过 85%。

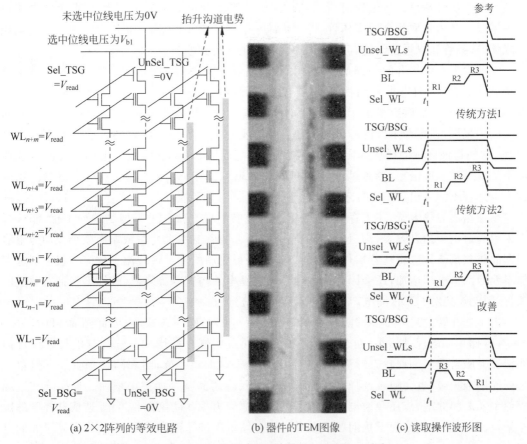

(a) 2×2阵列的等效电路　　(b) 器件的TEM图像　　(c) 读取操作波形图

图7.24　调整读取的操作条件改善读取干扰[27]

7.2.6　阵列编程干扰

与编程操作有关的干扰类型主要有导通电压干扰和编程电压干扰,前者与读取干扰相似,会对与编程单元同一个串的其他单元造成影响。由于编程时的导通电压比读取时的导通电压更大,因此会导致更强的纵向电场和更高的电荷注入概率。

编程电压干扰会影响和编程单元共字线的非编程单元。在这种情况下,编程电压干扰与沟道电势自抬升技术中采用的电压以及脉冲序列密切相关。为了抑制编程电压干扰以及可能错误的编程操作,可以采用特性的编程顺序:从靠近下选择管的串底部开始编程,逐步向上,直到靠近上选择管的串顶部。

在早期 NAND Flash 的编程操作中,为避免非选择串被编程,通常在位线施加高电压,使沟道电势抬升,减弱栅极到沟道的电场强度。但是这种方法有许多不足之处,首先需要专门设计位线的升压电路,其次位线电压上升需要花费额外的操作时间,另外,位线需要高压器件连接,这将增加位线电路的尺寸,不利于 NAND Flash 集成度的增加。

为了抑制非选择单元被误编程,还可采用沟道电势自抬升方案。由于下选择管和上选择管被关断,不编程单元的沟道电势将通过导通电压在非选择字线上的电容耦合抬升,使栅极编程电压和沟道之间的电压差大幅降低,避免对非选择单元编程的干扰。沟道电势抬升方案的重要优势是可以将编程时所需的位线电压降低到电源电压 V_{CC}，因此页缓冲电路可以采用低压晶体管取代高压晶体管，进一步减小了芯片面积，提高了集成度。由于位线电压的降低，选择管和靠近位线的存储单元的可靠性也会得到改善。

实现沟道电势抬升的关键是控制选择管的漏电。NAND Flash 存储单元的关态漏电流和单晶硅 MOS 器件漏电机制相似，主要包括亚阈值漏电、DIBL 和 GIDL 等。对于 NMOS 器件而言，其 GIDL 效应是由于 MOS 晶体管的漏结的强电场引起的，当栅极偏压使得硅衬底形成积累层，在栅极下方的硅表面电势接近 P 型衬底。因而栅漏重叠区接近 P 型而不是 n⁺ 型，这使得该区域的耗尽区比其他区域更薄，从而造成局部强电场。电场较强时可能造成带带隧穿或雪崩击穿，导致从漏端到衬底的漏电流。在 NAND Flash 中，沟道电势抬升的串选择管也常会出现 GIDL 效应。电子通过选择管附近的 GIDL 效应进入沟道区域，并由电场加速成为热电子，注入存储单元，造成异常的编程干扰。为了抑制编程干扰，非选择串采用沟道电势抬升方案，沟道电势较高，并且不会随着器件尺寸的微缩而减小。沟道电势引起的热载流子效应将随着器件结构的缩小而变得更加严重。热载流子效应不仅会引起存储单元的阈值电压增加，还会因为漏电导致非选择串的沟道电势降低，破坏编程抑制效应的条件，因此需要对 GIDL 漏电产生的热载流子效应进行抑制。

由于选择管的尺寸不能够随着存储单元的尺寸缩小而任意减小，因此随着 2D NAND Flash 存储单元的尺寸缩小，两个选择管所占的面积比例开始增加。选择管的尺寸设计需要能够克服自抑制编程状态时沟道电势引起的选择管漏电。除此以外，选择管和存储单元之间的耦合噪声，也会随着选择管和边缘存储单元距离的减小而逐渐增加。选择管和边缘存储单元之间的耦合，在导通电压或编程电压施加到边缘存储单元时，可能造成选择管的微小漏电流，从而造成编程干扰问题。在对边缘存储单元进行读取操作时，边缘存储单元的电压由于选择管电压的耦合，会出现尖峰电压，也可能造成边缘存储单元的读取错误。另一个与边缘存储单元相关的干扰问题，是在有些列操作条件下，在选择管和边缘存储单元之间可能存在强电场，会产生热载流子注入效应[28]。

边缘存储单元和位于串中间的存储单元，其操作条件有细节差异。对于边缘存储单元，源漏的一端靠近选择管，而另一端则连接邻近单元。而对于位于串中间的单元，其相邻单元均是存储单元。在操作过程中，边缘单元的电势和串中间单元的电势将存在差异，这会带来不同于中间存储单元的编程和擦除特性。为了克服边缘存储单元的这些问题，提出了采用新的操作模式——冗余存储单元方案。冗余单元在结构上与存储单元一致，位于选择管和边缘存储单元之间。通过调节其阈值电压大小并优化冗余存储单元的操作条件，可以使边缘存储单元的操作条件和中间存储单元近似相同。在读取操作和擦除操作中，冗余单元和正常的存储单元相同。在擦除过程中，冗余单元可以保护边缘存储单元避免受到上述因素的影响。

编程干扰与编程时的非选择字线的导通电压相关。在较高的导通电压（>12V）情况下，导通电压干扰引起的擦除态阈值电压漂移将占主导。而在导通电压较低（<10V）时，编程电压干扰将会变得严重。合适的导通电压范围被称为导通电压窗口，即在导通电压窗口中选择导通电压，不会引起严重的编程干扰[29]。

由于 3D NAND Flash 的阵列结构，其读取/编程干扰相比于平面排布的 2D NAND Flash 更加复杂。在 3D NAND Flash 结构中，每个 NAND Flash 串均处于一个位线和上选择管的连接点上。如图 7.25 所示,当一个编号为 n 的上选择管导通时,其所在的串为编程状态($V_{BL}=$ 0V)或者为 X 状态($V_{BL}=V_{CC}$)。而未打开的上选择管所在的串均为编程抑制状态或者为 Y 模式($V_{BL}=0V$),或者为 XY 模式($V_{BL}=V_{CC}$)。由于不同的位线和上选择管的偏置状态不同,上选择管的漏电大小不同,这三种编程抑制状态具有不同的沟道电势。编程干扰的 X 模式对应的非选择串与编程选择串的上选择管共享字线,因此其上选择管的偏置电压为 V_{CC},对应的位线电压一般也为 V_{CC},在编程过程中使 X 模式的上选择管处于关断状态,这与 2D NAND Flash 的编程干扰模式一致。而 Y 模式和 XY 模式的编程干扰是 3D NAND Flash 阵列特有的。处于 Y 模式的被干扰存储单元和待编程单元共用位线,在编程过程中位线偏置电压为 0V,一般认为 Y 模式沟道电势最低,编程干扰最严重[30]。而处于编程干扰模式 XY 的单元,其上选择管字线与位线的电压偏置则分别 0V 和 V_{CC},编程时沟道电势相对较高。通过在存储单元和选择管之间的冗余单元上施加电压 V_{dummy},非选择串从存储单元到选择管区域的沟道电势可以实现相对平缓的过渡,使存储单元和选择管之间沟道的电场强度降低,可以减弱 HCI 效应。

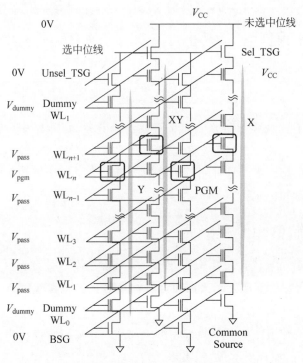

图 7.25 2×2 阵列等效电路以及三种不同的编程干扰模式[30]

3D NAND Flash 存储单元操作顺序也可能对编程干扰造成影响。3D NAND Flash 具有至少两种编程顺序[31]。如图 7.26 所示,一种是编程顺序 A,即编程干扰出现在各个串未编程的情况;另一种编程顺序是编程顺序 B,编程干扰发生在上方单元已经处于编程状态时。在编程操作的过程中,共选择字线的所有 NAND Flash 单元将都受到编程时高压的影响。在选择管和位线一开始施加 V_{CC},目的是在编程一开始,对选择串进行预充电,而非选择串则在编程时处于浮置状态。非选择串的编程抑制沟道电势可表示为 $V_{ch}=V_{init}+\Delta V_{ch}$,其中:

$$\Delta V_{ch} \cong \frac{C_{wl}}{NC_{cell}} \left[(V_{pgm} - V_t) + (N-1)(V_{pass} - V) \right] \tag{7.15}$$

其中,N 为串中的单元数目;而 C_{cell} 为单个存储单元的电容;C_{wl} 为字线的电容[32]。

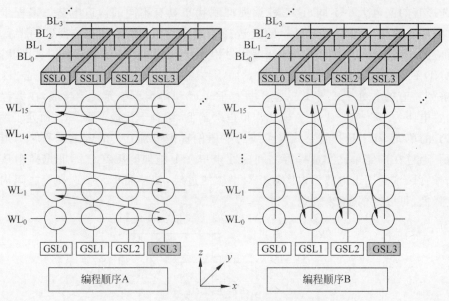

图 7.26　3D NAND Flash 的不同编程顺序[31]

编程顺序 B 具有比编程顺序 A 更低的起始沟道电势,因而编程顺序 B 具有更严重的编程干扰[31]。许多研究表明,边缘字线单元的编程干扰将比其他字线单元更加严重,这是由于距离选择管最近的字线在编程抑制状态时的沟道电势要低于其他字线,为此需要对冗余字线进行专门的设计和优化。

7.2.7　存储单元编程噪声

为了提高 NAND Flash 存储器的存储密度,多值存储技术逐渐从 SLC 发展到 MLC、TLC 甚至 QLC。多值存储技术的发展对器件的可靠性提出了新的要求,因为需要在有限的电压范围存储更多的存储状态,需要阈值电压的分布尽量窄。在 TLC 和 QLC 产品中,编程噪声已经成为了阈值电压分布中的重要组成部分。它将影响阈值电压分布,限制多值存储 NAND Flash 产品的可靠性。编程噪声是指,在 ISPP 编程过程中,一个存储页中的各个存储单元的不一致性和电子注入统计导致的阈值电压分布展宽[32]。理想情况下,所有存储单元的阈值电压都随着编程电压的增加而增加,且增加的量是 ISPP 步长。但实际上,由于各个存储单元之间存在不一致性,有的存储单元的阈值电压增量大,而有的单元的阈值电压增量小,存在波动这将影响编程过程中阈值电压分布。编程噪声用阈值电压变化量的标准差($\sigma\Delta V_{th}$)衡量,阈值电压变化量的标准差越大,表明编程噪声越严重,如图 7.27 所示。

编程噪声受器件的控制栅电容 C_{pp} 影响。图 7.28 是一个存储页中的存储单元的编程速度在编程/擦除前后的对比结果。在电荷俘获型 3D NAND Flash 存储器中,编程/擦除循环会导致多晶硅沟道和隧穿氧化层的界面产生界面态陷阱,隧穿氧化层产生体陷

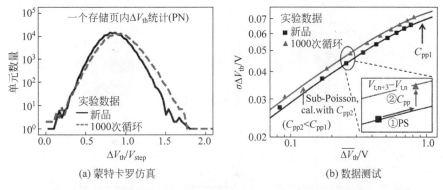

图7.27　一个存储页在编程/擦除循环前后阈值电压变化量的数值统计[32]

阱,如图7.28所示,这些新产生的陷阱能够俘获更多的电子,使器件的有效电荷中心向隧穿氧化层转移,C_{pp}减小,器件的编程噪声更严重。与传统的浮栅结构不同,电荷俘获型存储器的电荷存储层较薄,当编程/擦除循环次数增加,使器件的有效电荷中心向隧穿氧化层移动时,C_{pp}会出现明显的下降,使编程噪声增大[33],需要在器件优化时考虑此因素的影响。

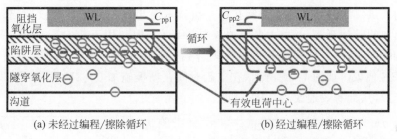

图7.28　编程/擦除循环前后的器件单元的陷阱分布以及有效电荷中心分布[32]

7.2.8　阵列瞬态读取错误

瞬态读取错误(Temporary Read Errors,TRE)是指当3D NAND Flash空闲一段时间后,首次读取会出现较高的FBC。通常TRE现象只发生在第一次读取过程,在随后的第2次和第3次读取过程则FBC数目迅速恢复到正常值。TRE现象是一种瞬时效应。

研究表明,TRE现象与多晶硅沟道中晶界陷阱(Grain Boundary Trap,GBT)的占据率有关。TRE现象产生的物理机制[33]是指当3D NAND Flash从空闲状态恢复时,多晶硅沟道中的部分晶界陷阱释放电子,使陷阱的电子占有率降低,从而导致首次读取时会出现高的FBC。如图7.29所示,当编程脉冲结束后,由于高栅极电压,多晶硅沟道的准费米能级接近导带,准费米能级下的晶界陷阱几乎全部被填充。在接下来的空闲状态,对存储阵列断电,由于栅极电压$V_g=0V$,不同能级陷阱内的电子逐渐释放。再次通电后,对存储阵列进行读取操作。在读取操作中,由于晶界陷阱内的电子占有率低,使器件单元的阈值电压降低,FBC增加。在首次读取操作后,由于字线上施加电压,电子重新填充晶界缺陷,使第二次读取操作时,晶界陷阱占有率不变,对读取操作的影响大幅度减弱,FBC显著降低。

TRE现象通常的解决方法是增加一次冗余读取来提高读取的准确率,然而这种方法是

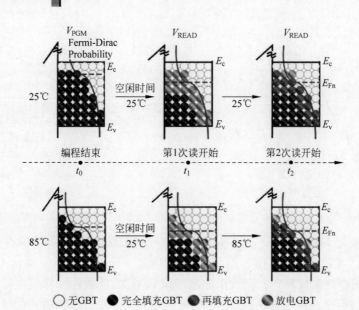

图 7.29 不同时刻、不同温度下的能带图、费米-狄拉克概率函数和 GBT 占用率示意图[33]

非常耗时的。虽然这种方法可以抑制在第一次读取时出现的大量暂态读取错误，但增加了一次冗余读取的时间延迟。通过改变编程脉冲消除，即利用下耦合效应（Down Coupling Phenomenon，DCP）使多晶硅沟道的电势耦合到较低的值，可以减小沟道中晶界陷阱的影响，改善 TRE 现象。如图 7.30 所示，在空闲时间在栅极施加 0～2V 的电压可以抑制 GBT 中电子的释放，从而有效地改善 TRE 现象。

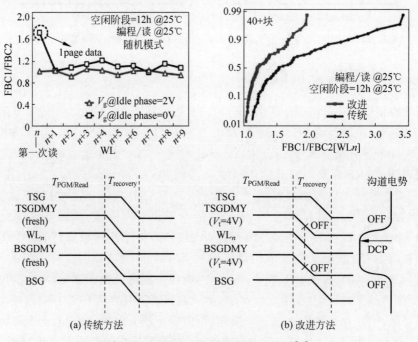

图 7.30 传统方法与改进方法的对比[33]

7.3 NAND Flash 阵列非理想效应

7.3.1 栅致漏端漏电效应

GIDL 是关态 MOS 晶体管的主要漏电机制,已在 7.26 节阐述,其中 NMOS 晶体管的 GIDL 效应如图 7.31 所示。该效应会引起峰值电场增强,导致高场现象,例如雪崩隧穿以及带-带隧穿。带-带隧穿的概率会因为表面陷阱的存在而增加,导致带-陷阱-带隧穿。最终,栅下漏区的少子将被发射并横向扫向低电势的衬底,从而形成了漏电通路[34]。如图 7.32 所示为不同漏电压下,NMOS 晶体管的亚阈值特性。

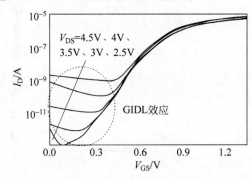

图 7.31　不同 V_{DS} 下,NMOS 晶体管的漏电[35]

在 MOS 晶体管中,GIDL 隧穿电流是与栅密切相关的泄漏电流。此外,GIDL 隧穿电流也给 NAND Flash 存储器单元带来了可靠性问题,成为存储器单元泄漏电流主要组成部分之一。

在 NAND Flash 阵列中已经发现 GIDL 效应会造成靠近上选择管的特定单元发生编程干扰。上选择管在编程期间处于 OFF 态,如果此时它的漏端处于高电压,则会发生 GIDL 效应。这种情况出现是因为抑制编程时采用了沟道电势自抬升技术。如图 7.33 所示,如果 WL_0 施加电压 V_{pgm} 进行编程,那么其他单元的沟道电势就需要被升起以抑制编程。由于自抬升技术,这些单元串的位线端电压将提升到 V_{cc},因此导致 GIDL 效应[24]。接着将生成电子-空穴对,其中生成的电子将在选择管和边缘 WL 字线空间区内加速成为热电子并被注入边缘字线,例如 WL_0 单元的浮栅之中。当编程单元为 WL_{31} 时,上选择管也会触发 GIDL 效应。如图 7.33 所示是 WL_0、WL_{15} 及 WL_{31} 等 3 个不同的单元受到 GIDL 干扰的实验数据[36],其中 NOP 表示局部编程的次数,可以看出对于更高的 V_{pass},WL_0 的干扰变得更严重。

为了减缓 GIDL 效应,可以在选择管和串单元之间加入冗余字线[36]。通过增加边缘存储单元和选择管之间的距离,可以抑制 GIDL 产生的热载流子效应。同时,从边缘字线到选择管,冗余字线承载了编程自抑制效应产生的沟道高电势,通过适当的单元阈值电压调控,可以减弱从边缘字线到选择管之间的电场。因此,冗余字线的引入可以有效地减弱边缘字线的异常编程干扰。不仅如此,由于冗余字线的引入从选择管到边缘存储单元的耦合噪声显著降低,而耦合噪声的降低有利于克服编程干扰。

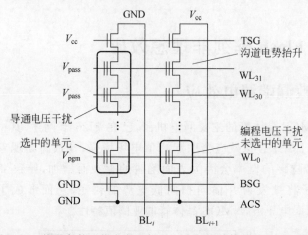

图 7.32 偏置条件可能会激活邻近上选择管晶体管的 GIDL 效应

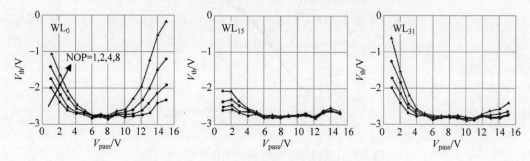

图 7.33 3 个不同的单元所受到的编程干扰特性[36]

7.3.2 随机电报噪声

RTN 现象早在 1950 年就已经在双极型晶体管和结型场效应晶体管中被观察到,而 MOSFET 器件中相应的研究直到 30 年后才开始[37]。RTN 的物理原理是指单个电子被界面态陷阱俘获/释放的过程中,晶体管电流发生波动进而影响阈值电压。

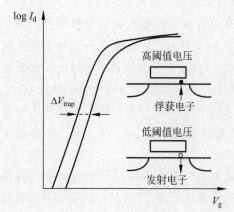

图 7.34 MOS 器件中由于 RTN 造成的阈值电压浮动问题

在 MOSFET 中,RTN 的具体表现形式是漏端电流或者阈值电压的浮动,产生这种变化的根本原因是栅氧化层表面电荷陷阱的俘获和发射现象[38],如图 7.34 所示。

在浮栅存储单元中,每一个电荷陷阱造成的阈值电压变化幅度大致遵循:

$$\Delta V_{t\_trap} = \frac{q}{L_{eff}W_{eff}\gamma C_{ox}} \quad (7.16)$$

其中,q 是元电荷量;L_{eff} 和 W_{eff} 是沟道的有效长度和宽度;γ 是控制栅和浮栅之间的耦合率;C_{ox} 是栅氧化层电容。由于在 Flash 中为了防止 SILC,栅氧化层厚度不能太低(约 10nm),C_{ox} 也就比较小,而存储单元的尺寸急剧减小,L_{eff} 和 W_{eff} 显著缩减,都会导致严重的 RTN。此外,RTN 的幅度也受到电流泄漏路径的影响。因此,RTN 是造成 NAND Flash 中读取失败的一个主要因素之一。

2006 年,由 RTN 引起的阈值电压漂移首次在 Flash 存储器件中被提出[37]。图 7.35 所示为 65nm 工艺中测得的漏电流抖动现象,和 CMOS 逻辑器件中观察到的现象类似。

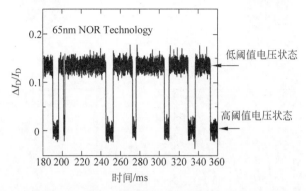

图 7.35　65nm 工艺中出现的漏电流随时序变化的采集图像[37]

RTN 作为一种广泛存在的现象分布在众多类型的器件结构中,本节重点介绍的是电荷俘获型 3D 存储器件,对于这一器件类型,由于堆叠层数的增加以及器件结构复杂度的提高,其 RTN 将产生不同于平面器件的影响因素。

在 3D NAND Flash 中,RTN 的影响因素主要是来自多晶硅沟道的缺陷等。而陷阱的主要类型是晶界陷阱,其产生的主要原因是晶粒与晶粒之间的界面处存在的硅悬挂键,如图 7.36 所示,多晶硅沟道的 TEM 照片[39]。可以看到多晶硅沟道中存在大量晶界,这些晶界伴随的晶界缺陷与陷阱也正是 RTN 的来源之一。

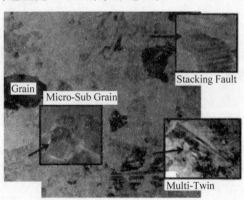

图 7.36　多晶硅沟道中的陷阱与缺陷 TEM 图[39]

受晶界势垒的阻碍作用,电流以渗透方式在多晶硅沟道中进行传导,称为电流渗透传导效应(current-path percolation effect),如图 7.37(a)所示。当位于电流渗透路径附近的晶界陷阱俘获电子时,该电流渗透路径将被截断,从而造成较大的电流和阈值电压波动,如图 7.37(b)和图 7.37(c)所示。

在电荷俘获型 3D NAND Flash 中,随着阈值电压的升高,RTN 呈现先降低再增高的非单调变化趋势,如图 7.38 所示。

一方面,阈值电压的升高意味着在读取操作时所需的栅极电压会相应增加,同时由

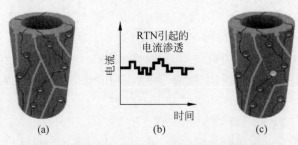

图 7.37　多晶硅沟道中电流渗透传导效应示意图[40]

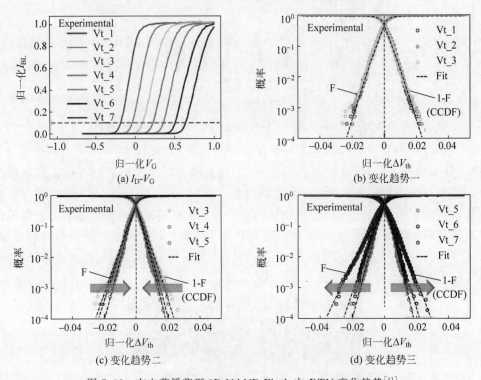

(a) I_D-V_G

(b) 变化趋势一

(c) 变化趋势二

(d) 变化趋势三

图 7.38　在电荷俘获型 3D NAND Flash 中 RTN 变化趋势[41]

栅极所产生的边缘电场也会增强,从而加强了相邻存储单元之间区域(inter-cell region)的多晶硅沟道反型(poly-Si inversion),即单元间区域电阻降低。在保证读取电流不变的情况下,栅极下方区域(under control-gate region)的多晶硅沟道反型会相应地减弱,即多晶硅能带弯曲减弱,晶界势垒降低,如图 7.39(b)所示。因此,随着阈值电压的升高,增强的边缘电场使得电流渗透传导效应相应地减弱,并使得 RTN 呈现单调降低的变化趋势。

另一方面,阈值电压的升高也意味着存储层中俘获电荷数量的增多。存储层中俘获电荷具有随机性和分立性(random and discrete),这使得由俘获电荷在多晶硅沟道中所产生的静电势分布呈现局部差异(localized variation)。因此,随着阈值电压升高,随机且分立的俘获电荷数量的增多使得多晶硅沟道中静电势分布局部差异增大,导致在导带中更多位置出现静电势垒,如图 7.39(c)所示,电流渗透传导效应相应地增强,并使 RTN 呈现单调增加的变化趋势。

综上所述,在电荷俘获型 3D NAND Flash 中,栅极边缘电场和随机且分立的俘获电荷是影响电流渗透传导效应的两个主要因素。在两者的共同作用下,RTN 幅度随着阈值电压的升高呈现先降低再增高的非单调变化趋势。

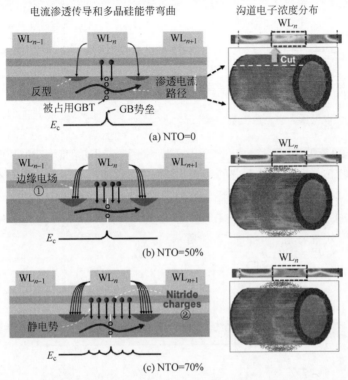

图 7.39 电荷俘获型 3D NAND Flash 中影响电流渗透传导效应的主要因素[42]

7.3.3 背景模式干扰

在对 NAND Flash 进行读取操作时,对一个串上未被选中的单元栅极施加导通电压,使其处于可变电阻区,可变电阻区的电流公式为

$$I_D = k \left[(V_{GS} - V_t) V_{DS} - \frac{V_{DS}^2}{2} \right] \tag{7.17}$$

当 V_{DS} 较小时,式(7.17)可近似为

$$I_D = k (V_{GS} - V_t) V_{DS} \tag{7.18}$$

在读取操作时,串上的电流大小与选中单元栅极施加的 V_{read} 的关系如图 7.40 所示。其中饱和电流 I_{SSAT} 为

$$I_{SSAT} = \frac{V_{BL}}{(n-1) R_{on}} \tag{7.19}$$

在读取操作中,通过检测 I_{string} 是否达到特定电流 I_{read} 判断选中单元是否导通,即当 I_{string} 等于 I_{read} 时,对应的 V_{read} 即为该单元在读取操作时看到的阈值电压。当被选中单元所在串的其他单元编程/擦除状态不同时,会具有不同的 R_{ON},其对应的阈值电压也不同,等效电阻 R_{ON} 的大小与阈值电压即单元的编程状态直接相关如图 7.40 所示。将上述其

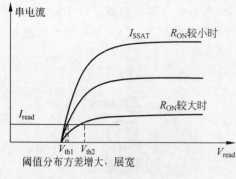

图 7.40 读取电压与串电流关系

他存储单元状态变化导致沟道电阻发生变化的调制现象称为背景模式干扰（Background Pattern Dependency，BPD），BPD 现象发生将导致选中单元阈值电压的变化，造成存储可靠性问题。当整个串处于编程态时，单元的阈值电压可能比其他单元都处于擦除态时要高出约 100mV。BPD 效应相关性问题对 TLC 等多值存储的 NAND Flash 更严重[22]。

对一个串上的单元进行编程时，编程顺序为从最靠近下选择管的单元开始编程，一直编程到最靠近上选择管的单元。对某一个选中单元来说，其下方的单元均处于编程态，阈值电压较大，导通电阻 R_{on} 较大。其上方的单元均为擦除态，阈值电压较小，导通电阻 R_{on} 较小。随着被选中单元在串中位置的变化，其上方和下方存储单元，即大 R_{on} 电阻和小 R_{on} 电阻单元的个数会发生变化，这使得 I-V 曲线的斜率发生变化，对于同一个 I_{read}，阈值电压发生波动，最终阈值电压分布展宽[22]，如图 7.41 所示。

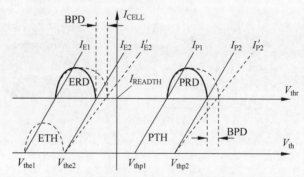

图 7.41 BPD 效应造成阈值电压分布展宽[22]

通过减小电流 I_{read} 可以减小 BPD 现象造成的影响，如图 7.42 所示。ABL（All Bit line）结构的读取电路可以在 I_{read} 较低时工作。因此采用 ABL 结构的电路可以减小 BPD 效应的影响。但减小 I_{read} 的同时也会增加读取时间，因此减小 I_{read} 受到一定限制。

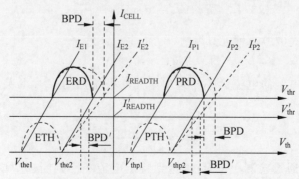

图 7.42 电流 I_{read} 对 BPD 现象的影响[22]

7.3.4　源端噪声

NAND Flash 阵列中所有的串都连接到同一源端上。在读取操作和验证操作时,源端一般认为处于理想接地情况,但实际上由于源端电阻不为零,并且其他串有电流注入源端,阵列不同区域的源端上的电位会发生变化,不再认为其处于理想接地情况。

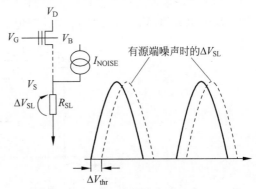

图 7.43　源端噪声示意图

当源端电压不为 0 且在阵列中呈现微小不均匀分布时,加在串上单元的 V_{GS} 电压会减小,使得器件导通电阻增加,在读取操作中读取的阈值电压增大,表现为存储单元的阈值分布右移[22],如图 7.43 所示。

理论上读取操作时阈值电压的漂移量和源端电压的变化为 1∶1 的关系:

$$\Delta V_{thr} = \Delta V_{SL} \tag{7.20}$$

实验结果表明,综合考虑源端噪声对 V_{GS}、V_{DS} 和单元体效应的影响,源端电压变化对阈值漂移的影响可等效为

$$\Delta V_{thr} = k \Delta V_{SL} \tag{7.21}$$

其中,k 的范围为 2~3。

当源端电压 V_{SL} 大小是不为零的固定值时,不会对可靠性造成影响,阈值电压分布仅发生右移,不存在阈值电压分布的展宽。但实际上 V_{SL} 电压受其他串注入源端的电流的影响,而这个电流受串中器件导通电阻大小的影响(即存储单元存储状态的影响),因此串电流会随时间不断变化。此外还有一些外界参数,如温度也会影响串电流大小,进而影响 V_{SL} 的大小。

源端噪声也会对编程操作造成影响。在编程操作中,一些单元会比其他单元更快地被编程到阈值分布态,这些单元被称为快单元。当快单元在第一个编程阶段时被编程到 V_{VFY} 电压处,而此时 V_{SL} 为一个较大的值,则 V_{VFY} 中包含了较大的 V_{SL} 电压分量,导致单元被编程达到的阈值电压不准确。

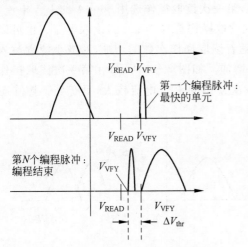

图 7.44　源端噪声对编程操作的影响

在接下来的编程步骤中,V_{SL} 变化为一个较小的值,慢单元被编程到 V_{VFY} 电压处。当编程操作结束后,由于快单元在编程时 V_{VFY} 电压中包含了较大的 V_{SL} 分量,因此实际上快单元并没有被编程到 V_{VFY} 处,而是被编程到比 V_{VFY} 小的位置。这会导致编程阈值电压分布展宽,读取裕量减小[22],如图 7.44 所示。

目前,有多种技术可减小源端噪声造成的影响。采用含有负反馈电路的源端电压补偿技术可以减小 V_{SL} 波动造成的影响[22]。使 V_D、V_G、V_B 随 V_{SL} 同步变化可以消除 V_{SL} 波动的影响[22],V_G 负反馈电路如图 7.45 所示,且满足:

$$V_G = V_{REF}\left(1 + \frac{R_1}{R_2}\right) + V_{SL} \qquad (7.22)$$

$$V_{GS} = V_G - V_{SL} = V_{REF}\left(1 + \frac{R_1}{R_2}\right) \qquad (7.23)$$

在增加反馈电路后，V_{GS} 为与 V_{REF} 相关的恒定值，不受 V_{SL} 电压波动的影响。

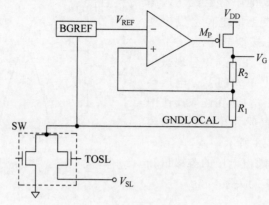

图 7.45 V_G 负反馈电路[22]

通过负反馈并不能完全消除源端电压波动的影响。因为源端所连接的存储串位置不同所引起的源端电压也不同。多次感测是一种能够更有效抑制源端噪声的方法，其基本操作是使用一组逐渐递减的 I_{read_n} 电流多次执行读取操作，这组 I_{read} 值中的最后一个为实际读取操作时的 I_{read}。在读取操作时，由于同一个存储页中的一组单元都会向源端注入电流，所以在每次读取操作时，注入源端电流大于当前 I_{read_n} 的单元会被识别并在下一次读取操作时被排除（在读取操作时，电流大于 I_{read_n} 的单元的阈值电压在读取电压左边，判定为"1"数据，这个数据会被记录，在下一次读取操作时排除这个单元不会丢失数据）。每次读取操作时，注入源端的电流会越来越小，源端噪声对读取操作的影响也越来越小。

使用一组大小不同的 I_{read_n} 电流执行读取操作可以通过改变 T_{EVAL} 实现：

$$I_{readth} = \frac{\Delta V C_{BL}}{T_{EVAL}} \qquad (7.24)$$

若设最终实际读取操作的 I_{read} 电流为 50nA，第一次读取操作选用 500nA 的 I_{read} 电流，第二次读取操作选用 100nA 的 I_{read} 电流，第三次读取操作选择 50nA 的读取电流。也可以使用更多级的 I_{read_n} 电流进行读取操作，只不过随着读取操作次数的增加，对减小源端注入电流带来的收益会越来越小，而且读取时间也将增加。如图 7.46 所示，在第一次读取操作时，可以将属于 E1 部分的单元排除掉（因为第一次使用的 I_{read} 电流较大，只有处于擦除态的单元的阈值电压分布小，R_{on} 电阻小，能够向源端注入大于 I_{read_n} 的电流），第二次读取操作时，只能将属于 E2 部分的单元排除掉，而第三次读取操作能够排除的单元会更少[22]。理论上可以通过无限多次的读取操作来完全消除源端噪声的影响，但随着读取操作次数的增加，读取时间也将增加。

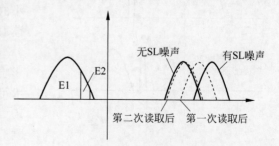

图 7.46   两次读取操作对源端的影响

7.3.5　单元间电容耦合

在平面 NAND Flash 阵列中,各存储单元的栅极通常使用绝缘介质隔开,以实现独立操作的功能。在实际操作过程中,存储单元与其周围相邻单元之间仍存在电容耦合,如图 7.47 所示。当阵列中某一存储单元所邻近的存储单元阈值电压发生变化时,由于电容的耦合效应,该单元的阈值电压也会改变。周围存储单元的阈值电压变化量越高,该单元的阈值电压漂移量越大。在两步编程过程中,如果一个单元在第一次编程后,受到了较大的单元间电容耦合影响,则在第二次编程中会被编到另一个阈值分布态,发生数据的存储错误。单元间电容耦合受隔离介质的介电常数影响。当各层字线之间的隔离材料介电常数较低时,单元间电容耦合效应越弱,存储单元的阈值电压受到邻近单元阈值电压变化的影响越小。对于 3D NAND Flash 阵列结构,单元间耦合更小,相比于平面 2D NAND Flash 可以实现更窄的阈值电压分布[44],但是层间单元的耦合干扰仍然存在并且随着器件尺寸的减小而日益严重。

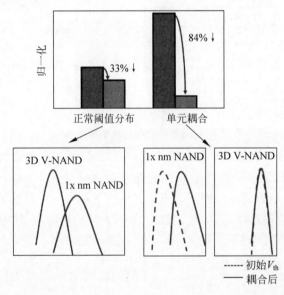

图 7.47　3D NAND Flash 与 2D NAND Flash 单元间电容耦合对比

7.3.6　字线耦合噪声

在编程操作时需要给字线施加高电压,字线上电压的上升过程是一个 RC 充电过程,其中电容 C 中包括字线-字线间的耦合电容、栅氧化层电容等。由于工艺差异,不同字线上升到同一电压的 RC 时间也不一样,如图 7.48 所示。因此在实际操作时,根据不同字线 RC 充电时间的不同进行补偿[44]。

相邻字线间的耦合效应可能影响 3D NAND Flash 的性能。如图 7.49 所示,在传统的编程操作下,上选择管施加偏压后,WL_{31} 的电压从 0V 上升到导通电压或编程电压,然后,上选择管被 WL_{31} 的电容耦合升高,导致串选择管(String Select Transistor,SST)的瞬态打开,影响编程干扰[45]。

如图 7.50 所示,影响 Flash 器件可靠性的各种物理机制及其对阈值电压分布产生的影

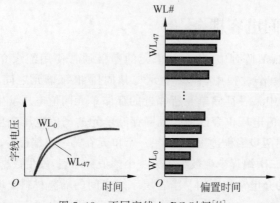

图 7.48 不同字线上 RC 时间[44]

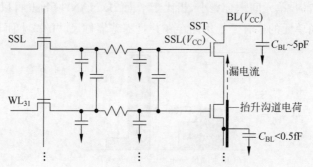

图 7.49 上选择管耦合现象示意图[45]

响。读取干扰和编程干扰会导致软编程效应,分布态的较低编程态会被软编程,而较高态受软编程效应的影响很微弱。在经历编程/擦除循环的存储单元中,由于编程/擦除循环会对隧穿氧化层造成损坏,导致循环后擦除态阈值电压分布右移。在数据保持过程中,存储在存储单元的电子或空穴会逐渐泄漏,导致编程态的阈值电压降低,分布态左移,而擦除态的阈值电压上升,分布态右移。

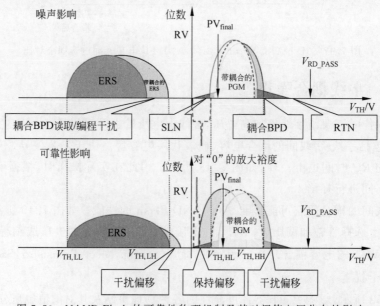

图 7.50 NAND Flash 的可靠性物理机制及其对阈值电压分布的影响

本章小结

　　本章分别介绍了 CMOS 器件和 3D NAND Flash 器件的可靠性问题。首先概括性地介绍了 CMOS 器件的可靠性问题：热载流子注入效应、负偏置温度不稳定性、栅氧化层击穿模型。本章重点探讨了 3D NAND Flash 器件的可靠性问题，如存储单元及阵列读取干扰、阵列编程干扰、存储单元编程噪声、阵列瞬态读取错误；介绍了 NAND Flash 阵列的非理想效应，如 GIDL、RTN、背景模式干扰、源端噪声、单元间电容耦合、串电阻对串电流的影响、字线耦合噪声等。随着 3D NAND Flash 存储密度的上升，器件的可靠性问题愈加重要。

习题

　　(1) 列出 CMOS 器件主要可靠性问题，并介绍其机理和影响。
　　(2) 简述 RTN 的概念及其对 NAND 存储器的影响。
　　(3) 概述存储器耐久性和数据保持特性的定义。
　　(4) NAND Flash 阵列有哪些非理想效应？
　　(5) 什么是 GIDL 效应？
　　(6) NAND 存储器阵列发生 BPD 的原因是什么？

参考文献

[1]　刘富财,蔡翔,罗俊,等.深亚微米 CMOS 器件可靠性机理及模型[J].微电子学,2012,42(02)：250-254.

[2]　侯志刚,许新新,张宪敏,等.超深亚微米器件的失效机理及其可靠性研究[J].电子质量,2005(12)：39-42.

[3]　Chua C S,Chor E F,Ang C H,et al. Characterization of microtrenching on 0.13μm NMOS and PMOS transistors using DAHC and edge FN stress[C]//IEEE International Symposium on Plasma-& Process-induced Damage,2002.

[4]　Larosa G,Guarin F,Rauch S,et al. NBTI-channel hot carrier effects in pMOSFETs in advanced CMOS technologies[C]//IEEE International Reliability Physics Symposium,1997.

[5]　Acovic A,Rosa G L,Sun Y C. A review of hot-carrier degradation mechanisms in MOSFETs[J]. Microelectronics Reliability,1996,36：845-869.

[6]　Huard V,Denais M,Parthasarathy C. NBTI degradation：from physical mechanisms to modelling[J]. Microelectronics & Reliability,2006,46(1)：1-23.

[7]　Kauerauf T,Kauerauf T,Degraeve R,et al. Methodologies for sub-1nm EOT TDDB evaluation[C]// International Reliability Physics Symposium,2011.

[8]　Elhdiy A,Salace G,Petit C,et al. Relaxation of interface states and positive charge in thin gate oxide after Fowler-Nordheim stress[J]. Journal of Applied Physics,1993,73(7)：3569-3570.

[9]　Failure mechanisms and models for semiconductor devices[S]. JEDEC Standard JEP122E,2009.

[10]　Park H S,Lee J H,Lim T,et at. Variation of Poly-Si grain structures under thermal annealing and its effect on the performance of TiN/Al$_2$O$_3$/Si$_3$N$_4$/SiO$_2$/Poly-Si capacitors [J]. Applied Surface

Science,2017,10: 477.

[11] Wang Y,White M H. An analytical retention model for SONOS nonvolatile memory devices in the excess electron state[J]. Solid-State Electronics,2005,49(1): 97-107.

[12] Woo C,Lee M,Kim S,et al. Modeling of Charge Loss Mechanisms during the Short Term Retention Operation in 3-D NAND Flash Memories[C]//IEEE Symposium on VLSI Technology. 2019.

[13] Jia X,Jin L,Hou W,et al. Impact of cycling induced intercell trapped charge on retention charge loss in 3D NAND Flash memory[J]. IEEE Journal of the Electron Devices Society,2020,8: 62-66.

[14] Govoreanu B,Blomme P,Rosmeulen M,et al. VARIOT: A novel multilayer tunnel barrier concept for low-voltage nonvolatile memory devices[J]. IEEE Electron Device Letters,2003,24(2): 99-101.

[15] Likharev K K. Layered tunnel barriers for nonvolatile memory devices[J]. Applied Physics Letters, 1998,73(15): 2137-2139.

[16] Mine T,Fujisaki K,Ishida T,et al. Electron trap characteristics of silicon rich silicon nitride thin films[J]. Japanese Journal of Applied Physics Part 1, Regular Papers Brief Communications & Review Papers,2007,46(5B): 3206-3210.

[17] Cappelletti P,Golla C,Olivo P,et al. Flash memories[M]. Boston,MA: Kluwer,1999.

[18] Micheloni R,Picca M,Amato S,et al. Non-Volatile memories for removable media[J]. Proceedings of the IEEE,2009,97(1): 148-160.

[19] Micheloni R,Marelli A,Ravasio R. Error correction codes for Non-Volatile memories[M]. Berlin: Springer Publishing Company,2010.

[20] Park Y B,Schroeder D K. Degradation of thin tunnel gate oxide under constant Fowler-Nordheim current stress for a Flash EEPROM [J]. IEEE Transactions on Electron Devices, 1998, 45: 1361-1368.

[21] Modelli A,Visconti A,Bez R. Advanced Flash memory reliability[C]//IEEE International Conference on Integrated Circuit Design and Technology,2004.

[22] Micheloni R,Crippa L,Marelli A. Inside NAND Flash memories[M]. Berlin: Springer Science & Business Media,2010.

[23] Lee J D,Choi J H,Park D,et al. Degradation of tunnel oxide by FN current stress and its effects on data retention characteristics of 90nm NAND flash memory cells[C]//IEEE International Reliability Physics Symposium Proceedings,2003.

[24] Park K T. Three-Dimensional 128Gb MLC Vertical nand Flash Memory With 24-WL Stacked Layers and 50MB/s High-Speed Programming [J]. IEEE Journal of Solid-State Circuits, 2014, 50(1): 204-213.

[25] Samanta P. Calculation of the probability of hole injection from polysilicon gate into silicon dioxide in MOS structures under high-field stress[J]. Solid-State Electronics,1999,43(9): 1677-1687.

[26] Fischetti M V. Model for the generation of positive charge at the $Si-SiO_2$ interface based on hot-hole injection from the anode[J]. Physical Review B,1985,31(4): 2099-2113.

[27] Zhang Y,Jin L,Jiang D,et al. A novel read scheme for read disturbance suppression in 3D NAND Flash memory[J]. IEEE Electron Device Letters,2017,38(12): 1669-1672.

[28] Lee J D,Lee C K,Lee M W,et al. A new programming disturbance phenomenon in NAND Flash memory By source/drain hot-electrons Generated by GIDL current[C]//IEEE Non-volatile Semiconductor Memory Workshop,2006.

[29] Park K T,Song Y,Kang M,et al. Dynamic Vpass controlled program scheme and optimized erase Vth control for high program inhibition in MLC NAND flash memories[J]. IEEE Journal of Solid-State Circuits,2010,45(10): 2165-2172.

[30] Zhang Y,Jin L,Zou X,et al. A Novel Program Scheme for Program Disturbance Optimization in 3-D

NAND Flash Memory[J]. IEEE Electron Device Letters,2018,39(7)：959-962.

[31]　Kim Y,Kang M. Down-coupling phenomenon of floating channel in 3D NAND Flash memory[J]. IEEE Electron Device Letters,2016：1566-1569.

[32]　Hou W,Jin L,Jia X,et al. Investigation of program noise in charge trap based 3D NAND Flash memory[J]. IEEE Electron Device Letters,2019,PP(99)：1-1.

[33]　S. Xia S,Jia X,Lei J,et al. Analysis and optimization of temporary read errors in 3D NAND Flash memories[J]. IEEE Electron Device Letters,2021,42(6)：820-823.

[34]　Roy K, Mukhopadhyay S, Mahmoodi-Meimand H. Leakage current mechanisms and leakage reduction techniques in deep-submicrometer CMOS circuits[J]. Proceedings of the IEEE,2003, 91(2)：303-304.

[35]　Lopez L,Masson P,Née D,et al. Temperature and drain voltage dependence of gate-induced drain leakage[J]. Microelectronic Engineering,2004,72(1-4)：101-105.

[36]　Ghetti A,Compagnoni C M, Spinelli A S,et al. Comprehensive analysis of random telegraph noise instability and its scaling in deca-nanometer Flash memories[J]. IEEE Transactions on Electron Devices,2009,56(8)：1746-1752.

[37]　Kanda K,Koyanagi M,Yamamura T,et al. A 120mm^2 16Gb 4-MLC NAND Flash memory with 43nm CMOS technology[C]//IEEE International Solid-state Circuits Conference,2009.

[38]　Cho T,Lee Y T,Kim E,et al. A 3. 3V 1Gb multi-level NAND Flash memory with non-uniform threshold voltage distribution[C]//IEEE International Solid-State Circuits Conference,2001.

[39]　Nowak E. Intrinsic fluctuations in vertical NAND flash memories[C] //Symposium on VLSI Technology,2012.

[40]　Raghunathan S. 3D-NAND reliability：review of key mechanisms and mitigations[C]//4th IEEE Electron Devices Technology & Manufacturing Conference,2020.

[41]　Jia X,Jin L,Zhou W,et al. Investigation of random telegraph noise under different programmed cell Vt levels in charge trap based 3D NAND Flash[J]. IEEE Electron Device Letters,2022,43(6)：878-881.

[42]　Park J W,Kim D,Ok S,et al. 176-Stacked 512Gb 3b/Cell 3D-NAND flash with 10. 8Gb/mm^2 density with a peripheral circuit under cell array architecture[C] //IEEE International Solid-State Circuits Conference,2021.

[43]　Lee J,Lee S S,Kwon O S,et al. A 90-nm CMOS 1. 8-V 2-Gb NAND Flash memory for mass storage applications[J]. IEEE Journal of solid-state circuits,2003,38(11)：1934-1942.

[44]　Kang D,Jeong W,Kim C,et al. 256Gb 3b/cell V-NAND flash memory with 48 stacked WL layers [C]//IEEE International Solid-State Circuits Conference,2016.

[45]　Richter D. Flash Memories[M]. Berlin：Springer Science & Business Media,2014.

第8章

3D NAND Flash存储器测试表征技术

3D NAND Flash 作为一种高密度存储芯片,在消费电子、数据中心和智能设备等领域有着广泛应用。近年来,大数据和物联网技术的快速发展带来了数据量的爆炸式增长,这也对 3D NAND Flash 的可靠性提出了日益严苛的要求,因此需要通过有效的测试与表征方法确保 3D NAND Flash 的可靠性。测试与表征作为贯穿整个存储器产业链的重要步骤,是指使用特定仪器设备,对待测器件(Device Under Test,DUT)进行测试,从而检测缺陷,验证器件是否符合设计目标和筛选分类产品的过程。存储器的测试与表征可以确保生产出的存储器芯片达到良率要求,降低浪费成本,同时还可以提供有效的可靠性测试数据,对存储器设计与制造进行有效反馈,这对于提高存储器产品的良率和可靠性具有重要的意义。

8.1 器件电学表征测试方法

随着 NAND Flash 存储技术从 2D 发展到 3D,可靠性问题一直是存储器器件的关注点,而 NAND Flash 存储器件的可靠性测试是 NAND Flash 研究中必不可少的部分之一,通过器件可靠性测试可以快速表征器件的电学特性。

常见的 NAND Flash 器件电学测试平台包括单元级测试方法和阵列级测试方法。后者利用 NAND Flash 芯片进行测试,前者是面向基本器件单元,对器件电学特性表征更精确的测试平台。由于 3D NAND Flash 器件的可靠性问题常受到多种不同物理机制的共同作用,例如跨温度特性(cross-temperature)、RTN、编程噪声、IVS、BPD 等,通常结合多种电学表征进行测量。

8.1.1 单元级测试方法

在晶圆产品流片结束之后会进行一个测量器件电性参数的步骤,称为晶圆接受测试(Wafer Acceptance Test,WAT)。WAT 目的是检测晶圆产品的工艺情况,评估晶圆的质量以及可靠性,确保芯片的关键器件电学参数符合预期要求。用于在晶圆上收集电学性能数据而专门设计的结构称为 WAT 测试结构(WAT test structure),通过特定的测试结构可反映芯片产品实际工艺和器件质量。

　　器件级电学测试常用到半导体参数分析仪,以 Keysight™ B1500A 半导体器件分析仪为例,它具有评估先进 NAND Flash 器件可靠性所需要的测量能力。Keysight™ B1500A 的控制软件涵盖了几乎所有常见的 NAND Flash 可靠性测试。Keysight™ B1500A 支持多个源测量单元(Source Measure Unit,SMU)测量模组,能够满足 NAND Flash 可靠性测试的绝大多数测量要求[1]。

　　除了主要的 Keysight™ B1500A 测试仪外,器件级测试系统还需要与其配套的其他模块,包括控制计算机、开关矩阵、探针台等,可实现面向单元器件测试结构的晶圆级的电学特性表征,如图 8.1 所示。

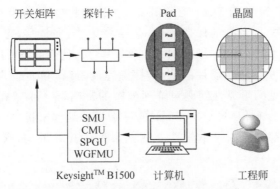

图 8.1　基于 Keysight™ B1500A 半导体分析仪的晶圆级
单元结构电学测试平台搭建示意图

　　在上述晶圆级单元结构电学测试平台的应用中,首先需要设计完整合理的实验方案,通过外部连线将设备的测试模块与开关矩阵进行连接,开关矩阵将测试信号经探针卡传输到测试结构,建立起一套完整准确的测试信号流程,当机台的探针与 Pad 接触良好后,可直接通过计算机进行各种电学测试。

8.1.2　阵列级测试方法

　　基于 ATE 和 ONFI[2]的阵列级测试平台通过 ONFI 协议实现对 NAND Flash 的控制和通信,ONFI 协议是一种 Flash 接口的标准,由英特尔、镁光、SK 海力士、群联电子、闪迪、索尼、飞索半导体等宣布统一制定的连接 NAND Flash 和控制芯片的接口标准。该平台可以通过对存储单元的编程/擦除以及读取操作,测量不同操作或者保持状态后的存储单元状态,进而分析存储器件的电学特性,为产品的开发和性能优化提供参考和指导。

8.2　NAND Flash 器件电学表征基本参数

　　存储器的测试与表征技术在存储器研发、生产和制造的每一个环节都起着十分关键的作用。首先,在研发阶段,需要通过测试来对芯片样品进行验证,目的主要是检测芯片设计的功能是否能够达到设计要求,以及检测是否存在逻辑设计、版图设计等方面的缺陷,只有经过设计验证的芯片才能进入后续量产的环节。随后,在存储器芯片的生产过程中,物理结构表征技术在工艺监控方面发挥着重要的作用,应用于芯片制造的整个工艺环节。在光刻、刻蚀、沉积、抛光、离子注入等每一道工序中,都有可能会在芯片中引入缺陷,最终导致芯片失效。因此在存储器芯片的制造环节中需要检测每一步工艺的良率,从而对工艺问题进行及时有效的监测和反馈。在存储器芯片生产完成之后,还需要对芯片进行一系列的电学测试,以对 3D NAND Flash 的性能进行全方位的评估。3D NAND Flash 需要关注的基本电学参数包括编程/擦除速度、耐久性、保持特性、干扰特性、快速阈值损失、随机电报噪声等。其中编程/擦除速度、耐久性以及保持特性是 3D NAND Flash 在市场应用的主要特性指标。基于各类测试平台,实现对多种电学性能指标快速准确的采集,是存储器研发和生产的重要环节。

在实际使用中,3D NAND Flash 通常需要在一次编程之后,保持数据十年以上,在此期间存储器件的电荷损失,即数据的保持特性,会导致 V_{th} 分布漂移,超出纠错力造成读取错误。而编程/擦除循环,会在隧穿层形成电子或空穴陷阱,使界面态密度增加,影响器件电学性能并加剧电荷损失,从而影响器件的编程/擦除速度,使得单页读取的异常比特数目增加。图 8.2 说明了常见的可靠性问题对阵列分布的影响[1]。隧穿氧化层的缺陷,电荷损失和 SILC 等机制,会影响 3D NAND Flash 的读干扰和编程干扰,使得阈值电压分布出现异常。这些异常现象都需要通过电学性能测试来评估其对 3D NAND Flash 可靠性的影响。

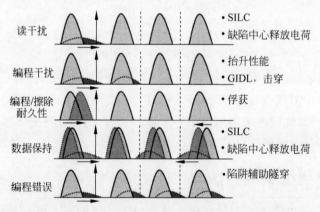

图 8.2 3D NAND Flash 中常见的各种可靠性物理机制及对阈值电压分布的影响[1]

8.2.1 单元阈值电压

阈值电压是 NAND Flash 最重要的基本电学参数之一,所有的数据信息都是以阈值电压的形式存储在器件阵列中。NAND Flash 单元的阈值电压测量方式与普通 MOS 器件十分相似,区别仅在于 NAND Flash 采取了将多个存储单元串联在一个串上的方式。如图 8.3(a)所示,如果要测量 NAND Flash 某一个单元的阈值电压,可以将位线作为整个串的漏极施加漏极电压 V_d,ACS 作为整个串的源极,在选中单元的字线上施加栅极电压 V_g,在非选中单元上施加高于其阈值电压的导通电压 V_{pass} 使其处于打开状态,同时测量位线端的电流 I_d,即可得到如图 8.3(b)所示的 I_d-V_g 曲线进而提取阈值电压。

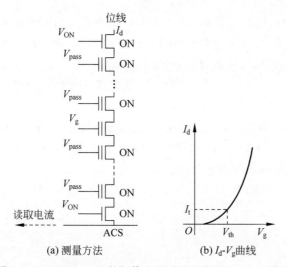

(a) 测量方法   (b) I_d-V_g曲线

图 8.3   NAND Flash 的阈值电压测量方法以及 I_d-V_g 曲线

8.2.2   单元编程/擦除速度

NAND Flash 的编程和擦除操作一般基于 F-N 隧穿机制[3]。栅极施加的电压较高时 F-N 隧穿才会发生,此时隧穿层中的电场较强,在能带图上表现为电子隧穿的势垒呈三角形,相应的隧穿电流为

$$J_{\text{tunnel}} = \alpha E_{\text{inj}}^2 \exp\left(-\frac{\beta}{E_{\text{inj}}}\right) \tag{8.1}$$

其中,J_{tunnel} 为电子电流密度;E_{inj} 为氧化层内的电场强度;α、β 为常数。

通过对 NAND Flash 单元的操作电压和操作时间进行分组实验,可以得到如图 8.4 所示的编程/擦除速度曲线[4],存储单元的阈值电压随着编程/擦除时间及电压的增大而增大,且其对操作电压的变化更加敏感。实际工程应用中可采用特定编程时间的单元阈值电压变化来评估编程速度,而采用特定擦除时间的单元阈值电压来评估擦除速度。分别提取不同操作电压下存储单元的阈值电压,可以发现编程/擦除速度与相应的操作电压呈线性关系[4],利用此关系便可以推导出特定编程或擦除电压所对应的编程/擦除速度,如图 8.5 所示。

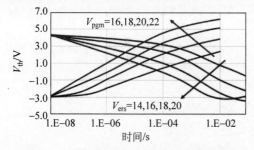

图 8.4   NAND Flash 存储单元编程/擦除
速度曲线[4]

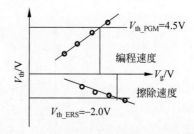

图 8.5   NAND Flash 存储单元编程/擦除
速度与编程或擦除电压的关系

8.2.3   阵列干扰特性

编程干扰的测试流程如图 8.6 所示,首先对选择串上目标单元进行编程操作,然后读取

此单元的阈值电压 V_{th1}，然后对其他选择串的同一层字线单元做编程操作，再次读取选择串目标单元的阈值电压 V_{th2}，两次阈值电压的差异 $V_{th2}-V_{th1}$ 即为编程电压干扰，将选择串剩余单元进行编程操作后，再次读取目标单元的阈值电压 V_{th3}，$V_{th3}-V_{th2}$ 即为导通电压干扰。编程结束后，反复读取整个选择串的存储单元，随着读取次数的增加，目标单元阈值电压的变化量 $V_{th4}-V_{th3}$ 称作读取干扰。在 3D NAND Flash 编程过程中，对于非选择串，非选择字线的导通电压将影响耦合产生的沟道电势，进而影响选择字线的编程干扰。非选择字线的导通电压过高，又会产生导通电压干扰。可以通过调节编程过程非选择单元的导通电压，平衡编程电压串扰与导通电压串扰，优化产品性能，如图 8.7 所示。

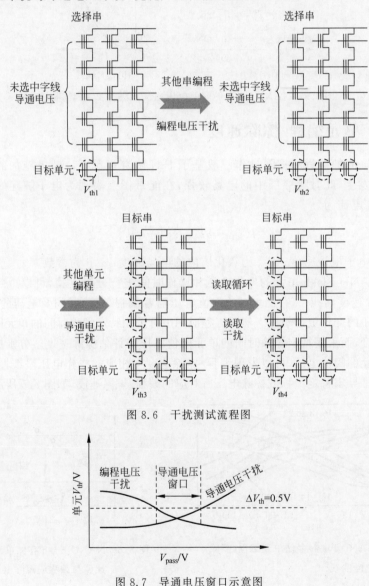

图 8.6　干扰测试流程图

图 8.7　导通电压窗口示意图

8.2.4　存储单元耐久特性

　　NAND Flash 采用 F-N 隧穿机制进行存储单元的编程/擦除操作,高操作电压导致隧穿氧化层的电场强,这种强电场会造成隧穿氧化层的退化。一般用耐久特性来衡量存储芯片能承受的最大编程/擦除次数。图 8.8 为 NAND Flash 单元耐久性表征时其阈值电压随编程/擦除循环次数的变化。通过在存储单元上不断重复编程/擦除操作,并不断对存储单元的阈值电压进行监控,可以发现随着编程/擦除次数的增加,存储单元的阈值电压不断地上升[4],并且通常擦除态会表现出更显著的增长[5-6],但不同工艺和结构的器件也可能展现出不同的阈值电压变化趋势。

　　如图 8.9 所示的阳极空穴注入效应是一种 F-N 隧穿造成隧穿层退化的机制模型[7-8]。从浮栅(阳极)注入衬底(阴极)的热电子通过碰撞电离在阳极产生了电子-空穴对,其中一部分热空穴会注入隧穿氧化层中,一方面会在氧化层中产生电子型和空穴型陷阱;另一方面也会在隧穿层表面产生表面缺陷态。这些陷阱的产生使得编程/擦除特性变差,编程/擦除窗口缩小,随着编程/擦除循环次数的不断累积,陷阱数量的持续增加可能使器件失效。

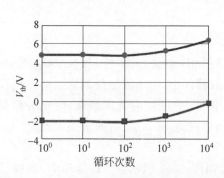

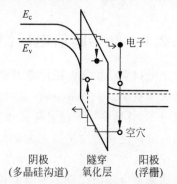

图 8.8　NAND Flash 单元耐久性表征时阈值
电压随 P/E 循环次数的变化[4]

图 8.9　NAND Flash 器件中的阳极
空穴注入机制[8]

8.2.5　存储单元保持特性

　　NAND Flash 单元的数据保持时间是指允许正确读取存储数据的最长时间,其由存储层中电荷的保持能力决定。第 7 章介绍了影响保持特性的物理机制,其中电荷从存储层通过隧穿氧化层到达沟道是典型的电荷损失现象,通常将其归因于隧穿层的电子隧穿效应,通过提高温度[9]或施加偏压可用于加速这种现象。

　　传统的 2D NAND Flash 一般为基于浮栅的存储器件,存储于浮栅之中的电子可以自由地移动,影响其数据保持特性的物理机理一般有两种:电荷的去俘获和 SILC。对于平面CTF 器件,对其数据保持特性的温度加速和应力加速研究显示[10],垂直于隧穿层的电荷损失以及电荷俘获层中的电荷横向迁移均会对存储单元的阈值电压造成影响。对于 3D NAND Flash 器件,其数据保持特性失效机制与 2D NAND Flash 有所不同,3D NAND Flash 的电荷存储层为连续的存储介质,相邻存储单元之间没有物理间隔,导致存储在其中的电荷会由于温度和电场的作用从单元字线向单元之间发生横向迁移[11-12]。

　　对于 3D NAND Flash 的保持特性的研究十分重要,尤其是经过一定的编程/擦除后的存储单元。经过一定时间的使用后,由于栅介质叠层和沟道界面新陷阱态的产生,NAND Flash 单元的保持特性显著退化。如图 8.10 所示为对 NAND Flash 单元经过多次的编程/擦除循环后的单元保持特性的测试过程示意图[13]。经过一定的编程/擦除应力退化实验后,在一定温度下,对存储单元的阈值电压进行监控,通过记录下不同时间点存储单元的阈值电压,得到阈值电压随时间的变化曲线。利用温度加速关系得到器件在一定温度下的数据保持时间。

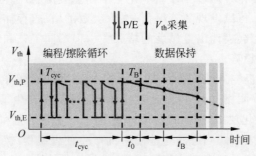

图 8.10　NAND Flash 单元经过编程/擦除循环后的保持特性测试示意图[13]

8.2.6　初始阈值电压漂移

由于电荷俘获型器件比浮栅型器件更容易进行 3D 集成,大多数 3D NAND Flash 都是基于电荷俘获型。一般来讲,在电荷俘获型 Flash 器件中,由于浅能级陷阱也会在编程过程中俘获电子,且这些电子极易脱离浅能级陷阱的束缚,造成阈值电压漂移,因此编程完成后短时间内的快速阈值电压损失也是基于电荷俘获原理的 Flash 面临的重要问题之一。该现象出现在平面 CTF 器件中,发生时间为微秒级别。

快速阈值电压漂移是多种因素共同造成的,如图 8.11 所示,CTF 器件中,编程后可能发生快速阈值变化,其主要机理为:编程操作之后,隧穿层中①电子或②空穴的去俘获,阻挡层中④电子或⑤空穴的去俘获,存储层中电子在③垂直方向和⑥横向方向的再分布,⑦电子通过阻挡层从存储层去俘获到栅极[9]。根据相关研究,其可能的原因包括编程操作后存储层或隧穿氧化层中浅能级陷阱电子的快速流失,也可能是编程操作后电子的瞬态横向迁移。一般来讲,这种快速阈值损失效应随着编程/擦除循环次数增多而增大,同时这种效应取决于栅介质层的性质。此外,对于擦除操作,电荷俘获型 Flash 也面临擦除态的快速阈值电压变化,其原因是空穴在存储层中的快速再分布[20]。

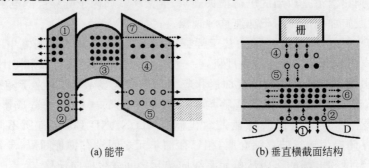

(a) 能带　　　　　(b) 垂直横截面结构

图 8.11　CTF 器件中,编程后的快速阈值损失机理示意图

在基于 Keysight[TM] B1500A 为代表的半导体特性分析仪建立的测试系统中,快速阈值电压漂移的实验装置连接如图 8.12(a)所示。利用波形发生快速量测模块(Waveform Generator and Fast Measure Unit,WGFMU),在 MOSFET 的 4 个端口上施加脉冲进行编程,同时编程结束后立即开始读取阶段(通常编程与读取之间的延迟小于 1μs)。图 8.12(b)为快速阈值漂移测量过程中各端口的脉冲波形示意图,该系统支持任意波形发生器和快速测量功能,可以通过改变采样时间和其他测试参数,实现快速阈值电压漂移的精确测量。

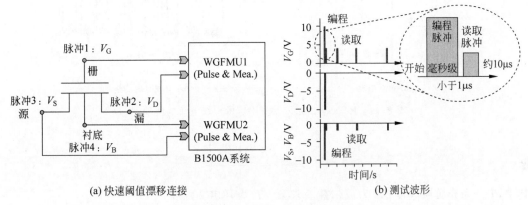

(a) 快速阈值漂移连接　　　　　　　　(b) 测试波形

图 8.12　快速阈值电压损失的实验[14]

图 8.13 显示了快速阈值电压漂移 ΔV_{th} 的测量方法[15]。选择一个接近阈值电压以下的读取电压 V_{read},这样一个小的阈值电压漂移将导致大的串电流差距,然后通过 I-V 曲线的对照将串电流差转换为 ΔV_{th}。这种方法可以使阈值电压变化的测量更加精确。

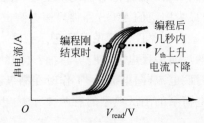

图 8.13　快速阈值电压漂移 ΔV_{th} 的测量方法[15]

8.2.7　随机电报噪声

3D NAND 中的 RTN 现象通常是指存储单元的阈值电压随着时间变化发生随机涨落的现象,其物理机制一般是由于沟道电子被晶界陷阱或沟道和隧穿氧化层之间的界面陷阱随机俘获和释放,导致沟道电流发生波动,进而影响器件的阈值电压。

NAND Flash 中 RTN 测量方法有很多种,其中单元级测试如图 8.14(a)所示[16]。通过对 NAND Flash 单元串的每个节点施加无噪声直流电压,对选中单元字线施加接近于阈值电压的栅极电压,测量位线电流 I_{BL} 随时间的波动。图 8.14(b)显示了由 RTN 引起的 Flash 单元的 I_{BL} 波动。通常认为是俘获电子的氧化层陷阱改变了存储单元的平带电压,并引起了位线电流的波动。

陷阱电荷的行为遵循泊松分布,因此陷阱的状态转换概率呈指数增长。根据发射时间(τ_e)和捕获时间(τ_c),界面和陷阱之间的距离(x_t)可建模为

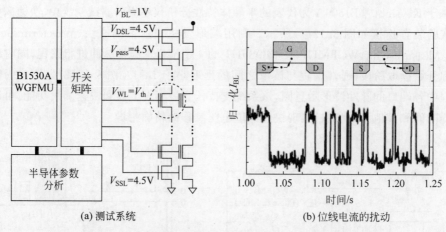

(a) 测试系统   (b) 位线电流的扰动

图 8.14 RTN 测试系统及其引起的位线电流的波动[16]

$$\frac{x_t}{T_{ox}} = -\frac{kT}{q} \frac{d\left(\ln\dfrac{\tau_c}{\tau_e}\right)}{dV_{WL}} \tag{8.2}$$

其中，T_{ox} 为介质层厚度；k 为玻尔兹曼常数；T 为开尔文温度。

8.2.8 电荷泵技术

电荷泵(charge pumping)技术是一种器件缺陷的电学表征测量技术，在 1969 年被首次提出来，可以直接有效地探测到 MOS 器件的界面陷阱密度、界面陷阱的能级分布及靠近界面的氧化层电荷，是目前使用最为广泛的 MOS 器件界面态测试方法之一[21]。

图 8.15 给出了电荷泵测试时的器件连接图及原理示意图。测量时，将器件的源、漏两端连接在一起并施加一个小的反向偏置电压，使其与衬底之间的 PN 结反偏，电流测量设备连接在衬底上(或漏端)读取衬底电流(漏电流)。工作时在栅极上施加电荷泵脉冲信号实现测量，根据施加脉冲的不同，电荷泵的测试典型的有两种方法：恒基压法和恒幅值法。

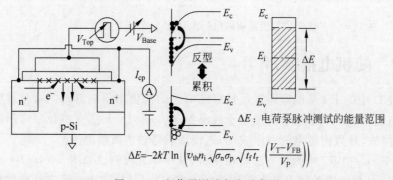

图 8.15 电荷泵测试方法示意图

由于沟道与隧穿层界面陷阱能级位于半导体禁带之中，当费米能级高于界面陷阱能级时，界面陷阱俘获电子，而当费米能级低于界面陷阱能级时，界面陷阱将释放电子。而电荷泵测试技术的基本工作原理就是通过在栅极上施加脉冲电压实现表面费米能级的上下移动，使半导体能带在强反型和强积累两种状态间频繁地转换。以 NMOS 器件为例，在不同栅极脉冲电压作用下,费米能级频繁地上下移动促使界面陷阱反复地俘获来自源、漏两端提供的电子,随后又将电子释放到衬底中,形成了从源、漏两端到衬底的电流,被称为电荷泵电流 I_{cp}。由此可见,I_{cp} 与器件的界面陷阱密度紧密相关,可通过测量电荷泵电流直接反映出器件的界面陷阱信息。根据电荷泵测试原理,界面陷阱密度为

$$I_{cpmax} = qD_{it}\Delta EA_g f = qA_g f N_{it} \tag{8.3}$$

其中,I_{cpmax} 为最大电荷泵电流;q 为单位电荷量;A_g 是栅面积;N_{it} 是界面陷阱密度;f 为脉冲信号频率;D_{it} 为能带中的平均界面陷阱密度;ΔE 为电荷泵测试涵盖的界面陷阱能带范围。

8.3 结构及物理表征简介

8.3.1 扫描电子显微镜

扫描电子显微镜(SEM)是 1965 年发明的微观形状表征工具,是目前材料、电子等领域进行微粒及以下微观形状表征的常见测试设备,它主要是利用入射电子与样品相互作用产生的二次电子信号成像观察样品的表面形态,即用极狭窄的电子束去扫描样品,通过电子束与样品的相互作用产生各种效应,进而产生各种反映样品特征的物理信号,通过对二次电子信号进行收集、光电转换和放大,最终样品表面放大的形状图像。

如图 8.16 所示为 SEM 的结构示意图,其由电子光学系统、信号收集和显示系统、真空系统及电源系统组成。由 SEM 三极电子枪发出的电子束经栅极静电聚焦后成为具有一定直径的点光源。在加速电场作用下,经过几个电磁透镜所组成的电子光学系统,电子束会聚成孔径角较小的束斑,末级透镜装有扫描图,在其作用下,电子束在试样表面聚焦。

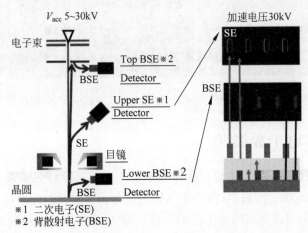

图 8.16 扫描电子显微镜示意图及其在套刻工艺表征中的应用

SEM 是介于透射电子显微镜和光学显微镜之间的一种微观形状观察手段,可直接利用样品表面材料的物质性能进行微观成像。SEM 的优点是:①有较高的放大倍数,在 2~20 万倍连续可调;②高景深,视野大,可直接观察各种表面形状;③试样制备简单。通常的 SEM 都配有 X 射线能谱仪装置,这样可以同时进行显微组织形状的观察和微区成分分析,因此它在半导体工艺监控和形状表征中发挥着重要的作用。

沟道孔刻蚀是 3D NAND 的关键工艺之一。随着 3D NAND 堆叠层数的不断提升,沟

道孔的深宽比也不断增加,这给深孔刻蚀工艺带来了巨大的挑战。沟道孔刻蚀过程中产生的工艺缺陷都可以通过 SEM 进行表征和监控。图 8.17 展现了 SEM 技术对 3D NAND 存储器沟道孔形状缺陷表征和监控上的应用。其中试样 1 的刻蚀深孔从顶部到底部的直径都较为均匀,而试样 2 和试样 3 均表现出不同程度的锥形孔现象,即深孔顶部直径大于底部。观察试样 4～试样 6 发现其深孔直径最大处位于深孔中间,而两端均直径较小。沟道孔的形状控制对于 3D NAND Flash 器件的电学性能均一性有着重要的意义,随着 3D NAND Flash 堆叠层数的不断增大,在工艺上进行沟道孔形状调控的难度也越来越大,需要结合 SEM 不断观察刻蚀结果,分析产生工艺缺陷的机理,为后续的工艺改进提供帮助。同时,供助 SEM 对沟道孔的直径的监测可以实现对 3D NAND Flash 的电学性能的分析和优化。在相同的栅极电压下,沟道孔直径越小,其在隧穿层中产生的电场越强,对应的器件单元编程/擦除速度也越快。根据 SEM 观测 3D NAND Flash 沟道孔从上到下的直径分布,可以估算出不同层的字线为得到相近的编程/擦除速度所需的操作电压,为 3D NAND Flash 阵列电学性能的分析和优化提供数据支撑。

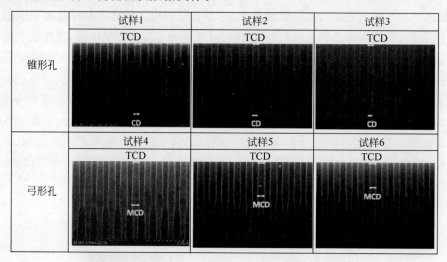

图 8.17　3D NAND Flash 沟道孔工艺监测截面 SEM 照片

8.3.2　透射电子显微镜

TEM 简称透射电镜,原理是将经过加速和聚集的电子束投射到非常薄的样品上,电子与样品中的原子碰撞而改变方向,从而产生立体角散射。散射角的大小与样品的密度、厚度相关,因此散射角不同,可以形成明暗不同的影像。通常,透射电子显微镜的分辨率为 0.1～0.2nm,放大倍数为几万到百万倍,可用于观察超微结构,即小于 $0.2\mu m$、光学显微镜下无法看清的结构,又称"亚显微结构"。

透射电子显微镜的成像原理可分为三种情况。

(1)吸收像。当电子射到质量、密度大的样品时,主要的成像机理是电子散射作用。样品上厚度大的地方对电子的散射角大,通过的电子较少,成像亮度较暗。

(2)衍射像。电子束被样品衍射后,样品不同位置的衍射波振幅分布对应于样品中晶体各部分不同的衍射能力。当出现晶体缺陷时,缺陷部分的衍射能力与完整区域不同,从而使衍射波的振幅分布不均匀,反映出晶体缺陷的分布。

（3）相位像。当样品薄至100A以下时,电子可以穿过样品,波的振幅变化可以忽略,成像来自于相位的变化。

透射电子显微镜在许多领域有广泛应用,尤其在材料科学上应用较多。由于电子易散射或被物体吸收,故穿透力低。样品的密度、厚度等都会影响最后的成像质量,必须将样品制备成超薄切片。常用的方法包括超薄切片法、冷冻超薄切片法、冷冻蚀刻法及冷冻断裂法等。对于液体样品,通常是挂在预处理过的铜网上进行观察[27]。TEM常用于研究纳米材料的结晶情况,观察纳米粒子的形状、分散情况及测量和评估纳米粒子的粒径,是常用的纳米尺寸材料微观结构的表征技术之一。

3D NAND Flash性能指标多且复杂,这对于器件的结构和工艺控制提出了严格的要求。栅介质叠层是3D NAND Flash单元的核心组成,其制造工艺对于器件可靠性具有至关重要的影响。在3D NAND Flash器件的电学特性分析环节中,也常常需要检查栅介质叠层的物理性质进行精细的表征,用于辅助电学参数分析。例如,栅介质叠层的厚度会对器件的编程/擦除电压、保持特性以及循环寿命等可靠性指标造成影响。在3D NAND Flash的生产与制造过程中,对结构进行物理表征分析可以监控产线健康状况和异常情况诊断,以保障产品性能指标达到市场要求。

TEM表征方法的高精度物理尺寸测量可以满足这一需求。如图8.18所示是典型的环栅型3D NAND Flash的沟道孔横截面形状图,借助于TEM的高分辨率可以清晰地辨认出沟道孔中各层材料的边界,由圆心向外的材料组成依次为①氧化物填充层;②多晶硅沟道;③隧穿层氧化物;④电荷俘获层氮化物;⑤阻挡层氧化物;⑥高介电常数层;⑦TiN黏附层;⑧金属栅极;结合TEM的亚纳米级分辨率即可测量出各层材料的厚度,进一步放大还可以对各层材料进行晶体结构分析。

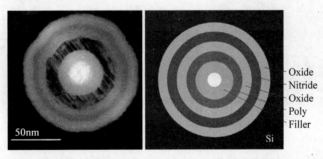

图8.18　典型的3D NAND Flash沟道孔形状及各层对应的材料组成[23]

在对3D NAND Flash进行物理尺寸和形状表征的基础上,还可以将TEM表征和能量色散X射线能谱分析方法结合在一起,得到沟道孔各层材料中的元素分布。图8.19是一张用于表征3D NAND Flash存储器栅介质叠层的侧截面TEM图像[24],配合能谱线扫描可以快速得到选定区域的元素含量可用于诊断工艺异常。能谱分析除了可以进行线扫描之外,还可以对选定区域进行面扫描分析,从而快速得到整个平面内的元素组成分布。如图8.20(a)和图8.20(b)分别是在直流和交流应力下失效单元的TEM图片。图8.20(c)上下分别是直流和交流应力单元的铝和钨的EDS映射结果,所得元素分布可以和TEM形貌图对应起来,这对于3D NAND Flash的材料物理组成和电性结果分析具有重要的辅助作用。

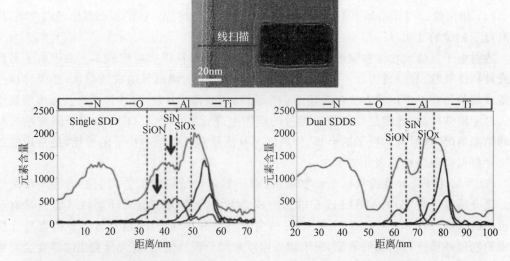

图 8.19 NAND Flash 栅介质叠层的 TEM 显微图片及对应的能谱线扫描结果[24]

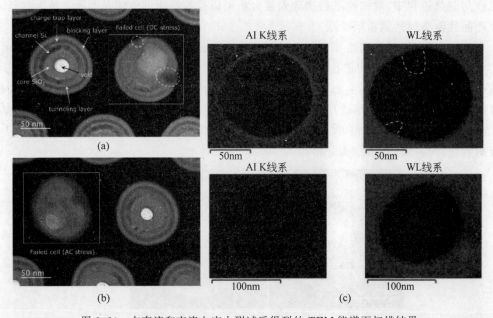

图 8.20 在直流和交流电应力测试后得到的 TEM 能谱面扫描结果

8.3.3 电子背散射衍射

电子背散射衍射(Electron Backscattered Diffraction,EBSD)技术的主要特点是可以在保留 SEM 常规特点的同时,进行空间分辨率亚微米级的衍射,给出结晶学的数据。

EBSD 将显微组织分析和晶体学分析相结合,应用 EBSD 可以进行相分析、获得界面(晶界)参数和检测塑性应变。目前,EBSD 技术已经能够实现全自动采集微区取向信息,样品制备较简单,数据采集速度快,分辨率高,为快速高效地定量统计研究材料的微观组织结构和织构奠定了基础,因此 EBSD 目前已成为材料研究中一种重要的分析手段。

在 SEM 中,入射在样品上的电子束与样品作用会产生几种不同物理效应,其中之一就是在每个晶粒内规则排列的晶格面上产生衍射。从所有原子面上产生的衍射组成"衍射图样",可以看成是一张晶体中原子面间的角度关系图。衍射图样包含晶系(立方、六方等)等晶体对称性的信息,而且晶面和晶带轴间的夹角与晶系种类和晶格参数相对应,这些数据可用于 EBSD 相鉴定,对于已知相,图样的取向可以与晶体取向直接对应。

在 SEM 观察过程中可以得到电子背散射衍射图样。相对于入射电子束,样品被高角度倾斜,以便衍射的信号被充分强化到能被显微镜样品室内的荧光屏接收,荧光屏与 CCD 相机相连,EBSP 能直接或经放大储存图像后在荧光屏上观察到。软件程序可对图样进行标定可以获得晶体学信息。图 8.21展现了 EBSD 系统的构成及工作原理,现代 EBSD 系统和能谱 EDX 探头可同时安装在 SEM 上,在快速得到样品取向信息的同时,还可以进行元素组成分析。

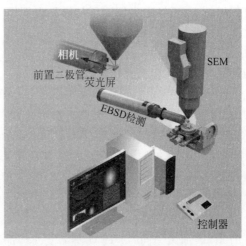

图 8.21　EBSD 系统的构成及工作原理[29]

在 3D NAND Flash 中,多晶硅沟道的晶界对于器件的电学特性有着重要的影响。在 2D NAND Flash 中,由于沟道是在水平方向,可以直接在单晶硅衬底上形成,因此 2D NAND Flash 的沟道是由单晶硅组成的,其沟道电流不受晶界影响。而 3D NAND Flash 由于工艺架构及成本因素的限制,其垂直沟道只能采用多晶硅材料。而多晶硅中大量的晶界缺陷会阻碍载流子移动,使得载流子迁移率显著下降,从工艺控制的角度考虑,多晶硅沟道的晶粒越大且晶界越少,则迁移率越高。但沉积多晶硅时要得到较大的晶粒需要沉积较厚的多晶硅层,这又会导致多晶硅沟道体积的增加从而增加多晶硅体缺陷的数量。因此,综合考虑上述两个因素,多晶硅沟道晶粒大小和体积都需要维持在一个合适的水平,需要通过 EBSD 技术对多晶硅沟道的晶粒尺寸分布进行表征。

图 8.22 展现了 EBSD 技术在表征 NAND Flash 的沟道多晶硅晶粒方面的应用,其中每一个色块都代表了一个晶粒。图 8.22(a)是在沉积 17nm 多晶硅时得到的晶粒分布,而图 8.22(b)是在沉积 50nm 多晶硅时得到的晶粒分布。从图中可以明显看出,沉积较厚多晶硅时得到的平均晶粒尺寸较大。

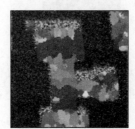

(a) 沉积17nm多晶硅时得到的晶粒分布　　(b) 沉积50nm多晶硅时得到的晶粒分布

图 8.22　EBSD 用于表征 NAND Flash 的沟道多晶硅晶粒[28]

8.3.4 原子力显微镜

原子力显微镜(Atomic Force Microscope,AFM)是一种用于研究固体材料表面结构的分析仪器。它通过检测待测样品表面和微型力敏感元件之间的极微弱的原子间相互作用力探测样品的表面结构及性质。将对微弱力极端敏感的微悬臂一端固定,另一端的微小针尖接近样品,由于针尖尖端原子与样品表面原子间存在极微弱的作用力,作用力将使微悬臂发生形变或运动状态发生变化。扫描样品时采用光学检测法或隧道电流检测法,可测得微悬臂对应于扫描各点的位置变化,获得作用力分布信息,从而以纳米级分辨率获得表面形状结构信息及表面粗糙度等信息。

AFM 利用微悬臂感受和放大悬臂上尖细探针与受测样品原子之间的作用力,从而达到检测的目的,具有原子级的分辨率。由于 AFM 既可以观察导体,也可以观察非导体,从而弥补了扫描隧道显微镜(Scanning Tunneling Microscope,STM)的不足。AFM 是由 IBM 公司苏黎世研究中心的格尔德·宾宁于 1985 年所发明的,其目的是使非导体也可以采用类似扫描探针显微镜(Scanning Probe Microscope,SPM)的观测方法。AFM 与 STM 的最大差别是检测原子之间的接触、原子键合、范德瓦耳斯力或卡西米尔效应等来呈现样品的表面特性。

相对于 SEM,AFM 有许多优点。不同于电子显微镜只能提供 2D 图像,AFM 提供真正的 3D 表面图。同时,AFM 不需要对样品的任何特殊处理,如镀铜或碳,这种处理会影响样品。电子显微镜需要运行在高真空条件下,AFM 在常压下甚至在液体环境下都可以良好工作。AFM 与 STM 相比,由于能观测非导电样品,因此具有更为广泛的适用性。AFM 可以用于识别 NAND Flash 在制造过程中产生的多种工艺缺陷,并能够提供高精度的表面分辨率和 3D 成像能力。

在半导体制造工艺中,经常需要在通孔填充之后进行化学机械研磨,以保障整片晶圆的平坦度,这有利于后续制造工艺的顺利进行。然而,由于通孔填充区内的材料(如金属材料)和填充区以外的材料(如 SiO_2)具有差异较大的物理特性(如硬度和弹性模量),会导致在CMP 过程中容易在通孔处形成凹槽或凸起的形状。为了确保整片晶圆的平整度在可接受范围内,需要通过 AFM 对晶圆表面进行精细的表征。如图 8.23 所示,AFM 可用于检测晶圆表面的粗糙度。在检测过程中,纳米尺寸的探针接触式地扫描样品表面,并将样品表面各处的高度信息反馈成图像,图像中明亮的区域代表凸起区域,而图像中黑暗的区域则代表了凹陷的区域。这样通过探针在不同区域的扫描结果,就可以汇总为样品表面凹凸不平的高度信息,从而对样品表面的粗糙度进行评估。利用这一原理,便可以使用 AFM 对芯片进行表征,以检测其表面平整度是否符合预期,以及在制造工艺过程中产生了缺陷。

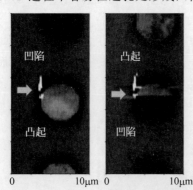

图 8.23 AFM 用于检测工艺缺陷[29]

8.3.5 扫描扩散电阻显微镜

扫描扩散电阻显微镜(Scanning Spreading Resistance Microscope,SSRM)是一种测试微纳尺度扩散扩展电阻分布的方法。如图 8.24 所示,它使用导电的 AFM 探针作为电极扫描一个很小的器件区域[^31]，通过测量器件电阻的变化，结合理论推导与公式换算，从而可以精确地反映出测量的微型区域内的掺杂浓度。

为了精确地实现CMOS电路的功能，需要对MOS器件或PN结二极管的阈值电压进行调控，为此需要控制MOS器件或PN结二极管的掺杂条件。为了测量通过工艺条件实现的掺杂轮廓是否符合预期，可以采用SSRM技术测定掺杂剂在半导体材料中的浓度分布并能精确描绘出掺杂轮廓。如图8.25所示为SSRM技术对As掺杂浓度的表征，从图中可以看到P型掺杂区域的As原子浓度为$10^{18}/cm^3$，而在掺杂区域周围还由于扩散作用形成了长度70nm的过渡区域，这同时也反映了SSRM对于掺杂轮廓的表征精度可以达到纳米量级。

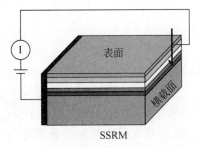

图 8.24   扫描扩散电阻显微镜原理

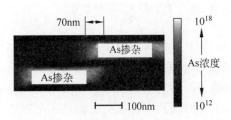

图 8.25   SSRM 技术用于测定 PN 结的掺杂轮廓[32]

8.3.6 电子束检测技术

电子束检测以聚焦电子束作为检测源，入射电子束激发出二次电子，然后通过对二次电子的收集和分析捕捉到光学检查设备无法检测到的缺陷，具有很高的灵敏度。例如，当接触孔或通孔等高深宽比结构未充分刻蚀时，由于缺陷在结构底部，因此很难用暗场或明场检测设备检测到，但是该缺陷会影响入射电子的传输，所以会形成电压反差影像，可以检测到高深宽比结构异常影响电性能的各种缺陷。此外，由于检测源为电子束，检测结果不受某些表面物理性质（例如颜色异常、厚度变化或前层缺陷）的影响，因此电子束检测技术还可用于微小区域的表面缺陷检测[31]。

在集成电路芯片的制造过程中，需要刻蚀大量的通孔并填充金属材料以实现金属互连。随着集成电路技术的不断演进，这些通孔往往具有很高的深宽比，这样的形状在进行干法刻蚀时难以保证通孔侧壁的垂直程度，实际得到的通孔形状往往是顶部直径较大而底部直径较小。同时这样的实际形状也给后续进行金属填充时带来了巨大的挑战，在截面近似梯形的通孔填充过程中，容易形成上方比下方先填充好而导致通孔顶部被堵塞，金属无法继续向底部填充的情况。因此需要进行检测，及早发现和解决工艺问题。

为了检测刻蚀和填充后的通孔是否具有良好的导电特性，图8.26是电子束技术用于通孔检测的示意图。对于刻蚀穿通且导电性良好的刻蚀孔，因其导电性良好，电子不会大量累积，因此会显示为图中的明亮斑点。而对于未刻蚀穿通的孔，因其底部绝缘，电子会在此处大量累计而显示为图中的较暗斑点，由此便可以对通孔刻蚀和填充工艺的良率进行评估。

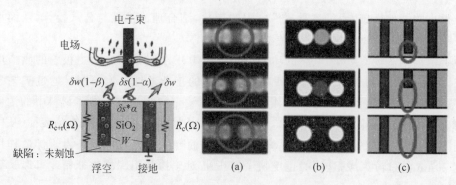

图 8.26　电子束检测技术用于通孔筛查[33]

8.3.7　纳米探针技术

纳米探针技术采用扫描显微镜的反馈回路控制,利用自身逼近样品并在距表面纳米量级的位置展开扫描并传输原子及纳米级材料的信息给扫描探针显微镜,从而揭开了原位观察物质表面原子的排列状态和实时地研究与表面电子有关的物理、化学性质的序幕。

纳米探针作为一种精密的测量表征方法,常用于集成电路产品的失效分析环节。芯片失效时,仅通过封装好的引线进行失效分析难以剥离金属绕线对电学性能的影响,从而无法判断失效发生在器件本身还是在金属绕线处。这些问题都给芯片成品的失效分析过程带来了极大的挑战,许多传统的分析表征方法已难以在庞大的 3D 结构中精确地定位坏点位置,因此急需一种新的技术来帮助解决产品的局部失效问题。

纳米探针技术可以利用高精度探针进行原位电学特性测试的精密表征,通过研磨和聚焦离子束(Focused Ion Beam,FIB)等方法制备样品后,如图 8.27 所示,在 SEM 观察下,将纳米探针一端极细的针尖与样品直接接触,另一端则可以接在 Keysight™ B1500A 等半导体特性分析仪上,这样通过半导体特性分析仪可以将电学信号直接施加到样品上,而不用经过复杂的金属绕线,从而可以直接测量器件失效发生的位置。

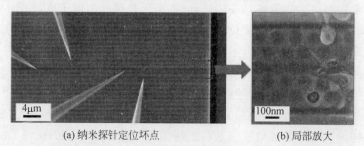

(a) 纳米探针定位坏点　　　　　　(b) 局部放大

图 8.27　纳米探针技术用于定位 3D NAND Flash 产品中的坏点[34]

例如对 3D NAND Flash 芯片进行循环特性测试时,如果在循环次数达到寿命之前就发生了击穿失效,这种失效的发生通常有两种可能的原因。

(1) 3D NAND Flash 的制造工艺导致的缺陷。3D NAND Flash 完整的制造工艺包括几百道工序,光刻、刻蚀、沉积、抛光、离子注入等每一道工序中都有可能会在芯片中引入缺陷,最终导致芯片失效。

(2) 3D NAND Flash 的电学设计存在缺陷。3D NAND Flash 的阵列操作电压改变时,可能会导致局部电场过强而发生失效。

为了确定失效发生的原因需要对失效的芯片进行失效分析,然而由于 3D NAND Flash 由规模庞大的存储阵列组成,芯片失效后,如果难以确定失效发生的位置就难以确定失效发生的原因,这时纳米探针技术提供一种手段,可以对芯片失效进行辅助分析。图 8.27(a)展现的就是日立公司提供的纳米探针技术应用于 3D NAND Flash 的实例,可定位器件发生局部失效的精确位置,在此基础上可分析失效问题的原因,并对相应的工艺或电学设计进行改善以解决该类失效问题。

此外,集成电路芯片在可靠性失效时往往会因局部电场过强而导致栅介质叠层击穿,这会使得原本相互绝缘的沟道和金属字线在电学上连接在一起,即发生了短路现象。为了探测发生短路的沟道孔位置,仅用 SEM 观察难以在数以亿计的沟道孔中找到发生失效的位置。此时还需要和热点探测技术结合,即通过纳米探针给芯片施加电信号后,电流较高的区域会在热点探测时呈现为明显的亮斑,如图 8.28 所示。由于发生短路位置,其电流较高,因此在热点探测时可以被快速发现发生失效的位置。

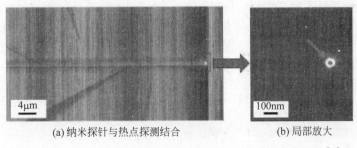

(a) 纳米探针与热点探测结合　　　　(b) 局部放大

图 8.28　纳米探针检测时结合热点探测法快速发现短路坏点[34]

本章小结

测试与表征技术对于存储器的设计、生产和制造有着至关重要的作用。针对 NAND Flash 等存储器,一方面可以通过电学特性测试,对 NAND Flash 的电学特性进行表征,检测和验证器件的可靠性问题,确保产品性能达标。另一方面,还可以通过在芯片生产工艺过程中引入材料和结构的表征进行工艺监测,以确保每一道工序指标符合预期。测试和表征技术在各类芯片产品的失效分析中发挥着关键的作用。

习题

(1) 存储器研发过程中所采用的测试与表征方法主要可以分为哪两类?

(2) NAND Flash 有哪些电学表征基本参数?

(3) NAND Flash 有哪些常用的结构表征测试方法?

(4) 电荷俘获型 NAND Flash 在数据保持过程中有哪些可能的电荷损失路径?

(5) 列举材料与结构表征在 NAND Flash 研发过程中的典型应用。

参考文献

[1]   Keysight Technologies. A guide to power product solution to match your test and measurement needs [EB/OL]. www. keysight. com.

[2]   泰克科技. ONFI 闪存标准测试解决方案. 今日电子,2016(12):68.

[3]   Aritome S. NAND Flash memory reliability[C]//International Solid-State Circuits Conference,2009.

[4]   Aritome S,Shirota R,Kirisawa R, et al. A reliable bi-polarity write/erase technology in Flash EEPROMs[C]//IEEE International Electron Devices Meeting,1990.

[5]   Aritome S. NAND flash memory technologies[M]. New York: John Wiley & Sons,2015.

[6]   Cho W S,Shim S I,Jang J,et al. Highly reliable vertical NAND technology with biconcave shaped storage layer and leakage controllable offset structure[C]//VLSI Symposia on Technology,2010.

[7]   Park K T,Song Y,Kang M,et al. Dynamic Vpass Controlled Program Scheme and Optimized Erase Vth Control for High Program Inhibition in MLC NAND Flash Memories[J]. IEEE Journal of Solid-State Circuits,2010,45(10):2165-2172.

[8]   Lee J D,Choi J H,Park D,et al. Effects of interface trap generation and annihilation on the data retention characteristics of Flash memory cells[J]. IEEE Transactions on Device & Materials Reliability,2004,4(1):110-117.

[9]   Witters J S,Groeseneken G. Degradation of tunnel-oxide floating-gate EEPROM devices and the correlation with high field-current[J]. Electron Devices IEEE Transactions on,1989,36(9): 1663-1682.

[10]   Hemink G,Endoh T,Shirota R. Modeling of the Hole Current Caused by Fowler-Nordheim Tunneling through Thin Oxides[J]. Japanese Journal of Applied Physics,1994,33(1B):546-549.

[11]   Kitahara Y,Hagishima D,Matsuzawa K. Reliability of NAND Flash memories induced by anode hole generation in floating-gate[C]//International Conference on Simulation of Semiconductor Processes and Devices,2011.

[12]   Alexander R M. Accelerated testing in FAMOS devices—8K EPROM[C]//16th Annual IEEE International Reliability Physics Symposium,1978.

[13]   Compagnoni C M,Spinelli A S,Lacaita A L. Experimental study of data retention in nitride memories by temperature and field acceleration[J]. IEEE Electron Device Letters,2007,28(7): 628-630.

[14]   Kang C,Choi J,Sim J,et al. Effects of lateral charge spreading on the reliability of TANOS (TaN/AlO/SiN/Oxide/Si) NAND Flash memory[C]//IEEE International Reliability Physics Symposium Proceedings,2007.

[15]   Liu L,Arreghini A,Geert V D B,et al. Comprehensive understanding of charge lateral migration in 3D SONOS memories[J]. Solid-State Electronics,2016,116:95-99.

[16]   Calabrese M,Miccoli C,Compagnoni C M,et al. Accelerated reliability testing of Flash memory: Accuracy and issues on a 45nm NOR technology[C]//International Conference on Ic Design & Technology,2013.

[17]   Subirats A,Arreghini A,Degraeve R,et al. In depth analysis of post-program VT instability after electrical stress in 3D SONOS memories[C]//IEEE International Memory Workshop,2016.

[18]   Chen C P,Lue H T,Hsieh C C,et al. Study of fast initial charge loss and it's impact on the programmed states Vt distribution of charge-trapping NAND Flash[C]//IEEE International Electron Devices Meeting,2010.

[19] Kim B,Baik S J,Kim S,et al. Characterization of threshold voltage instability after program in charge trap Flash memory[C]//IEEE International Reliability Physics Symposium,2009.

[20] Park J K,Moon D I,Choi Y K,et al. Origin of transient Vth shift after erase and its impact on 2D/3D structure charge trap Flash memory cell operations[C]//IEEE International Electron Devices Meeting,2012.

[21] Kim S,Lee M,Choi G B,et al. RTS noise reduction of 1Y-nm floating gate NAND Flash memory using process optimization[C]// IEEE International Reliability Physics Symposium,2015.

[22] Brugler J S,Jespers P G A. Charge Pumping in MOS Devices[J]. IEEE Transaction on Electron Device,1969,ED-16: 297-3029.

[23] Tsuchiya T. Detection and characterization of single MOS interface traps by the charge pumping method[C]//IEEE International Meeting for Future of Electron Devices,2016.

[24] Martirosian M A. Flash memory characterization[D]. New Haven: PYale University,2002.

[25] Sun W,Ohta H,Ninomiya T,et al. High-voltage CD-SEM-based application to monitor 3D profile of high-aspect-ratio features [J]. Journal of Micro/Nanolithography, MEMS, and MOEMS, 2020, 19(2): 1.

[26] Launch of Advanced High Voltage CD -SEM CV5000 Series-Overlay Measurements of Semi-conductor Device Patterns Using Electron Beam[EB/OL]. https://www. hitachi-hightech. com/global/about/news/2016/nr20161013. html.

[27] 毛虎.溶剂诱导聚苯乙烯-b-聚氧化乙烯形貌及其转变[D].天津：天津大学,2012.

[28] Ohashi T,Yamaguchi A,Hasumi K,et al. Precise measurement of thin-film thickness in 3D-NAND device with CD-SEM[J]. Journal of Micro/Nanolithography,MEMS,and MOEMS,2018,17(2): 1.

[29] Lin C C,Chen S Y,Wang J,et al. Highly accurate TEM/EDS analysis to identify the stack oxide-nitride-oxide structure of advanced NAND Flash products[C]//IEEE 22nd International Symposium on the Physical and Failure Analysis of Integrated Circuits,2015.

[30] He J,Tian X,Zhang H,et al. The effect of different stress conditions on MONOS breakdown for 3D NAND flash memory[C]//20th International Conference on Electronic Packaging Technology,2019.

[31] 刘庆.电子背散射衍射技术及其在材料科学中的应用[J].中国体视学与图像分析,2005(04): 205-210.

[32] An Introduction to EBSD[EB/OL]. https://www. azom. com/article. aspx? ArticleID=11770.

[33] Kim B,Lim S H,Kim D W,et al. Investigation of ultra thin polycrystalline silicon channel for vertical NAND flash[C]//IEEE International Reliability Physics Symposium,2011.

[34] Lee B,Mrozek P,Fountain G,et al. Nanoscale topography characterization for direct bond interconnect[C]//IEEE 69th Electronic Components and Technology Conference,2019.

[35] Sakuma K,Kusai H,Fujii S,et al. Highly scalable horizontal Channel 3-D NAND memory excellent in compatibility with conventional fabrication technology[J]. IEEE Electron Device Letters,2013, 34(9): 1142-1144.

[36] Behringer U,Finders J,Malloy M,et al. Enabling inspection solutions for future mask technologies through the development of massively parallel E-Beam inspection [J]. International Society for Optics and Photonics,2015,9661: 96610O.

[37] Hayashi H,Oomura M,Ihata N,et al. Detection of critical defects with E-beam technology for development and monitoring of advanced NAND processes[C]//IEEE/SEMI Advanced Semiconductor Manufacturing Conference,2009.

[38] Fuse J,Sunaoshi T,Kanemura T,et al. A case study of a short failure analysis by voltage applied EBAC[C]//IEEE International Symposium on the Physical and Failure Analysis of Integrated Circuits,2018.

第9章

NAND Flash存储器芯片设计技术

9.1 NAND Flash 基本架构设计

9.1.1 综述

Flash 是 EPROM 的进化产物,在 EPROM 的基础上增加了内置的擦除功能。与 EPROM 相比,Flash 单元可以被电擦除并且编程、擦除和验证的操作需要在内部执行,因此 Flash 阵列的设计更为复杂[1]。EPROM 矩阵结构的设计主要考虑了访问时间对行和列长度的限制,这在设计容量较大的器件时,通过将行和列的解码器相乘,将矩阵分解成不同的行和列更短的阵列,对于 Flash,这个概念也是有效的。

过去已经提出了不同类型的 Flash 单元和架构如图 9.1 所示[2],它们可以按照访问类型:并行或串行,或者从编程/擦除机制进行划分:F-N 隧穿、热沟道电子(Channel Hot Electron,CHE),热空穴和源极热电子(Source-Side Hot Electron,SSHE)。在所有这些架构中,主流的两种 Flash 类型是 NOR Flash 和 NAND Flash。

9.1.2 NAND Flash 芯片结构

Flash 由东芝公司的 Fujio Masuoka 博士于 1984 年发明。基于 Masuoka 的发明,英特尔公司于 1988 年将 NOR Flash 商业化,用于各种消费产品存储包括 PC 的 BIOS 和固件在内的程序代码。NOR Flash 也是 20 世纪 90 年代第一批 Flash 卡和非易失性固态驱动器的基础。

东芝公司于 1988 年推出了 NAND Flash,它具有比 NOR Flash 更低的每比特成本以及更高的编程/擦除吞吐量。与以字节或字为基础操作的 NOR Flash 不同,NAND Flash 被组织成页并以块为最小单位进行擦除。一个块由 64 或更多个页组成。NAND Flash 的架构有利于降低每比特成本,但不适合随机存取。因此,NAND Flash 被用作类似于光学介质和硬盘驱动器的数据存储介质。二者在阵列结构、读写方式和访问性能上有很大区别,下面将对两者的特性做一个比较。

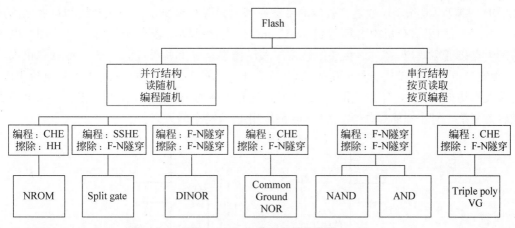

图 9.1 Flash 单元的结构分类

1. NAND 与 NOR Flash 的特性比较

图 9.2 总结了两种 Flash 的阵列架构。NOR Flash 采用并行阵列结构,NOR Flash 阵列中每两个单元共用一个位线接触孔,每个单元都有单独的位线和字线地址,可以支持随机访问。相比之下,NAND Flash 中的存储单元是串行结构。图 9.2 显示了 NAND Flash 阵列中多个单元串联连接共用一条位线,相当于多个单元共用一个位线接触孔,因此单元面积大大减小。NAND Flash 的单元尺寸一般在 $5F^2$ 范围内,其中 F 是芯片的设计规则尺寸。而 NOR Flash 由于是并行结构,其单元尺寸相对较大,为 $10F^2$。NAND Flash 的优势在于存储密度高,适用于对容量和访问性能要求更高的数据存储等应用;而支持随机访问、容量较小的 NOR Flash 适用于需要随机读取的场合,如代码执行。

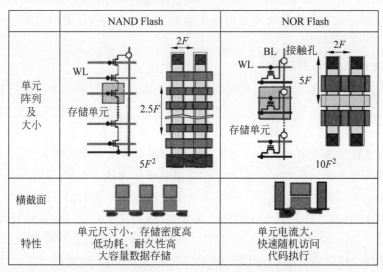

图 9.2 NAND Flash 和 NOR Flash 结构对比图

从电子注入和擦除方式上看,NOR Flash 采用沟道热电子注入的方式完成编程操作,其原理是当在漏极和栅极上同时加高电压,沟道中的电子在横向电场加速下获得很高的能量,这些热电子在漏极附近碰撞电离,产生高能电子,在栅极电场的吸引下,跃过 3.2eV 的氧化层电子势垒,形成热电子注入。NAND Flash 的编程操作采用的是 F-N 隧穿效应,

NAND 的编程/擦除操作的隧穿效应的带隙原理图如图 9.3 所示。当在栅极和衬底之间加一个电压时,如果氧化层中电场达到 9mV/cm,且氧化层厚度较小(0.01μm 以下)时,电子将发生直接隧穿效应,穿过氧化层中势垒注入浮栅层。以上两种注入方式的特点有很大不同,沟道热电子注入模式工作电压较低,外围高压工艺的要求也较低,但它的编程电流很大,有较大的功耗;F-N 隧穿方式的功耗小,但要求有更高的编程电压,外围工艺和升压电路也就较为复杂。对于擦除操作,两种 Flash 都采用 F-N 隧穿的方式。

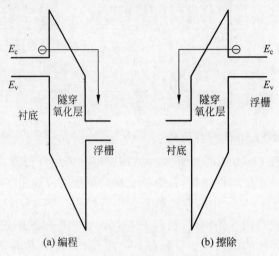

图 9.3　编程和擦除操作中隧穿效应的带隙原理

NOR Flash 采用不同的机制来完成编程/擦除操作,其优势是减少了相同的机制对单元氧化层退化的影响,但对于 NAND Flash 来说,氧化层退化问题可以通过其他方式解决,首先 F-N 隧穿原理的编程操作所需的电流量级相对较小,可以显著地改善功耗,并且可以通过编程并行性进行补偿。

2. NAND Flash 的阵列构成

NAND Flash 的阵列以矩阵方式排列如图 9.4 所示,多个单元之间串行排列,通常以 32 个单元或 64 个单元为一个单元串,是阵列最小单位。在单元串的两边分别有一个选择管,上选择管与位线相连,控制着单元串与位线相连,下选择管与共源端 ACS(All Common Source)相连,控制着单元串与共源端相连。属于相同字线的单元组成页,是编程操作单位。一个单元串中所有单元所属的页组合起来就是擦除操作的最小单位——块。

NAND Flash 器件主要由存储阵列组成。为了执行读取及编程/擦除操作,需要额外的电路。由于 NAND 裸片必须封装于明确的尺寸中,因此在早期设计阶段电路和阵列的版图规划非常重要。以三星 63nm 8Gb MLC NAND Flash 的高密度芯片为例。该芯片采用 63nm CMOS 浅沟槽隔离工艺设计和制造,芯片面积为 133mm²,如图 9.5 所示[3]。该芯片单元串上的单元个数为 32,有效单元尺寸为 0.02μm²,存储的面积利用率大于 64%,页的大小为(2048+64)字节。

内存阵列可以被分割成不同的面。在水平方向上为字线方向,而垂直方向为位线方向。字线解码器(WL decoder)位于平面之间,该电路的任务是正确偏置属于所选串的所有字线电压。所有位线都连接到读出放大器。每个读出放大器可能连接有一条或多条位线。读出

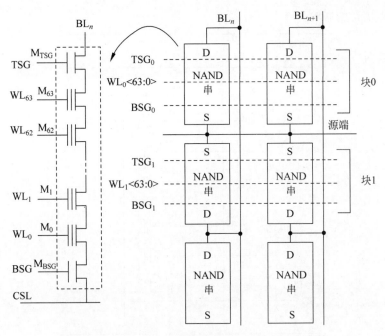

图 9.4 NAND Flash 的单元串和 NAND Flash 阵列

放大器的目的是将存储单元检测的结果转换为数字值。外围电路位于芯片的底部区域,在分离的高压电荷泵之间,以减少外围信号负载并提高总线的布局效率。功率电容分布在高压电荷泵单元之中或周围,这样可以抑制电源噪声对页缓冲器和外围电路的影响。NAND Flash 通过控制引脚(control I/O PAD)与外部用户进行通信,其任务是接收外部用户操作指令,通过数据引脚(data I/O PAD)向外部用户传输或从外部用户接收数据。

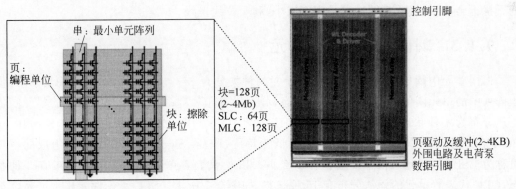

图 9.5 芯片平面图

每一个字线都有对应的感测电路(sensing circuit),这个感测电路称为页缓冲器,因此字线结构决定了页缓冲器的架构。页缓冲器的电路负责对阵列进行数据的读写操作,同时负责与数据通路进行数据交互,因此页缓冲器结构与 NAND Flash 的读写操作的方式直接相关,同时也决定了数据通路电路的工作速度。

NAND Flash 的字线结构分为 SBL(Shielded Bit Line)和 ABL(All Bit Line)两种。SBL 读写操作分偶数位线和奇数位线先后进行。如图 9.6 所示,页缓冲器的布局分为上下两块,奇数属于下面,偶数属于上面,这样可以起到隔离的作用,避免相邻字线操作对字线寄生电容的噪声耦合的影响。

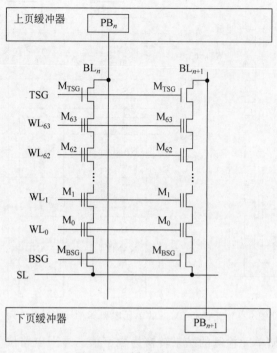

图 9.6　页缓冲器的分布

ABL 字线结构读写操作时对整页位线同时进行操作。ABL 结构相对于 SBL 结构的优势有以下几点：首先减小了求值时间（evaluation time）和位线耦合噪声（bitline noise coupling），其次预充电的功耗和读操作次数减小，编程操作的浮栅耦合效应对读取及编程的干扰也会减小，最后页缓冲器的密度减小，利于位线走线。

9.1.3　阈值分布及多位单元

根据单元中阈值分布状态的不同，单元的种类分为 SLC、MLC、TLC 和 QLC。SLC 代表阵列中的单元阈值电压分布为两种状态，分别代表"0""1"；MLC 代表阵列中的单元阈值电压分布为 4 种状态分别代表着"00""01""10""11"，同时，由高比特位（Most Significant Bit，MSB）组成的逻辑页称为 MSB 页，由低比特位（Least Significant Bit，LSB）组成的逻辑页称为 LSB 页，因此一根字线上包含了 2 页；TLC 代表着单元的阈值电压分布有 8 种状态，QLC 代表着单元的阈值分布有 16 种状态，如图 9.7 所示。SLC 不论性能还是可靠性都是最好的，但成本最高，MLC Flash 的性能和可靠性次之，它在性能、可靠性与成本上是相当均衡的。而目前大容量的 NAND Flash 产品都是 TLC NAND，TLC 在容量和成本上具有极大的优势，但由于 TLC 读写需要精确的电压控制，一次读写操作的控制更加复杂，导致 TLC NAND 的寿命 P/E 循环次数以及读写访问性能比 SLC 和 MLC 差很多。QLC 产品由于阈值分布有 16 种状态，需要精确控制每个阈值分布的电压范围，以免造成不同阈值范围之间的重叠。随着 V_{th} 电平数量的增加，精确编程和感测所需的时间也会增加，需要额外的电路和算法提升此类产品的性能。存储单元的存储位数越多，NAND Flash 的存储器密度越高，同时单个编程态的阈值宽度越小，也存在出错的概率会增加，数据的误码率上升，对

Flash 控制器（Flash controller）中的 ECC 性能需求提高，并且功耗方面也会增加。

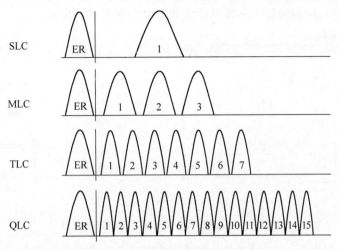

图 9.7 NAND Flash 的阈值电压分布

以 TLC 产品为例，用 3 比特完成 8 种状态的编码，其中 MSB 组成的逻辑页称为上位页（upper page），LSB 组成的逻辑页称为下位页（lower page），中间一比特组成的逻辑页称为中位页（middle page），具体编码情况如表 9.1 所示，因此一根字线上包含了 3 页，极大地扩展了 NAND Flash 的容量。

表 9.1 TLC 状态编码

	E	S1	S2	S3	S4	S5	S6	S7
下位页	1	0	0	0	0	1	1	1
中位页	1	1	0	0	1	1	0	0
上位页	1	1	1	0	0	0	0	1

9.1.4 NAND Flash 基本操作

1. NAND Flash 编程操作原理

NAND Flash 单元的编程操作利用了电子的量子隧穿原理，在强电场下，电子能够跨越能带势能进行隧穿。图 9.8(a)是一个 MOS 器件模型，图 9.8(b)是它的能带示意图。

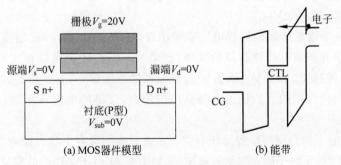

图 9.8 编程操作的 MOS 器件模型和能带

当栅极加一个高压（20V）时，源端、漏端及衬底都接地的情况下，电子将发生如图 9.8(a)所示的隧穿效应，从而由沟道注入存储层中，改变器件的阈值电压。在隧穿过程中，隧穿电了的数量是电场强度的函数,因此根据栅极上电压的不同,能够将单元编程到不同的阈值电压状态。据此原理,编程过程中字线与位线所加电压如图 9.9 所示。

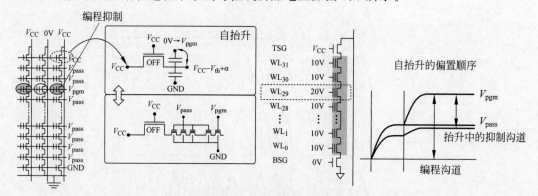

图 9.9   编程操作的电压偏置及沟道电势图

(1) V_{DD}:电源电压,3.3V,加在上选择管栅极以及非选中的位线上。

(2) V_{pass}:导通电压,8~9V,加在非选中的字线上。

(3) V_{pgm}:编程电压,20~25V,加在选中的字线上。

(4) GND:加在下选择管以及选中的位线上。

选中单元的字线加电压 V_{pgm},位线 BL_{n+1} 接地,此时选中的单元会发生电子隧穿效应,阈值电压增加到 V_{pgm} 对应的预期值。而在 BL_n 上加电压 V_{DD},与选中单元共享字线的单元则会处于被抑制状态。阈值电压理想上不会发生改变,该抑制操作的原理是 SBPI(Self-Boosted Program Inhibit)[4]。通过在未被选中单元 BL_n 上加电压 V_{DD},上选择管由于栅极和漏极电压相等处于关断状态,同时由于下选择管被关断,该单元串处于浮空状态,此时在字线上加电压(选中字线为 V_{pgm},非选中字线为 V_{pass}),由于在栅端和沟道之间存在氧化层电容,沟道电势将由于电容耦合作用上升,如图 9.9 所示,由于被抑制的单元栅极与沟道的电压差无法达到能够让电子发生隧穿效应的电压值,从而抑制了相应单元被编程。与选中单元处于同一单元串的其他单元由于字线所加电压为 V_{pass} 小于 V_{pgm},也无法产生能够让电子发生隧穿效应的电场,因此也不会被编程。

以上操作完成了编程单元的选择。将选中单元编程到所期望的阈值电压是利用 ISPP 实现的。经研究证明[5],单元阈值电压的增量与所加电压的增量到一定值后呈线性关系并且系数接近 1,即 $\Delta V_{th} \approx \Delta V_{pgm}$。

ISPP 通过一个逐渐递增的编程电压实现编程,如图 9.10 所示,起始编程电压加在单元一定时间后,对单元阈值电压进行校验操作,如果 V_{th} 高于 V_{vfy},则编程完成,该单元在下一个编程操作中会被抑制,如果 V_{th} 低于 V_{vfy},则编程操作继续,一直到所有的单元都被编程到预期阈值,则编程操作完成。验证过程与读操作相似,仅是所加电压不同,读操作原理在后面进行详细介绍。

有两种重要的干扰类型与编程操作有关:导通干扰和编程干扰。前者类似于读取干扰,会影响和要编程的单元属于同一串的其他单元,如图 9.11 所示。选中的串位线电压和沟道电压为 0V,未选中的字线偏置在 V_{pass},因此,这些单元的等效编程电压为 V_{pass}。这种情况下会对浮栅有少量电子注入,导致未选中单元的 V_{th} 升高,特别是在 V_{pass} 较高的情况。

编程干扰会影响那些处于非选中串并且和要被编程单元属于相同字线的单元。V_{pgm}

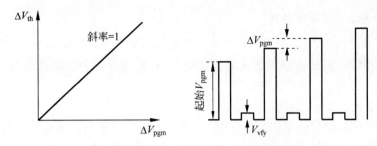

图 9.10　阈值电压随编程电压的变化情况

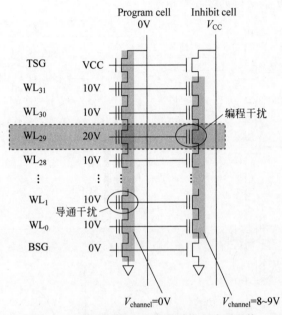

图 9.11　编程操作中的导通干扰和编程干扰

施加在选中字线的栅端,未选中串的沟道电势为自抬升电压,这些单元的有效编程电压为 $V_{pgm} - V_{ch}$。编程干扰和用于自抬升技术的 V_{pass} 与脉冲序列密切相关。尽管自抬升提高了沟道电位,但软编程无法避免,尤其是在较高的 V_{pgm} 电压和较低的 V_{pass} 电压的情况下。

　　如上所述,编程干扰可以通过增加 V_{pass} 减少。但是这会增加与选定单元相同串的其他单元 V_{pass} 干扰,通常可用的 V_{pass} 电压范围称为 V_{pass} 窗口(V_{pass} Window),如图 9.12 所示。

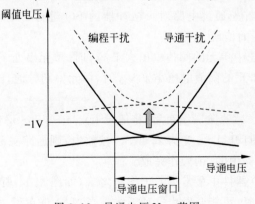

图 9.12　导通电压 V_{pass} 范围

2. NAND Flash 读操作原理

读操作是通过判断 NAND Flash 中某个单元的阈值电压,从而推断存储在其中的数据的过程。单元串的一端通过位线连接到页缓冲器,在页缓冲器中存储读取的数据。读操作过程中,在字线与位线上分别施加如图 9.13 所标的电压。

(1) 选中单元所在字线加读电压 V_{rd}。

(2) 选中单元串的其他字线加电压 V_{pass_r},V_{pass_r} 的值要求大于所有单元的阈值电压。

(3) 在上选择管和下选择管加电压 V_{DD},使其处于导通状态。

(4) 位线上加电压 V_{DD} 与页缓冲器相连。

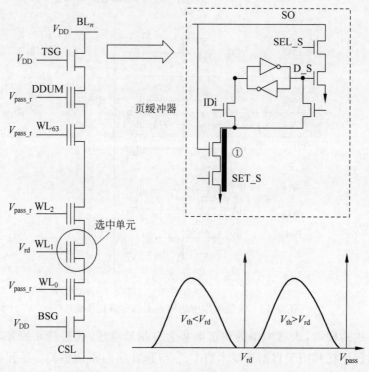

图 9.13 读操作的电压偏置和 SLC 的阈值分布

加电压后,根据选中单元的阈值与 V_{rd} 电压的大小对比情况,选中单元串分为导通和弱导通两种状态,页缓冲器根据两种状态读取数据的过程如下。

(1) 预充电阶段:首先通过电路对页缓冲器的 SO 进行充电,并对感测锁存器(sense latch)进行复位,将 D_S 的值设为 0。

(2) 感测阶段:当选中单元的阈值电压大于 V_{rd} 时,单元串处于弱导通状态,SO 线上的电压得以保持,当选中单元的阈值电压小于 V_{rd} 时,单元串则导通,SO 线上的电压将会被放电,电势降低。

(3) 数据保存阶段:感测阶段结束后,将信号 IDi 与 SET_S 信号拉高,若 SO 保持高电平,则图 9.13 中通路①打开,D_S 变为 1,若 SO 被放电,则通路关断,D_S 保持原值,至此,数据被保存到数据锁存器中的,读操作完成。

读取干扰是 NAND 器件中最常见的干扰源之一,如图 9.14 所示。当多次读取同一单元而没有任何擦除操作时,可能会发生这种干扰。当 NAND 单元进行读取操作时,V_{pass_r} 的电压被施加到块中所有未选择的字线。$V_{\text{pass\_r}}$ 必须高于已编程单元的最高阈值,使得所有的未选择的单元都处于开启状态,不会阻塞串中被读取的单元的感测电流。$V_{\text{pass\_r}}$偏压通过SILC 效应使电子到达浮栅或通过填充隧道氧化物中的陷阱干扰处于高 V_{th} 的单元。

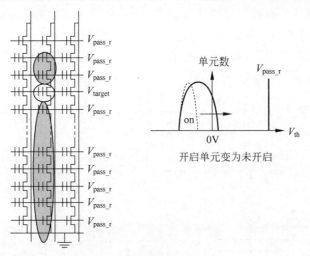

图 9.14　读操作干扰原理

遭受读取干扰的概率随着循环次数的增加而增加,并且在损坏的单元中更高。读取干扰不会引起永久性的氧化物损坏,如果擦除然后重新编程,正确的电荷数量将出现在存储层内。

3. NAND Flash 擦除操作原理

擦除操作是将一个块中的所有单元包含的信息同时重置的过程,其操作原理与编程操作相同都是应用量子隧穿原理。擦除操作中,在衬底上加高压,如图 9.15 所示,电场方向与编程操作相反,电子从存储层隧穿回沟道,阈值电压减小,单元中存储信息被擦除。

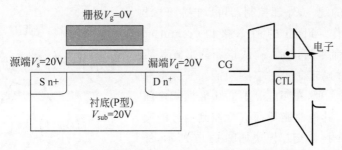

图 9.15　擦除操作的 MOS 器件模型和能带图

据此原理,擦除操作中 NAND Flash 阵列的共同衬底施加一个约为 20V 的高压,将选中块的所有字线接地,其他位置浮空,产生与编程方向相反的电场,利用隧穿效应降低单元的阈值到期待值。一个擦除脉冲结束后,为了确定是否所有的单元都完成擦除,执行擦除验证操作。如果所有的单元都达到预期阈值,擦除操作结束,否则将施加更高电压的擦除脉冲。

9.1.5　NAND Flash 基本指令集

NAND 设备通过引脚和用户进行通信,用户通过这些引脚输入要执行的命令和地址,并输入输出数据,如图 9.16 所示。CE♯是芯片的使能端;RE♯进行串行数据输出;WE♯

控制输入数据的锁存,数据、命令和地址在 WE♯ 的上升沿锁存;CLE 指示 I/O 总线输入命令;ALE 指示 I/O 总线输入地址;WP♯ 为写保护使能,禁用阵列编程和擦除操作。NAND Flash 外围电路中的数字部分的功能主要是处理命令(command),使电路进入对应的模式,同时负责算法的执行。模拟部分主要由电荷泵和稳压电路(regulator)组成,负责给芯片供电。数据通路电路主要由接口电路和逻辑控制电路组成,负责数据、地址和指令的传输功能,同时负责与芯片内部的逻辑控制部分的信号交互。靠近阵列的部分是核心电路部分(core circuit),包括行译码电路(X-decoder)、列译码电路(Y-decoder)和页缓冲器。

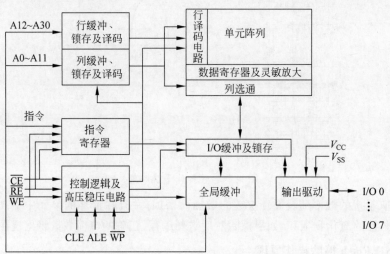

图 9.16　NAND Flash 架构图

ONFI 协议除了对 NAND Flash 的工作模式和接口标准进行了规范,同时对 Flash 的操作设定了指令集。通过指令的统一,外部控制器可以控制 Flash 芯片内部的操作。Flash 的命令接口(command interface)负责对命令的识别,确认指令的形式是否符合规范定义,并确定命令对应的功能。实际上命令接口由状态机实现,在 Flash 不同功能模式之间进行切换,同时与其他功能界面进行控制信号的交互。Flash 的命令接口交互模块如图 9.17 所示,外部控制器发送模式相关的命令和控制信号进入 I/O 接口(I/O interface),由 I/O 接口与命令接口

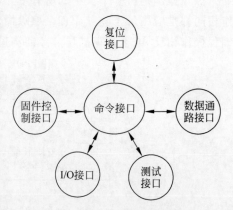

图 9.17　指令界接口其交互接口

交互,命令接口对命令识别后发送模式相关的控制信号到外围电路的各功能模块的接口,如数据通路接口(datapath interface),从而完成 Flash 整个外围电路的操作。

基本指令周期包括命令周期(command cycle)、地址周期(address cycle)、数据输入周期(din cycle)和数据输出周期(dout cycle)。由这些基本指令周期实现各种读写命令,其中读取命令包括页读取(page read)、缓存读取(cache read)、多面读取(multi-plane read)等;编程命令包括页编程(page program)、缓存编程(cache program)、多面编程(multi-plane program)等;擦除命令包括块擦除(block erase)、多面擦除(multi-plane erase)等。

9.2　NAND Flash 高性能设计

9.2.1　基于性能提高的读取技术

1. 感测电路的结构

编程后的存储单元根据所存储的电荷量多少而产生不同的阈值电压分布,实现不同数值信息的存储。读的过程是一个相反的过程,对存储单元的栅极施加不同的电压,通过检测位线上的电流大小来读出所存储的信息,一般将这个感测电路称为页缓冲器电路。页缓冲器的感测原理分为两种:电压感测(voltage sensing)和电流感测(current sensing)。

电压感测的基本原理如图 9.18 所示,电压感测利用位线的寄生电容 C_{BL} 检测目标单元的阈值电压[6-8]。在阶段①,C_{BL} 预充电至 V_{PRE},在 T_0 时刻,C_{BL} 被充电至 V_{PRE} 后断开。在阶段②,C_{BL} 浮空,在 T_1 时刻,对存储单元施加读电压 V_{READ},对位线寄生电容产生一个放电电流 I_{CELL}。如果存储单元处于擦除态,$I_{CELL} \geqslant I_{ERAMIN}$,使得 $V_{BL} < V_{SEN}$,OUT 输出为 1;如果存储单元处于编程态,放电电流 $I_{CELL} \leqslant I_{ERAMIN}$,使得 $V_{BL} > V_{SEN}$,OUT 输出为 0。在阶段③通过串进行放电,与 V_{SEN} 进行对比,完成求值,放电求值时间为

$$T_{EVAL} = C_{BL} \frac{V_{PRE} - V_{SEN}}{I_{ERAMIN}} \tag{9.1}$$

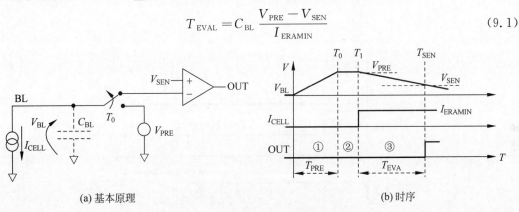

(a) 基本原理　　　　　　　　　　　　(b) 时序

图 9.18　电压感测基本原理和时序

对于 NAND Flash,以图 9.19(a)的页缓冲器为例进行说明,图 9.19(b)为进行一次读操作的时序。在预充电阶段,M_{SEL} 和 M_{PCH} 的栅极电位分别为 V_{PRE} 和 $V_{DD} + V_{THN}$,高压管 M_{HV} 作为一个保护管,保护页缓冲器部分的低电压电路,以避免编程和擦除时的高电压将低压管击穿,预充电阶段,高压管强导通,其源漏两端所产生的压降小。因而位线电压 $V_{BL} = V_{PRE} - V_{THN}$,SO 节点充电到电源电压 V_{DD}。在预充电阶段,V_{READ}、V_{PASS}、M_{TSG} 管栅极接高电压,但 M_{BSG} 管栅极接低电压以降低存储串上的电流消耗。

预充电结束后,PCH 和 SEL 的电压降为 0V,对应的 M_{PCH} 和 M_{SEL} 关断。M_{BSG} 管加高电压导通,进入放电求值时间。如果存储的单元的阈值电压 $V_{THR} > V_{READ}$,位线上不产生电流对位线上的寄生电容进行放电,如果存储的单元的阈值电压 $V_{THR} < V_{READ}$,位线上产生一个对 C_{BL} 的放电电流。T_{EVAL} 之后,将 M_{SEL} 的栅极偏置为一个低于 V_{PRE} 的电压值 V_{SEN},这里先定义平均阈值电流 I_{READTH} 为

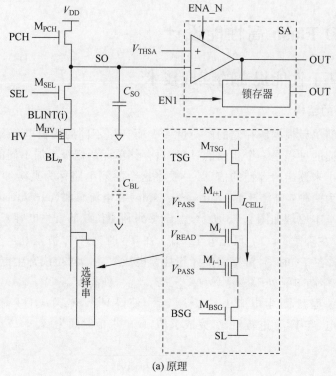

(a) 原理

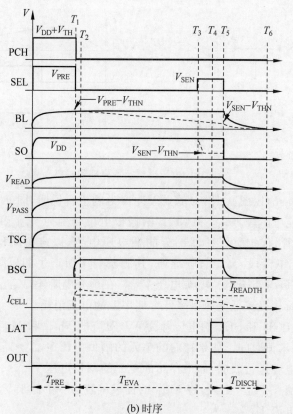

(b) 时序

图 9.19 NAND Flash 电压感测原理及时序

$$I_{\text{READTH}} = \frac{\Delta V \times C_{\text{BL}}}{T_{\text{EVAL}}} \tag{9.2}$$

$$\Delta V = (V_{\text{PRE}} - V_{\text{THN}}) - (V_{\text{SEN}} - V_{\text{THN}}) = V_{\text{PRE}} - V_{\text{SEN}} \tag{9.3}$$

在 T_{EVAL} 阶段,如果平均电流大于 I_{READTH},则 $V_{\text{BL}} < V_{\text{SEN}} - V_{\text{THN}}$,$V_{\text{SO}} = V_{\text{BL}}$,$V_{\text{THR}} < V_{\text{READ}}$,$M_{\text{SEL}}$ 导通,使 $V_{\text{SO}} = V_{\text{BL}}$,拉低 V_{SO},锁存器翻转。

放电求值完之后,V_{SO} 一共存在两种状态,将 V_{SO} 结果进行比较后锁存在锁存器中。由于 C_{BL}、V_{PRE}、V_{SEN}、I_{ERA} 均已知。放电电流 I_{CELL} 取最小值时,能够得到最大的求值时间。即需要经过 T_{EVAL} 后,去读取输出结果才是有效的,如果 $V_{\text{THR}} > V_{\text{READ}}$,$V_{\text{SO}} = V_{\text{DD}}$,输出为"1";如果 $V_{\text{THR}} < V_{\text{READ}}$,$V_{\text{SO}} < V_{\text{SEN}} - V_{\text{THN}}$,输出为"0"。

寄生电容 C_{BL} 会造成噪声干扰。由于电压感测原理是利用位线寄生电容检测,所以检测过程中 C_{BL} 需要满足两个条件:首先必须是一个相对固定的大小,其次要免于噪声干扰。位线的截面如图 9.20 所示,由于位线的物理结构,C_{BL} 由 6 部分寄生电容组成:

$$C_{\text{BL}} = C_{\text{AU}} + C_{\text{AD}} + 2C_C + 2C_{C2}$$

其中,C_{AU} 是位线与上板(upper plate)的寄生电容,上板通常指源端;C_{AD} 是位线与下板(down plate)的寄生电容,下板指字线或位线;C_C 和 C_{C2} 是位线分别与相邻/第二相邻位线之间的耦合电容。在 40nm 以下工艺中,C_C 对 C_{BL} 的贡献占 80%～90%。任何噪声直接注入或等效注入位线节点都会导致位线节点的 ΔV 增加,相当于需要更多的放电。而超过界限的 ΔV 会使 T_{EVA} 内无法充放电,导致读取错误。

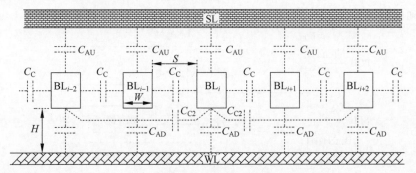

图 9.20　位线寄生电容

电压感测放大器仅适用于 SBL 结构,因为 SBL 结构分奇偶字串,在读操作时分为两步操作,当对奇字线进行读操作时,偶字线上施加固定电压,避免了相邻字串对 C_{BL} 的耦合影响。ABL 结构相邻字串单元之间存在电容耦合噪声,在电压感测时可能会使关闭态单元因相邻开态单元位线下拉放电而导致读错误。

电流感测与电压感测的区别在于检测过程中是否保持 V_{BL} 不变,这样可以避免各种寄生电容对 I_{CELL} 电流的影响,同时利用外加的 C_{SO} 电容替代 C_{BL} 来检测目标单元的阈值电压,如图 9.21 所示。图 9.21(a)所示为应用于 ABL 结构的读出放大器,原来用于 SBL 中页缓冲器的锁存器被一个比较电压为 V_{THSA} 的电压比较器所替代。图 9.21(b)为 ABL 完成单次读操作的时序图,预充电阶段过程与 SBL 结构的相同。预充电完之后(T_1 时刻),位线上为恒定电压 $V_{\text{SO}} = V_{\text{DD}}$。$M_{\text{PCH}}$ 管的偏置电压降为 V_{SAFE},M_{PCH} 管关闭,放电求值阶段开始。如果 $V_{\text{THR}} < V_{\text{READ}}$,位串上的电流对电容 C_{SO} 放电,如果在放电求值阶段,$V_{\text{SO}} < V_{\text{THSA}}$,将触发比较器,OUT_N 电压翻转,如图 9.21(b)中的虚线所示。在电流感测中,不需要用

到之前的平均电流,因为位线电压为一个恒定值,I_{CELL} 电流保持固定,因此可以同时对所有的页缓冲器操作,因此电流感测更适合于 ABL 字线结构。

电流感测相对于电压感测的优势在于以下几点。

(1) 求值时间减少:对比 SBL,电压感测时间在数十微秒量级,由于 ABL 结构 C_{SO} 比 C_{BL} 小很多,缩短到数百纳秒。

(2) 位线耦合噪声减少:消除相邻或非相邻位线耦合干扰。

(3) 所有位线同时进行读操作:字线长度相同时,单次读操作,ABL 结构读出的比特数为 SBL 结构的两倍。

(4) 能量损耗:ABL 解决了耦合电容的问题,这部分的功耗减少了,位线的偏置电压相对更小。

(5) 编程期间的浮栅耦合减少:ABL 结构可以对编程和校验并行操作,最小化邻近单元的浮栅耦合。

(6) 读和编程干扰减少:非选中的单元由于栅极电压 V_{PASS} 产生干扰,因为交叉结构奇偶单元的读取和编程操作分两个阶段完成,而 ABL 结构的相同字线的单元操作是并行完成,所以会减少干扰问题。

(7) 感测电路密度:ABL 结构每条位线都需要一个灵敏放大器,所以读电路密度是交叉结构的 2 倍,但同时 ABL 结构减小了高压管的面积(原来的 1/4)并减小了布线和控制电路的复杂度。

(8) SBL 结构利用 C_{BL},而 ABL 利用 C_{SO},但工艺波动对 C_{SO} 的影响小,感测电流和工作窗口受到的影响小,在信号完整性上更有优势。

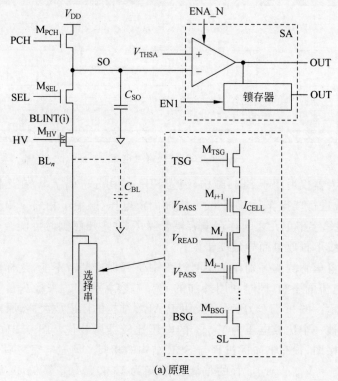

(a) 原理

图 9.21　电流型灵敏放大原理及时序

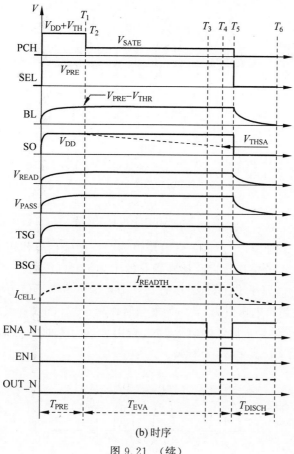

(b) 时序

图 9.21　（续）

2. MLC 读操作

以 MLC NAND Flash 的读操作为例对 NAND Flash 的读操作流程进行介绍。如图 9.22 所示，MLC 的读电压分为 V_{READ1}、V_{READ2} 和 V_{READ3}，通过两步 3 次读操作可以检测到 MLC 单元的阈值电压[12-13]。

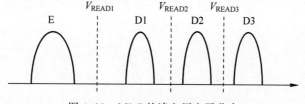

图 9.22　MLC 的读电压电平分布

图 9.23 所示为对 MLC 上位页（upper page）进行读操作的原理图，以 V_{READ2} 为读电平做一次读操作。如果存储单元的 $V_{THR} < V_{READ2}$，上位页处于 E 态或是 D1 态，存储数据为 1；否则处于 D2 态或者 D3 态，存储数据为 0。对 M_2 管加使能信号，SO 节点存储的逻辑数据存储在锁存器 L2 中，输出节点 OUT＝1100。

对 MLC 下位页进行读操作，如图 9.24 所示，需要 V_{READ1} 和 V_{READ3} 进行两次读操作。V_{READ1} 进行一次读操作之后，如果 V_{THR} 属于 E 态，SO 节点的逻辑电压值为"0"。如果 V_{THR}

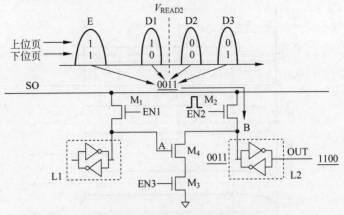

图 9.23　MLC 上位页读操作

属于 D1、D2 或 D3 态,则 SO 节点的逻辑电压值为"1",使能信号作用于 M_2,将进行 V_{READ1}
操作完之后的 SO 节点的电压数据存储在锁存器 L2 中,OUT=1000。接下来 V_{READ3} 进行
一次读操作,如果 V_{THR} 属于 E、D1 或 D2 态,SO 节点的逻辑电压值为"0"。如果 V_{THR} 属于
D3 态,则 SO 节点的逻辑电压值为"1"。使能信号作用于 M_1,SO 节点的电压数据存储在锁
存器 L1 中,OUT=0001。最后使能信号 EN3 作用下,对 L1 的 A 点信息和 L2 的 OUT 信
息进行异或操作输出下位页 OUT=1001。

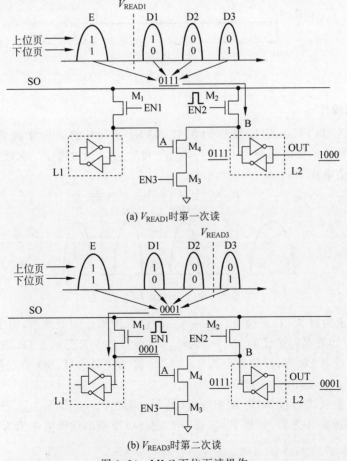

(a) V_{READ1} 时第一次读

(b) V_{READ3} 时第二次读

图 9.24　MLC 下位页读操作

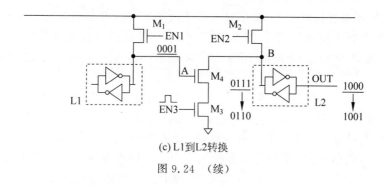

(c) L1到L2转换

图 9.24 （续）

9.2.2 基于性能提高的编程技术

1. MLC 编程操作

在介绍具体的编程操作前先介绍编程操作中用到的基本原理：ISPP。如图 9.25 所示，通过控制存储单元栅极编程电压的增量来控制阈值电压的分布，即 $\Delta V_{PGM} = \Delta V_{th}$。强调一点，编程态 V_{th} 分布宽度能被有效控制,可以通过减小编程电压的步进来减小单元的 V_{th} 宽度，V_{th} 宽度越小，需要的编程循环次数越多，同时所需要的校验次数也越多，但能提高编程的精度。对于快速编程，则通过增大编程电压的步进减小编程次数，其所需要的编程次数少，编程速度快，但其精度难以控制，因而，二者之间存在一个折中。

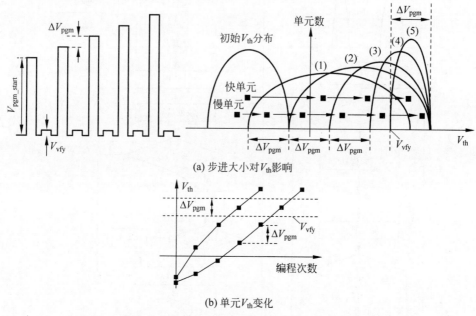

(a) 步进大小对V_{th}影响

(b) 单元V_{th}变化

图 9.25 ISPP 步进大小与单元 V_{th} 宽度的关系

MLC 单元的编程操作同样分为两步，首先对 MLC 下位页进行编程操作，然后对上位页进行编程操作，基本流程如图 9.26 所示。

图 9.26(a) 为对下位页的编程过程，首先加载数据到 L1，如果 L1 存储数据为 1，则不对这个存储单元继续进行编程，$V_{BL} = V_{DD}$，V_{th} 不再改变。L1 存储数据为 0，单元可继续编程；$V_{BL} = 0$，进行 ISPP 操作，V_{th} 增大，ISPP 每做一次编程脉冲，就进行一次校验操作。如果

$V_{th} < V_{vfy1}$，目标还未达到编程态，锁存器不改变其状态（L1 存储数据为 1），当下一次 ISPP 操作来临时，V_{BL} 再次拉低到 0V。如果 $V_{th} > V_{vfy1}$，则单元已经达到编程态，锁存器翻转（L1 存储数据由 0 翻转为 1），当下一次 ISPP 操作来临时，V_{BL} 被拉高到 V_{DD}，之后不再进行编程操作。

图 9.26(b)为对上位页进行编程操作的过程。数据加载到 L2，如果 L2 存储数据为 1，就意味着编程单元被抑制，$V_{BL} = V_{DD}$，V_{th} 不变（状态维持在 D1 态或 E 态）；如果 L2 存储数据为 0，则 V_{BL} 拉低到 0V，单元必须被编程到 D2 或者 D3 态。同时下位页的信息已被读出并存储在 L1 中，根据 L1 的值确定单元的状态，L1 存储数据为 1，则最开始态为 E 态；L1

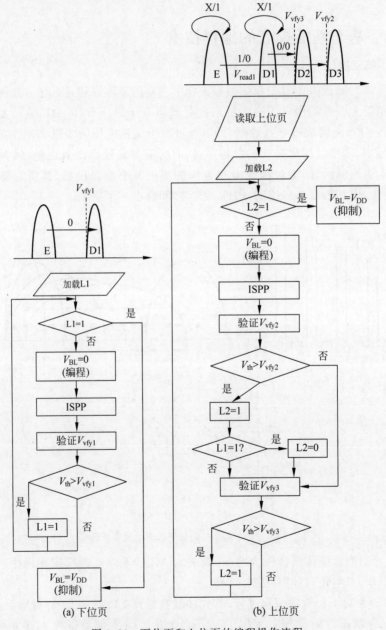

(a) 下位页   (b) 上位页

图 9.26 下位页和上位页的编程操作流程

存储数据为 0,则最开始为 D1 态。

当 L2 存储数据为 0 时,ISPP 操作后,首先通过 V_{vfy2} 校验,如果 $V_{th} < V_{vfy2}$,则单元还未到 D2 态,锁存器维持原态,下一次 ISPP 操作来临时,V_{BL} 拉低到 0V,继续编程。如果 $V_{th} > V_{vfy2}$,则单元已经达到 D2 态,L2 存储数据由 0 翻转为 1,如果 L1 存储数据为 0,初始态是 D1 态,则单元已达到目标编程电压值;如果 L1 存储数据为 1,单元初始状态处于 E 态,则 L2 重置为 0,因为单元必须达到 D3 态。

接下来校验 V_{vfy3},如果 $V_{th} < V_{vfy3}$,说明单元没有达到 D3 态,L2 不进行翻转,下一次 ISPP 操作来临时,如果 L2 存储数据为 0,V_{BL} 拉低到 0V,继续编程操作。如果在 V_{vfy2} 校验中,单元已经从 D1 态到 D2 态,则 L2 存储数据为 1,V_{BL} 拉低到 0V 到 V_{DD},不再继续进行编程操作;如果 $V_{th} > V_{vfy3}$,单元已经达到 D3 态,L1 存储数据从 0 翻转为 1。

图 9.27 所示为对下位页进行编程操作的电路以及时序图。下位页的信息存储在 L1 的 A 节点,如果 $C=0(A=1)$,则单元必须被抑制(单元仍旧停留在 E 态);如果 $C=1(A=0)$,则单元必须被编程至 D1 态。

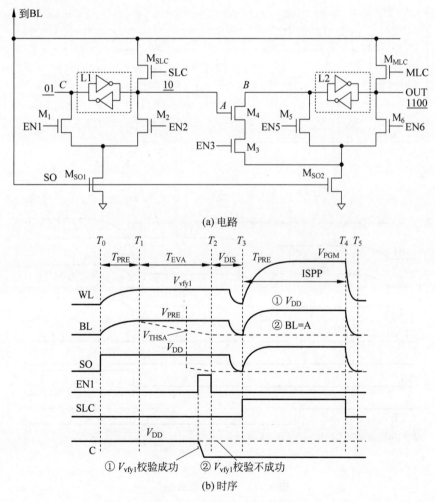

(a) 电路

(b) 时序

图 9.27　MLC 下位页编程

在 T_0 时刻,开始施加校验电压 V_{vfy1},直到 T_2 时刻结束。通过使能信号 EN1,将 SO 节点的信息储存在 L1 中。如果 $V_{th}<V_{vfy1}$,则 SO=0,支路 M_{so1}-M_1 未导通,锁存器不进行翻转,如图 9.27(b)中虚线所示。如果 $V_{th}>V_{vfy1}$,则 SO=1,C 节点被拉低,图 9.27(b)中实线所示。

T_3 时刻,M_{SLC} 导通,V_{BL} 被拉到与节点 A 电压相等。如果 A=0,则 V_{BL} 被拉到地,这种情形只在 V_{vfy1} 校验没有成功和 C=1 时发生。如果 A=1,则 V_{BL} 被拉到 V_{DD},这种情形旨在 V_{vfy1} 校验成功或者 C=0 时发生。T_5 时刻,ISPP 结束,重新循环到 T_0。

图 9.28 所示为对上位页进行编程操作的电路图和时序图,通过 V_{READ1} 对下位页进行一次读操作。如果下位页在 E 态,则 A=0;如果下位页在 D1 态,则 A=1。L2 储存上位页中的信息。B=0 意味着单元被抑制编程(停留在 E 态或者 D1 态),B=1 意味着单元必须被编程到 D2 或者 D3 态。

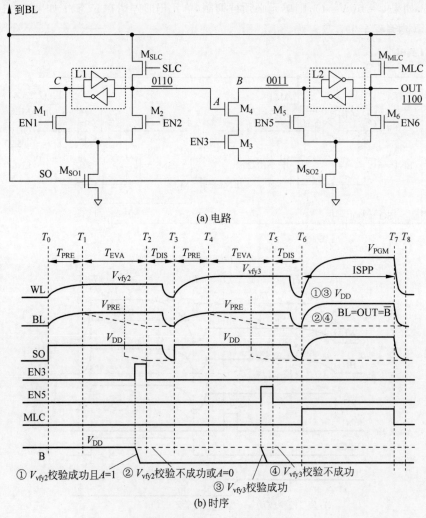

(a) 电路

(b) 时序

图 9.28 MLC 上位页编程

L2 在 ISPP 中通过 M_{MLC} 控制 V_{BL}。在单元已经达到期望的阈值态时,OUT=1(B=0)。同时需两次验证操作 V_{vfy2} 和 V_{vfy3}。如果 V_{vfy2} 校验成功,单元已经移动到 D2 态,则节点

OUT=1。因此,通过 M_{SO2}、M_3、M_4,使 L2 的 $B=0$,以传替 L1 中的信息。通常,如果单元通过了 V_{vfy2},则 SO=1,否则 SO=0。

如果 $A=0$(单元应该被移到 D3 态),则 M_4 关闭,V_B 不能通过节点 SO 被拉到 0V。

如果 $A=1$(单元应该被移到 D2 态),则 M_4 导通,如果 SO=1,EN3 为高,V_B 下拉到 0V。

最后用 V_{vfy3} 进行校验,独立于 L1,通过使能管 M_5,如果校验成功,SO=1,V_B 下拉到 0V;否则 $B=1$。T_6 时刻,MLC 信号为高,在 ISPP 操作中,将节点 OUT 的值传给位线。如果单元已经达到了理想的分布态,则 V_{BL} 上拉到 V_{DD},如图 9.28(b)中实线所示;否则 V_{BL} 下拉到地,如图 9.28(b)中虚线所示。T_8 时,ISPP 操作结束,重新回到 T_0 循环。

在完成编程操作后需要检查是否所有的单元都已经编程成功,即进行编程完成/未完检查(program pass/fail check)。这一操作可以通过如图 9.29 所示电路完成,称为校验操作检查电路(check circuit for verify operation)。

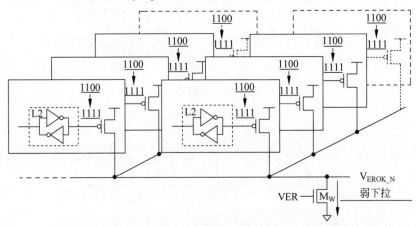

图 9.29 校验操作检查电路

校验操作分为两种结果,第一种至少有一个位线没有完成编程,相应的页缓冲器内的 PMOS 会将 V_{EROK_N} 节点拉高;当所有页缓存器内的 PMOS 都关闭时,V_{EROK_N} 节点将通过 M_W 管向 GND 放电表示所有单元已经编程到所需的分布位置,宣告编程完成。第二种由于单元缺陷等因素,即使经过最后一个 ISPP 周期,仍然有少量单元(1~4 位)无法编程到位,但可以通过 ECC 纠错复原数据。页缓冲器内的 PMOS 电流总和 I_{SUM} 镜像到 COMP 端,与参考电流 I_{COUNT} 做比较,确定还未编程到位单元的数量或范围,错误计数电路如图 9.30 所示。

2. 性能提高的编程技术

MLC 的编程方式分为两种:两轮 MLC 编程(two rounds MLC program)方式和全序列 MLC 编程(full-sequence MLC program)方式。两轮 MLC 编程就是前面介绍的 MLC 编程方式,如图 9.31 所示,分两步进行,第一步是对下位页的编程,第二步是对上位页的编程。编程的算法是 ISPP,每一个周期的编程电压增加的步进为 ΔISPP,每一次编程之后都要进行校验操作。对下位页的编程需要 LSB 的信息,对上位页的编程需要知道 LSB 的信息和 MSB 加载的信息。两轮 MLC 编程总共需要 19 个编程/校验周期。

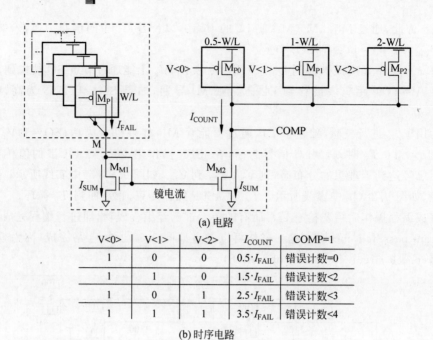

(a) 电路

V<0>	V<1>	V<2>	I_{COUNT}	COMP=1
1	0	0	$0.5 \cdot I_{FAIL}$	错误计数=0
1	1	0	$1.5 \cdot I_{FAIL}$	错误计数<2
1	0	1	$2.5 \cdot I_{FAIL}$	错误计数<3
1	1	1	$3.5 \cdot I_{FAIL}$	错误计数<4

(b) 时序电路

图 9.30　错误计数

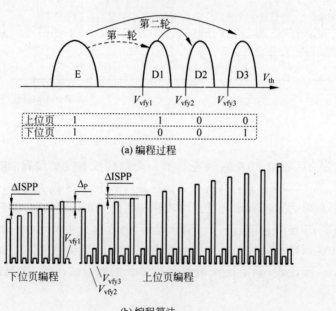

(a) 编程过程

(b) 编程算法

图 9.31　两轮 MLC 编程方式

全序列 MLC 编程就是指编程过程一次完成,基本原理如图 9.32 所示,上位页和下位页同时编程,但是每个编程周期结束后都要进行 3 次验证操作(V_{vfy1}、V_{vfy2}、V_{vfy3}),为了减少验证操作次数,采用如下算法:

(1) 一开始只进行 V_{vfy1} 操作,如图 9.32(b) 中 A 所示。

(2) 在有一个单元到达 V_{vfy1} 时开始 V_{vfy2} 的操作,如图 9.32(b) 中 B 所示。

(3) 在有一个单元到达 V_{vfy2} 时开始 V_{vfy3} 的操作,如图 9.32(b) 中 C 所示。

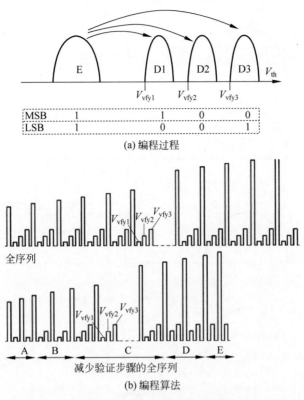

(a) 编程过程

全序列

减少验证步骤的全序列

(b) 编程算法

图 9.32　全序列 MLC 编程操作

（4）在所有单元都编程到 D_1 分布后结束 V_{vfy1}，如图 9.32(b) 中 D 所示。

（5）在所有单元都编程到 D_2 分布后结束 V_{vfy2}，如图 9.32(b) 中 E 所示。

全序列 MLC 编程操作总共需要 13 个编程/验证周期，对于优化的全序列 MLC 编程操作，总共可减少 12 个验证步骤，可减少大约 9% 的编程时间。

除了编程方式外，还可以通过 C/F 编程（Coarse and Fine program）操作方式提高编程操作的性能。C/F 编程如图 9.33 所示，对于相同的步进电压 $V_{ISSPP}=0.2V$，当位线偏置电压为 0V 时，V_{th} 步长为 0.2V；当位线偏置电压为 0.4V 时，V_{th} 步长为 0.1V。利用这一效应，可以有效减少编程态 V_{th} 分布宽度，提高读容限（read margin）。另外，在既定编程态 V_{th} 分布宽度下，可以提高步进电压，减少编程周期数。

由于编程的幅度有限，因此阈值电压的分布宽度为 0.2V。现在考虑编程电压必须超过 V_{vfyh} 这一种情形。最好的情形之一是最后一次编程后使单元 V_{th} 轻微超过 V_{vfyh}，如图 9.33(a) 中①所示，最差的情形之一是 V_{th} 低于 V_{vfyh}，接下来的编程操作会使其与 V_{vfyh} 相隔 0.2V，如图 9.33(a) 中②所示。如果 V_{th} 位于 V_{vfyf} 和 V_{vfyh} 之间，如图 9.33(a) 中③所示，且位线偏置在 0.4V，则 V_{th} 在下一次编程中将步进 0.1V。在任何情况下，V_{th} 都将超过 V_{vfyh}，最差情况下距 V_{vfyh} 是 0.1V 而不是 0.2V，否则如果阈值电压低于 V_{vfyh}，如图 9.33(a) 中④所示，则 $V_{BL}=0V$，将执行一个标准的编程操作。最差情况下 V_{th} 比 V_{vfyh} 高 0.1V。

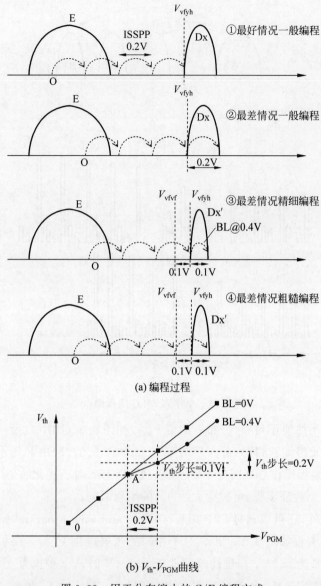

(a) 编程过程

(b) V_{th}-V_{PGM}曲线

图 9.33　用于分布缩小的 C/F 编程方式

9.2.3　高速接口技术

在过去的几十年里,DRAM 一直推动高速接口发展,而 NAND Flash 在近期发展迅速。DRAM 和 NAND Flash 有一定的相似之处,这两个内存都以称为页面的块读取数据。这两种类型的内存都是 PC 平台的一部分。目前,DRAM 更接近 CPU,以满足系统的速度要求,而 NAND 则提供较大存储容量。

自 2007 年以来,PC 应用程序已经成为一个主要的需求驱动因素,当时 NAND Flash 出现在计算机的 PCI 快速总线上。ONFI 等权威机构采用具体举措正在通过硬件和软件的标准化努力,推动 NAND 在计算机上的采用。快速卡标准(由 PCMCIA 成员公司的一个广泛联盟创建)是下一代 PC 卡技术,已用于超过 95％的笔记本电脑,以增加新的硬件功能。解决方案提供商正在提供完整的硬件/软件,以将各种 NAND 存储类型集成到 PCI-e 或典型的企业存储接口中。

当设计 CPU 时,使用了高速内存作为缓存,且需要以最低的成本实现高容量。廉价、快速和高密度 Flash 的可用性驱动计算机内存层次的变化。一个实现良好的层次结构允许内存系统利用最快组件的性能、最便宜组件的平均取得成本和最节能组件的能源消耗。如今,NAND Flash 的性能、容量和成本使其成为在磁盘驱动器(在平台本身上或集成在混合磁盘驱动器中)创建缓存级别具有吸引力,以填补 DRAM 和硬盘之间现有的巨大性能差距。在某些情况下,NAND 固态存储将完全取代 HDD。

图 9.34 说明了 DRAM 和 NAND 的性能和密度演变。这两种存储器的密度都近似遵循摩尔定律。自 2000 年以来,DRAM 的性能比平均每年提高了 25％,而 NAND 的性能则几乎持平。原因是 NAND Flash 多年来一直被降级为纯数据存储,而且直到最近它才进入计算机系统。随着 NAND 进入新的应用程序,如计算机/移动系统等,系统性能中的一个瓶颈明显隐藏在 NAND 接口中,必须通过适当的调整进行修复。

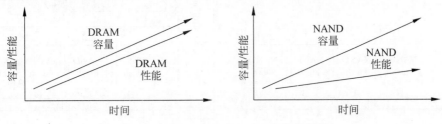

图 9.34　NAND 相对于 DRAM 性能趋势

在图 9.35 中,绘制了具有 1KB、2KB 和 4KB 页面的 NAND 传统(异步)Flash 设备的访问时间。访问时间划分为两部分:一是阵列存取时间(array access time),即从 NAND Flash 单元到页缓存器的传输时间;二是数据传输时间(data transfer time),即通过接口将页缓存器内所有数据传出芯片所需的时间。对于传统 SDR 25MHz 接口,1KB 页容量芯片的阵列存取时间与数据传输时间相当,可以采用多颗芯片或多个数据面之间交叉读取方式;但对于 4KB 页容量以上的芯片,二者之间的差异急剧扩大,需使用 DDR 接口提高 I/O 数据吞吐量。

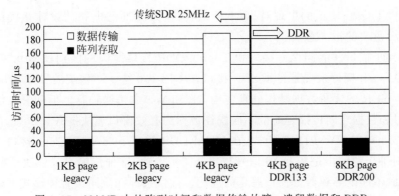

图 9.35　NAND 中的阵列时间和数据传输故障:遗留数据和 DDR

基于 Flash 的系统是由几个 NAND Flash 器件和一个控制器组成的。控制器具有与 NAND 通信并从外部接口传输数据的功能。提升系统性能的选项基本上有以下类型。

(1) 增加每个通道的模组数量,如图 9.36(a)所示。此解决方案遇到了来自通道加载的限制。它具有针脚数低、硬件成本低的优点,特别是在控制器上,但可能不能满足系统写吞吐量的要求。

(2) 增加通道的数量,如图 9.36(b)所示。这个解决方案改变了 Flash 控制器内部的问题,它必须管理来自 Flash 通道的并行数据流。这是一个昂贵的解决方案,因为控制器必须管理 ECC,并且需要专用的 SRAM/寄存器文件。该解决方案的优点是它具有可扩展性和灵活性,并且允许达到非常高的读/写吞吐量。

对于这两种方案,都有功耗和信道限制的问题,都需要认真考虑接口方案。

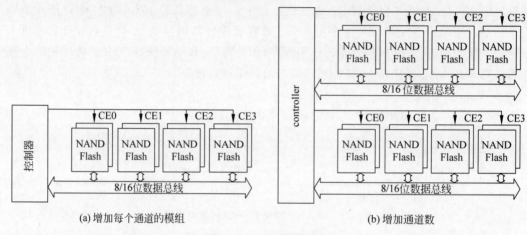

(a) 增加每个通道的模组   (b) 增加通道数

图 9.36 SSD 性能增强

NAND Flash 在与外部的控制器进行交互时,需要规定接口的种类和功能。各生产商提供的 NAND Flash 芯片接口不一致会给下游控制器制造商和产品制造商带来麻烦。早期不同生产商的 NAND Flash 产品的接口各不相同,为了统一当时混乱的 Flash 接口标准,以美光、英特尔和 SK 海力士为首的 NAND Flash 生产商在 2006 年制定了开放式 NAND Flash 接口(Open NAND Flash Interface,ONFI)协议,随后当时占据全球 70% NAND Flash 市场的三星和东芝为了对抗 ONFI 联盟,以 DDR 为基础制定了 Toggle DDR 接口协议。ONFI 和 Toggle 协议的出现对 NAND Flash 的数据通路电路的设计和接口传输带宽的提升有十分重要的指导意义。

传统的异步接口、ONFI 2.0 接口和 Toggle DDR 接口之间的区别如图 9.37 所示。传统的 NAND Flash 接口系统是异步 SDR 接口,ONFI 1.0 统一了传统的异步 SDR 模式的接口规格,异步 SDR 的读写数据操作分别使用 RE 和 WE 的边缘锁存。但随着工作频率的上升,锁存信号和数据之间传播延时的不匹配使数据的有效窗口无法提升。

ONFI 2.0 对应 NVM-DDR 模式,在 NVM-DDR 模式下 NAND Flash 接口系统采用源同步 DDR 时钟。源同步是指 DQS 信号与数据同步传输,这种传输方式解决了数据与时钟之间传播延时不匹配导致数据窗口恶化的问题。接口系统在源同步时钟模式下时钟信号质量得到保证,可以进一步提高系统的工作频率上限。NV DDR 模式的接口传输带宽上限为 200MB/s[14]。Toggle 1.0 协议采用异步 DDR 接口,也支持异步 SDR 模式,Toggle 协议使

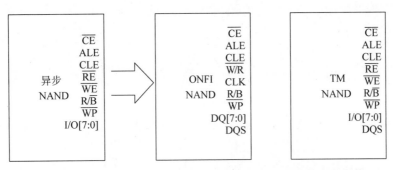

图 9.37 传统 NAND 接口、ONFI 2.0 和 Toggle DDR 接口的比较

用差分 DQS 信号的边沿来锁存编程数据,读操作模式下用 RE 差分信号的边沿控制数据传输,在无读写操作时 DQS 保持高阻态,因此异步 DDR 模式相对源同步 DDR 系统功耗可进一步降低[15]。

ONFI 3.0 之后的版本协议出现的 NV-DDR2 和 NV-DDR3 模式采用和 Toggle 一样的异步 DDR 接口,所以 ONFI 协议的高速模式和 Toggle 协议没有区别。ONFI 协议对应的传输带宽和接口模式如表 9.2 所示。

表 9.2 ONFI 协议对应的传输带宽和接口模式

ONFI 版本	最大 I/O 传输速率/(MB/s)	支持接口模式
ONFI 1.0	50	异步 SDR
ONFI 2.1	200	异步 SDR,同步 DDR
ONFI 3.0	400	异步 SDR,同步 DDR,异步 DDR
ONFI 4.0	800	异步 SDR,同步 DDR,异步 DDR
ONFI 5.0	1600	异步 SDR,同步 DDR,异步 DDR

9.3 NAND Flash 高可靠性设计

9.3.1 NAND Flash 失效因素

Flash 的阵列结构、操作以及电路中的寄生效应都可能会影响可靠性。为了能够正确地读出数据,各个编程状态之间必须存在一定量的读裕量,保证各个状态不会出现阈值分布的交叠,避免发生错误。窗口裕度大小就是同一个状态读电压和校验电压之间的差值。影响 NAND Flash 阈值电压分布的因素主要有耐久性、编程干扰、读取干扰、电荷损失(charge loss)、浮栅耦合(floating-poly coupling)以及源端噪声(SL noise)等。如图 9.38 所示,这几种失效因素的影响都会体现在阈值电压的分布上,造成存储单元阈值电压分布发生各种偏移、展宽以及延拓,影响 NAND Flash 的可靠性。

耐久性体现在 NAND Flash 发生故障之前能够承受的最大编程/擦除周期数。NAND Flash 在使用过程中,要经过大量的擦除和编程操作循环。每次进行擦除和编程操作,都会使得隧穿氧化层处于高电场中,隧穿效应会使得随着擦除/编程循环的增加隧穿氧化层逐渐退化。持续的电子隧穿过氧化层,使得氧化层中产生陷阱。若氧化层中的陷阱被填充了电荷,就会影响 Flash 的编程和擦除,进而影响器件阈值的分布,使得读裕量变小。

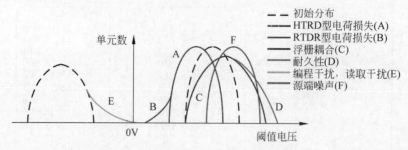

图 9.38　NAND Flash 的几种失效因素

　　编程干扰和读取干扰都是由 NAND Flash 的阵列结构引起的。编程干扰如图 9.39 所示。图中灰色单元即是因为和编程单元处于同一个字线而受到编程干扰,编程的高电压会使这些单元产生隧穿效应,因此阈值电压发生偏移,从而对不希望被编程的单元产生干扰。

　　读取干扰常发生在对同一单元进行多次读操作的情况下。读取干扰如图 9.40 所示,由于 NAND Flash 的独特结构,当对某一单元进行读操作时,该单元所在的单元串都必须处于导通状态,此时导通电压将使那些不需要读取的单元产生隧穿效应,因此阈值电压发生偏移从而产生干扰。随着 Flash 工艺制程的提高,一个物理块页数越多和单个单元存储的信息越多(TLC、QLC),此问题会变得越加突出,严重时会导致读出的数据出错或者数据丢失。

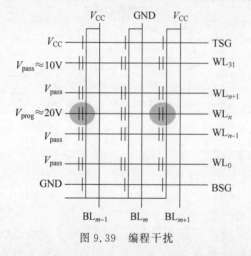

图 9.39　编程干扰

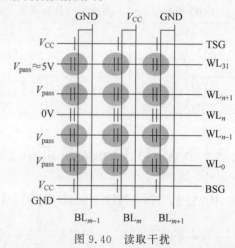

图 9.40　读取干扰

　　同样由阵列结构引起的还有导通干扰。类似于读取干扰,导通干扰影响属于待编程单元同一 NAND 串的单元。读取干扰的特点是在不需编程的单元上施加更高的 V_{pass},增加隧穿氧化物上的电场和不期望电荷转移的概率。在最坏的情况下可能会引发导通干扰,这时可以对除受干扰影响的单元外的所有 NAND 串单元进行编程操作(当字串已完全编程时,必须在任何其他重新编程之前执行擦除操作),则可以减少导通干扰持续时间,并且不会在读取干扰中遇到连续读取脉冲的累积效应。

　　由电荷损失引起的数据保持特性,分为高温下的电荷保持特性(High Temp. Data Retention,HTDR)和室温下的电荷保持特性(Room Temp. Data Retention,RTDR)两种情况。电荷保持特性即单元在没有发生任何操作的情况下,随着时间单元保持原有阈值电压不变的能力。存储层中的电荷不断的逃逸出来,使得存储单元阈值不断变化,造成读错误。

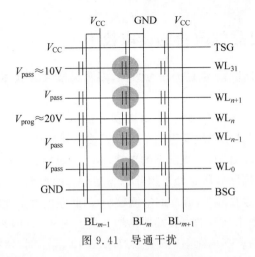

图 9.41　导通干扰

随着编程/擦除循环次数的增加,存储单元的数据保持特性变坏。通常随着时间的推移,存储单元的阈值向低电压方向偏压。如图 9.42 所示,其中有一些单元电荷丢失比较快,所以阈值偏移比较大;有一些单元电荷丢失比较慢,阈值偏移比较小。这样会造成阈值分布分散开,甚至造成相邻两个分布态的交叠,减小读裕量,造成读错误。阈值的偏移和氧化层的退化有关。随着编程/擦除循环次数的增加,氧化层退化,氧化层中出现陷阱。这些电荷陷阱和陷阱辅助隧穿机制有关,电荷存储层中的电荷可以通过隧穿氧化层中的陷阱,比较容易的返回到衬底中,造成存储单元阈值减小。

浮栅耦合发生在以浮栅为存储层的 NAND Flash 中。当相邻单元编程时,该单元 V_{th} 将因为耦合效应而被抬高。由于存在上面的各种影响,因此它们是同时存在叠加在一起的,会使得存储单元的阈值发生不定向的偏移,还会使得阈值分布扩散,会使得原来就比较小读裕量变得更小,甚至会出现交叠,这样就会造成读错误。

源端噪声会带来损失的电压降,不仅使单元串的阈值分布右移[1],还将阈值分布的宽度变大,使得读窗口裕度小[2]。如图 9.43 所示,噪声是由于源端电阻的存在产生分压,减小位线的电压,降低沟道电流,使得在读取时需要更大的读电压才能读出,导致读出的阈值电压变大,并产生不均衡。源端噪声与工艺密切相关,源端的寄生电阻是产生源端噪声的根本原因。

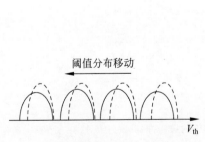

图 9.42　存储单元阈值分布受到数据
保持效应影响

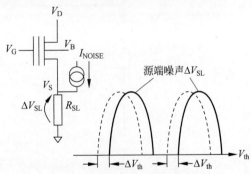

图 9.43　寄生电阻产生的源端噪声

除了上述失效因素外,还有一些新型的影响 Flash 可靠性的因素,例如随机电报噪声、温度不稳定性以及电荷注入统计等,这些已经在第 6 章中进行了详细介绍,本章不再赘述。

9.3.2 基于可靠性改善的读取技术

基于可靠性改善的读取技术主要分为两种,多步灵敏放大技术(multi-pass sensing)和重读纠错技术(read retry)。

如 9.3.1 节所述,源端噪声会影响 Flash 的读可靠性。在多步灵敏放大技术中,通过将一次读操作分为多次完成以减小源端噪声的干扰[16]。多步灵敏放大技术的步骤如图 9.44(a)所示,第一次灵敏放大排除掉处于 E1 擦除态的单元,第二次灵敏放大排除掉处于 E2 擦除态的单元,最后一次灵敏放大准确区分所有处于擦除态与编程态的单元。由于将一次读操作分为三次完成,每次导通的单元数目较少,源端的电流较小,因此能极大幅度减小源端噪声。

多次灵敏放大技术要求特殊的页缓冲器结构支持。图 9.44(b)是一个支持多次灵敏放大技术的页缓冲器的结构图。当单元串感应电流 $I_{CELL} < I_{READTH1}$ 时,锁存器内状态不变,下一次灵敏放大不受影响;当单元串感应电流 $I_{CELL} > I_{READTH1}$ 时,锁存器内状态翻转(OUT=0),在下一次灵敏放大时,充电通路关闭(M_{FB} 关闭),位线接地(M_{PD} 打开)。

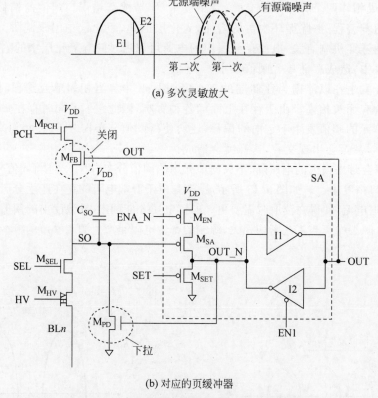

(a) 多次灵敏放大

(b) 对应的页缓冲器

图 9.44 多次灵敏放大技术及对应的页缓冲器

另一种提高可靠性的读取技术是重读纠错。在编程态阈值分布由于数据保持等失效因素发生变化,由原有读电位读出的整页数据产生较多错误位,无法通过 ECC 校验还原数据时,可采用重读技术进行读取。通过改变读电压,找到一个合适的读电压,使得所得到的错误数可以被 ECC 纠正,或者通过最佳判决电压搜寻算法找到最优的读电压点。重读纠错的目的就是为了弥补 ECC 的不足，或辅助 ECC 实现准确地译码读出数据。重读技术在原有读电位 V_{READ1}、V_{READ2}、V_{READ3} 基础上相应减小偏移量 ΔV_1、ΔV_2、ΔV_3，再次读取原数据，如图 9.45 所示。重复这样的过程，直到整页数据能够通过 ECC 校验为止。可以通过多种算法选取合适的读电位偏移量，如查表法、最小误差搜索、最小差别检索等。

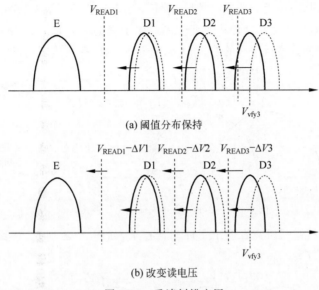

(a) 阈值分布保持

(b) 改变读电压

图 9.45　重读纠错应用

为找到合适的读电压，最简单的方法就是以一定的间隔为单位，不断地增大或减小读电压，如图 9.46 所示，直到找到最优的电压点。每个间隔的大小决定了读电压的调节精度和找到合适电压的速度[4]。电压间隔越小，电压调节精度越高，找到最优电压的点就越精确，然而需要消耗的时间就越长；反之电压间隔越大，电压调节精度越低，但是能够很快地找到一个相对合适的电压。

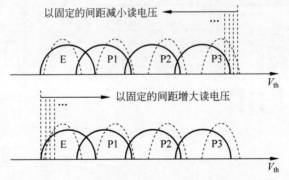

图 9.46　通过简单依次改变读电压实现重读纠错[4]

　　由于对全区域进行电压扫描，总是显得太耗时间和盲目，因此可以将电压局限在某个较小的范围内，通过循环改变电压的变换来实现[5]。电压改变区域通常是那些容易出现阈值交叠的区域，此区域容易出现读错误。通常会将存储区域分出一部分来记录电压的数值。每次开始读的电压是上一次读成功的电压，通过读取电压标志数应用上一次读成功的电压读当前的存储数据。若发生读取失败，再依次按顺序改变读电压，直到读取译码成功，并记下当前的成功读电压数据，作为下一次的初始读电压。若直到最后一个读电压也没能正确地读出数据,就从原始的读电压开始新的循环,如图 9.47 所示。例如可以将电压改变的区域分成 9 个电压,相应的标号也从①~⑩每次改变一个电压。若从标示为①的电压开始,改变两次后到标示为③的电压时,可以成功地读出数据,就以标示为③的读电压为下一个读电压。直到以后读的过程中,电压③不能成功地读取数据,就改变读电压到标示④~⑤直到成功。当到达标示⑩时,若还没成功读出数据,则下个读电压就是标示为①的读电压。以此循环往复实现简单而有效的改变。这种将改变范围局限于一定区域的方法,使得改变更加高效方便,节省了大量的时间。值得注意的是,和上面的方法一样,存在速度和精度之间的折中。

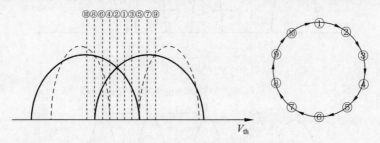

图 9.47　循环改变寻找最优电压并记录[5]

目前关于重读纠错的研究发展出了许多新技术,如图 9.48 所示,按照时间顺序列举出了近年的一些技术方案。

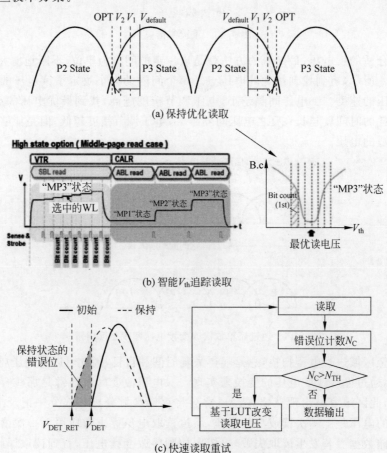

(a) 保持优化读取

(b) 智能 V_{th} 追踪读取

(c) 快速读取重试

图 9.48　重读纠错技术研究现状

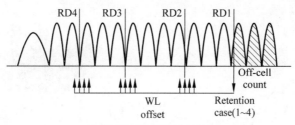

(d) 基于单元计数自适应读取

图 9.48 （续）

首先是 2015 年提出的保持优化读取（Retention Optimized Reading）方法[17]，通过上电后的预优化算法学习每个块最后一个编程页的读取参考电压，并尝试用该电压读取数据。由于记录的起始读取参考电压是块内最佳判决电压的上限，因此迭代地去降低读取参考电压，直到读取操作成功。但这种方法需要先找到初始的参考电压，带来了额外的开销，同时需要的读取次数也较多，导致读取时间较长。

2018 年，东芝公司提出智能 V_{th} 追踪读取（Smart V_{th} Tracking Read，SVTR）[18]，这种方法显著地降低了读取次数，由于数据保持而导致的每个单元的 V_{th} 偏移与其所处的编程态是相关的，较低态的 V_{th} 偏移可以由测量的较高态的 V_{th} 偏移来确定，所以 V_{th} 追踪读取仅在最高态下执行，有效地提升了读取速度，但是这种方案依然是用遍历的方法去寻找，缺乏一定的方向性。

同样在 2018 年，三星公司也提出了快速读取重试（Fast Read Retry）[19]，使用两个不同的感测时间进行感应相当于用两个不同的电压进行感测，利用页面缓冲操作计算两个电压之间的单元数量后，将该计数与预设参考值比较，大于参考值时根据预设的查找表选择下一个读电压，否则读电压不变。这种方法通过预设参考值实现了快速重读，大大降低了读取次数，但需要对所有态都进行操作，有一定的额外的开销。

2020 年，三星公司又提出了基于单元计数的自适应读取方法（Adapted Read Count，ARC）[20]，它结合了快速读取重试和智能 V_{th} 追踪读取两种方法的优点，首先读取最高态，测量断开的单元数，然后根据最高态的计数信息与预设值的比较去改变较低态的读取电平，既具有一定的方向性，又减少了读取次数，但是该方案统计的是断开的单元数，所以对计数器电路模块有较高的要求。

此外，读取重试还有一种基于 Flash 特性的算法方案，这种方案一般是通过数学方法来计算出用于重读的最佳读电压，从而最大限度地降低读错误，提高 Flash 可靠性。如图 9.49 所示的基于高斯分布的快速重读方案[21]，根据阈值电压分布的数学特性，在对最高态两次读取后可以得到区间单元计数 B 和 C，由概率分布的数学关系可以发现 B、C 和阈值电压偏移量 L_A 存在一定的函数关系，从而可以用数学方法计算出编程态的偏移量进行重读，只需要读取两次，减少了重读次数/时间。

9.3.3 基于可靠性改善的编程技术

影子编程（shadow program）可用于减小相邻字线单元（浮栅）之间耦合效应（Floating Gate Coupling，FGC）。浮栅之间的耦合效应如图 9.50 所示。

其中 M_i 处于四态中的任意一态，当 M_{i+1} 由编程态 E 被编程到 D3 态时，M_i 的阈值电

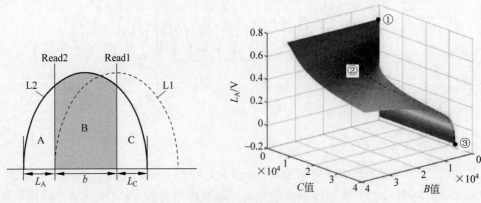

图 9.49 基于高斯分布的快速重读方案

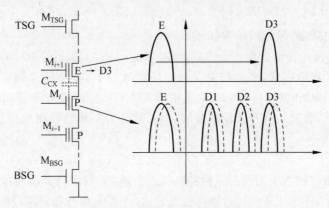

图 9.50 浮栅之间的耦合效应

压 V_{th} 由于 C_{CX} 电容的影响而增加。因为 D3 态所需的编程电压最大,因此产生的干扰最大。E→D2,E→D1 对 M_i 产生的影响逐渐减小;如果保持 E 不变则不产生干扰。

当然 M_{i-1} 的编程操作对 M_i 的阈值电压也有影响,但是传统的编程方法的编程顺序是从源端向位线方向进行编程,这样先编程 M_{i-1} 再编程 M_i,除非 M_i 保持擦除态 E,其余的编程状态将消除 M_{i-1} 对其的影响。

以 MLC 编程技术为例,为了减小 FGC 的干扰,采取影子编程[22]。第一回合,根据下位页的值进行编程,如图 9.51(a)所示,当下位页的值为 1 时,单元保持不变,当下位页的值为 0 时,将该单元的阈值电压编程到 D2′态,D2′态分布在 D1 和 D2 之间,是编程的一个过渡态,不需要很精确,因此可以加速编程,减少时间。第二回合,根据上位页的值进行编程,当单元处于 E 状态,上位页的值为 1 时,保持不变,上位页的值为 0,将其编程到 D1 状态;当单元处于 D2′状态,上位页的值为 1 时,编程到 D2 状态,上位页的值为 0 时,编程到 D3 状态。

为了减小 FGC,上述方案应该和特定的编程顺序相结合。下面阐述上面的编程方案如何减小 FGC 效应,具体的编程次序如图 9.51(b)所示,其中圈中的数字表示逻辑页,一个单元如 M_0 分为上位页和下位页,下位页存储 LSB 页。

具体方案如下。

(1) 从 M_0 起编程。页①写入 M_0 的下位页,此时①处要么是 E 态要么是 D2′态。

(2) 页②写入 M_1 的下位页,若②E→D2′,这时①若为 D2′,那么 FGC 会使①的 V_{th} 增加。

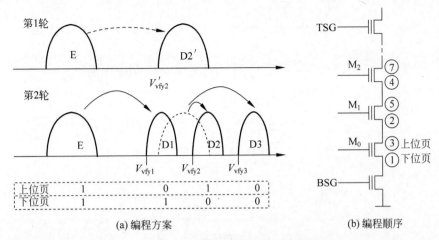

(a) 编程方案   (b) 编程顺序

图 9.51 基于可靠性改善的编程方案及编程顺序

（3）页③即 M_0 的上位页编程，M_0 处于 D2′ 的状态将会被纠正为 D2 态或 D3 态。

（4）页④编程。这时候 M_1 会受 M_2 和 M_0 的共同影响，但通过对 M_1 的上位页 ⑤进行编程，将纠正这一耦合干扰。

FGC 效应将由上位页的再编程而抵消，而上位页有两种情况，分别是 E→D1 或 D2′→D3(D2)，可见 M_1 对 M_0 最大的 FGC 为 M_1(E→D1 或 D2′→D3)，相比直接编程 M_1(E→D3) 对 M_0 产生的耦合有了很大的改善。

同样，类似 MLC 的编程方法也可以用在 TLC 和 QLC 的编程上减少耦合干扰[22-23]。如图 9.52(a)所示，TLC 多了一个中位页，编程分三轮进行，下位页在第一轮编程，中位页在第二轮编程，上位页在第三轮编程。分布 D1′、D1″、D2″和D3″是临时分布，之后重新编程，直到它们达到最终编程状态。QLC 编程顺序如图 9.52(b)所示。通过设置临时分布态，可以减小单元的最大 V_{th} 位移，从而减少耦合干扰。

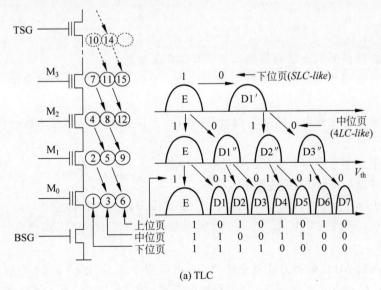

(a) TLC

图 9.52 编程顺序

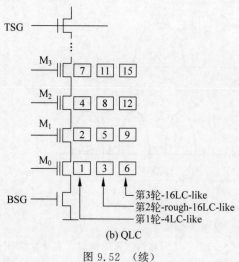

图 9.52 （续）

本章小结

本章主要介绍 NAND Flash 芯片设计技术，首先从 NAND Flash 基本架构设计入手，涵盖 NAND Flash 的基本架构设计、阈值分布及多位单元、基本操作及基本指令集等关键内容。接着以基于性能提升读取技术和编程技术，以及高速接口技术为代表，介绍了 NAND Flash 高性能设计的诸多方面。最后介绍了 NAND Flash 失效因素以及可以改善可靠性的以读取技术和编程技术为代表的 NAND Flash 高可靠性设计技术，希望对读者可以进一步了解 NAND Flash 芯片设计起到抛砖引玉的作用。

习题

（1）SSD 性能提升的方法有哪些？分别有什么优缺点？

（2）以一种页缓冲器电路实现为例，详述 MLC 上位页及下位页的读取操作的流程，并画出波形图。

（3）以一种页缓冲器电路实现为例，详述 MLC 上位页及下位页的编程操作的流程，并画出波形图。

（4）比较电压型感测与电流型感测的技术特点。

（5）页缓冲器高压管 M_{HV} 的作用有哪些？

（6）在电压型感测中，C_{BL} 为 3pF，C_{SO} 为 30fF，I_{READTH} 平均值为 30nA，最大值为 40nA，V_{DD} 和 V_{PRE} 为 2.2V，V_{THSA} 为 1.1V，V_{SEN} 为 1V，V_{THN} 为 0.7V，求感测过程中的求值时间。

（7）对于两轮 MLC 编程方式和全序列 MLC 编程方式，根据图 9.53 中的数据算出优化全序列 MLC 编程方式比两轮 MLC 编程减少了多少编程时间？（假设单个校验周期时间为 $15\mu s$，单个编程周期时间为 $100\mu s$）。

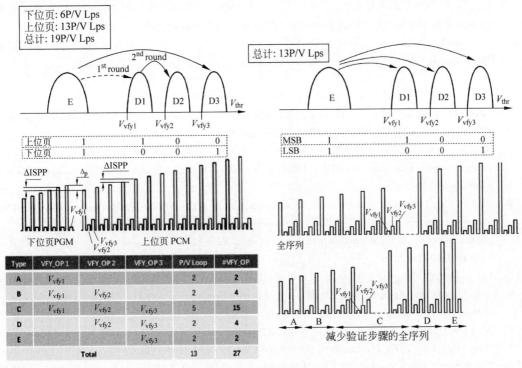

图 9.53 MLC 编程

参考文献

［1］ Campardo G，Scotti M，Scommegna S，et al． An overview of flash architectural developments［J］． Proceedings of the IEEE，2003，91（4）：523-536．

［2］ Bez R，Camerlenghi E，Modelli A，et al． Introduction to Flash memory［J］． Proceedings of the IEEE， 2003，91（4）：489-502．

［3］ Byeon D S，Lee S S，Lim Y H，et al． An 8Gb multi-level NAND Flash memory with 63nm STI CMOS process technology［C］//IEEE International Solid-State Circuits Conference，2005．

［4］ Cho T，Lee Y T，Kim E C，et al． A dual-mode NAND Flash memory：1-Gb multilevel and high-performance 512-Mb single-level modes［J］． IEEE Journal of Solid-State Circuits，2001，36（11）：1700-1706．

［5］ Suh K D，Suh B H，Lim Y H，et al． A 3. 3V 32Mb NAND Flash memory with incremental step pulse programming scheme［J］． IEEE Journal of Solid-State Circuits，1995，30（11）：1149-1156．

［6］ Suh K D，Suh B H，Lim Y H，et al． A 3. 3V 32Mb NAND Flash memory with incremental step pulse programming scheme［J］． IEEE Journal of Solid-State Circuits，1995，30（11）：1149-1156．

［7］ Iwata Y，Imamiya K，Sugiura Y，et al． A 35 ns-cycle-time 3. 3V-only 32Mb NAND Flash EEPROM ［J］． IEEE Journal of Solid-State Circuits，1995，30（11）：1157-1164．

［8］ Kim J K，Sakui K，Lee S S，et al． A 120-mm2 64-Mb NAND Flash memory achieving 180ns/Byte effective program speed［J］． Technical report of ICE. SDM，1996，96（5）：670-680．

［9］ Tanaka T，Tanaka Y，Nakamura H，et al． A quick intelligent page-programming architecture and a shielded bitline sensing method for 3 V-only NAND Flash memory［J］． IEEE Journal of Solid-State Circuits，1994，29（11）：1366-1373．

[10]　Jung T S, Choi Y J, Suh K D, et al. A 3. 3V 128Mb multi-level NAND Flash memory for mass storage applications[C]//IEEE International Solid-State Circuits Conference,1996.

[11]　Imamiya K. A 130mm 256Mb NAND Flash with shallow trench isolation technology[C]// IEEE International Solid-State Circuits Conference,1999.

[12]　Lee S, Lee Y T, Han W K, et al. A 3. 3V 4Gb four-level NAND Flash memory with 90nm CMOS technology[C]//IEEE International Solid-State Circuits Conference,2004.

[13]　Byeon D S, Lee S S, Lim Y H, et al. An 8Gb multi-level NAND Flash memory with 63nm STI CMOS process technology[C]//IEEE International Solid-State Circuits Conference,2005.

[14]　Nobunaga D, Abedifard E, Roohparvar F, et al. A 50nm 8Gb NAND Flash memory with 90MB/s program throughput and 200MB/s DDR interface[C]//IEEE International Solid-State Circuits Conference,2008.

[15]　Kim H, Park J, Park K T, et al. A 159mm 2 32nm 32Gb MLC NAND-Flash memory with 200MB/s asynchronous DDR interface[C]//IEEE International Solid-State Circuits Conference,2009.

[16]　Cernea R A, Li Y. Non-volatile memory and method with reduced source line bias errors[P]. US: US7196931B2.

[17]　Cai Y, Luo Y, Haratsch E F, et al. Data retention in MLC NAND Flash memory: Characterization, optimization, and recovery[C]//IEEE International Symposium on High Performance Computer Architecture,2015.

[18]　Maejima H, Kanda K, Fujimura S, et al. A 512Gb 3b/Cell 3D Flash memory on a 96-word-line-layer technology[C]//IEEE International Solid-State Circuits Conference,2018.

[19]　Lee S, Kim C, Kim M, et al. A 1Tb 4b/cell 64-stacked-WL 3D NAND Flash memory with 12MB/s program throughput[C]//IEEE International Solid—State Circuits Conference,2018.

[20]　Kim D H, Kim H, Yun S, et al. 13. 1 A 1Tb 4b/cell NAND Flash Memory with $t_{PROG}=2ms$, $t_R=110s$ and 1. 2Gb/s High-Speed IO Rate[C]//IEEE International Solid-State Circuits Conference, 2020.

[21]　Li Q, Wang Q, Xu Q, et al. A fast read retry method for 3D NAND Flash memories using novel valley search algorithm[J]. IEICE Electronics Express,2018,15(22): 20180921.

[22]　Shibata N, Tanaka T. Semiconductor memory device for storing multivalued data[P]. US: US06925004B2[P].

[23]　Trinh C, Shibata N, Nakano T, et al. A 5. 6MB/s 64Gb 4b/Cell NAND Flash memory in 43nm CMOS[C]//IEEE International Solid-State Circuits Conference,2009.

第10章

NAND Flash存储器系统应用技术

10.1　NAND Flash 存储卡

移动系统已经彻底改变了日常行为和习惯,并已成为工作中的重要工具。它们的市场继续快速增长和发展,预计独立用户将在 6 年内增加 10 亿用户,4G 连接将占总移动数据流量的 69%,短程网络也急剧增加。由于一些应用程序的更广泛的使用,每个设备的每月数据消耗将以很高的速度增长(2014—2019 年,智能手机和平板电脑的销量分别增长 4.8 倍和 5.2 倍)。游戏、高分辨率显示器、4K 和 8K 视频格式、安全先进的摄像头功能和 BYOD (Bring Your Own Device)需要具有高带宽、低延迟和出色能效且外形小巧的大容量内存和存储解决方案。

在过去几年中,移动设备中的存储子系统已经从几乎简单的块读/写设备转变为具有更高密度、更高能效、多线程性能、支持复杂工作负载和复杂交互的复杂存储子系统,同时每比特成本也显著降低。

今天,几乎所有移动设备中的存储都基于嵌入式多媒体卡(embedded Multi Media Card, eMMC),这是一种通过标准接口与主机系统交互的嵌入式设备,从而促进不同级别的标准化(软件、测试、验证等)。接口的演变是由特定的移动需求决定的(如从固态存储启动、安全性、分区、写保护、低功耗状态和小封装外形)。最近领先一步的是高端智能手机市场推出的基于 UFS 的新接口,该接口增加了差分高速低压物理接口和广泛采用的小型计算机系统接口(Small Computer System Interface,SCSI)协议[1]。

10.1.1　eMMC

eMMC 将主控制器、Flash 单元封装在一个颗粒芯片内,看起来和普通的 Flash 颗粒没什么两样,这种一体化封装被称为 eMMC。eMMC 的结构极其简单,广义上 TF 卡、SD 卡亦属于 eMMC。eMMC 具有以下优点:体积小、复杂度低、集成度高、布线难度低。它的缺点也是相当明显的,SSD 为多路读写,它的主控制器迅速将数据分配给多个 Flash 芯片传输,而

eMMC 只能分配一个 Flash 芯片。

eMMC 是具有独立控制器的托管 NAND Flash 设备。在嵌入式控制器的帮助下，eMMC 可以在不涉及主机软件的情况下执行多个后台内存管理任务。eMMC 设备符合联合电子设备工程委员会(Joint Electron Device Engineering Council,JEDEC)和多媒体卡协会制定的 eMMC 标准。表 10.1 给出了 eMMC 标准主要特征的总结。

表 10.1　eMMC 从 eMMC4.1 到 eMMC5.1 的变化[1]

版　本	发　布	总线速度/(MB/s)	主　要　特　征
4.1~4.2	2007	52	嵌入式 MMC Flash 卡
4.3	2007	52	以移动为中心的功能(开机、睡眠状态、可靠写入)
4.41	2010	104	移动设备所需的高级功能(分区、RPMB、高优先级中断、后台操作)
4.51	2011	200	协议增强(数据标签、打包命令、安全性)
5.01	2013	400	增值功能(现场固件、更新协议、设备健康状态)
5.1	2015	400	命令队列

许多 NAND Flash 组件连接到嵌入式控制器。从高层的角度来看，嵌入式存储器控制器可以分为三个主要子系统：主机接口、处理器和 NAND 介质管理。同样，在该控制器上运行的固件可以分为三个组件：主机接口、Flash 转换层(Flash Translation Layer,FTL)和媒体管理。其中，主机接口的作用是命令解释，FTL 层完成逻辑到物理地址的转换，媒体管理实现 NAND Flash 管理。

一般通过 5 个指标衡量移动存储性：顺序读取(Sequence Read,SR)、顺序写入(Sequence Write,SW)、随机读取(Random Read,PR)、随机写入(Random Write,RW)和每秒输入/输出操作(Input/Output Operations Per Second,IOPS)。行业基准倾向于根据上述指标比较存储的结果。

移动存储性能有了快速发展。随机性能从数百 IOPS 提高到数千 IOPS，并且 IOPS 随着 UFS 和命令队列而增加更多。顺序读取和写入也是如此，现在分别可以达到大约 300MB/s 和 100MB/s。两个关键因素推动了改进随机访问的需求：①文件系统和数据库管理导致的元数据更新；②在用户空间中执行的多个应用程序产生的异构流量。连续性能由高分辨率多镜头相机和视频播放等使用模型驱动。所有这些改进具有提供改进的服务质量(Quality of Service,QoS)和改进的用户体验的共同效果。

尽管如此，移动设备的性能还要取决于其他相关因素，例如，主机工作负载特性(访问模式局部性、数据块大小、突发或持续操作等)和设备状态(空的、老化的设备等)。由于移动性能很大程度上取决于这些因素，因此分析它们对性能的影响非常重要。图 10.1 为一种 eMMC 主机系统的架构。

eMMC 基于 NAND Flash，其作用类似于硬盘。它广泛应用于平板电脑、手机的机身内存。和 Flash 阵列存储的 SSD 相比，eMMC 的读写速度就没有那么快。

eMMC 主要是针对手机或平板电脑等产品的内嵌式存储器标准规格。eMMC 的明显优势是集成了一个主控制器，可以提供标准接口并管理内存，使手机厂商能专注于产品开发的其他部分，并缩短向市场推出产品的时间。

现有 NAND Flash 作为存储芯片，接口标准不唯一，另外有些接口不稳定；有的公司把

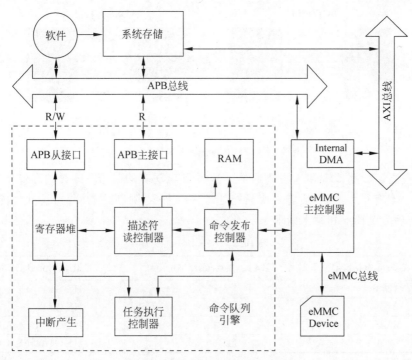

图 10.1　eMMC 主机系统的架构

NAND Flash 包了一层,把接口标准化,出现了 eMMC 协议。eMMC 使用并行数据传输,且为半双工,不能同时读写。

eMMC5.1 读取速度约为 600MB/s,UFS 2.0 则达到了 1400MB/s,可以分别理解为手机里的机械硬盘和固态硬盘。

10.1.2　UFS

UFS 是应用 UFS 标准接口的下一代超高速 Flash,UFS 标准接口是国际半导体标准化组织 JEDEC 的最新内部存储器标准。UFS 是一种可以称为"安静革命"的技术。它作为智能手机、平板电脑、Chrome Book 和汽车娱乐系统存在于舞台后面,但后果很难被忽视。事实上,对于普通用户来说,智能手机和平板电脑存储的大部分注意力都是"容量"[2]。JEDEC 于 2011 年发布 UFS 的目标是为移动设备提供高速读写速度,同时使用更少的功率。对于高速数据传输,与 eMMC 不同,UFS 配备了名为 UFS 互联(UIC)的协议层,并采用高速串行接口技术。如图 10.2 所示,在数据信号传输上,UFS 使用的是差分串行传输[3]。与单端信号传输相比,差分信号抗干扰能力强,能提供更宽的带宽。这是 UFS 更快的基础。

由表 10.2 给出的 UFS I/O 速度可知,UFS 比 eMMC 快得多,原因是信息与主机设备交换。UFS 标准采用的命令协议支持具有已知 SCSI 体系结构模型和命令队列函数的多个命令,并支持多线程编程范例。此外,UFS 具有低压差分信号(Low Voltage Differential Signaling,LVDS)串行接口,具有单独的读写路径,可实现同时读写双向通信。LVDS 是指一种低幅度差分信号系统,是一种在发射器中传输两种不同电压并在接收器中比较信号的方法。LVDS 具有低电磁干扰(Electronic Magnetic Interference,EMI)和高命令模式抗压

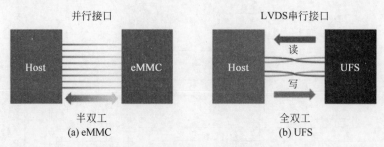

图 10.2 eMMC 和 UFS 的传输方法

能力,可实现高速数据传输和远距离通信。这一点与现有的基于 Flash 的存储卡和嵌入式 Flash 解决方案有很大不同,后者一次只能处理一个命令,限制任意读/写访问性能,而 UFS 可以一次处理多个读取和写入请求[3]。

表 10.2 UFS I/O 速度

RATE A-series/(Mb/s)	RATE B-series/(Mb/s)	High-Speed GEARs
1248	1457.6	HS-G1
2496	2915.2	HS-G2
4992	5830.4	HS-G3 (UFS 2.0)
9984	11 660.8	HS-G4 (UFS 3.0)

最先进的 UFS 是为移动存储和计算系统量身定制的。与传统的 eMMC 设备相比, UFS 具有几个独特的功能。首先,UFS 支持更快的全双工传输,这会加剧缓存争用问题,因为前台 I/O 可能会同时争取具有密集后台 I/O 的缓存资源。其次,与 eMMC 相比,UFS 具有丰富的内部并行性,这在缓存管理中应该考虑。最后,UFS 的统一内存扩展允许存储设备访问主机内存。

10.1.3 eMCP/uMCP

eMCP(embedded Multi-Chip Package)是 eMMC(NAND Flash+控制芯片)和低功耗 DRAM 封装在一起,目前广泛用于中低端手机中。eMCP 的出现顺应了 eMMC 向 UFS 发展的趋势,满足了未来 5G 手机的发展。早期的智能型手机,存储主流方案是采用如图 10.3(a) 所示的 NAND MCP,其将 SLC NAND Flash 与低功耗 DRAM 封装在一起,具有生产成本低等优势。随着智能型手机对存储容量和性能更高的要求,特别是 Android 操作系统的广泛流行,以及手机厂商预装大量程序及软件,对大容量的需求日益增加。

与传统的 MCP 相比,eMCP 不仅可以提高存储容量,满足手机对大容量的要求,而且内嵌的控制芯片可以减少主 CPU 的运算负担,从而简化和更好地管理大容量的 NAND Flash 芯片,并节省手机主板的空间。

如图 10.3(b)所示,eMCP 具有高集成度的优势,包含 eMMC 和低功耗 DRAM 芯片,对于终端厂商而言可以简化手机 PCB 板的电路设计,缩短出货周期。另外,eMCP 将 eMMC 和低功耗 DRAM 进行封装,比 eMMC 和 DRAM 分开采购的价格低,有利于降低中低端手机的成本。

5G 手机的发展从高端机向低端机不断渗透,实现全面普及,同样对大容量高性能提出更高的要求。目前 UFS 3.0 规范单通道带宽可达 11.6Gb/s,双通道双向带宽的理论带宽

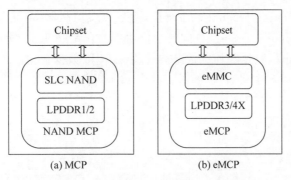

图 10.3　NAND MCP 和 eMCP 存储方案

最高是 23.2Gb/s。

uMCP 结合 LPDDR 和 UFS,不仅具有高性能和大容量,同时比 PoP +分立式 eMMC 或 UFS 的解决方案占用的空间减少了 40%,减少存储芯片占用并实现了更灵活的系统设计,可以实现智能手机设计的高密度、低功耗存储解决方案。

10.2　SSD 存储系统

SSD 系统架构是典型的片上系统(System on Chip,SoC),包含 CPU、RAM、硬件加速器、总线和数据编解码等模块。如图 10.4 所示是一般的 SSD 系统架构,采用 ARM 处理器作为主控制器,近年来也有使用支持 RISC-V 指令集的 CPU 作为主控制器的产品。系统主要分为前端和后端,前端包括与主机的协议处理(PCIe 和 NVMe)和数据搬运,后端主要包括与 Flash 接口的协议处理(ONFI 或 Toggle)和 ECC。前后端与主控通过总线互联完成数据通信。在此基础上 SSD 固件开发人员通过固件完成 SSD 产品所需的功能,统一调度各个硬件模块[4]。

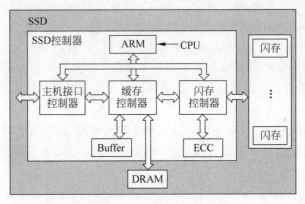

图 10.4　SSD 系统结构

近年来,随着 Flash 主控需求的多样化,不同厂家给出了不同的 SSD 系统设计方案,主流的方案包括①通用 SSD 系统;②DRAM-Less SSD 系统;③Open Channel SSD 系统;④Smart SSD 系统。

10.2.1　通用 SSD 系统

本节以图 10.5 所示开源的 Cosmos+OpenSSD[5]项目为例,详细介绍通用 SSD 系统前后端的结构。在 Cosmos＋OpenSSD 系统中,主机接口控制器(也就是俗称的前端控制器)提供主机系统和 Cosmos＋OpenSSD 间的通信通道。它在 PCIe 总线上运行 NVMe 接口协议;NVMe 协议的命令、数据和控制信息被封装在 PCIe 数据包中。该控制器由 PCIe 控制器、NVMe 协议控制器和主机直接内存访问(DMA)引擎组成。

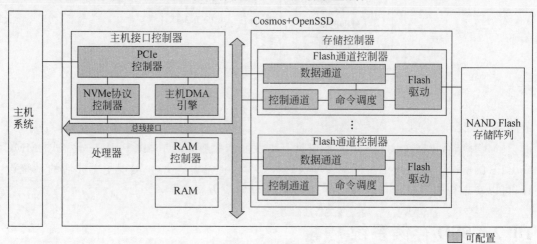

图 10.5　SSD 系统

PCIe 控制器负责在主机系统和 Cosmos＋OpenSSD 之间通过串行通信通道交换控制和数据包。从本质上讲,它负责通道初始化、流量控制、端到端数据传输以及 PCIe 总线协议中定义的其他强制性任务。由于 PCIe 总线越来越多的在数字设计中被使用,许多厂商已经将 PCIe 模块集成为内置知识产权(IP),从而节省了底层 PCIe 协议层的设计工作量。

NVMe 协议控制器通过 PCIe 控制器与主机系统通信。NVMe 接口标准允许主机系统使用多达 64K 个深度为 64K 的 I/O 提交队列。设备中的 NVMe 协议控制器从提交队列中检索命令并将它们放入本地主机命令队列中。为每个提交队列维护用于通信的数据结构,例如 Doorbell 寄存器。当它从提交队列中获取命令时,会为某个提交队列分配更高的优先级,以便从特定队列中获取更多命令。获取的主机命令将被转换为不同的操作。

主机 DMA 引擎管理主机内存和存储中的数据缓冲区之间的数据传输。它使用物理区域页面(Physical Region Page,PRP)条目直接访问主机系统的物理内存中的数据,使用固定大小的内存范围作为数据传输的单位。主机 DMA 引擎以 4KB 为单位传输数据。当需要传输大量主机数据时,会将其划分为 4KB 单元,并使用与单元数一样多的 DMA 操作进行移动。

Flash 通道控制器如图 10.6 所示。每个控制器都有两条内部信息通道:控制和数据。当固件需要对 Flash 设备执行数据访问或获取操作状态或统计信息时,它会向控制通道发送适当的 Flash 控制字(Flash Control Word,FCW)。FCW 是用于存储控制器和固件之间通信的控制信息。到达控制通道后,它会通过命令过滤一直到命令调度程序,它内部有一个控制字队列。每个命令过滤器对控制字执行自己的功能。命令调度程序从控制字队列的头部检索 FCW,将其转换为 Flash 命令,并将命令转发给 Flash 驱动程序。在控制命令的情况下,它沿控制通道的上游返回对应控制字的响应,而不将其发送到 Flash 驱动程序。

数据通道用于在主机缓冲区和 Flash 设备之间传输数据。在数据通道中执行的常见任

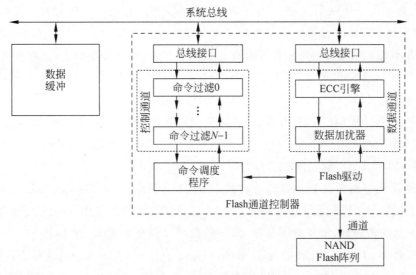

图 10.6　Flash 通道控制器

务之一是确保数据完整性。对于写操作,ECC 编码器首先为写数据生成一个码字,然后数据扰码器随机化数据模式。ECC 引擎通过将奇偶校验位添加到要存储在 NAND Flash 阵列中的数据来生成编码数据,在从 NAND Flash 阵列读取数据时使用奇偶校验位来纠正数据错误。数据加扰器通过确保写入的数据具有均匀的位分布来降低误码率。对于读取操作,页面数据通过数据解扰器和 ECC 解码器,然后以相反的方向发送到主机缓冲区。因为编解码器的硬件复杂度较高,占用电路面积较大,因此在大部分 SSD 系统设计中为了节省资源往往多个通道共享一个编解码器。

图 10.7 显示了数据加扰器的转换过程,使用 8 位线性反馈移位寄存器(LFSR)的输出对页面数据执行 XOR 运算,该寄存器使用行地址作为其初始输入:用于生成伪随机值的种子。输入数据以具有伪随机值的字节为单位传送到 XOR 门。

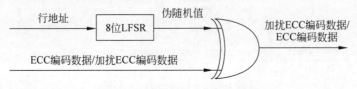

图 10.7　数据加扰器的转换过程

10.2.2　DRAM-Less SSD 系统

第二种 SSD 系统设计方案是 DRAM-Less SSD,因其价格低且功耗较低而广泛应用于客户端 SSD 和嵌入式 SSD 市场。显然,它们的性能低于通用 SSD,因为它们无法利用控制器中 DRAM 的优势。但是,可以通过使用非易失性内存快速(NVMe)的主机内存缓冲区功能来缓解这个问题,即允许 SSD 使用主机 DRAM。NVMe1.2 及后续版本有个重要的功能就是主机缓冲存储器(Host Memory Buffer,HMB),即主机在内存中专门划出一部分空间给 SSD 用,因此映射表完全可以放到主机端的内存中。

DRAM 在 SSD 系统中的作用是存储逻辑地址到物理地址的映射表。用户每写入一个逻辑页,就会产生一个映射关系。当读取逻辑页时,SSD 会先查找映射表中逻辑页对应的物理页,然后访问 Flash 读取相应的数据。这个映射表往往比较大,以 256GB 的 SSD 为例,当逻辑页大小为 4KB 时,用户一共可以有 64M(256GB/4KB)个逻辑页,也就意味着 SSD 需要存储至多 64M 条映射关系,映射表中每个单元存储的是物理地址,假设为 4B,那么整个映射表的大小为 64M×4B=256MB,大约是 SSD 容量的 1‰。

对于考虑成本和功耗的 Flash 设备,这是不容忽视的开销。DRAM-Less 取消了 DRAM 转而使用 SRAM 保存映射表。系统使用二级映射,一级映射表常驻 SRAM,二级映射表部分缓存在 SRAM,大部分都存放在 Flash 上。

二级表就是逻辑地址到物理地址转换(Logical address To Physical address,L2P)表,它被分成不同区域,大部分存储在 Flash 中,小部分缓存在 RAM 中。一级表则存储这些块在 Flash 中的物理地址,由于它不是很大,一般都可以完全放在 RAM 中。

SSD 工作时,对带 DRAM 的 SSD 来说,只需要查找 DRAM 当中的映射表,获取物理地址后访问 Flash 便会得到用户数据,这期间只需要访问一次 Flash。而对不带 DRAM 的 SSD 来说,它首先会查看该逻辑页对应的映射关系是否在 SRAM 内:如果在,直接根据映射关系读取 Flash;如果不在,那么它首先需要把映射关系从 Flash 中读取出来,然后根据这个映射关系读取用户数据,这就意味着相比于有 DRAM 的 SSD,它需要读取两次 Flash 才能把用户数据读取出来,底层有效带宽减小,如图 10.8 所示。映射表除了可以放在板载 DRAM、SRAM 和 Flash 中,还可以放到主机的内存中。

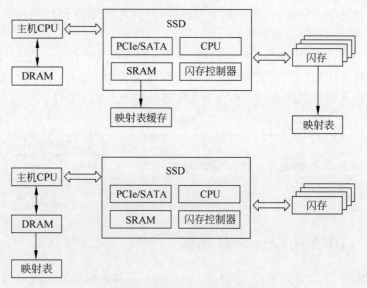

图 10.8　DRAM-Less 映射表

带 DRAM 的 SSD 设计,其优势是性能好,映射表完全可以放在 DRAM 上,查找和更新迅速;劣势就是增加了 DRAM,提高了 SSD 的成本,也加大了 SSD 的功耗。DRAM-Less 的 SSD 设计则正好相反,其优势是成本和功耗相对低,缺点是性能差。由于映射表绝大多数存储在 Flash 中,对随机读来说,每次读用户数据,需要访问两次 Flash,第一次获取映射表,第二次才真正读取用户数据。NVMe1.2 HMB 的出现,以及 Marvell 新主控对 HMB 的支持,为SSD的设计提供了新的思路。SSD可以自己不带DRAM,完全用主机DRAM缓存数据和映射表。

10.2.3 Open Channel SSD 系统

第三种SSD系统设计方案是简化的SSD——Open Channel SSD[6],这个方案简化到没有通用SSD的核心功能FTL,只包含NAND芯片和控制器。它的出现可能不受传统SSD厂商待见,因为FTL是SSD控制器中最核心的部分。然而对于拥有庞大数据库企业商来说,它是有价值的。Open Channel SSD实现了把FTL从SSD内部迁移到上层的主机端,迁移的功能有Data Placement、Garbage Collection、L2P tabl、I/O Scheduling和Weal-leveling等。

通用SSD对于上层来说,就是一个黑匣子。现在把FTL的主要功能转移到上层,就是开放了这个黑匣子,相当于把SSD内部直接暴露给了主机端,可能是操作系统,也可能是某个应用程序。这样用户可以根据自己的需要设计和实现自己的FTL,以达到最佳效果。

FTL仍然存在于几乎所有现代的SSD中。对于上层的系统来说,SSD就是一个通用型的块设备层,面对通用的磁盘相同的块I/O接口,对应的通用型嵌入式FTL具有严重的局限性,因而成为了SSD性能和效率的瓶颈。这些限制包括硬件设计决策,例如数据放置、调度、损耗均衡以及关于使用SSD的应用程序的假设。这些缺点并不是由于硬件限制引起的。

通过图10.9可以看出,一个Open Channel SSD由主机接口控制器、NAND控制器、DRAM控制器和通用CPU组成。Open Channel SSD通过NAND Flash暴露了一系列逻辑单元号(Logic Unit Number,LUN),表示设备上的并行单元。主机可以通过Open Channel SSD接口确定配置并实施必要的逻辑来驱动物理介质。

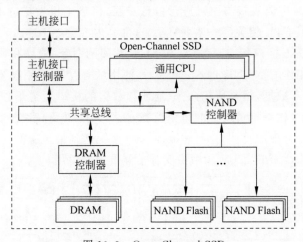

图 10.9 Open Channel SSD

10.2.4 Smart SSD 系统

Smart SSD是三星联合Xilinx公司推出的一款智能型SSD系统,Smart SSD计算存储驱动器是业界首个自适应计算存储平台,它使新一代软件开发人员能够以熟悉的高级语言轻松构建硬件加速解决方案。Smart SSD将计算推送到数据所在的位置,使数据密集型应用程序加速 10 倍甚至更多。Smart SSD 的核心是 Xilinx 自适应平台,这是一个强大的工具包,使客户能够创建定制的、可扩展的应用程序来解决广泛的数据中心问题。

全球数据圈将从 2019 年的 45ZB 增长到 2025 年的 175ZB,全球近 30% 的数据需要实时处理。这种数据爆炸为业务洞察提供了巨大的机会,但庞大的数据量为安全存储、检索、处理和分析带来了挑战。

传统的以处理器为中心的架构依赖 CPU 处理所有数据,但在存储和 CPU 之间移动的数据会给数据密集型应用程序带来性能瓶颈,结果是数据处理出现不可接受的延迟、高成本以及可扩展性问题。

Smart SSD 对其存储的数据执行高速计算。Smart SSD 将高性能 SSD 和专用于加速的 Xilinx Kintex Ultrascale+FPGA 与它们之间的快速私有数据通道相结合,可实现对数据本身的高效并行计算。这释放了巨大的性能提升和密集的线性可扩展性,同时释放 CPU 更有效地处理其他更高级别的任务。

10.3　Flash 控制器技术

10.3.1　SSD 硬件系统架构

在 SSD 系统中,NAND Flash 控制器(NAND Flash Controller,NFC)是实现主机端与 NAND Flash 间数据交互、命令调度以及协议转化的一个重要的硬件电路部分。在 SSD 系统的架构中,此部分电路处于前端固件 FTL 算法层与底层 NAND Flash 芯片之间,作为沟通主机端与非易失性存储介质的桥梁,图 10.10 是 Marvell 在 2017 年发布的一款 NVMe SSD 的整体架构[7],其前端电路直接与主机进行信息交互,传输主机发送的命令和数据,系统的处理器中主要包含了 FTL 相关的一系列算法,这部分内容会在 10.4 节详细介绍,后端电路则直接与 NAND Flash 接口相连,完成与 Flash 芯片间的命令、地址和数据传输任务。对于后端硬件电路直接相连的 NAND Flash 来说,其使用的是接口复用技术,只需要通过 8 个引脚传输命令、地址和数据,但是传输命令、地址和数据的接口通道不独立并且要求遵循严格的时序要求,而且主机端批量发送的命令控制、任务调度以及高速的数据传输,这些都需要硬件电路部分进行合理的设计布局,才能使 SSD 系统达到最显著的性能。所以 SSD 系统中 NFC 的设计在 NAND Flash 应用中扮演着十分重要的角色。

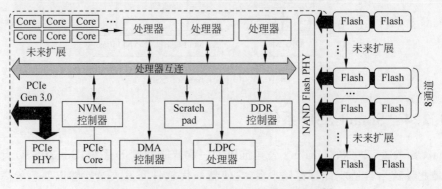

图 10.10　Marvell NVMe SSD 的整体架构[6]

10.3.2　SSD 系统前端控制器

如今随着 SSD 在市场上已经完全普及,其读写性能已经十分出色,NVMe 协议作为控制系统后端硬件电路的最上层,发送管理和 I/O 命令到 SSD 系统的后端,并接收系统底层的执行反馈信息传输到主机端,是主机端与 SSD 系统后端沟通的重要一环。它具有的高队列深度,大队列数量以及多线程处理的方式也是如今 SSD 高性能和低延时的重要原因之一。NVMe 标准的实现在电路中的划分也尤为重要,由于 NVMe 协议中指令操作的高复杂度,通常情况下是在固件中实现以多线程方式处理 NVMe 中的管理和 I/O 命令。但是这样的做法也存在一定的问题,一方面因为完全在固件层实现,所以性能受底层的 NAND Flash 芯片配置的限制;另一方面则是占用了很多的处理器资源且产生了不可忽视的能耗。为了解决这些问题,韩国科学技术院在 2020 年的 USENIX Annual Technical Conference 会议上提到[8]将固件中 NVMe 命令的执行和处理全部采用硬件电路的形式进行调度和执行,减少了由固件实现产生的延时,提升了 NVMe 读写命令的性能,实现了硬件端加速器的效果。

在 SSD 系统中,NVMe 完成一次完整的指令操作过程在 10.2 节中已经进行了比较详细的概述,下面从电路角度再进行简要介绍,方便读者更好地理解。整个流程如图 10.11 所示[9],在一次 NVMe 协议操作的过程中,首先主机写内存中的提交队列(Submission Queue,SQ),之后通过 PCIe 总线传输更新后端 NVMe 控制器中的 SQ Tail Doorbell 寄存器通知 SSD 执行相关过程,随后 NVMe 控制器从主机内存取走相应的 SQ 后自动更新 SQ Head DB 寄存器,以上 NVMe 控制器与主机交互的过程都是通过 PCIe 接口实现高速传输,PCIe 部分的内容在 10.5 节中会进行详细的介绍。上述过程结束后,NVMe 控制器从主机端内存中读出要传输的数据缓存到 SSD 系统的 DRAM 中,进行主机到 NAND 芯片间的数据传输,指令执行完成后,控制器会更新主机内存中的完成队列(Completion Queue,CQ),同时更新自身内部的 CQ Tail DB 寄存器,主机接收到通知后去处理相应的 CQ,CQ 处理完成后,主机会更新 NVMe 控制器中 CQ Head DB 寄存器来通知控制器主机完成了相应 CQ 的处理,至此,NVMe 就完成了所有的任务。

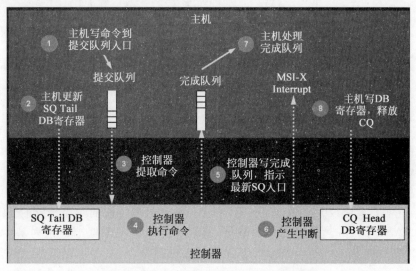

图 10.11　NVMe 协议的操作流程示意图[8]

基于上述 NVMe 操作流程的介绍,对韩国科学技术院研发的一款全硬件的 NVMe 控制器架构进行简要的介绍,其电路主要分为队列发送、数据传输以及完成处理三个模块,如图 10.12 所示。队列发送这个模块主要负责 SQ 的处理,此部分电路管理 SQ Head DB 区域的存储空间,实时监测此地址空间 DB 数值的改变,一旦监测到 DB 更新就触发事件信号,这个信号可以包括多个 SQ 命令操作,预取管理模块通过一个仲裁的设计以一种循环的方式仲裁多个不同的 NVMe 命令,然后到主机端内存中获取一个 SQ 命令并进行解析,SQ 命令中已包含了操作码以及 PRP 等信息,并将这些信息传输给下一层的 PRP 引擎模块。此模块通过设置图中后端 DMA 模块的源地址和目的地址开始一次数据传输,将数据从主机端的 DRAM 搬运到硬件电路中的 DMA 模块,这里采用多个 DMA 模块实现并行操作,使传输过程实现数据的高吞吐量,数据传输完成后就向完成处理模块发送指示信号。完成处理模块根据任务的完成情况产生新的 CQ,将其写入相应的主机端内存,随后此模块会向信息信号中断区域发送一个 PCIe 包来中断主机通知其 I/O 请求的完成,主机端调用相应的中断服务程序中断此 I/O 服务,并更新 CQ 状态,实现与硬件控制器端的状态同步。完成处理模块会从队列中释放相应的 SQ 和 CQ,以上就是前端 NVMe 控制器电路的全部工作流程。但是命令控制和数据传输都发送到 SSD 后端后,需要相应的硬件电路去执行相关的操作,也就是下面要介绍的 NFC 中的接口电路部分。在介绍这部分电路之前,需要对 ONFI 协议有简单的认识,因为这部分接口电路需要将前端发送过来的命令和数据进行符合 ONFI 协议的时序转化,才能真正实现对 NAND Flash 芯片的完整操作。

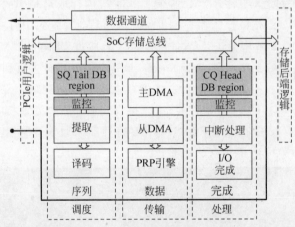

图 10.12　NVMe 控制器的整体架构[10]

10.3.3　SSD 系统后端控制器

后端的 Flash 接口硬件电路部分主要进行数据通路中的传输控制、数据处理以及协议转化,因为后端电路直接与 Flash 芯片接口相接,所以传输过程都要完全符合行业中相关协议的规定,接口协议就显得尤为重要,NAND Flash 芯片的接口遵循行业规定的 ONFI 协议[10],只有在满足此协议要求的地址传输、命令传输和数据传输的时序规范的情况下,才可以实现对 NAND Flash 芯片进行读取数据、编程数据和擦除数据等一系列基本的指令操作。在 ONFI 协议中,每一个完整指令都是在地址锁存指令、命令锁存指令、数据输入指令和数据输出指令等基本指令的基础上组合实现的,例如协议中的 Read ID 命令时序,如

图 10.13 所示。这 4 种基本的指令中,命令锁存指令用来向 NAND Flash 发送操作指示的命令码,地址锁存指令用来向 NAND Flash 发送要操作的存储单元的行地址(或)和列地址,数据输入指令单独用来传输从主机端写入 Flash 芯片的数据流,数据输出指令则用来传输从 Flash 芯片写入主机端的数据流。在进行 Read ID 操作时,首先传输命令锁存时序将命令码 90h 传输到芯片内部,执行地址锁存时序将地址码 20h 传输到芯片内部,在经过 ONFI 协议中规定的 t_{WHR} 时间后执行数据输出的时序将芯片的信息依次输出。

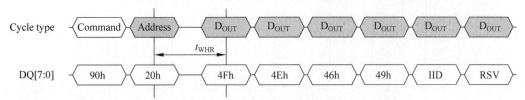

图 10.13　Read ID 操作在 ONFI 协议中的时序图[11]

在 ONFI 协议中可分为两种不同的数据传输模式[13],一种为异步数据传输模式,是一种单数据率数据传输(Single Data Rate,SDR),进行单边沿的数据采样;另一种为源同步的数据传输模式,是一种双倍数据率的数据传输(Double Data Rate,DDR),进行双边沿的数据采样,DDR 模式的数据传输速率是 SDR 模式的两倍,主要区别在于 DDR 模式增加了 DQS 信号的控制,数据输入时序中 DQS 上升沿进行第一个数据的传输,其下降沿进行第二个数据的传输,如图 10.14 所示,而在数据输出时序中 DQS 的高电平进行第一个数据输出,低电平时进行下一个数据的输出。

此外,每一种数据传输模式都有多种时序模式(timing mode)可选择,时序模式编号越高则意味着传输数据速率越快,因为不同时序模式下指令传输过程中一些关键时间参数的最小值范围是随时序模式的增加逐渐变小的,以上述数据输入时序为例,DQS 信号的时钟 t_{DSC} 参数随着时序模式的变化(0~3),此参数的最小值范围从原先的 30ns 变化到 12ns,如图 10.15 所示,在实际传输过程中可以通过 set feature 指令进行时序模式以及数据传输模式的选择。在上述协议的严格约束下,前端主机通过总线向 NFC 发送数据和指令对其进行处理调度并通过状态机进行上述 ONFI 协议的转化,从而实现多种不同的完整指令操作。

NAND Flash 接口部分的后端硬件电路包含的主要模块分为以下几部分。

(1) 数据总线模块负责接收 SSD 系统内部处理器中 DRAM 的传输数据,向其发送数据,实现总线的读写控制。AXI 总线通过握手协议实现系统内部处理器与底层硬件电路的数据交互,而且总线的读写通道为分立形式,可同时进行读写操作提升数据的吞吐率。

(2) 数据通路的 FIFO 模块的功能是处理总线时钟与底层硬件电路数据传输过程中时钟异步的问题,并进行读写数据的缓存,一般分为读数据 FIFO 和写数据 FIFO 两种。

(3) ECC 模块实现存储数据在传输过程中的错误纠正功能,在 SSD 系统中至关重要,是不可或缺的一部分。此部分电路主要包含编码和译码算法电路,并按不同需求被划分在软件层或硬件层,ECC 算法包括 BCH(Bose Chaudhuri Hocquenghem)、LDPC(Low Density Parity-Check Code)和 Polar 等,如 LDPC 算法的硬件电路主要分为编码模块、解码模块、校验和生成矩阵、LLR 的 BRAM 存储管理电路以及矩阵运算和 LLR 的传输管理模块。这些算法将在 10.6 节中展开介绍,这里不再赘述。

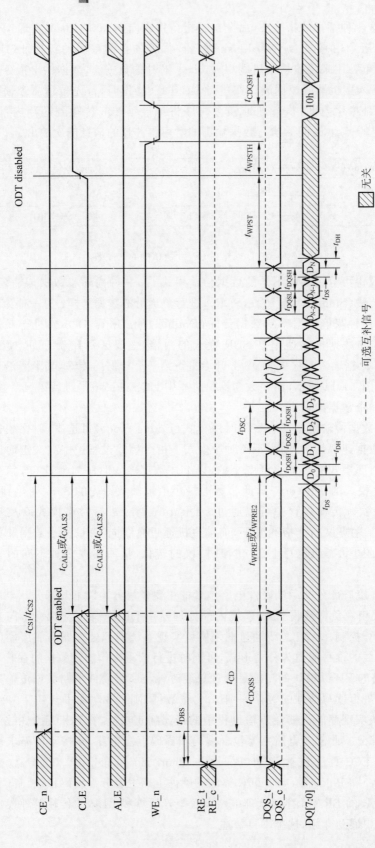

图 10.14　ONFI 中 DDR 模式 Data Input 过程的时序图[12]

常数参数值			
	Min	Max	Unit
t_{CDQSS}	30	—	ns
t_{CDQSH}	100	—	ns
t_{CD}	100	—	ns
t_{DQSH}	0.45	—	$t_{DSC(avg)}$
t_{DQSL}	0.45	—	$t_{DSC(avg)}$
$t_{DSC(abs)}$	$t_{DSC(avg)}+t_{JITper(DQS)min}$	$t_{DSC(avg)}+t_{JITper(DQS)max}$	ns
t_{WPRE}	15	—	ns
t_{WPRE2}	25	—	ns
t_{WPST}	6.5	—	ns
t_{WPSTH}	25	—	ns

模式规定参数值(Mode 0~Mode 3)									
	Mode 0		Mode 1		Mode 2		Mode 3		Unit
	30		25		15		12		ns
	~33		40		~66		~83		MHz
	Min	Max	Min	Max	Min	Max	Min	Max	
t_{DH}(no training)	4	—	3.3	—	2.0	—	1.1	—	ns
t_{DS}(no training)	4	—	3.3	—	2.0	—	1.1	—	ns
t_{DIPW}	0.31	—	0.31	—	0.31	—	0.31	—	$t_{DSC(avg)}$
t_{DQS2DQ}(training)	NA	NA	NA	NA	NA	NA	NA	NA	
t_{DQ2DQ}(training)	—	NA		NA	—	NA		NA	
$t_{DSC(avg)}$或t_{DSC}	30	—	25	—	15	—	12	—	ns

图 10.15　ONFI 协议中时序参数的规定

（4）数据加扰模块主要对数据进行加扰算法的编解码，使得数据中的比特数值近似随机地分布，降低传输到 Flash 中的原始误码率[12]。

（5）NAND Flash 接口模块负责接口信号中使能信号和数据信号的处理，在输出通路进行并行传输方式到串行传输方式的转化，在输入通路进行 NAND Flash 芯片的内部时钟与外围硬件电路的外部时钟下数据的时钟异步处理，另一个作用则是对接口处 I/O 信号做缓存处理，对 I/O 类型的信号添加三态门缓存器的处理。

（6）指令状态机逻辑模块的主要功能是实现 ONFI 协议中的完整指令，在符合协议要求的基础上产生时序波形。基于不同的设计考虑，这部分 ONFI 协议指令的转化和执行，不同设计方案有不同的考虑。

如表 10.3 所示，OpenSSD 是将读写擦等完整的 ONFI 指令直接固化到后端底层的硬件电路中[12]，这样的设计方案保证每一条完整指令的传输过程中命令码、地址码和数据的传输基本没有延时间断，Flash 的命令和数据传输执行效率显著提高。但是根据 ONFI 协议可知，一个 SSD 系统要实现较为完整的 Flash 芯片操作，需要实现多种不同类型的 ONFI 指令，导致后端指令状态机的数目显著增加，会给硬件设计带来大量的资源消耗，而且状态数多，跳转条件复杂，设计复杂度较高。

表 10.3　low level 调度的主要操作[12]

操　　　作	类　　　型	优　先　级
Rx DMA	Host DMA	0
Tx DMA	Host DMA	0
Status-check	Flash	1
Read-trigger	Flash	2

续表

操　　作	类　　型	优　先　级
Erase	Flash	3
Write	Flash+Flash DMA	4
Read-transfer	Flash DMA	5

为了解决这种大量的资源消耗和设计复杂度的问题,一些设计方案考虑了不同类型的 ONFI 协议指令中存在的共性,将所有不同类型的指令传输划分为 4 种基本的指令传输。例如,在 2021 年 FPL 会议上复旦大学发表的 Open Channel Flash 芯片控制器就是将 4 种最基础的指令传输放在底层的硬件电路部分[6]。如图 10.16 所示,4 种最基本的指令分别用 4 个状态机(FSM)实现,分别为:①状态检查 FSM 执行读状态操作;②擦除 FSM 执行与数据传输无关的指令;③读取 FSM 执行需要从 Flash 芯片读取数据的操作;④编程 FSM 则执行向 Flash 芯片写数据的指令操作。这些状态机中主要包含的状态为空闲状态(IDLE)、命令传输状态(OPC)、地址传输状态(ADDR)、数据传输状态(DATA)、忙碌状态(BUSY)、等待状态(WAIT)以及锁存状态(LOCK)等。页读取、页编程以及擦除等完整的协议指令则在软件层向硬件发送命令和数据,通过这部分状态机实现,这样在执行指令时更为灵活,而且还节省了硬件资源。

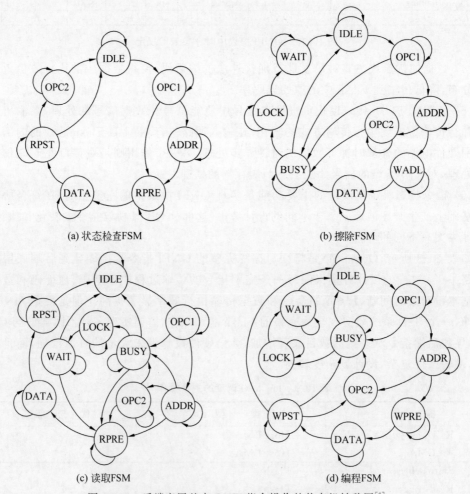

图 10.16　后端底层基本 ONFI 指令操作的状态机转移图[6]

10.4 固件技术

为了解决 NAND Flash 的读写和擦除的基本单元不同、写入时的异地更新以及 Flash 单元能承受的编程/擦除次数有限等限制,设计者会在 SSD 控制器实现一个固件系统: FTL。SSD 的性能(performance)、可靠性和耐久性取决于 FTL 算法的实现情况,可以说 FTL 是 Flash 系统的核心。目前一个完整的 FTL 结构主要包含地址映射、垃圾回收、磨损均衡(wear leveling)、坏块管理和掉电恢复。

由于 NAND Flash 的先擦后写特性,对于同一逻辑地址的数据写入,不能在原先存储数据的物理页基础上修改,只能找新的物理页容纳更新的数据,因此,固件里需要维护一个逻辑地址到物理地址的映射表,持续记录主机端访问的逻辑地址与 NAND Flash 芯片上物理地址的对应关系。对于已经更新的数据来说,原先物理页的数据则变为无效数据,这些数据失效还占据着 Flash 的存储空间,如果不对这些无效数据进行处理,Flash 空间将会迅速消耗殆尽。对此,FTL 会在 Flash 可用空间较少时执行另一个重要功能:垃圾回收(Garbage Collection,GC),即将无效页擦除,释放出可用空间。擦除的基本单元是 Flash 块,一个 Flash 块里包含许多物理页,在进行垃圾回收前,需要将选择回收的 Flash 块里存储有效数据的页面搬移到其他空闲页,在此之后才能对 Flash 块整体擦除。

Flash 块都存有一定的寿命,即 Flash 块所能承受的编程/擦除次数有上限。如果集中对某些 Flash 块进行数据写入和垃圾回收,会导致这些块迅速损坏,降低 Flash 的可用空间。当可用空间降低到某一阈值时,该 SSD 将被视为损坏。为了延长 SSD 的使用寿命, FTL 层需要将数据写入和擦除均匀分配到各个 Flash 块上,即磨损均衡。即使在磨损均衡算法的处理下,随着 Flash 块的不断磨损,终究会出现损坏的 Flash 块。对损坏的 Flash 块,可以替换成 Flash 的预留空间(Over Provision,OP)内好的 Flash 块,这一过程即坏块管理。此外,针对 SSD 可能出现异常掉电,FTL 也需要做掉电恢复。

下面详细介绍 SSD 控制器固件系统 FTL 的各个关键技术。FTL 设计的最初目的是实现主机端访问的逻辑地址到 Flash 端的物理地址的转换,因此首先介绍地址映射技术。

10.4.1 地址映射

地址映射根据映射粒度可以分为页级映射(page level mapping)、块级映射(block level mapping)和混合映射(hybrid mapping)。映射表一般存储在 SSD 控制器系统的 RAM 中。

如图 10.17(a)所示,在页级映射表中,每个逻辑页号(Logic Page Number,LPN)对应一个物理块号(Physical Page Number,PPN)。对于写入请求,首先为其分配 Flash 页面,数据写入后,更新地址映射表,记录逻辑页和物理页的联系。对于读请求,则先查询地址映射表,获得相应的物理地址,然后从 Flash 页中将完整的数据读出。页级映射的读写访问性能良好,但是该映射方式占用较大的 RAM 资源。

块级映射则是记录逻辑块号(Logic Block Number,LBN)和物理块号(Physical Block Number,PBN)之间的映射关系。如图 10.17(b)所示,相较于页级映射,块级映射的粒度较大,大大减少了 RAM 空间占用。对于写入请求,首先为该请求分配 Flash 块,再写入相应 Flash 块的物理页。需要注意的是,块级映射的情况下,逻辑页写入的 Flash 块分配不会受到限制,但在 Flash 块内写入的页偏移是固定的,这也导致对同一地址数据的更新需要不停地分配新 Flash 块,这一过程需要将原来 Flash 块里的所有有效数据复制到新分配的 Flash块,因此块级映射的写入性能十分糟糕。

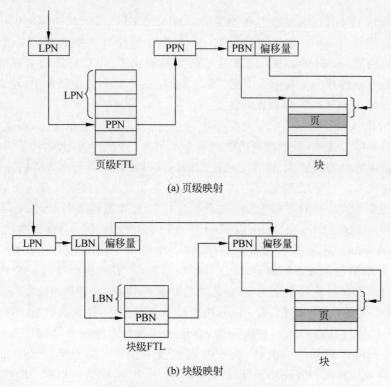

(a) 页级映射

(b) 块级映射

图 10.17　页级映射和块级映射方式[13]

　　混合映射则是对以上映射表的占用空间和读写访问性能的折中。如图 10.18 所示,混合映射的一个基本方式是对首次写入的数据采用块级映射,映射的 Flash 块称为数据块(data block),后续对已写入数据的更新则采用页级映射,因此不必将原数据所在 Flash 块的数据全部读出写到新 Flash 块,记录更新数据的 Flash 块称为日志块(log block)。通过混合映射的方式,映射表占用空间不会像页级映射那么大,数据更新时,采用页级映射也不会导致整个 Flash 块数据的读取。

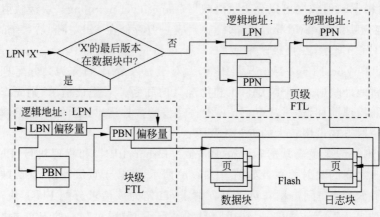

图 10.18　混合映射方式[13]

目前,由于页级映射的性能较好,因此使用较多。页级映射占用 RAM 空间较大的问题也有较多的解决方案,如 DFTL 和 GFTL[15-16]等优化了页级映射表占用的 RAM 空间,此处不再赘述。

10.4.2 垃圾回收

1. 垃圾回收原理

垃圾回收是 FTL 层的另一个重要策略。由于 Flash 页不支持重写,因此随着数据的更新,Flash 出现越来越多的无效页。这些页占用了大量的 Flash 空间,若想重新利用这些页面,必须对其擦除。同时,由于擦除单元是 Flash 块,因此擦除之前需要先把块内有效数据读取到空闲页,再整体擦除选择回收的 Flash 块。如图 10.19 所示,Flash 块 x 和 y 被选择回收,Flash 块 z 被选择接收被擦除块内的有效数据。每个 Flash 块拥有 9 个 Flash 页,深色代表是无效数据。流程如下:①复制 Flash 块 x 和 y 的有效数据至 Flash 块 z;②擦除 Flash 块 x 和 y,这两个块成为空闲块可以写入新数据。

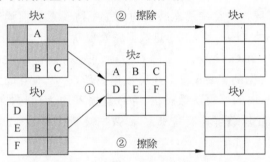

图 10.19 垃圾回收过程

垃圾回收原理比较简单,其核心在于回收块的选择以及执行垃圾回收时机的选择。从垃圾回收可以看出,这个过程需要复制有效页到其他 Flash 页,这个过程称为写放大(write amplification),这使得实际写入 SSD 内的数据超过实际写入的用户数据,因此 Flash 实际写入的数据量与用户写入数据量之比称为写放大。写放大会对 SSD 造成恶劣的影响。一方面,写放大会导致 Flash 额外的磨损,降低 Flash 寿命;另一方面,内部读写请求会占用底层 Flash 数据带宽,影响系统性能,因此写放大是衡量 Flash 系统可靠性的一个重要标准。为了降低写放大,可选择有效数据较少的 Flash 块擦除,然而在实际 SSD 系统中,还要考虑垃圾回收对磨损均衡的影响,因此下面介绍垃圾回收的策略。

2. 垃圾回收策略

下面通过对写放大影响的分析,介绍垃圾回收采取的一些策略。

首先是回收 Flash 块的选择。为了降低写放大,在挑选回收的 Flash 块时,一个简单的方式是选择有效页较少的 Flash 块。Flash 块内的有效页越少,需要复制的数据越少,写放大效应越低,这种方式称为 Greedy GC[14]。垃圾回收需要考虑的另一个因素是 Flash 块的磨损程度,对于 Flash 要做磨损均衡将编程/擦除均匀分配到每个 Flash 块里,因此,在挑选回收的 Flash 块时,更倾向于选择磨损程度较低的 Flash 块。实际情况是有效数据少的 Flash 块磨损可能比较大,选择该块会导致进一步的磨损不均衡;而选择磨损程度较低的块,可能块内有效页的数据多,导致写放大变大。在实际使用中,通常会将二者结合,得到一个较优的选择。

需要回收的 Flash 块选择好后,后面要做的就是将数据读取到空闲页,擦除选择的 Flash 块。擦除在 Flash 操作中耗时最久,而垃圾回收不仅包括擦除,还包括数据读取写入和延长用户请求响应时间,因此需要考虑触发垃圾回收的时机选择。一个常用方式是设置可用空间阈值,一旦小于该阈值则触发垃圾回收,腾出更多空间,但其缺点是在读写请求密集时,会阻塞系统请求。另一种垃圾收集触发时间则是在 SSD 空闲时主动做垃圾回收,不影响 SSD 的日常使用。

10.4.3　磨损均衡

磨损均衡就是将 Flash 擦写次数均匀分摊到每个 Flash 块上,使所有 Flash 块一起到达生命末期。在介绍磨损均衡前需要先了解两个概念,即热数据(hot data)和冷数据(cold data)。所谓热数据即频繁更新的数据,由于数据频繁更新,会导致大量无效页而产生垃圾回收,频繁磨损 Flash 块。而冷数据则是不经常更新的数据,冷数据占用的 Flash 块有效页较多,可能会一直不做垃圾回收,磨损较小。关于冷热数据的区分可参考文献[15-16],感兴趣的读者可以对此深入研究。

磨损均衡分为动态磨损均衡和静态磨损均衡。所谓动态磨损均衡就是在数据写入时,将热数据写入磨损较小的 Flash 块,由于热数据频繁更新,因此频繁的写入擦除会出现在磨损较小的块上,如图 10.20(a)所示。而静态磨损均衡则是将冷数据搬移到磨损较大的 Flash 块。因为冷数据占据的 Flash 块不经历数据更新,一般不会成为垃圾回收的目标,这样,冷数据所在的 Flash 块的擦写次数较少,导致磨损不均,而静态磨损均衡则是将冷数据搬移到磨损较大的 Flash 块缓解其擦写压力,而数据被搬移的 Flash 块由于磨损较小,接下来将用于数据的频繁写入,如图 10.20(b)所示。

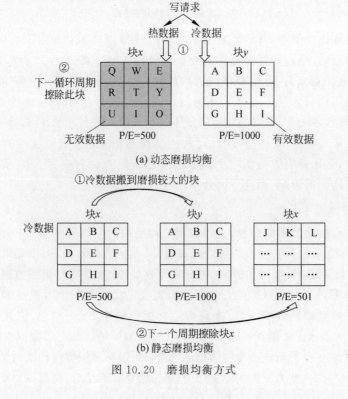

(a) 动态磨损均衡

(b) 静态磨损均衡

图 10.20　磨损均衡方式

10.4.4 坏块管理

坏块来源主要是出厂坏块和随着 Flash 使用磨损过大导致坏块出现。对于出厂坏块会有特殊标记,在 Flash 初始化时会扫描所有 Flash 块,建立坏块表。在后续使用过程出现坏块则更新坏块表。坏块管理一般有两种方式:一是坏块跳过策略;二是坏块替换策略。

坏块跳过策略就是根据建立的坏块表,在写到坏块时,跳过当前块,直接写入下一个 Flash 块,如图 10.21 中①所示,在写到块 11 时,检测到该 Flash 块在坏块表记录,此时跳过该块,写入块 12。而替换策略则是在检测到坏块时,在预留空间找到好的 Flash 块,用来替换坏块,如图 10.21 中②所示。这样在写到坏块 11 时,则会将数据写入预留空间的 Flash 块内,相当于更改了 Flash 块 11 的映射位置。

图 10.21　坏块管理

10.4.5 掉电恢复

SSD 的掉电分为正常掉电和异常掉电,SSD 重新上电后需要从掉电中恢复过来,正常工作。

对于正常掉电,SSD 掉电前会把缓冲区数据和映射表等信息写入 Flash,不会有数据丢失,重新上电后,SSD 将映射表等信息重新读取,恢复状态继续工作。

异常掉电则是在 SSD 没有来得及保存 RAM 中的数据就断电,由于掉电数据丢失,造成严重信息丢失。为了避免这种情况发生,一个简单的方式是在 SSD 中加上电容,SSD 一旦掉电,电容开始放电,在这段时间内将 RAM 的数据保存到 Flash 里。不同于用户数据,因为 NAND Flash 页有一个额外空间存储元数据,该数据包含了对应的逻辑地址以及数据写入时间戳等信息,所以映射表信息丢失在上电后可以重建。在 SSD 异常掉电映射表丢失后,重新上电后 SSD 进行全盘扫描,读取元数据,恢复映射表。这种方式需要进行全盘扫描,耗时较大,而一个比较好的解决方式就是定时将映射表信息写入 Flash。即使发生异常掉电,在重新上电后只需要扫描最近一次将映射表写入 Flash 之后的一些映射关系,相对于全盘扫描,采用这种方式映射表的重建速度十分迅速。

10.4.6 FTL 可靠性算法

在 FTL 结构基础上,出现了大量衍生的可靠性算法。例如,在基本坏块管理的基础上,汪春冬[17]等开发了坏块重利用算法,继续使用坏块里的部分页,将不同坏块内的未损坏页组合,延长 Flash 块的寿命。此外,在 Flash 经历大量的磨损后,其可靠存储数据的时间(保留时间)不断降低,对于 Flash 块中长时间存储的数据,为了保证数据不丢失,蔡宇[18]等提出了刷新操作,即在数据误码超出系统可接受范围之前,将数据读取纠错写到新的 Flash 页,延长数据的保留时间。杨柳[19]等则利用 Flash 单元里的无效页,利用不同字线间干扰修复随着保留时间增大的保留错误。此外,他还提出利用 Flash 某一阈值态预测其相邻态阈值电压分布,通过更精准的阈值态预测,获得最合适的读取电压,降低读取错误[20]。对于磨损均衡,Jimenez[21]等提出一种磨损不均衡策略,该策略基于 Flash 块内的 Flash 页实际耐久性差别较大,因此对 Flash 块内的 Flash 页进行区分,对耐久性较差的 Flash 页实行跳过策略,在一些编程/擦除周期内不进行数据写入,通过这种磨损不均衡策略使 Flash 块内的 Flash 页耐久性更匹配。总的来说,在 FTL 层基础上可以实现许多算法,与 NAND Flash 的特性结合,在保证 SSD 性能的前提下,提升 NAND Flash 可靠性。

10.5 高速接口技术

10.5.1 PCIe 概述

PICe 是一种从 PCI 协议发展而来且适用于 SSD 的数据传输协议[22],PCI 使用并行传输数据的方法,而 PICe 采用串行传输数据的方法,但 PCIe 的传输速率更快。原因是在低频情况下,并行传输可以传送多位数据,其传输速率的确比串行传输快,但随着传输速度的提升,用于并行传输的时钟频率也在不断提升,即传输时间要求不断降低,但数据线长度在不断增大且每一行数据在传输介质中的传输时间都不相同,因而会产生相位偏移,对于同时从发送端传过来的数据必须等最慢一位数据传输到接收端,才能在下一个时钟周期里进行采集。PCIe 采用数据一位一位串行传输的方式,因而可避免上述问题,同时 PCIe 也有相应的机制可以解决多条串行通道并行传输的问题。

PCIe 协议一直在不断改进,表 10.4 所示为已发布的 PCIe 技术。PCIe 的数据传输速率在不断提高,且经过后续发展,第五代 PCIe 协议也已不断完善,其传输速率达到 32GT/s。

表 10.4 PCIe 技术比较

PCIe 版本	提 出 年 份	数据传输速率(GT/s)
PCIe1.0(Gen1)	2003	2.5
PCIe 2.0(Gen2)	2007	5.0
PCIe 3.0(Gen3)	2010	8.0
PCIe 4.0(Gen4)	2018	16.0
PCIe 5.0(Gen5)	2020	32.0

10.5.2 PCIe 通信方式

PCIe 适用于所有计算机应用程序,包括企业服务器、个人计算机、通信系统和工业应用程序等。与使用共享并行总线的传统 PCI 总线架构不同,PCIe 基于点对点拓扑,通过单独的串行链接方式将每个设备连接到根复合体(主机),可有效降低信道数。此外,一条 PCIe

通路支持两个端点之间的双向通信,无须通过主机路由[23]。PCIe 采用端到端的连接方式,数据可以同时上下流动传输。如图 10.22 所示为 PCIe 中的链路(link),用于连接两个 PCIe 设备的传输通路称为链路。链路有两个方向,可同时进行发送数据和接收数据,在每个方向上有 1~32 个信道(lane)并行,lane 的数目代表信道的传输宽度。PCIe 协议定义的传输宽度有×1、×4、×8、×16、×32 几种,这使得 PCIe 能够为低吞吐量、成本敏感的应用程序以及性能关键的应用程序提供服务。

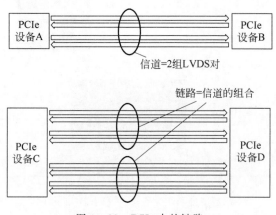

图 10.22   PCIe 中的链路

在一个本地的 PCIe 系统中,主要有三种不同类型的设备,如图 10.23 所示,分别是主联合体(Root Complexes,RC)、PCIe 交换器(PCIe switcher)和终端设备(End Point,EP)[24]。主联合体是具有单个 PCIe 端口的单个处理器子系统,它由一个或多个 CPU 加上与之相关联的 RAM 和内存控制器组成。主联合体可以访问内存,通过内部 PCIe 总线和若干 PCIe 桥,扩展出其他的 PCIe 端口。不同的 PCIe 事务类型,其内存地址或 ID 路由数据不同,因此每个设备都必须在 PCIe 树状拓扑中进行唯一标识以便数据准确传输。这需要枚举过程。在系统初始化过程中,主联合体执行枚举过程,以确定存在的各种总线和驻留在每个总线上的设备以及所需的地址空间。主联合体将总线号分配给所有的 PCIe 总线,并配置为 PCIe 交换机所使用的总线号。

如图 10.23 所示,PCIe 交换器扩展了 PCIe 端口,PCIe 交换器的功能类似多个 PCI-PCI 桥(PCI-PCI bridge),将一个端口扩展为若干个。靠近主联合体的端口称为上行端口(Upstream Port,UP),靠近终端设备的端口称为下行端口(Downstream Port,DP),并且下行端口不但可以连接终端设备同时还可继续接 PCIe 转换器以进一步的扩展。

在 PCIe 树状拓扑结构中,所有设备共享相同的内存空间。主联合体负责设置每个设备的基地址寄存器(Base Address Register,BAR)。在多主联合体(multi-RC)系统中,一个 PCIe 树中存在多个处理器子系统。例如,第二主联合体可以通过 PCIe 转换器的下行端口添加到系统中。然而,当第二个主联合体也尝试枚举过程时,就会出现一个问题:它发送配置读取消息,以发现系统上的其他 PCIe 设备。配置事务只能从上行端口移动到下行端口,PCIe 开关不转发在其下行端口接收到的配置消息。第二个主联合体与 PCIe 树的其余部分隔离,不会检测到系统中的任何 PCIe 设备,所以简单地向 PCIe 交换机的下行端口中添加处理器并不会提供多主联合体的解决方案。支持多个主联合体的一种方法是使用非透明桥(Non-Transparent Bridging,NTB)函数隔离每个主复合体的地址域[25]。非透明桥函数允

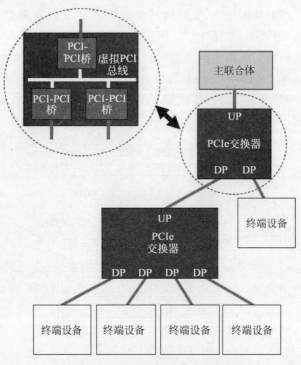

图 10.23　PCIe 树状拓扑结构

许两个主联合体或 PCIe 树与它们之间的一个或多个共享地址窗口相互连接。换言之,非透明桥函数的工作类似两个地址域之间的地址转换器。当然,多个非透明桥函数可用于开发多主复合体的应用程序。图 10.24 显示了具有嵌入式非透明桥函数的 PCIe 开关的示例,一个额外的总线,也称为 NT 互连,可用于在主复合体之间交换事务层数据包。

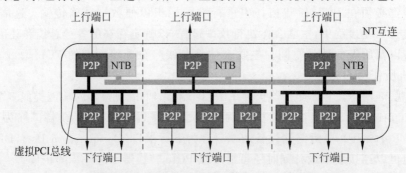

图 10.24　配置非透明桥函数的 PCIe 转换器

10.5.3　PCIe 封装分层协议

　　PCIe 是一种封装分层协议,如图 10.25 所示,主要包括事务层(transaction layer)、数据链路层(data link layer)和物理层(physical layer)。在 PCIe 体系结构中,数据报文首先在设备的核心层(device core)产生,再经过该设备的事务层、数据链路层和物理层,最终发送出去。而接收端的数据也需要通过物理层、数据链路层和事务层,并最终到达设备的核心层。

　　事务层负责处理数据和状态流量的分组。数据链路层对这些事务层数据包(Transaction Layer Package,TLP)进行排序,提高它们在两个端点之间传输的可靠性。如果发射设备向

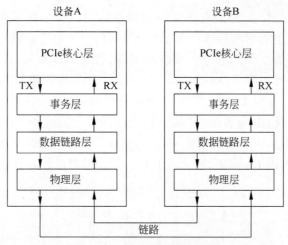

图 10.25 PCIe 分层体系结构

远程接收设备发送 TLP,并且检测到 CRC 错误,则发送设备将返回通知。发射设备会自动回放 TLP。通过错误检查和自动回放失败的数据包,PCIe 确保了非常低的位错误率。

物理层分为两部分:逻辑物理层和电气物理层。逻辑物理层包含逻辑门,用于在链路上传输之前处理的数据包以及处理从链路到数据链路层的数据包。电气物理层是物理层的模拟接口,由每个信道的差动驱动器和接收器组成。

PCIe 使用数据包在不同的设备间进行数据传输,数据链路层和物理层的数据包只在两个设备之间传输,而 TLP 在整个 PCIe 树状拓扑结构中传输数据。TLP 装配图如图 10.26 所示,报头和数据有效负载是处理层数据包的核心信息:事务层根据从应用程序软件层接收到的数据来组装本节。可附加一个端到端 CRC(Endpoint CRC,ECRC)字段。这个包的最终目标设备利用 ECRC 检查报头和数据有效负载内部的 CRC 错误。此时,数据链路层附加了序列 ID 和本地 CRC(Local CRC,LCRC)字段,以保护该 ID。生成的 TLP 被转发到物理层,该物理层将每字节的起始和结束帧字符连接到数据包上。最后,利用可用通道对数据包在链路上进行编码和差异传输。

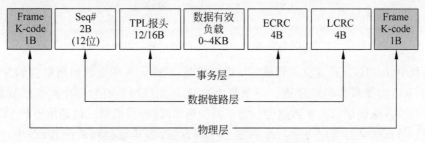

图 10.26 事务处理层数据包(TLP)组件

10.5.4 第六代 PCIe 协议

近年来,PCIe 第六代协议得到发展,相比于前五代 PCIe 协议,第六代 PCIe 协议的传输速率更高。传统的数字信号用高低两种电平来表示逻辑"1"与"0",可传输 1 位逻辑信息,这种信号称为反向不归零(Non-Return-Zero,NRZ)信号。当数据速率增加到 32GT/s 时,带宽制约了高速有线收发器的发展的同时频率损耗也更加严重,因而使得 PCIe 5.0 通道成为最难处理的 NRZ 通道[26]。为了克服这一问题,第六代 PCIe 将采用脉冲幅度调制 4 级 (PAM4)信号,即将发射和接收的信号变为 4 个不同的电压电平,其可以以相同的奈奎斯特频率使数据传输量翻倍[30-31]。相比于 NRZ 信号,采用 PAM4 信号,在每个符号周期可传输 "00""01""10""11" 4 种不同类型的信号,如图 10.27 所示为采用 NRZ 信号与 PAM4 信号的波形图与眼图对比,采用 PAM4 信号,其传输速率翻倍。与 NRZ 通道相比,PAM4 信号更容易受到符号间干扰(Inter Symbol Interference,ISI)、串扰、固有抖动和驱动程序不匹配等问题的影响。特别是,由于低信噪比的特征,具有 4 个不同脉冲比幅的 PAM4 信令对串扰更为敏感。因此,解决 ISI 问题,优化基于 PAM4 的信道设计具有重要意义[27]。

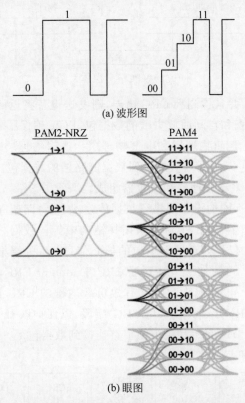

(a) 波形图

(b) 眼图

图 10.27　NRZ 信号与 PAM4 信号的波形图与眼图信号对比[28]

第六代 PCIe 协议规范定义了均衡的自适应机制,以确定在固定时间限制内的发射机(Tx)和接收机(Rx)均衡系数的最佳值。一个典型的 PCIe 系统可能有数百个均衡系数的组合,可使用穷举枚举方法测试每个系数组合。为了减少选择时间,目前第三代和第五代 PCIe 的后仿方法是在后仿真验证过程中寻找一个系数的子集,然后将其编程到系统 BIOS 中。该方法包括通过测量眼图特征作为优点图得到均衡系数图,寻找合适的系数使 FOM 接近最优[29-30]。

10.6　纠错码技术

ECC 用于检测和纠正 Flash 中发生的原始位错误。ECC 模块是数据编解码单元。由于 Flash 存储天生存在误码率,为了数据的正确性,在数据写入操作时应给原数据加入 ECC 校验保护,这是一个编码过程。读取数据时,同样需要通过解码来检错和纠错,如果错误的比特数超过 ECC 纠错能力,数据会以"不可纠错"的形式上传给主机。这里的 ECC 编码和解码的过程就是由 ECC 模块单元完成的。

10.6.1　ECC 基本原理

ECC 是一种用于错误检测和修正的算法。由于 NAND Flash 生产及使用过程中会产生坏块,为了检测数据的可靠性,在应用 NAND Flash 的系统中一般都会采用一定的坏区管理策略,而管理坏区的前提是能比较可靠地进行坏区检测。如果操作时序和电路稳定性不存在问题,NAND Flash 出错时一般不会造成整个块或页不能读取甚至全部出错,而是整个页中只有一位或几位出错,这时 ECC 就能发挥作用。不同颗粒有不同的基本 ECC 要求,不同主控制器支持的 ECC 能力也不同。

必须强调的是,ECC 解码过程是可能出现失败的,所以必须合理设计 ECC 系统架构才能保证 ECC 不出错,而 ECC 能够修复的错误比特数取决于 ECC 算法设计。如果 ECC 无法纠正,一般会报错 ECC 失败,用户表现为读取失败,有时候 ECC 甚至检测不到出错,就会导致数据错误。NAND Flash 稳定性需要有多方面保障,ECC 只能用来保证部分比特出错时的修复,如果整个页甚至块出现大面积错误,那么只有 RAID(Redundant Array of Independent Disks)冗余保护才能修复[31-32]。

在企业级产品中,对 ECC 还有更苛刻的要求,那就是数据完整性检查。SSD 内部所有的总线、先进先出数据、缓存器部分都要进行检查,可以检测数据在进入 NAND 之前的错误。ECC 能力也影响到 NAND Flash 的寿命和数据保存期。NAND Flash 使用过程中,错误位会越来越多,如果 ECC 能力足够强,能挖掘出 NAND Flash 更多潜力。

所有的信息传播都少不了通信系统,一个完整的通信系统模型中,信息由信息源产生,由发送器发送信号,通过包含噪声的信号传输通道到达接收器,再由接收器提取出信息发送到目的地,如图 10.28 所示。

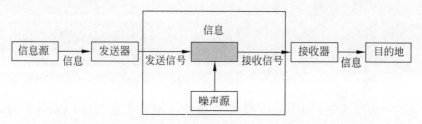

图 10.28　通信系统

SSD 存入和读出信息也是一个通信系统。信息是用户写入的原始数据,经过 SSD 后端的发送器处理后转化为 NAND Flash 的编程,信号就是 NAND Flash 上存储的电荷,存储电荷会有自身泄漏,在读的过程中还受到周围电荷的影响,这是内存的信道特性。最后数据通过 SSD 后端的读取接收器完成读取过程。为了使信息从源头在经过噪声的信道后能够准确到达目的地,需要对信息进行编码,通过增加冗余的方式保护信息,如图 10.29 所示。

信息源(source)发出 k 位信号 x,经过编码器(encoder)转化为 n 位信号 c。这个从 k 位到 n 位的过程就是编码过程,也是添加冗余的过程。信号 c 的所有集合叫编码集合。发送器把信号发送出去,经过传输信道后,接收器收到 n 位信号 y,经过解码器(decoder)转化为 k 位信息 $\hat{x}$。这个从 n 位到 k 位的过程是解码过程。

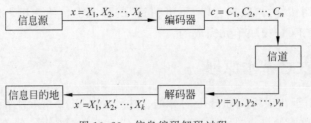

图 10.29　信息编码解码过程

在数字电路中,8 个连续的比特是一字节(Byte),带有"奇偶校验"的内存在每一字节(8 位)外又额外增加了一位进行错误检测。比如一字节中存储了某一数值(1、0、1、0、1、0、1、1),把每一位相加得到 $1+0+1+0+1+0+1+1=5$。若其结果是奇数,则对于偶校验,校验位就定义为 1,反之则为 0;对于奇校验,则相反。

当 CPU 返回读取存储的数据时,它会再次相加前 8 位中存储的数据,计算结果是否与校验位一致。当 CPU 发现二者不同时就会纠正这些错误。但是奇偶校验有个缺点,当内存查到某个数据位有错误时,并不一定能确定是哪一位,也就不一定能修正错误,所以带有奇偶校验的内存的主要功能仅仅是发现错误,而不能纠正部分简单的错误。

奇偶校验是通过在原来数据位的基础上增加一个数据位来检查当前 8 位数据的正确性,但随着数据位的增加,用来检验的数据位也成倍增加,就是说当数据为 16 位时它需要增加 2 位用于检查,当数据位为 32 位时则需增加 4 位,以此类推。当数据量非常大时,数据出错的概率也就越大。正是基于这一情况,ECC 技术应运而生了。ECC 也是在原来的数据位上外加校验位来实现的。不同的是两者增加的方法不一样,这也就导致了两者的主要功能不太一样。

NAND Flash 中页分为 DA(Data Area)区和 SA(Spare Area)区。DA 区用于保存数据,SA 区一般用于标记坏块和保存 DA 区数据的 ECC 校验码,如图 10.30 所示。

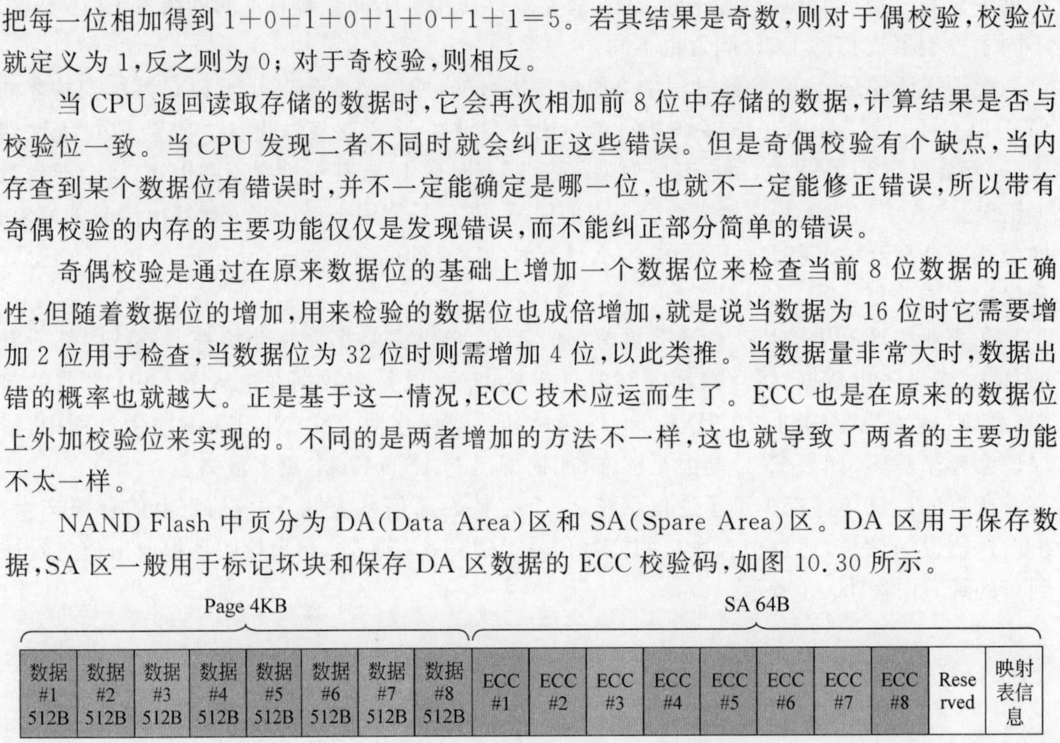

Page 4KB								SA 64B									
数据 #1 512B	数据 #2 512B	数据 #3 512B	数据 #4 512B	数据 #5 512B	数据 #6 512B	数据 #7 512B	数据 #8 512B	ECC #1	ECC #2	ECC #3	ECC #4	ECC #5	ECC #6	ECC #7	ECC #8	Reserved	映射表信息

图 10.30　4KB 页的 NAND Flash(SA 区 64B)

(1) 每当一页写入 NAND Flash 时,数据会通过 ECC 模块创建 ECC 校验码。

(2) 数据和对应的 ECC 校验码都存放在 NAND Flash 里,ECC 校验码放在 SA 区。

(3) 当读取数据时,数据和 ECC 校验码一起被送往主控,此时生成新 ECC 校验码。

(4) 主控把 2 个 ECC 校验码对照,如果 ECC 校验码相同,说明数据没有错误。

(5) 如果 ECC 校验码不同,说明读取的数据包含错误比特,就需要采用 ECC 算法修复检测到的错误。

ECC 校验码生成算法:ECC 校验每次对 256B 的数据进行操作,包含列校验和行校验。对每个待校验的位求异或,若结果为 0,则表明含有偶数个 1;若结果为 1,则表明含有奇数个 1。列校验规则如表 10.5 所示,256B 数据形成 256 行、8 列的矩阵,矩阵每个元素表示一位。

表 10.5 ECC 的列校验和生成规则

Byte 0	Bit 7	Bit 6	Bit 5	Bit 4	Bit 3	Bit 2	Bit 1	Bit 0
Byte 1	Bit 7	Bit 6	Bit 5	Bit 4	Bit3	Bit 2	Bit 1	Bit 0
Byte 2	Bit 7	Bit 6	Bit 5	Bit 4	Bit 3	Bit 2	Bit 1	Bit 0
Byte 3	Bit 7	Bit 6	Bit 5	Bit 4	Bit 3	Bit 2	Bit 1	Bit 0
...	...	...	...	...	...	...	...	...
Byte 252	Bit 7	Bit 6	Bit 5	Bit 4	Bit 3	Bit 2	Bit 1	Bit 0
Byte 253	Bit 7	Bit 6	Bit 5	Bit 4	Bit 3	Bit 2	Bit 1	Bit 0
Byte 254	Bit 7	Bit 6	Bit 5	Bit 4	Bit 3	Bit 2	Bit 1	Bit 0
Byte 255	Bit 7	Bit 6	Bit5	Bit 4	Bit 3	Dit 2	Bit 1	Bit 0
	CP1	CP0	CP1	CP0	CP1	CP0	CP1	CP0
	CP3		CP2		CP3		CP2	
	CP5				CP4			

用数学表达式表示为

$$CP0 = Bit\ 0 \oplus Bit\ 2 \oplus Bit\ 4 \oplus Bit\ 6$$

表示第 0 列内部 256 位异或之后再跟第 2 列 256 位异或,再跟第 4 列 256 位异或,最后跟第 6 列 256 位异或,因此,CP0 是 $256 \times 4 = 1024$ 位异或的结果。同理:

$$CP1 = Bit\ 1 \oplus Bit\ 3 \oplus Bit\ 5 \oplus Bit\ 7$$
$$CP2 = Bit\ 0 \oplus Bit\ 1 \oplus Bit\ 4 \oplus Bit\ 5$$
$$CP3 = Bit\ 2 \oplus Bit\ 3 \oplus Bit\ 6 \oplus Bit\ 7$$
$$CP4 = Bit\ 0 \oplus Bit\ 1 \oplus Bit\ 2 \oplus Bit\ 3$$
$$CP5 = Bit\ 4 \oplus Bit\ 5 \oplus Bit\ 6 \oplus Bit\ 7$$

ECC 的行校验和生成规则如表 10.6 所示,用数学表达式表示为

$$RP0 = Byte\ 0 \oplus Byte\ 2 \oplus Byte\ 4 \oplus Byte\ 6 \oplus \cdots \oplus Byte\ 252 \oplus Byte\ 254$$

表示第 0 行内部 8 位异或之后再跟第 2 行 8 位异或,再跟第 4 行 8 位异或,以此类推,最后跟第 254 行 8 位异或,因此,RP0 是 $8 \times 128 = 1024$ 位异或的结果。同理:

$$RP1 = Byte\ 1 \oplus Byte\ 3 \oplus Byte\ 5 \oplus Byte\ 7 \oplus \cdots \oplus Byte\ 253 \oplus Byte\ 255$$
$$RP2 = Byte\ 0 \oplus Byte\ 1 \oplus Byte\ 4 \oplus Byte\ 5 \oplus \cdots \oplus Byte\ 252 \oplus Byte\ 253$$

(处理 2Byte,跳过 2Byte)

$$RP3 = Byte\ 2 \oplus Byte\ 3 \oplus Byte\ 6 \oplus Byte\ 7 \oplus \cdots \oplus Byte\ 254 \oplus Byte\ 255$$

(跳过 2Byte,处理 2Byte)

RP4 = 处理 4Byte,跳过 4Byte

RP5 = 跳过 4Byte,处理 4Byte

RP6 = 处理 8Byte,跳过 8Byte

RP7 = 跳过 8Byte,处理 8Byte

RP8 = 处理 16Byte,跳过 16Byte

RP9 = 跳过 16Byte,处理 16Byte

RP10 = 处理 32Byte,跳过 32Byte

RP11 = 跳过 32Byte,处理 32Byte

RP12＝处理 64Byte,跳过 64Byte

RP13＝跳过 64Byte,处理 64Byte

RP14＝处理 128Byte,跳过 128Byte

RP15＝跳过 128Byte,处理 128Byte

综上所述,对 256 字节的数据共生成了 6 位的列校验结果,16 位的行校验结果,共 22 位。在 NAND 中使用 3 字节存放校验结果,多余的两位置 1。存放次序如表 10.7 所示。

表 10.6　ECC 的行校验和生成规则

Byte 0	Bit 7	Bit 6	Bit 5	Bit 4	Bit 3	Bit 2	Bit 1	Bit 0	RP0	RP2	RP4	...	RP15
Byte 1	Bit 7	Bit 6	Bit 5	Bit 4	Bit 3	Bit 2	Bit 1	Bit 0	RP1				
Byte 2	Bit 7	Bit 6	Bit 5	Bit 4	Bit 3	Bit 2	Bit 1	Bit 0	RP0	RP3			
Byte 3	Bit 7	Bit 6	Bit 5	Bit 4	Bit 3	Bit 2	Bit 1	Bit 0	RP1				
...	...	...	...	...	...	...	...	...	...	...	...	...	
Byte 252	Bit 7	Bit 6	Bit 5	Bit 4	Bit 3	Bit 2	Bit 1	Bit 0	RP0	RP2	RP4	...	RP15
Byte 253	Bit 7	Bit 6	Bit 5	Bit 4	Bit 3	Bit 2	Bit 1	Bit 0	RP1				
Byte 254	Bit 7	Bit 6	Bit 5	Bit 4	Bit 3	Bit 2	Bit 1	Bit 0	RP0	RP3			
Byte 255	Bit 7	Bit 6	Bit 5	Bit 4	Bit 3	Bit 2	Bit 1	Bit 0	RP1				

表 10.7　NAND 存放校验结果(使用 3 字节存放)

字节	校 验 位							
	Bit 7	Bit 6	Bit 5	Bit 4	Bit 3	Bit 2	Bit 1	Bit 0
Byte 0	RP7	RP6	RP5	RP4	RP3	RP2	RP1	RP0
Byte 1	RP15	RP14	RP13	RP12	RP11	RP10	RP9	RP8
Byte 2	CP5	CP4	CP3	CP2	CP1	CP0	1	1

10.6.2　BCH 纠错码

主流的 SSD ECC 纠错技术主要有 BCH 码和 LDPC 码。BCH 码是循环代数编码中最重要的一类。Hocquenghem 在 1959 年和 Bose 和 Ray Chauduri 在 1960 年分别通过独立研究提出了它们[33]。BCH 解码是硬解码,ECC 引擎只能使用硬比特值信息(即"1"或"0")读取使用一组读取参考电压的单元。

对于 BCH 码而言,编码可在构建期间确保最小码距。编码本身的定义基于码距概念和伽罗瓦域[38]。设 β 为伽罗瓦域 GF(q^m) 的一个元素,b 为非负整数,具有"设计的"码距 d 的 BCH 码由以 β 的 $d-1$ 次连续幂为根的最小次多项式 $g(x)$ 生成,其中 β 为:$\beta^b, \beta^{b+1}, \cdots, \beta^{b+d-2}$。

给定 ψ_i 和 β^{b+i} 的最小多项式$(0 \leqslant i < d-1)$,$g(x)$ 的计算公式为

$$g(x) = \text{LCM}\{\psi_0(x), \psi_1(x), \cdots, \psi_{d-2}(x)\}$$

其中,受保护的数据大小为 $k = n - \deg[g(x)]$。可以证明设计的 d 至少为 $2t+1$,因此代码能够纠正的错误数为 t。如果假设 $b=1$,且 β 为 GF(q^m) 的原始元素,那么编码变成一个长

度为 q^{m-1} 的狭义原始 BCH 码,能够纠正 t 个错误。一般来说,BCH 码的解码至少比编码复杂 10 倍。二进制 BCH 码的结构如图 10.31 所示。

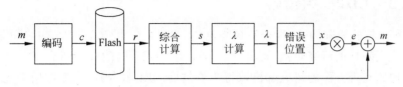

图 10.31 二进制 BCH 码的一般结构[35]

BCH 码在早期 NAND Flash 中被广泛应用,并结合 Flash 的特性发展出了多种纠错技术,例如 2019 年提出的多编码的 MC-HR-BCH 算法[39]。多编码法是一种能很好地处理存储多样性的方法。数据页中存在根据用户数据更新频率进行分类的冷热数据。如果只有一个 ECC 算法,其应用和校正能力不太强,冷数据可能需要"Flash 校正和刷新",从而带来退化;相反,如果该算法的修正能力较强,则在用于热数据时浪费了其校正能力。在 MC-HR-BCH 中,如果数据是热数据,则在编程操作前只编码一次。如果是冷数据,则需要更长的存储时间,并在总错误超过校正能力之前进行另一种编码。

如图 10.32 所示,MC-HR-BCH 在相应的第二次编码时间 t_{P2} 使用不同的算法(MC-1HR-BCH 和 MC-2HR-BCH)。该方案克服了单一算法的缺陷该校正能力可能会受到 t_{P2} 的影响。因此,整个方案在任何 t_{P2} 上都保持了较高的纠错能力。MC-HR-BCH 是一种由三种算法组成的方案,它通过多编码帮助处理存储数据的多样性。其良好的可配置性

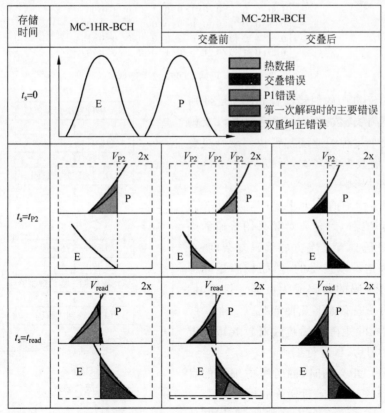

图 10.32 MC-HR-BCH 中各解码校正错误的比较[40]

不仅节省了硬件利用率,而且还为不同类型的数据提供了合适的校正能力。

10.6.3 LDPC 纠错码

LDPC 码由校验矩阵构造,因校验矩阵包含"1"的个数少而得名。LDPC 码是当今信道编码领域最令人瞩目的研究热点,近几年国际上对 LDPC 码的理论研究、工程应用以及超大规模集成电路实现方面的研究都已取得重要进展。LDPC 码可广泛应用于光通信、卫星通信、深空通信、第四代移动通信系统、高速与甚高速率数字用户线、光和磁记录系统等。由于对更为廉价且密度更高的 NAND Flash 的需求以及 3D NAND Flash 的普及,Flash 对主控 ECC 纠错能力的要求越来越苛刻。目前市场上绝大多数 SSD 都是采用 LDPC 码纠错。

LDPC 码可以用非常稀疏的校验矩阵描述,如图 10.33 所示。LDPC 码的校验矩阵的矩阵元素除了一小部分不为"0"外,其他绝大多数都为"0"。通常一个(n,j,k)LDPC 码是指其码长为 n,其奇偶校验矩阵每列包含 j 个"1",其他元素为"0";每行包含 k 个"1",其他元素为"0"。j 和 k 都远远小于 n,以满足校验矩阵的低密度特性。校验矩阵中列和行的个数即 j 和 k 为固定值的 LDPC 码称为正则码,否则称为非正则码。一般来说非正则码的性能优于正则码。

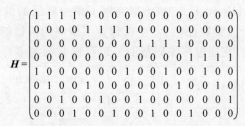

图 10.33 正则 LDPC 校验矩阵

LDPC 在 SSD 中的纠错流程如图 10.34 所示,NAND 硬判决、数据传输到控制器以及硬判决解码这几个过程的速度都很快。软判决要读很多次,传输数据很多次,所以会对 SSD 的性能产生不好的影响。

LDPC 码所面临的一个主要问题是其较高的编码复杂度和编码时延。对其采用普通的编码方法,LDPC 码具有二次方的编码复杂度,在码长较长时这是难以接受的,然而校验矩阵稀疏性使得 LDPC 码的编码成为可能。目前,优秀的编码方法一般有如下几种情况。

(1) 利用校验矩阵的稀疏性对校验矩阵进行一定的预处理后,再进行编码。

(2) 设计 LDPC 码时,同时考虑编码的有效性,使矩阵 H 具有半随机矩阵的格式。

(3) 矩阵 H 具有某种不变特性,采用其他

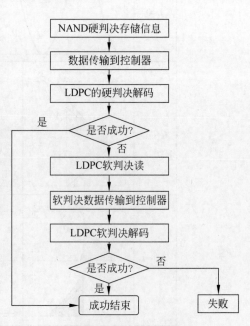

图 10.34 LDPC 纠错流程

编码方法(如基于删除译码算法)提出编码方案。

对同样的 LDPC 码来说,采用不同的解码算法可以获得不同的误码性能。优秀的解码算法可以获得很好的误码性能,反之采用普通的译码算法,误码性能则表现一般。LDPC 码的解码算法包括三类:硬判决解码(hard decision decode)、软判决解码(soft decision decode)和混合译码。

硬判决解码将接收的实数序列先通过解调器进行解调,再进行硬判决,得到硬判决"0""1"序列,最后将得到的硬判决序列输送到硬判决解码器进行解码。这种方式的计算复杂度很低,但是硬判决操作会损失大部分的信道信息,导致信道信息利用率很低。硬判决解码的信道信息利用率和译码复杂度是三类解码中最低的。常见的硬判决解码算法有比特翻转算法、一步大数逻辑解码算法等。

软判决解码可以看成无穷比特量化解码,它可以充分利用接收的信道信息(软信息),信道信息利用率得到了极大的提高。软判决解码利用的信道信息不仅包括信道信息的符号,也包括信道信息的幅度值。信道信息的充分利用,极大地提高了解码性能,使解码可以迭代进行,充分挖掘接收的信道信息,最终获得出色的误码性能。软判决解码的信道信息利用率和解码复杂度是三类解码中最高的。最常用的软判决解码算法是和积解码算法,又称置信传播算法。

与上述的硬判决解码和软判决解码相比,混合解码结合了软判决解码和硬判决解码的特点,是一类基于可靠度的解码算法,它在硬判决解码的基础上,利用部分信道信息进行可靠度的计算。常用的混合解码算法有加权比特翻转算法、加权 OSMLG 解码算法。

LDPC 码由于其强大的纠错能力,在 3D NAND Flash 中得到了广泛的应用,提高了系统的可靠性。然而,由对数似然比(Log Likelihood Ratio,LLR)表示的软信息的准确性是影响 LDPC 解码器纠错能力的一个重要因素。接下来介绍两种 3D NAND Flash 的 LDPC 码应用。2017 年,JL. Peng 等提出了一种基于期望最大化(Expectation Maximum,EM)算法的动态对数似然比(Dynamic LLR,DLLR)方案[36],用于 NAND Flash 中 LDPC 码的解码。如图 10.35 所示,当 LDPC 软解码失败时,DLLR 方案采用 EM 算法估计 NAND Flash 的阈值电压分布参数,然后重新计算 LLR 值进行解码。该方案不需要预先知道 Flash 的初始阈值电压分布,并且改进的算法不需要迭代计算,并且能显著提高 NAND Flash 中 LDPC 软解码的纠错性能。

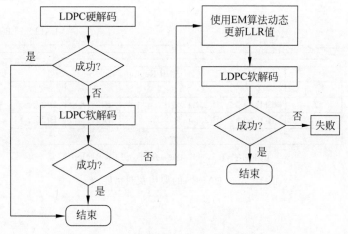

图 10.35　DLLR 纠错流程及误码率变化[41]

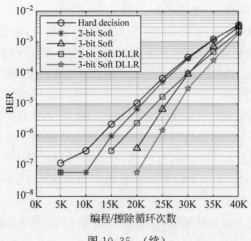

图 10.35 （续）

为了提高 LLR 的精度，2021 年 Li 等提出了一种基于模式集分布变化（LAEPS）的 3D NAND Flash LLR 自适应估计方案[37]。LAEPS 不仅基于多次读取所证明的信息，还基于同一信道中相邻小区所证明的信息来估计 LLR。它基于相邻字线单元信息和时间进行 LLR 估计，通过分析模式集分布的偏差趋势，从而更精确地估计 LLR。它在 LLR 表的大小、RBER 和 LDPC 译码迭代的减少以及纠错能力的提高方面表现出良好的性能。如图 10.36 所示，LAEPS 可以将 LDPC 软解码的纠错能力提高到 1.4 倍，解码迭代次数和 RBER 分别降低到 0.7 倍和 0.8 倍左右。

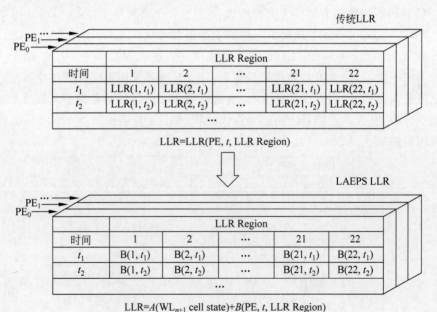

图 10.36　LAEPS 的架构及纠错能力[41]

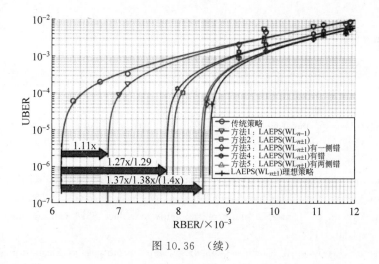

图 10.36 （续）

本章小结

本章主要介绍了 Flash 在系统级应用需要面临的技术问题以及目前普遍的解决方案，涵盖了 Flash 接口、Flash 控制器系统、Flash 固件、Flash 纠错码等技术要点。对于 Flash 接口，重点介绍了 Flash 存储卡接口和 Flash 高速接口，分析了最新接口协议下 Flash 的速度与可靠性趋势。控制器系统方面详细介绍了通用 Flash 控制器架构，分析了其前端后端实现的技术细节，同时对各种面向领域的 Flash 系统架构做了介绍。对于 Flash 固件，介绍了经典 Flash 转换层算法，结合已有的论文对转换层算法做了分析和展望。最后在 Flash 纠错码方面介绍了 BCH 码和 LDPC 码的编解码原理。

习题

（1）简述 ECC 纠错技术在 NAND Flash 中的应用。

（2）假设固态硬盘大小为 2TB，逻辑页大小为 4KB 时，用户一共可以有多少个逻辑页？需要 SSD 存储至多多少条映射关系？映射表中每个单元存储的物理地址为 8B，那么整个表的大小应该有多大？

（3）NVMe 协议中的 SQ 和 CQ 分别指的是什么？在 NVMe 控制器的指令执行过程中，管理 SQ head 的是主机端还是控制器端，管理 CQ tail 的是主机端还是控制器端？

（4）在 ONFI 协议中 4 种基本的指令时序分别是什么？每一种指令时序具体实现怎样的功能？

（5）说明动态磨损均衡和静态磨损均衡的区别。

（6）说明地址映射的三种方式。

（7）第六代 PCIe 协议采用 PAM4 信号，与前几代的 NRZ 信号相比有什么优点？

（8）PCIe 封装分层协议由哪几层组成？各层的主要作用是什么？

（9）简述 LDPC 纠错技术的优缺点及其所包含的译码算法。

参考文献

[1] Confalonieri E，Amato P，Balluchi D，et al. Mobile Memory Systems［C］//IEEE Mobile Systems Technologies Workshop，2016.

[2] Wu C，Li Q，Ji C，et al. Boosting User Experience via Foreground-Aware Cache Management in UFS Mobile Devices［J］. IEEE Transactions on Computer-Aided Design of Integrated Circuits and Systems，2020，39(11)：1-1.

[3] Yang N H，Kim J H，Park G G，et al. A study on system level UFS M-PHY reliability measurement method using RDVS［C］//IEEE International Reliability Physics Symposium，2021.

[4] Jung T，Lee Y，Shin I. Open SSD platform simulator to reduce SSD firmware test time［J］. Life Science Journal，2014，11(7)：

[5] Ja E O，Kwak S，Lee K，et al. Cosmos + OpenSSD：rapid prototype for Flash storage systems［J］. ACM Transactions on Storage，2020，11：1-35.

[6] Qiu Y，W. Yin W，Wang L. A High-performance Open-channel Open-way NAND Flash Controller Architecture［C］//International Conference on Field-Programmable Logic and Applications，2021.

[7] Marvell. Marvell 88ss1093 Flash memory controller［EB/OL］. https：//www. marvell. com/storage/assets/Marvell-88SS1093-0307-2017. pdf.

[8] Jung M. OpenExpress：fully hardware automated open research framework for future fast NVMe devices［C］//USENIX Annual Technical Conference，2020.

[9] What is the NVM express base specification? ［EB/OL］. https：//nvmexpress. org/developers/nvme-specification/.

[10] OFNL. Open NAND Flash interface specificatio(Rev4. 0)［EB/OL］. https：//media-www. micron. com/-/media/client/onfi/specs/onfi_4_1_gold. pdf？ la＝en&rev＝12146b4f212046448d1a2c42bff13a62.

[11] ONFI. Open NAND Flash Interface Specification (Rev5. 0)［EB/OL］. https：//media-www. micron. com/-/media/client/onfi/specs/onfi_5_0_gold. pdf？ la＝en&rev＝b9d79143b14143a7a8253c1ae20b247c.

[12] Gupta A，Y Kim，B. Urgaonkar et al. DFTL：a flash translation layer employing demand-based selective caching of page-level address mappings［C］//ACM International Conference on Architectural Support for Programming Languages and Operating Systems，2009.

[13] 白石，赵鹏. GFTL：一种基于页组映射的低能耗闪存转换层［J］. 中国科技论文在线，2011，10：716-720.

[14] Chang Li Pin，T W Kuo，S W Lo et al. Real-Time Garbage Collection for Flash-Memory Storage Systems of Real-Time Embedded Systems［J］. ACM Transactions on Embedded Computing Systems，2004，3(4)：837-863.

[15] Liu J，Chen S，Wu T，et al. A novel hot data identification mechanism for NAND flash memory［J］. IEEE Transactions on Consumer Electronics，2016，61(4)：463-469.

[16] Park D，Du D. Hot data identification for flash-based storage systems using multiple bloom filters ［C］//IEEE Mass Storage Systems &. Technologies，2011.

[17] Wang C，Wong W. Extending the lifetime of NAND flash memory by salvaging bad blocks［C］//Design，Automation &. Test in Europe Conference &. Exhibition (DATE)，2012.

[18] Cai Y. Flash correct-and-refresh：retention-aware error management for increased flash memory lifetime［C］//IEEE 30th International Conference on Computer Design，2012.

[19] Liu Y，Fei L，Cao H，et al. Word line interference based data recovery technique for 3D NAND Flash ［J］. IEICE Electronics Express，2018，15(19)：1-7.

[20] Yang L,Wang Q,Li Q,et al. Gradual channel estimation method for TLC NAND Flash memory[J]. IEEE embedded systems letters,2021,PP(99): 1-1.

[21] Jimenez X,Novo D,Ienne P. Wear unleveling: improving NAND flash lifetime by balancing page endurance[C]//Usenix Conference on File & Storage Technologies,2014.

[22] PCI SIG. PCI Express 6.0 specification[EB/OL]. https://pcisig.com/pci-express-6.0-specification.

[23] Budruk R,Anderson D,Solari E. PCI Express system architecture[M]. New York:Pearson Education, 2003.

[24] Kong K. Enabling Multi-peer support with a standard-based PCI Express multi-ported switch[EB/OL]. www.idt.com.

[25] Kong K. Non-transparent bridging with IDT 89HPES32NT24G2 PCI Express NTB Switch[EB/OL]. www.idt.com.

[26] PCI-SIG. PCI-SIG DevCon 2019 Update[EB/OL]. https://members.pcisig.com/wg/PCI-SIG/document/13465.

[27] Liao Q,Qi N,Zhang Z,et al. The design techniques for high-speed PAM4 clock and data recovery [C]//IEEE International Conference on Integrated Circuits,Technologies and Applications,2018.

[28] Kim J. PAM-4 based PCIe 6.0 Channel Design Optimization Method using Bayesian Optimization [C]//IEEE 30th Conference on Electrical Performance of Electronic Packaging and Systems,2021.

[29] Sharma D. PCI Express 6.0 specification: A low-latency,high-bandwidth,high-reliability,and cost-effective interconnect with 64.0 GT/s PAM-4 signaling[J]. IEEE Micro,41(1): 23-29.

[30] Ruiz-Urbina R J,Rangel-Patiño F E,Rayas-Sánchez J E,et al. Transmitter and receiver equalizers optimization for PCI Express Gen6.0 based on PAM4[C]//IEEE MTT-S Latin America Microwave Conference,2021.

[31] Rino Micheloni. 3D Flash Memories[M]. Springer Netherlands,2016.

[32] Bose R C,Raychaudhuri D K. On a class of error correcting binary group codes[J]. Information and Control,1960,3(1): 68-79.

[33] Camion P. Codes correcteurs d'erreurs[J]. Rev. CETHEDEC Cahier,1966.

[34] Pellegrini M A. The (2,3)-generation of the classical simple groups of dimensions 6 and 7[J]. Bulletin of the Australian Mathematical Society,2016,93(01): 61-72.

[35] Jiang Y,Wang Q,Li Q,et al. Multi-Coding ECC Algorithm Based on 3D Charge Trap NAND Flash Hot Region Cell Prediction[J]. IEEE Communications Letters,2020,24(2): 244-24.

[36] Peng J,Qi W,Xiang F,et al. Dynamic LLR scheme based on EM algorithm for LDPC decoding in NAND flash memory[J]. IEICE Electronics Express,2017,14(18): 1-8.

[37] Li Q. LAEPS: LDPC LLR Adaptive Estimation based on pattern set distribution variation in 3D charge trap NAND Flash memories[C]//IEEE International Conference on Integrated Circuits, Technologies and Applications,2021.

第11章

DRAM存储器技术

DRAM 是目前市场规模最大的存储器。根据 IC Insights 统计,2022 年全球 DRAM 市场规模达 783 亿美元,约占整个存储市场的 56%。而在 2021 年,DRAM 的三家最大供应商三星、SK 海力士、镁光共占有了 94% 的市场份额。DRAM 作为最为常见的系统内存,它使用电容存储电荷的方式来存储数据。如图 11.1 所示,每个 DRAM 单元由一个晶体管和一个电容组成,因为电容上的电荷容易丢失,导致保持数据的时间较短,所以电容必须隔一定的时间刷新一次,以此来保持存储的信息。如果存储单元没有被刷新,存储的信息就会丢失,也就是掉电就会丢失数据,所以 DRAM 被列为易失性存储器。本章将从 DRAM 的基本原理、工艺、技术发展、可靠性及电路设计等方面进行介绍。

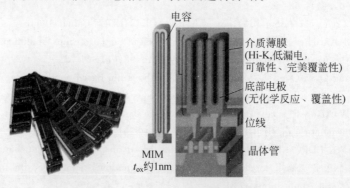

图 11.1　DRAM 内存条及基本结构

11.1　DRAM 基本原理

1966 年,IBM 公司的 Robert H. Dennard 博士发明了 DRAM,并于 1968 年获得了美国专利授权[1]。1970 年,英特尔利用 MOS 工艺开发出第一个商用的 DRAM 产品,容量为 1Kb,它采用了 3 个晶体管(3T)和刷新技术[2]。1973 年第一个容量为 4Kb 的 1 个晶体管和 1 个电容(1T1C)架构的 DRAM 产品研发成功[3]。从此以后,DRAM 进入了高速发展的时期。1T1C 经典架构的 DRAM 也被产业界沿用至今,其结构如图 11.2 所示。

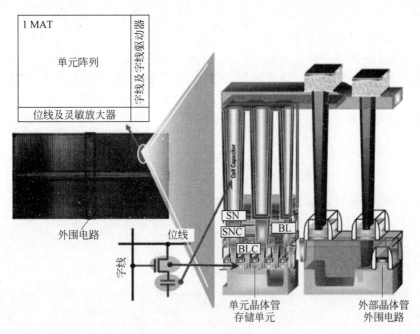

图 11.2　DRAM 存储单元结构

11.1.1　DRAM 电路工作原理

对于 1T1C 存储单元,DRAM 依靠电容 C 有无存储电荷来区分两个状态,从而表示存储信息"1"或"0"。如图 11.3 所示的电路中,当存储单元不进行读取操作时,字线处于低电平,晶体管处于截止状态,电容 C 保持电荷状态不变。读取信息时,字线为高电平,此时晶体管导通,如果存储电容 C 中存储"1",则存储电容 C 上的电荷经位线向读出放大器放电,产生"1"的输出信号;如果存储电容 C 中存储"0",则存储电容 C 中无存储电荷,不产生读出电流,因此也无输出信号,即读出"0"。数据读出后,读出放大器经位线对电容 C 上的电位进行存储数据恢复。写操作与读取过程相反。由于是电荷存储,对于没有读取的单元,电荷容易泄漏,又因为单元操作是随机的,所以在 DRAM 操作过程中,需要对全部单元定期刷新。

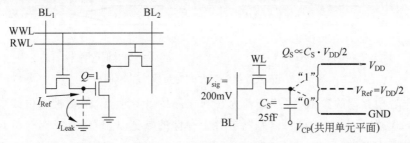

图 11.3　DRAM 电路示意图

电容 C 上的电荷和位线上的电荷共享是区分 DRAM 存"0"或者存"1"的关键。如图 11.4 所示,在开关断开和合上时,两个电容上的总电荷量守恒。在实际的存储阵列中,每一条位线都不可避免地具有较大寄生电容 C_B,为了将数据读出来,首先必须把位线上的电压预充到 $V_{cc}/2$,然后让其浮空,使存储单元中的电容与位线电容串联,如果存储单元电容存储了信息"1",也就是其上施加电压为 V_{cc},于是有

$$(C_B + C_C) \cdot V_H = C_B \cdot \frac{V_{CC}}{2} + C_C \cdot V_{CC} \tag{11.1}$$

其中，V_H 为读取数据"1"之后位线的电压，可以进一步计算出

$$V_H = \left(C_B \cdot \frac{V_{CC}}{2} + C_C \cdot V_{CC}\right)\Big/(C_B + C_C) \tag{11.2}$$

V_H 与原来的位线电压 $V_{CC}/2$ 进行比较，可以得到

$$\Delta V_H = V_H - \frac{V_{CC}}{2} = \left(C_B \cdot \frac{V_{CC}}{2} + C_C \cdot V_{CC}\right)\Big/(C_B + C_C) - \frac{V_{CC}}{2} = \frac{V_{CC}}{2}\Big/(1 + C_B/C_C) \tag{11.3}$$

同理，如果存储单元存储了信息"0"，则其电压为 0，则可得 ΔV_L：

$$\Delta V_L = V_L - \frac{V_{CC}}{2} = \left(C_B \cdot \frac{V_{CC}}{2} + C_C \cdot 0\right)\Big/(C_B + C_C) - \frac{V_{CC}}{2} = -\frac{V_{CC}}{2} \cdot C_C/(C_B/C_C) \tag{11.4}$$

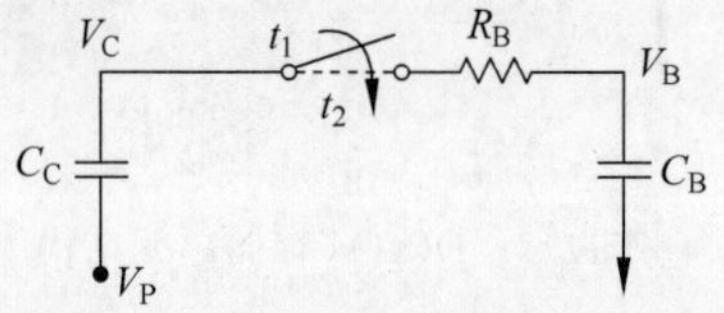

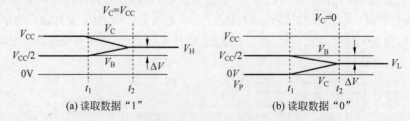

图 11.4　DRAM 读操作与 DRAM 位线电容和漏端电容串联示意图

假设电容 C_C 上的电荷状态为"1"，也就是电压为 V_{CC}。在 t_1 时刻，开关合上，则电容上的电荷流向位线，于是电容电压 V_C 下降，位线电压 V_B 上升，共同稳定到电压 V_H，如图 11.5(a)所示。V_H 与原来位线上的电压 $V_{CC}/2$ 的差值由式(11.3)给出。

假设电容 C_C 上的电荷量为"0"，也就是电压为 0，t_1 时刻，电闸合上，则位线上的电荷流向电容，位线电压 V_B 下降，电容电压 V_C 上升，共同稳定到电压 V_L，如图 11.5(b)所示。V_L 与原来位线上的电压 $V_{CC}/2$ 的差值由式(11.4)给出。

(a) 读取数据"1"　　　　　　　(b) 读取数据"0"

图 11.5　读取数据"1"和"0"时位线上的不同电位

不管电容中存储的数据为"1"或者为"0"，在晶体管导通后，都将带来位线电压的波动 ΔV。根据 ΔV 为正或为负，就可以判断电容上存储的数据是"1"还是"0"，这就是读操作时电荷共享的基本原理。

11.1.2　DRAM 数据读取

1. 写操作

如图 11.6(a)所示，如果原来数据为"0"，要写入"1"，具体步骤如下。

（1）晶体管关断，位线施加高电平，即 $V_B = V_{CC}$，位线将被充电，$Q_B = C_B V_{CC}$。

（2）字线施加电压，晶体管逐渐打开，位线电荷开始流入电容中。

（3）当字线电压达到或超过阈值电压时，晶体管完全打开，电容充电直到电压达到 V_{CC}，此时，电容上的电荷量 $Q_C = C_C V_{CC}$。

（4）字线不再施加电压，晶体管关断，电荷被保存在电容中。数据"1"写入完成。

如图 11.6(b)所示，如果原来数据为"1"，要写入"0"，具体步骤如下。

（1）晶体管处于关断状态，电容中的电荷 $Q_C = C_C V_{CC}$。位线接地，位线中电荷量为 0。

（2）字线施加电压，晶体管逐渐打开，电容电荷开始沿着位线漏出。

（3）位线电压高于阈值电压，晶体管完全打开，电容中的电荷全部漏完，电势为 0。

（4）字线不再施加电压，晶体管关断，维持电容中零电荷，数据"0"写入完成。

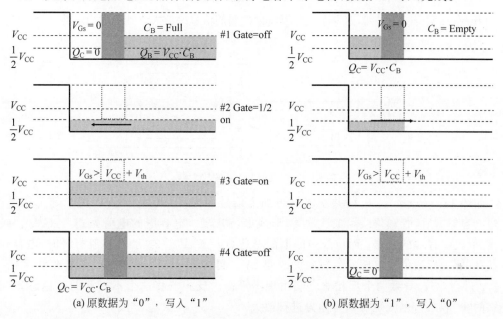

(a) 原数据为"0"，写入"1"   (b) 原数据为"1"，写入"0"

图 11.6　DRAM 写操作

2. 读操作

如图 11.7 所示，一开始，晶体管关断，位线电压预充到 $V_B = V_{CC}/2$，位线电荷 $Q_B = C_B V_{CC}/2$。如果电容中数据为"1"，则存储电荷量 $Q_C = C_C V_{CC}$，如果电容中数据为"0"，则存储电荷量为零。然后，字线施加电压超过晶体管的阈值电压，晶体管完全打开。电容和位线电荷共享。

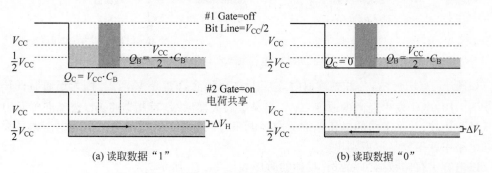

(a) 读取数据"1"   (b) 读取数据"0"

图 11.7　DRAM 读操作

如果电容中数据为"1",则电容中的电荷共享到位线上,使得位线电压轻微上升 ΔV_H;如果电容中数据为"0",则位线上的电荷共享到电容中,使得位线电压轻微下降 ΔV_L。后续通过灵敏放大器,分别读出电容器中的数据"1"或"0"。

11.1.3 DRAM 的电荷共享及信号放大

由于 ΔV_H 和 ΔV_L 的数值很小,信号很微弱,因此需要对信号进行放大。信号放大主要是通过两个输入和输出首尾相连的反相器完成,如图 11.8 所示。反相器的工作原理是输入低电平,输出高电平;输入高电平,输出低电平。BL 和基准单元 $\overline{\text{BL}}$ 分别接在两个反相器的输入和输出。所以两个反相器的稳定状态只能是要么输入高电平输出低电平,要么输入低电平输出高电平。当 BL 和 $\overline{\text{BL}}$ 存在微弱的信号差,这两个反相器将使微弱的信号差放大直到变成稳定的"1"和"0"。

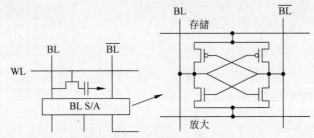

图 11.8 DRAM 灵敏放大器

如图 11.9(a)所示,电荷共享之后再加上信号放大,这就是 DRAM 的全部工作过程。左边电容器、晶体管和位线组成连通器,形成电荷共享。电容中的电荷为 $Q_C = C_C V_{CC}$ 或者为零,取决于存储的数据;而位线中的电荷总是 $Q_B = C_B V_{CC}/2$。当晶体管打开时,电容和位线共享电荷,导致位线电压发生轻微的改变 ΔV。再将 $V_{BL} = V_{CC}/2 \pm \Delta V$ 和基准单元 $V_{\overline{BL}} = V_{CC}/2$ 进行比较,导致两个反相器之间出现不平衡。反相器将这个不平衡的亚稳态转变为稳态的"0"和"1",也就是对信号差异进行放大。

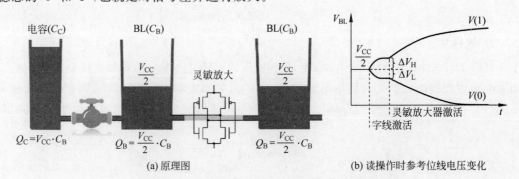

(a) 原理图　　　　　　　　　　　　　　(b) 读操作时参考位线电压变化

图 11.9 DRAM 电荷共享和信号放大的原理

如图 11.9(b)所示,一开始读取时,对 BL 进行预充,$V_{PRE} = V_{CC}/2$。因为连通器打开(字线激活),BL 电压发生轻微的改变 ΔV。当灵敏放大器激活,反相器将 BL 与基准单元 $\overline{\text{BL}}$ 的电压进行比较,并将微弱的电压差放大成高电压与低电压的大电压差。因为电压差异大,所以在电路中就很容易被识别出来。

以电容中存储数据"1"为例,具体的时序如图 11.10 所示。

(1) BL 和 $\overline{\text{BL}}$ 预充到 $V_{CC}/2$,此时为平衡态,因为晶体管没有打开。

（2）字线 WL 打开，也就是字线施加高电平 V_{PP}，晶体管打开，电容与位线进行电荷共享，使 BL 与 $\overline{BL}$ 之间发生细微的电压差，BL 电压上升，而 $\overline{BL}$ 电压保持不变。

（3）S/A Enable 打开，也就是图 11.8 中放大位置设为 0，存储位置设为 V_{CC}，两个对接的反相器组成的灵敏放大器开始工作。BL 和 $\overline{BL}$ 上的细微电压差被进一步放大，即 BL 放大到 V_{CC}，$\overline{BL}$ 降低到 0。

（4）读取 BL 和 $\overline{BL}$ 上的电压，并对电容器回写数据。由于电容与位线进行电荷共享，破坏了电容中的电荷状态，也就是数据被破坏，因此，需要重新对电容写入数据。在读取 BL 电压的同时，BL 也对电容进行充电，重新写入数据"1"。

（5）字线施加低电平，晶体管关闭，电容中电荷和数据被保存。

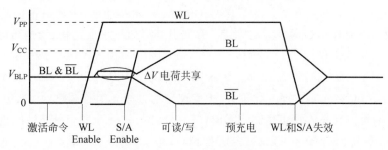

图 11.10　DRAM 读操作时序

刷新是 1T1C DRAM 特有的操作。因为存储在电容里的电荷随着时间增加而减少，如果没有通过刷新对电荷量进行补充，将导致数据读取错误。1T1C DRAM 中存在多种漏电机制：电容器中电介质漏电、晶体管关断时漏电、GIDL 效应、结漏电、STI 界面态导致的漏电，等等。因此，需要定期对存储单元进行刷新操作，从而保持信息。

根据 DDR 标准，每个存储单元在 64ms 的间隔内刷新。其实大部分单元都可以在更长的时间内保持其存储的电荷，但是在更保守的 DDR 标准下，就可以避免少数不好的单元造成的误码。使用更长的刷新间隔时间（比如 128ms）可以降低刷新的负担，但是也会降低可靠性，导致更多的单元失效。因为高温下漏电更严重，所以在高温下（比如大于 85℃），刷新的间隔需要减半至 32ms。

如图 11.11 所示，DRAM 存储阵列为多页面结构，地址线为行地址和列地址分别传送，

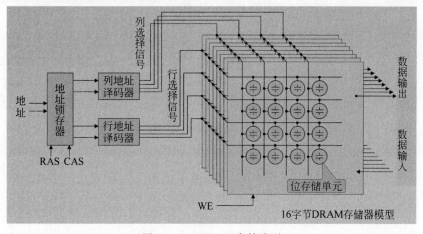

图 11.11　DRAM 存储阵列

由行选通(Row Address Strobe,RAS)信号和列选通(Column Address Strobe,CAS)信号控制。数据线分为输入和输出,WE 有效为写,无效为读。只有当行选择信号和列选择信号同时有效时才选中该存储单元,再根据数据线状态和控制电路完成对电容电压的读取(读)或对电容的充放电(写)。

11.2 DRAM 技术发展及趋势

DRAM 的单元结构与工艺路径决定 DRAM 存储器集成度和可靠性。DRAM 存储单元由早期的 3T1C 存储单元发展为 1T1C 存储单元,存储电容也沿着平面电容工艺→沟槽电容工艺→叠层电容工艺发展。为了保持 DRAM 存储器性能,电容值不能随工艺尺寸的缩小不断减小,需要保持相对稳定的容量。存储电容经历了平面结构、沟槽结构和叠层结构的过程,电容介质也从早期的 ONO(Oxide-Nitride-Oxide)到 6x nm～7x nm 的 Hi-K 材料 $ZrO_2/Al_2O_3/ZrO_2$(ZAZ),再到 3x nm～4x nm 的 LAZO(LAminal ZrO_2 和 Al_2O_3),25nm 工艺节点和 3x nm 在介质方面变化不大,但实现结构方面会稍有调整[4-8]。

DRAM 单元控制晶体管也是影响 DRAM 存储器的访问速度和可靠性的重要因素。晶体管栅极经历平面栅(planar gate)、台阶型栅(step gate)、凹形栅(recess gate)和掩埋栅(buried gate)结构的变化,栅极材料也从最早的多晶硅发展到目前主流的金属。同时,随着移动终端的快速发展,低功耗工艺技术也是研究的重点。

存储器工艺技术一直引领半导体工艺的发展。在 70nm 工艺制程之前,产业以奇梦达的沟槽电容工艺和其他厂家的叠层电容工艺同步发展,如图 11.12 所示。由于工艺特征尺寸的进一步缩小,沟槽电容在 70nm 工艺制程遇到瓶颈,沟槽的深宽比达到 100∶1 且无法再进一步提高。奇梦达在 65nm 工艺制程转入掩埋字线(Buried Word Line,BWL)的叠层电容工艺,基于掩埋字线在性能和可靠性方面的优势,目前整个 DRAM 存储器领域都在使用这种技术及其演变的技术。

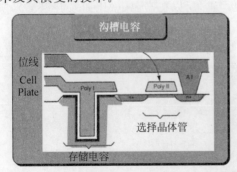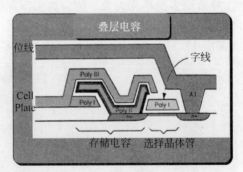

图 11.12 沟槽电容和叠层电容

存储单元的面积从早期的 $8F^2$ 到现在标准的 $6F^2$,是基于有源区与字线和位线的垂直相交偏移一定的角度实现的。存储单元最为理想的面积是 $4F^2$,虽然一直在研究,但是没有成功实现量产。随着工艺尺寸缩小的难度越来越大,满足 $4F^2$ 结构的研究会再次成为一个可能的突破方向。逻辑电路已经进入 10nm 以下,有较为成熟的器件结构,DRAM 是否能借鉴逻辑电路的工艺技术,实现 10nm 以下的 DRAM 产品,目前尚在研究阶段。其他领域技术,包括电路高速输入输出接口设计技术实现 DRAM 存储器接口速度的提升,高稳定多电压调整电路设计技术实现 DRAM 内部多电压控制和高可靠低功耗设计,可测性和可配置功能设计技术实现 DRAM 的全覆盖和多维度测试等也在不断的改进之中。本节将分别介绍DRAM 选择管工艺发展、电容器工艺发展、接口技术发展及封装技术发展,总结关键问题及挑战。

11.2.1　DRAM 选择管发展

DRAM 结构中的选择管一端连接位线,另一端连接存储电容,通过栅极连接的字线信号控制选择管是否导通完成数据从位线到存储电容的传输。根据电性需求,为了防止存储电容的数据丢失,选择管的关态漏电流必须控制得很低,同时为了保证写入速度,选择管的开态电流需要足够大[9]。随着工艺尺寸的不断减小,沟道电流将无法继续增大,同时短沟效应(Short Channel Effect,SCE)越来越严重,电场导致的结漏电加大,DIBL 变强,DRAM 的保持时间会不断降低。一个简单且有效地克服短沟效应的办法就是增大有效沟长,因此选择管从平面结构逐渐发展为较复杂的凹形沟槽结构[10]。DRAM 选择管发展历程如图 11.13 所示。

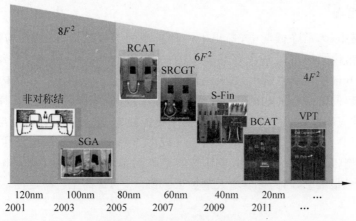

图 11.13　选择管发展历程[11-18]

1. 平面栅

当工艺尺寸缩小到 120nm 以下时,对于选择管一个关键的创新就是非对称结(asymmetric junction)的结构。选择管仍然保持漏端和源端在同一个水平面上,但对二者分开处理优化。对于连接存储电容节点的源端,控制分级掺杂,减小电场,从而降低结漏电提高数据保持的时间。相反,对于连接位线的漏端,设计浅结掺杂和反型掺杂,从而抑制短沟效应,降低漏电。

2. 台阶型栅

为了应对短沟效应,增大沟长,选择管逐渐转向 3D 结构。2005 年提出一种新型的台阶非对称选择管结构[14](Step Gated Asymmetric,SGA)。将沟道刻蚀成台阶形状,利用曲折的形状增大沟长,同时形成天然的非对称结的结构。台阶栅型选择管结构不需要刻蚀很深的沟道,适用于工艺节点在 100nm 以下的情况。但由于栅极和有源区不容易对准,导致选择管有很宽的阈值电压分布[19],因此该结构的微缩性较差。

3. 凹形栅

随着 3D 结构的提出,三星在 88nm 工艺节点时引入凹形栅沟道晶体管结构[16](Recess Channel Gate Transistor,RCGT),大大增大了有效沟道长度,同时不增大选择管的水平面积。该结构在刻蚀硅的表面进行氧化,降低源漏电阻,同时加大了载流子迁移率。另外衬底掺杂浓度降低,存储电容节点处的电场减小,保持特性得到改善。其他电学特性,如漏致势垒降低、击穿、结漏电以及沟道电阻,都得到了优化。因此基于凹形沟道阵列晶体管(Recess Channel Array Transistor,RCAT)结构的 DRAM,静态保持特性与动态保持特性都得到很大改善[20]。但随着工艺节点继续缩小至 80nm 以下时,需要探索深度更大的凹形栅工艺。

4. 球形凹形栅

单纯采用增加凹形栅结构的刻蚀深度来扩展有效沟长,存在曲率效应的问题,在更小工艺尺寸下会导致栅控能力变差。因此提出将凹形沟道做成球形,即球形凹形沟道选择管结构[15](Sphere Recess Channel Gate Transistor,SRCGT)。利用球形的弯曲度增大曲率半径,从而提高栅控能力,实现存储单元尺寸的再次微缩。另外由于曲率更大,该结构也会降低漏致势垒降低效应,改善体效应,继续增大存储单元的保持时间[7]。

5. 马鞍鳍型栅

在逻辑电路中,为了降低漏电,提出了一种新型的器件结构,即鳍式场效应晶体管[17](FinFET)。该结构同样可以解决存储器中的一些问题,因此马鞍鳍型栅结构[21](Saddle Fin,S-Fin)在 50nm 工艺节点被引入,并适用于 20nm 工艺节点以下。该结构发挥了 RCAT 的沟道长度优势,同时结合了 FinFET 的沟道宽度优势,因此同时实现了二者的电学特性,如改善了短沟效应和漏致势垒降低效应,提高了栅控能力,增大了有效沟道电流[22]等,保持特性得到大大提高。另外在完全反型的沟道区域中,存储单元的阈值电压主要由凹形栅控制,降低相邻的栅极影响[21]。同时由于马鞍鳍型单元晶体管的特性,阈值电压主要由鳍宽决定,对鳍高不是很敏感,因此可以增大刻蚀工艺窗口[22],提高工艺稳定性。

6. 掩埋栅

当工艺节点缩小至 46nm 时,另一种晶体管结构被引入,即 BWL 结构[18],也称掩埋沟道选择管(Buried Channel Array Transistor,BCAT)。该结构通过浅槽隔离技术定义有源区后,先形成 BWL,接着做漏端接触并形成位线。其中两个存储单元为一组,它们的选择管的漏端连接在一起,由一根位线共同引出,栅极相互隔离,选择管的另一端分别连接各自的存储电容。通过有源区偏移角度,优化排列方式后实现了存储单元缩小至 $6F^2$,并在 65nm 节点下的 1Gb DRAM 产品中得到验证,与传统 DRAM 单元相比,该结构下的阵列性能优越[23]。BWL 技术的关键器件在 30nm 以下的扩展潜力已被证明,另外在该工艺节点下,新型的掩埋位线技术[12](Deep Trench Buried Body Contact,DBBC)也被提出。该技术可以实现存储单元面积进一步缩小为 $4F^2$,但工艺热稳定性、浅结掺杂工艺等仍存在一些问题。

7. 垂直栅

当工艺节点缩小到 20nm 以下时,三星首次提出垂直沟道环栅选择管结构[13](Vertical Pillar Transistor,VPT),利用环栅结构增强栅控能力,提高选择管的开关比。该结构实现选择管从 2D 到 3D 的转变,有希望将存储单元面积缩小为 $4F^2$,同时由于掩埋位线的排列方式不同,可以大大降低位线电容,增大存储窗口。但该结构最大的问题在于浮体效应,因此该结构尺寸无法进一步缩小[24]。为了降低浮体效应的影响,也尝试了多种解决办法:①优化源端的掺杂结或减小 GIDL 漏电流;②使用 SiGe 降低体到位线的空穴势垒;③利用尺寸控制降低寄生双极性增益;④优化操作电压;⑤使用特定命令在指定的时间间隔内清除体内的空穴等[10]。但目前仍然未从根本上解决垂直管浮体效应的问题,并且在未来尺寸缩小时 DRAM 的动态保持特性亟须改善。

如前文所述,DRAM 选择管的核心在于增大有效沟道长度和降低泄漏电流。主要通过凹形沟道增加有效沟道长度的方式,另外选择管结构也从平面转向 FinFET 型结构,通过提高栅控能力来降低泄漏电流。通过这两种方式的选择管演变,DRAM 的数据保持时间能够有一定的延长。其中凹形沟道阵列晶体管 RCAT 作为一个典型的晶体管结构[15],基本的工艺制备流程如图 11.14 所示。首先利用 STI 形成有源区,通过离子注入工艺对选择管的源端和漏端进行掺杂;然后通过光刻定义栅极位置,采用刻蚀工艺形成凹形沟道;再通过干法刻蚀工艺(Chemical Dry Etching,CDE)为栅极留出空间;接着沉积栅极材料,形成栅隔离结构;最后沉积多晶硅形成漏端接触,形成位线引出。

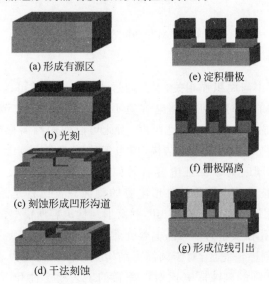

(a) 形成有源区

(b) 光刻

(c) 刻蚀形成凹形沟道

(d) 干法刻蚀

(e) 淀积栅极

(f) 栅极隔离

(g) 形成位线引出

图 11.14 RCAT 工艺流程示意图

11.2.2 DRAM 电容发展

电容的发展需要满足投影面积缩小,同时增大圆柱形电容的表面积,以保证存储容量,如改变内电极形状、增大电容高度、寻找更高介电常数的材料等[7]。如果电容值随存储单元面积减小而下降,会导致存储的电荷变少,从而进一步导致刷新频率增加。随着工艺节点的持续缩小,电容值会不可避免地减小,这将成为 DRAM 发展的一大挑战,本节将介绍一些工业界应对该挑战的办法。

1. 电容结构

为了获得需求的电容值,早期的存储单元电容从极板式电容发展为现代的 3D 电容单元,即 3D 单元。目前 3D 单元分为堆叠式结构和沟槽式结构,随着工艺节点缩小,3D 单元结构从传统的沟槽式电容,即电容埋在位线下面(Capacitor Under BL,CUB)发展为堆叠式电容,即电容做在位线上方(Capacitor Over BL,COB)[25],存储单元面积也从 $8F^2$ 缩小为 $6F^2$,目前大多数的 3D 单元都采用堆叠式电容结构。如图 11.15 所示为不同的 3D 单元电容技术及排列方式,当电容位于位线上方时,位线引出可以与电容位置错开排列,从而使有源区排列密度增大,存储单元面积由 $8F^2$ 缩小为 $6F^2$。当工艺节点继续缩小,选择管实现垂直结构后,电容所占面积也随之减小,位线引出位置可以位于电容正下方,存储密度继续增大,存储单元面积将由 $6F^2$ 变为 $4F^2$。

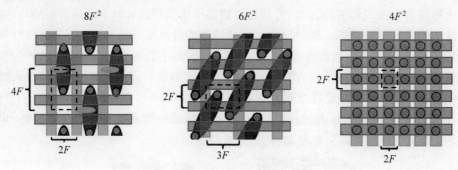

图 11.15　DRAM 中的电容技术及排列方式

2. 电容形状

由于存储电容值大小与面积强相关,因此通过改变电容形状可以增大有效电容面积,从而在缩小存储单元面积的同时保证存储电容值不会降低。当工艺节点缩小到 40nm 以下时,电容的水平尺寸明显大于各层的物理厚度,因此可以使用圆筒形电容增大有效面积[7]。目前大多数 DRAM 都仍然采用圆筒形结构,但当工艺节点缩小到 20nm 以下时,圆筒形结构将被柱形结构取代。同时为了保证电容有效面积,电容高度将大大增加,刻蚀深宽比增大。预测未来 DRAM 技术节点所需的柱形电容的刻蚀深宽比将是圆筒形的 2.5 倍[6]。以 1Y 技术节点为例[26],假设电容目标值是 8fF,圆筒形结构电容所需要的孔径大小为 32nm,而柱形结构电容所需要的孔径大小为 26nm,电容介质选择常用的 ZAZ(介电常数约为 40)[26]材料,分别计算高度得到刻蚀深宽比,对于圆筒形结构刻蚀深宽比将大于 30,而柱形结构刻蚀深宽比将大于 60。如此高的刻蚀深宽比对沉积膜的工艺稳定性和深孔填充的均匀性造成了严重的影响[27]。目前的解决办法是通过优化设备实现工艺稳定性,或者采用双层柱形电容堆叠结构改善深孔填充的均匀性,但二者都只能暂时缓解困难,如果材料没有创新,工艺节点发展到 1A 时,电容刻蚀深宽比将达到 100,几乎是工艺极限[7]。

3. 电容介质材料

DRAM 中对电容介质的要求与逻辑电路中对栅介质的要求明显不同[5],除了考虑介质击穿漏电的特性外,还需要有较大的电容值存储信息。在 45nm 工艺节点前,氧化铪(HfO_2)一直是主流的电容介质材料。在 25nm 工艺节点以下,引入氧化锆(ZrO_2)作为通用的电容介质材料,电容介质一般是由四方相或立方相的 ZrO_2、非晶态的氧化铝(Al_2O_3)、四方相或立方相的 ZrO_2 组成的多层结构,简称为 ZAZ[8]。但当工艺节点缩小到 20nm 以下时,ZAZ 结构的物理厚度减小导致的漏电问题将成为一大挑战。即使是在柱形结构电容中,电容介质的物理厚度也需要限制在 5nm 以下[7]。因此需要探索新型材料,增大介电常数的同时保证禁带宽度[28]。目前最有希望的替代材料为氧化钛[29]（TiO_2）和钛酸锶[30]（$SrTiO_3$），二者都适用于 ALD 工艺。虽然几乎所有材料的介电常数与禁带宽度都成反比，但 $SrTiO_3$ 可以通过控制晶粒大小与锶的含量同时实现 Hi-K 与宽禁带宽度的要求，搭配钌（Ru）电极，形成更小工艺节点下最有可能的电容结构。TiO_2 也具有成为下一代电容介质材料的潜力，TiO_2 可以结晶在两个相，且具有很高的介电常数。但 TiO_2 的物理厚度限制在 $10\sim12$nm，还需要探索更小尺寸的可能性。

作为存储器，DRAM 器件生产过程中最核心的工艺就是存储单元电容，以传统的圆筒形电容为例，图 11.16 为圆筒形电容的工艺流程。第一步是在晶圆表面继续沉积掺硼磷的氧化硅薄膜，随后进行 CMP 工艺，再利用光刻工艺为电容的形成留出空间。第二步是沉积电容的一个极板，首先在 550℃ 的温度下，在晶圆上沉积多晶硅，与选择管的源端实现电学连接，这层多晶硅也会附着在深孔的侧壁上，再沉积一层致密的掺杂多晶硅，这层致密的掺杂多晶硅也就是电容的第一个极板，而两次沉积多晶硅的目的均是增加电容极板的表面积，沉积完成后需要进行 CMP 工艺将晶圆表面上深孔以外区域上的多晶硅都去除。但在 CMP 之前需要在晶圆表面上涂覆光阻，防止在深孔中落入 CMP 磨出的残渣而无法清除，然后再进行 CMP。在将多余的多晶硅清除后，第三步工艺是沉积电容器的介质层，同样需要在 550℃ 的温度下，沉积多晶硅作为电容的另一个极板，最后再使用光刻将多余部分的电容介质和多晶硅刻蚀去掉，将电容一个一个分离，最终形成圆筒形电容器结构。

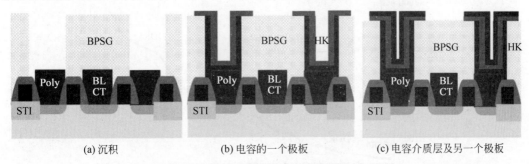

(a) 沉积   (b) 电容的一个极板   (c) 电容介质层及另一个极板

图 11.16 圆筒形电容简化工艺流程

目前，为实现 DRAM 提高容量和提高数据带宽的目标，一些新型的工艺技术也随之出现，其中具有代表性的是 TSV 技术[31]，通过在整个硅晶圆厚度上进行打孔，在芯片正面和背面之间形成数千个垂直互连，实现芯片之间堆叠，从而达到大容量存储器及高带宽的性能指标。

11.2.3 DRAM 接口技术发展

早期的 DRAM 是异步式的，如出现于 20 世纪 80 年代早期的快速页模式存储器（Fast Page DRAM，FP DRAM），直到 90 年代早期仍属于主流。在 20 世纪 90 年代中期，镁光发明了外扩充数据模式存储器（EDO DRAM）并取代了 FP DRAM，1993 年三星开始生产 SDRAM。

SDRAM 与早期的异步 DRAM 不同，异步 DRAM 的读/写时钟与 CPU 的时钟是不同步的。而在 SDRAM 工作时，其读/写过程与 CPU 时钟是严格同步的，可以利用单一的系统时钟同步所有的地址数据和控制信号。使用 SDRAM 不但能提高系统性能，还能简化设计并提高数据传输速度。

SDRAM 与异步 DRAM 比较,虽然有很多优势,但在一个时钟周期内只传输一次数据(在时钟的上升沿进行数据传输),性能仍需提高。为此,人们采用双沿传输和预取等倍频高速接口技术提升 DRAM 存储器接口对外的存取速度,陆续出现了 DDR1 DRAM(双倍速率同步动态随机存储器)、DDR2 DRAM(第二代双倍速率同步动态随机存储器)、DDR3 DRAM(第三代双倍速率同步动态随机存储器)DDR4 DRAM(第四代双倍速率同步动态随机存储器)和目前最先进的 DDR5 DRAM(第五代双倍速率同步动态随机存储器),也包括 LPDDRx DRAM 以及 GDDRx DRAM 等产品。

SDRAM 单向寻址传输在没有预取的情况下,如果核心频率 100MHz,则接口频率为100MHz,接口速度也是 100MHz。而 DDR1 采用 2 位预取,并采用双向寻址传输,在核心频率不变,接口频率依然只有 100MHz 的情况下,接口速度达到了 200MHz。DDR2 和DDR3 则进一步将预取增加到 4 位和 8 位,使得接口速度再次连续翻倍。最新的 DDR4 相比于 DDR3,虽然没有增加预取宽度,但是 DDR4 引入了块分组(bank group)技术,该技术本质上间接地增加了预取,进一步提高 DRAM 内部并行度,使得 DDR4 的速度再次实现翻倍。DRAM 接口技术演进如图 11.17 所示。

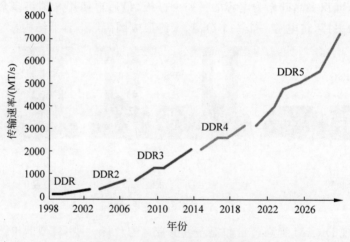

图 11.17 DRAM 接口技术演进

根据 DRAM 芯片接口技术的发展趋势,目前市场上计算机类应用 DRAM 有 SDR、DDR1、DDR2、DDR3、DDR4 和 DDR5,移动应用 DRAM 有 LPDDR1、LPDDR2、LPDDR3、LPDDR4 和 LPDDR5。

(1) SDR、DDR1、DDR2 DRAM 在计算机、服务器等主流应用市场已经处于换代期,制造这类 DRAM 的厂商正在减少,但随着消费电子产品和工业应用的快速发展和扩大应用,其生命周期仍然会很长。

(2) DDR3 DRAM:自 2008 年 DDR3 逐步进入市场,在主流的计算机市场得到快速应用,2011 年 DDR3 市场占有率迅速扩大,成为计算机领域的应用主流,是过去几年的主要应用产品,也是目前消费类产品的主要接口。

(3) DDR4 及以上接口:在 2014 年,DDR4 开始进入市场,2015 年由于英特尔平台的支援度问题,DDR4 的导入主要发生在服务器端,并且已经率先在 2015 年第四季度取代

DDR3。在个人计算机端,DDR4 在 2016 年第二季度开始成为主流解决方案。同时市场预计,因为技术和商业的挑战,讨论统一规范变得更为困难,DDR5 JEDEC 通用标准很难顺利推出,各个 DRAM 厂商已经有自行制定规范的倾向。

(4) 为突破接口带宽的瓶颈,wide I/O 和 eDRAM 存储器也是重要研究方向。

(5) 随着移动终端的快速发展,移动 DRAM 近几年快速发展,目前 LPDDR、LPDDR2 和 LPDDR3 都拥有各自的应用领域。同时,LPDDR4 JEDEC 标准于 2014 年公布于众,各大厂家竞相开始产品研发并逐步推入市场,目前 LPDDR4 在高端移动设备上已经成为主流应用产品。

(6) 专用于图形处理领域的 GDDR 目前已经发展到 GDDR6,主要应用于显卡等图形处理领域,目前各大厂商已经大规模量产出货。

随着 DRAM 存储器接口的演进,接口速度在快速提升。为保证 DRAM 存储器存储电容的保持时间,存储电容的容量基本保持在一个稳定的量级,因此内部存储体的读/写速度并没有随着工艺的发展而显著提升,新一代接口主要是通过内部数据加倍预取来满足接口速度的发展需要。通过预取技术,对于即将执行的数据采用预先读取待用,在需要时可快速进入处理环节,少了数据查找、等待、排队的时间。

11.3 DRAM 器件可靠性

11.3.1 可靠性及寿命定义

可靠性是指以百分比表示的在某一时刻正确运行的器件数量,可以用可靠性函数 $R(t)$ 描述

$$R(t) = 1 - F(t) \tag{11.5}$$

其中,$R(t)$ 描述随着时间的推移,功能与其设计性能相适应的相对器件数量;$F(t)$ 为故障分布,即不满足设计准则的器件数量。随时间增加,故障器件的数量由故障率 $Z(t)$ 决定

$$Z(t) = -\frac{1}{R(t)} \cdot \frac{\mathrm{d}R(t)}{\mathrm{d}t} \tag{11.6}$$

该故障率代表了可正确实现功能器件的寿命预期。

平均失效时间(Mean Time To Failure,MTTF)或寿命的定义为

$$\mathrm{MTTF} = \int_0^\infty R(t)\mathrm{d}t \tag{11.7}$$

MTTF 是可靠性分布 $R(t)$ 的预期结果。如果系统具有恒定的故障率 $Z(t) = \lambda$,则 MTTF 由 MTTF$= 1/\lambda$ 给出。

可靠性是一个连续函数,描述了器件/电路随时间衰减的情况,而寿命则描述了器件/电路失效的典型或者预期时间。DRAM 器件的传统结构由一个 MOS 晶体管和一个电容构成,DRAM 中存在的多种非理想机制会影响存储器件的寿命和可靠性,例如 DRAM 的漏电机制之一的 GIDL 效应,由于存储在电容上的电荷会引起栅漏间产生很大电场,导致 GIDL 效应产生,同时栅漏重叠区域陷阱的存在会使产生的 GIDL 电流增加,更容易引起陷阱辅助隧穿发生,导致存储数据发生丢失。综上所述,理解 DRAM 本身存在的机制问题是提高

DRAM 存储特性的重要部分。

11.3.2 DRAM 可靠性问题

1. DRAM 数据保持特性及漏电分布

由于 DRAM 电容将发生漏电,导致其不能永久存储电荷,因此 DRAM 存储器需要周期性刷新,以保证数据存储不发生丢失。但在制造过程中,工艺水平的波动会使极少数单元的存储可靠性逼近存储数据的刷新极限,甚至超出数据保持时间的要求,而这也正是 DRAM 最短刷新时间的决定性因素,因此,刷新时间的误差会导致 DRAM 可靠性显著降低。

DRAM 需要不断刷新是因为 DRAM 单元存在漏电流,主要由 5 部分组成[10]:①源极与电容接触漏电流;②栅感应漏端泄漏电流;③关态沟道漏电流;④浅槽隔离导致漏电流;⑤电容漏电流[10]。传统 DRAM 结构中的主要漏电流途径如图 11.18 所示。

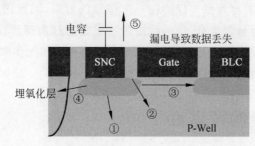

图 11.18　传统 DRAM 结构中的主要漏电流途径示意图

上述漏电通路将影响 DRAM 的数据保持时间,而且除了这 5 部分漏电流,还有两个主要因素决定了数据的保持时间,分别是存储电荷量以及 DRAM 器件感知电流大小的能力,则数据刷新时间与数据保持时间成倒数关系,可表示为

$$t_{REF} = -K \frac{C_S}{a} \left[V_{BLP} - \left(1 + \frac{C_B}{C_S} \right) \Delta V_{offset} \right] \tag{11.8}$$

其中,$C_S \cdot V_{BLP}$ 表征可存储的电荷量;$\left(1 + \frac{C_B}{C_S}\right) \cdot \Delta V_{offset}$ 表征感应电流能力;参数 a 代表漏电流大小,该参数越小,DRAM 数据保持时间越长[10,32];C_S 为存储电容值;C_B 为字线的耦合电容;V_{BLP} 为字线电压值;K 为比例因子。由式(11.8)可知,存储电荷量越高,存储电容值 C_S 比字线电容 C_B 越大,漏电流越小,则数据保持时间越长,需要刷新频率越低,器件可靠性越高。

综上所述,对于 DRAM 器件的可靠性而言,漏电问题是最大的挑战之一。由于 DRAM 器件具有多种漏电机制,如存储电容和栅极的绝缘介质层漏电、单元晶体管的关态漏电与结漏电、GIDL 效应、STI 界面态所导致的漏电以及单元和单元之间耦合的漏电流等,故而漏电分布无处不在。对于晶体管的漏电分布而言,陷阱波动是导致其发生的主要因素,同时结构波动也是另一影响因素。

电子和空穴的直接隧穿或间接隧穿是导致器件漏电的基本机制。在绝缘介质中,直接隧穿和 F-N 隧穿机制均为能量低于势垒高度的载流子穿越势垒,这两者的差别主要是隧穿发生时绝缘层上压降存在不同。载流子通过陷阱辅助实现隧穿的过程称为间接隧穿,该种隧穿会导致 SILC 效应。在半导体中,直接隧穿现象是通过带带隧穿实现的,而间接隧穿通过陷阱辅助隧穿实现,间接隧穿将导致 GIDL 效应发生。此外,对于金属硅化物而言,由于金属硅化物和半导体间将形成肖特基势垒,所以电子将在该势垒处发生隧穿导致漏电增加,如图 11.19 所示。

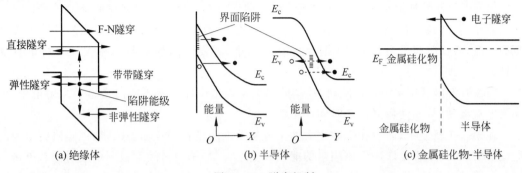

(a) 绝缘体　　　　　(b) 半导体　　　　(c) 金属硅化物-半导体

图 11.19　隧穿机制

如图 11.20 所示为正常的漏电分布,横坐标为漏电流的对数,纵坐标为其概率密度分布函数,分布曲线呈典型的正态分布。对于小漏电而言,陷阱通常分布于导带底和价带顶;而大漏电的陷阱通常分布于陷阱能级中央。

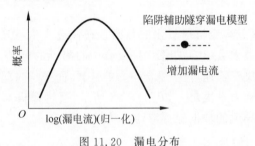

图 11.20　漏电分布

2. DRAM 数据保持特性波动现象

DRAM 的数据保持时间(retention time)t_{ret} 是决定 DRAM 性能的关键参数之一。当 DRAM 完成数据存储后,存储节点处将产生电压,将存储节点电压表示为 V_{SN},该存储节点电压将因 DRAM 自身存在的漏电机制逐渐降低,导致刚完成数据"1"存储的 V_{CORE} 节点电压逐渐下降至预充电阶段位线对应的电压 V_{BL},上述过程经历的时间被定义为 DRAM 的数据保持时间 t_{ret} 为

$$t_{ret} = \int_{V_{CORE}}^{V_{BL}} \frac{C_S}{I_{LKG}} dV_{SN} = \frac{1}{i_{SRH}} \int_{V_{CORE}}^{V_{BL}} dV_{SN} \tag{11.9}$$

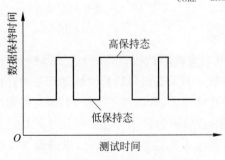

图 11.21　数据保持时间波动

其中,C_S 为 DRAM 存储数据的电容大小;I_{LKG} 为漏电流大小;i_{SRH} 为单位电容的漏电流大小。

t_{ret} 存在一种类似于随机电报噪声引起的波动,如图 11.21 所示,将数据保持时间的波动描述为可变的数据保持时间(Variable Retention Time,VRT),其中具有低保持时间的态为低保持态,具有高保持时间的态为高保持态,这两个状态之间可互相转化。由于 DRAM 器件存在多种漏电通道,这些漏电通道将影响数据保持时间,导致数据保持时间存在波动性。

　　导致数据保持时间的波动存在两种机制。

　　(1)因界面悬挂键和氢原子间成键情况不同导致数据保持时间存在波动。当悬挂键俘获氢原子时,界面陷阱数量减少,辅助隧穿现象减弱,数据保持时间增加;当悬挂键未俘获氢原子时,界面陷阱数量增加,数据保持时间减小,需要更高的刷新频率保证良好的存储特性。

　　(2)由于栅氧化层中存在陷阱,该类陷阱会从沟道中俘获电子或向沟道中发射电子,引起漏电流波动,从而使数据保持时间产生波动。

　　在第一个机制中,假设在带隙中有两个或多个能级位置的亚稳态陷阱,该陷阱将引起漏电流的波动,波动幅度取决于该陷阱的能级和空间位置,平均时间常数则由陷阱俘获电子和发射电子的过程决定。为了简化分析,如图 11.22 所示,只考虑双稳态系统陷阱,即假设陷阱有两种状态。其中 E_{high} 和 E_{low} 分别是从高能级跃迁到低能级和从低能级跃迁到高能级的势垒高度,E_{th} 和 E_{tl} 分别是处于高保持态和低保持态时对应的亚稳态陷阱能级,快速产生-复合(G-R)中心的能量水平将在能级 E_{th} 和 E_{tl} 之间波动,分别对应于高保持态和低保持态的能量位置[33]。

　　在第二种模型中,由于沟道与栅氧化层界面存在快速产生-复合中心,而栅极氧化物中陷阱俘获或发射电子的过程会影响快速产生-复合中心附近的电场,引起了 GIDL 电流的波动。此时波动的振幅取决于快速产生-复合中心的性质,而平均时间常数则由氧化物中陷阱俘获或发射电子的分子动力学决定。如图 11.23 所示,通过栅极与漏极重叠区域的能带图可解释氧化物陷阱模型导致的数据保持特性波动现象。

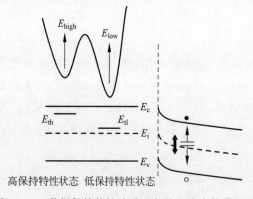

图 11.22　数据保持特性波动现象的双稳态能带图及漏电流发生波动的原理

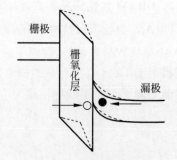

图 11.23　栅极与漏极重叠区域的能带图

　　为保证数据保持特性的一致性,可通过施加电应力改善数据保持特性的波动性。该方法的原理即对存在数据保持特性波动现象的存储单元和无数据保持特性波动现象的存储单元同时施加电应力处理。若存储单元不存在这种波动现象,其性能不会受到影响,保留该存储单元,但若存储单元存在数据保持特性波动现象,在该应力作用下这些存储单元将产生更多悬挂键,导致数据保持特性的波动性增加,所以筛选去除这些存储单元,以确保整个存储阵列数据保持特性的一致性,减小刷新频率。

3. DRAM 刷新时间分布

从存储数据比特位出错率方面考虑,通常定义刷新时间小于 64ms 的比特位为失败比特位,对于 4GB 的 DRAM 内存而言,要求其比特位出错的数量小于 100,一个 4GB 的 DRAM 内存约有 42 亿个存储单元,所以比特位出错发生概率的范围较小。

从 DRAM 存储器器件自身特性方面考虑,其主要影响因素是多种漏电机制、电容存储电荷量以及感应电流能力,其中多种漏电机制是 DRAM 存储器器件在发展过程中致力解决的关键问题之一。漏电流增加一方面导致存储电荷过程施加的操作条件不再满足理想的电压偏置,使数据存储过程中的干扰增加;另一方面在一个刷新时间间隔内,存储电容中已存储的电荷量随漏电流的增加而减少,导致已存储数据发生误读。当测试 DRAM 漏电流时,由测试 DRAM 器件组的平均漏电流计算获得,这一测试方法得到的漏电流不能提供单元 DRAM 器件漏电流的分布情况,所以已有研究提出根据数据保持时间与位错数(fail bit count) 关系图的斜率计算单元 DRAM 器件的漏电流分布[32],该关系图斜率越大代表漏电流分布越小,则对应更长的数据保持时间。在 DRAM 中漏电流分布随着数据保持时间呈现非正态分布,并且漏电流分布变化将体现在标准差变化上,标准差越小代表漏电分布变化越小,数据保持时间与位错数关系图的斜率越大,则获得的漏电流分布越小,如图 11.24 所示。

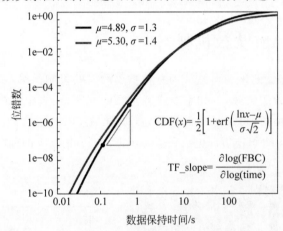

图 11.24 数据保持时间与概率关系图,呈非正态分布[32]

除了漏电流会对 DRAM 造成数据保持时间影响外,随着 DRAM 存储器器件尺寸不断缩小,存储电容 C_S 尺寸也会随之减小[34],而电容可存储电荷量减少会导致 t_{REF} 降低,将使得刷新时间分布曲线左移,同时位错数也会增加,具体情况如图 11.25 所示。除上述尺寸缩小带来的可靠性问题以外,工艺制造过程中的污染(如金属扩散)也会对 DRAM 的可靠性造成影响。

4. T_{RDL} 延时问题

T_{RDL} 即数据输入和字线预充电之间所允许的时间间隔,是典型的时间延迟参数。作为一种延时常数,其主要影响因素是漏极电阻和电容,其中存储单元晶体管周边的电阻是影响 T_{RDL} 的关键,如沟道和漏极的方块电阻、源/漏接触电阻。这些电阻的增加会增加延时,导致读写操作失败。当接触面积过小或者金属硅化物由于退火温度偏低导致金属硅化物由低电阻 C_{54} 相变为高电阻 C_{49} 相时,均会使接触电阻大大增加,从而增加延时,最终导致位错数增加,存储可靠性降低。

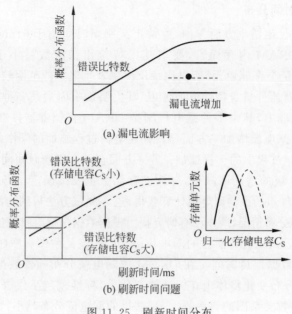

图 11.25   刷新时间分布

11.3.3   DRAM 失效机制

影响 DRAM 可靠性的来源可以分为三种主要的失效机制。第一种是由于制造过程或环境污染引入缺陷导致的失效,例如字线或者位线的漏电,或者电容的漏电。例如,利用单圆柱电容制造粗糙硅面时,可增加存储电荷量,如图 11.26(a)和图 11.26(b)所示,但是在老化试验 3.3V 测试电压下,该电容漏电流明显高于正常电容情况下的漏电流[35],如图 11.26(c)所示。

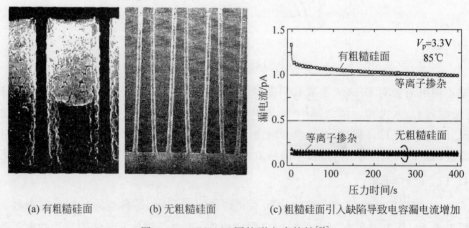

(a) 有粗糙硅面   (b) 无粗糙硅面   (c) 粗糙硅面引入缺陷导致电容漏电流增加

图 11.26   DRAM 圆柱形电容特性[35]

第二种是由于电压力与温度压力导致的失效。在 DRAM 老化测试中,由于热电子诱导穿孔(Thermal Electron Induced Perforation,HEIP)效应将使 PMOS 晶体管的关态漏电流增加,而导致该现象的原因是晶体管侧壁氧化层与浅槽隔离的氮化硅内壁所处的交界处

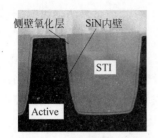

图 11.27　填充 STI 后晶体管侧壁氧化层与 SiN 内壁交接处横截面的 SEM 扫描图[35]

存在电子陷阱,这些陷阱会导致晶体管转角处沟道缩减[35],导致关态漏电流增加,如图 11.27 所示。

第三种是 α 粒子以及宇宙辐射导致的软失效。α 粒子是由铀和钍的放射性衰变发射的,这些元素在包装材料中的含量为百万分之几,当 α 粒子穿透芯片表面时,可以在存储节点附近产生足够多的电子-空穴对,引起随机的存储单元错误。针对第三种失效来源的研究主要在航天器研发过程展开。

在这三种失效中,由缺陷引入的失效使 DRAM 早期失效率高,这也是 DRAM 可靠性问题研究的重点,电压力与温度压力导致的失效则会导致芯片使用寿命的缩减。上述 DRAM 失效主要集中在三方面,分别是制造过程或环境污染引入缺陷导致的失效、电压力与温度压力导致的失效以及 α 粒子及宇宙辐射导致的软失效。这三种失效又分别对应可靠性问题中的早期失效率、使用寿命以及磨损度。随着技术的发展,DRAM 的使用寿命以及磨损度并不是影响可靠性提升的关键,原因是 DRAM 器件的设计目标会为使用留有很大的容错度,其使用寿命往往超过 10 年。复杂的制造工艺会导致器件缺陷的产生,并且该缺陷的产生难以确定是由哪一步工艺制造引入,甚至要花费很长的时间与极大的精力去识别这些缺陷以及去除它们。当制造工艺完成后需要测试该芯片,以保证芯片良好的初始质量,在测试过程中,测试成品率与缺陷密度关系如下[36]:

$$Y = \int_0^\infty \exp(-DA) f(D) \mathrm{d}D \tag{11.10}$$

$$\int_0^\infty f(D) \mathrm{d}D = 1 \tag{11.11}$$

其中,Y 代表 DRAM 的测试成品率;D 是单位面积的缺陷密度;A 是芯片面积;$f(D)$ 表示缺陷密度的归一化分布。

测试成品率虽和高可靠性密切相关,但好的测试成品率并不直接代表好的可靠性,所以还需要老化试验检测芯片的潜在故障,例如芯片封装后在升温环境对器件进行加压操作,并检测电流大小,如图 11.28 所示。虽然老化测试可以有效提前判断芯片的潜在失效,但由于老化测试并非实际长时间使用过程的操作测试,所以该测试在缺陷形成机理、阻止失效反复以及产品的实时反馈方面存在局限。

除上述提到的 DRAM 主要的三种失效情况外,关于 DRAM 本身存储也有两种特殊的失效机制,即软失效和硬失效。这两种失效机制直接关系 DRAM 数据是否正确存储和器件是否正常工作。首先,软失效发生在 DRAM 写入的数据与读出的数据不一致且读操作发生在 DRAM 数据保

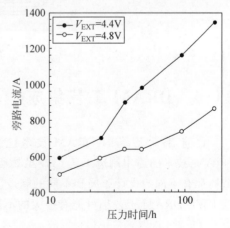

图 11.28　压力老化测试 DRAM 静态电流随时间增加[35]

持时间之内时。软失效是一种非破坏性且在重新写入操作后可被纠正的错误。该失效的来源可能是离子辐射或者与其他 DRAM 之间的电容耦合等原因[37]，如图 11.29 所示。离子辐射会释放大量电子-空穴对，使 DRAM 中存储电容电荷量的增加，使逻辑值由"0"变为"1"。由于 DRAM 存储阵列中字线的高密度布局会产生严重的电容耦合作用，当对一个存储单元进行读写操作时，其他字线将因电容耦合作用而被误操作，导致其存储信息发生变化。

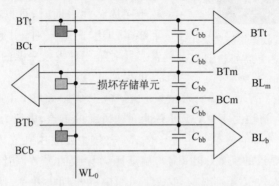

图 11.29　DRAM 字线电容耦合模型

与软失效相对的硬失效是一种破坏性的、无法修复的失效过程，例如金属铝互连线的电迁移可能会导致永远无法进行读写操作。为避免这种情况，芯片设计时会预留可替代的存储单元，当在测试中发现 DRAM 存储单元失效时，则用预留的存储单元替换该失效单元[38]，如图 11.30 所示，以此保证 DRAM 存储数据的可靠性。

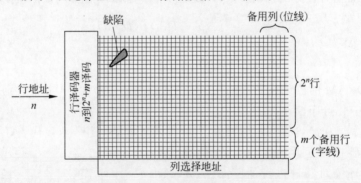

图 11.30　DRAM 阵列中的冗余行列

11.4　DRAM 工艺集成

目前，各大厂商的 DRAM 技术已进入 1xnm 工艺节点。本节讨论了 2x nm BWL DRAM 技术的通用制造工艺[39]。虽然所有的 DRAM 制造商都使用 BWL 技术，但每个制造商都有不同的设计布局和不同的制造工艺步骤。即使是在同一家公司，3x nm 和 2x nm 的 BWL DRAM 工艺也可能有很大的不同。本节内容可作为了解 DRAM 工艺的基础。

11.4.1　STI 形成及注入

在 2x nm 的 DRAM 工艺中，有源区图形通过光刻-刻蚀-光刻-刻蚀（LELE）或者自对准双重图形化(SADP)两种方法来制备。与 LELE 方案相比,SADP 需要更多的工艺步骤,因此成本更高。但是,它具有更好的 CD 控制和更小的线边缘粗糙度。如图 11.31 所示为 LELE 方案制备的 STI 工艺流程,需要用到两张光刻版 AA1 和 AA2。

(1)对硅片进行清洗。

(2)在炉管中生长氧化层,并沉积氮化硅,通常采用低压化学气相沉积(LPCVD)工艺。SiN 层可以用作 STI 刻蚀的硬掩膜,它还用作 STI CMP 的阻挡层。

(3)沉积非晶硅硬掩膜层,通过光刻刻蚀形成 AA1 图形,如图 11.31(c)所示。

(4)再次光刻刻蚀形成 AA2 的图形,如图 11.31(d)所示。

(5)通过刻蚀形成 STI 沟槽。在 STI 清洗、测量、检查之后,在硅表面上通过炉管热生长一层薄薄的二氧化硅,然后沉积一层高密度等离子体(HDP)氧化层以填充高纵横比的 STI 沟槽。在此步骤中,没有空隙的沟槽填充非常关键,因为 AA 之间的空隙会导致 BWL 沟槽刻蚀的形状问题,从而导致阵列中的存取晶体管失效。

(6)进行氧化硅的 CMP,并且停止在 SiN 生成硬掩膜层。

(7)采用热磷酸湿法腐蚀去除 SiN 硬掩膜,采用稀释的氢氟酸去除氧化层,如图 11.31(h)所示。

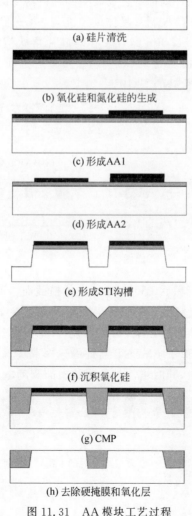

(a)硅片清洗

(b)氧化硅和氮化硅的生成

(c)形成AA1

(d)形成AA2

(e)形成STI沟槽

(f)沉积氧化硅

(g)CMP

(h)去除硬掩膜和氧化层

图 11.31 AA 模块工艺过程

图 11.32 显示了 BWL DRAM 阱和沟道离子注入工艺的横截面。对硅片再次清洗后，生长一层薄薄的氧化物。图 11.32 为阵列区离子注入后的剖面图，形成了 BWL DRAM 存取晶体管的阱和 S/D。阵列区域所有存取晶体管均为 NMOS，因此，阵列区域只有 P 阱。外围区域既有 N 阱也有 P 阱。因为外围晶体管是平面晶体管，所以它们的源/漏注入必须等栅极形成之后再做。

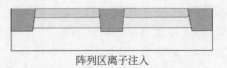

阵列区离子注入

图 11.32　阱形成的横截面图

11.4.2　选择晶体管的形成

STI 及阱形成后，下一步是形成选择晶体管。在硅片清洗后，对硅表面进行氧化，然后沉积硬掩膜，光刻刻蚀形成 BWL，如图 11.33 所示。BWL 单元晶体管的形成需要在单晶硅和氧化硅上同时刻蚀沟槽。这种刻蚀工艺需要对两种材料中的刻蚀速率和刻蚀均匀性以及对沟槽内的刻蚀轮廓进行良好的控制。具体刻蚀工艺中，一般氧化硅的刻蚀速率高于硅的刻蚀速率，在 BWL 沟槽内形成硅 Fin 鳍片。在对硅片再次清洗后，对栅极进行氧化，然后沉积 TiN 栅电极和金属钨，如图 11.34(a) 所示。接着对钨和 TiN 进行回刻。然后通过化学气相沉积氧化硅，并进行氧化硅的 CMP。

(a) BWL填充金属后的DRAM截面图

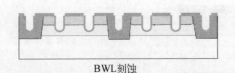

BWL刻蚀

图 11.33　BWL 刻蚀后的 DRAM 截面图

(b) W和TiN回刻后的DRAM截面图

图 11.34　选择管形成

图 11.35 显示了介质层沉积后 BWL DRAM 的横截面。TiN 形成 DRAM 选择 NMOS 的栅电极，而沟槽中的钨形成字线，埋在晶圆表面下方。在 BWL 沟槽刻蚀过程中，控制 STI 中的氧化硅刻蚀率高于硅的刻蚀率，可以实现 TiN 栅极包裹着硅沟道，三面之间有栅极氧化物，这就形成了一种类似于 FinFET 器件的选择晶体管。此结构可以进一步降低选择晶体管的截止状态泄漏电流，同时增加其导通状态的驱动电流。

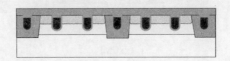

图 11.35　介质层填充后的 DRAM 截面图

11.4.3 位线接触模块

位线接触(Bit Line Contact,BLC)是 DRAM 中连接存储单元和位线的关键工艺,其掩膜版在位线和 DRAM 相邻两个选择晶体管的源漏之间形成接触。BLC 是相对简单的工艺,其图形密度远低于 DRAM 阵列区域中的其他孔图形,覆盖 AA 的氧化膜非常薄(通常小于 30nm),并且接触孔的纵横比非常低(约 1∶2)。

在单元晶体管形成之后,首先去除外围区域中的氧化层。在硅片清洗后,进行热氧化和远等离子体氮化,从而在外围区域中形成介电常数约为 5 的栅极电介质(SiON)。然后沉积 N 型重掺杂的多晶硅。接下来对外围电路中的 PMOS 区域进行极高剂量的 P 型离子注入,将其从重 N 型转换为重 P 型,从而调控 PMOS 的阈值电压。通过光刻和刻蚀工艺去除阵列区域中的多晶硅。这时就实现了 BLC 模块。

图 11.36 显示了 BLC 工艺过程。图 11.36(a)显示了 BWL DRAM 在 BLC 刻蚀完成后的横截面;图 11.36(b)显示了 BLC 孔的横截面,这些孔用多晶硅填充并被钨、TiN 和 SiN 覆盖。

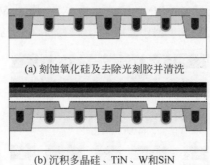

(a) 刻蚀氧化硅及去除光刻胶并清洗

(b) 沉积多晶硅、TiN、W和SiN

图 11.36 BLC 工艺过程

11.4.4 位线和外围晶体管的形成

在 BLC 形成和位线薄膜叠层沉积之后,下一个过程是位线和外围晶体管的形成。位线一般垂直于字线,并 BLC 对齐。在 BWL DRAM 中,阵列区的位线和外围的栅极共用薄膜叠层,即多晶硅、TiN、钨和 SiN 等复合膜层。多晶硅是外围区域中晶体管的栅电极,可以形成地址解码器、感测放大器和多路复用器等电路。TiN 用作钨的阻挡层和黏合层。钨是用于降低位线电阻和外围电路局部互连的导电层。SiN 层通常用作刻蚀位线和外围电路栅极的硬掩膜层。

具体工艺过程中,首先是光刻和刻蚀形成位线和外围晶体管栅极,需要使用位线工艺的重大挑战之一——套刻(overlay)。由于钨层不透光,因此很难通过光学方式测量钨层上方顶部硬掩膜上的光刻胶位线与钨下方的 BLC 之间的套刻。可行办法是在位线刻蚀并去除光刻胶后,可以通过清洗后检查测量位线到 BLC 的套刻。之后再进行氧化工艺步骤以修复栅氧化物的刻蚀损伤并减少栅极漏电。接下来进行两次光刻注入以完成外围电路中 NMOS 和 PMOS 的 S/D 扩展离子注入。最后,在位线和外围电路的栅极上沉积一层保形的 SiN 电介质并进行垂直回刻以形成侧墙(spacer)隔离层。

侧墙隔离层形成后,通过两次光刻和离子注入,形成外围 NMOS 和 PMOS 的重掺杂 S/D。在快速热退火激活掺杂之后形成外围器件。

11.4.5 存储节点接触

在完成了位线和外围器件之后,下一个工艺是存储节点接触(Storage Node Contact, SNC),它连接存储电容器和位线。首先,沉积介质层氧化硅并进行 CMP,如图 11.37(a)所示。氧化硅薄膜需要填满位线之间的间隙,不能有空隙;否则,在 SNC 刻蚀之后,SNC 孔可以通过氧化硅下方的空隙连接,并且在 TiN/W CVD 之后,SNC 与空隙中沉积的金属可能会产生短路。在氧化硅沉积和 CMP 之后,沉积刻蚀阻挡层,并进行 SNC 光刻刻蚀。SNC 的图形密度很高,一般需要两个掩膜版通过 LELE 双图形化以形成 SNC 阵列。这样每个掩膜版的孔间距就可以放宽,降低光刻难度。两次光刻后分别进行硬掩膜刻蚀和光刻胶去除。

因为位线上有侧墙隔离层和氮化硅覆盖层,因此可以通过自对准方式刻蚀 SNC 孔,如图 11.37(b)所示。沉积一层薄的保形 SiN 薄膜(通常在 SNC 刻蚀和清洁之后),然后类似侧墙隔离刻蚀工艺一样,去除 SNC 孔底部和硅片表面的 SiN 薄膜。留在 SNC 侧壁上的 SiN 薄膜可以防止 SNC 与位线短路。在 Ti、TiN、W 沉积和 CMP 之后,阵列区的 SNC 模块就完成了,如图 11.37(c)所示。沉积介电层氧化硅,对金属 1(M1)进行光刻,经过刻蚀、光刻胶去除清洗、Ti/TiN/W 沉积和 CMP 之后,如图 11.37(d)所示,完成第一金属互连层。

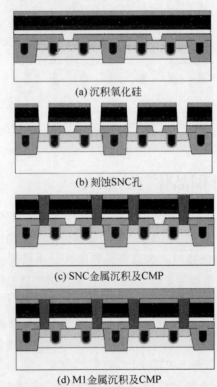

(a)沉积氧化硅

(b) 刻蚀SNC孔

(c) SNC金属沉积及CMP

(d) M1金属沉积及CMP

图 11.37　SNC 和 M1 工艺示意图

11.4.6 存储节点刻蚀

存储节点(Storage Node,SN)刻蚀是 IC 制造中最具挑战性的刻蚀工艺之一,也是 DRAM 制造过程中的关键步骤之一。SN 孔图形密度高、CD 小、深宽比大(约 40∶1),所以在刻蚀工艺中经常发生一些缺陷,影响产品良率,包括底部未刻开、底部残留物、套刻偏移导致高接触电阻或者相邻 SN 电容之间短路、相邻 SN 电容之间发生短路等。

SN 工艺第一步是薄膜沉积,先沉积一层薄氮化硅作为刻蚀停止层,再沉积厚度大约 $1.5\sim$ $2.0\mu\mathrm{m}$ 的氧化硅,接着又沉积一层氮化硅作为覆盖层,如图 11.38(a) 所示。SN 掩膜版与前面的 SNC 掩膜版几乎相同,对于 SNC 层,在阵列区域和外围区域都完成接触孔刻蚀、金属沉积和金属 CMP 等工艺;而对于 SN 层,所有的工艺都只在阵列区域进行。由于 SN 图形密度很高,在 2x nm 节点中依然使用两个掩膜版放宽分辨率要求,完成 SN 孔的光刻和刻蚀。

SN 工艺的下一步是 SN 刻蚀。SN 刻蚀的工艺要求包括刻蚀深度控制、刻蚀剖面控制、刻蚀选择性、刻蚀均匀性、表面平整度、刻蚀损伤控制和工艺重复性。满足这些要求才可以确保 SN 的准确性、可靠性和存储性能。图 11.38(b) 为 SN 刻蚀及清洗之后的截面示意图。接下来沉积一层大约 10nm 的 TiN 层,连接阵列晶体管和 SN 电容。再将光刻胶层旋涂到硅片表面以填充 SN 孔,对光刻胶回刻暴露硅片顶部表面上的 TiN,再使用刻蚀工艺去除硅片表面的 TiN,而 SN 孔侧壁上的 TiN 由于光刻胶的保护,不被刻蚀,如图 11.38(c) 所示。在更先进的工艺制程中,有时会直接采用空白刻蚀(blank etch)去除硅片顶部表面上的 TiN,无须光刻胶保护。另外,采用了一个 SiN 槽掩膜版,通过光刻和刻蚀从所有外围区域和阵列中一部分槽区域去除 SiN。在 SiN 槽刻蚀之后,进行氢氟酸湿法腐蚀。氢氟酸通过硅片表面没有 SiN 的地方(即外围区域的开口和阵列区域的 SiN 槽),去除围绕 TiN 的厚 ILD 氧化硅,如图 11.38(d) 所示。剩余的硅片表面 SiN 层用于固定两边中空的 TiN 圆柱体,防止其坍塌。尤其是在湿法刻蚀和清洁中使用的液体干燥剂的表面张力下,TiN 很容易发生塌陷。

在硅片清洗之后,在 TiN 圆柱体的内壁和外壁上沉积氧化锆和氧化铝等 Hi-K 介质层,总厚度一般小于 10nm。接下来继续沉积一层薄的 TiN,一般也小于 10nm,沉积在 TiN 和 Hi-K 介质圆柱的内部和外部,作为接地电极,形成 SN 电容。如果没有腐蚀 ILD 氧化硅,存储电容只能在 SN 孔内形成;而通过腐蚀 ILD 氧化硅,暴露出 TiN 圆柱体的外部,在 TiN 圆柱体的外部沉积 Hi-K 介质层以及 TiN 电极,这样 SN 电容的面积增加了一倍,使 SN 圆柱体 CD 可以按比例缩小为原来的 1/2,而又不用增加 SN 孔的深度,就可以维持电容的值。在沉积接地的 TiN 电极后,继续沉积具有良好间隙填充能力的导电层比如 SiGe,填充剩余的 SN 孔和圆柱之间的间隙,如图 11.38(e) 所示。

至此,SN 模块工艺完成,同时 BWL DRAM 制造工艺的前端工艺也结束了。

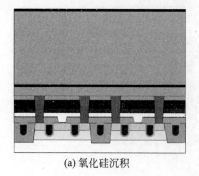

(a) 氧化硅沉积

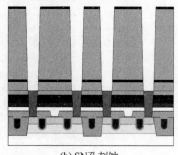

(b) SN孔刻蚀

图 11.38　SN 电容形成的工艺

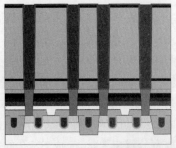
(c) 沉积TiN及涂光刻胶

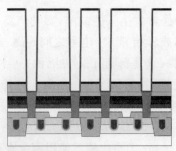
(d) 氧化硅去除

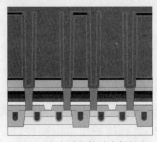
(e) Hi-K电介质和接地电极沉积

图 11.38 （续）

11.4.7 后段工艺

后段工艺主要集中在外围区域,首先,刻蚀掉外围区域的金属和 Hi-K 介质层。沉积一层厚的氧化硅,通过 CMP 将氧化硅平坦化。通孔 1(V1)掩膜版用于刻蚀穿过厚氧化层的通孔以落在 M1 上。尽管这些通孔非常深(2~3μm)甚至比 SN 孔还要深,但它们的直径通常比 SN 孔的直径大,并且它们的间距也比 SN 孔大得多。与 SN 孔图案相比,V1 孔图案对特征尺寸、套刻和刻蚀轮廓的工艺要求明显降低。完成 V1 工艺之后,Ti/TiN/W 沉积到 V1 孔中,并且用 CMP 工艺从晶圆表面去除 W/TiN/Ti 留下导电塞在氧化硅内部。接下来继续完成金属线等工艺,此处不具体展开。

图 11.39 显示了 BWL DRAM 的横截面。其中有 4 个金属层:M1 是钨,M2 和 M3 是铜,M4 是 Al-Cu 合金。硅片加工完成后就可以进行电性测试。

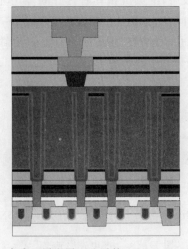

图 11.39 完成 4 层金属互连后的 BWL DRAM 的示意图

11.5　DRAM 感测电路设计

DRAM 芯片的电压裕度和速度与感测电路密切相关。一个好的感测电路与存储单元结构、电路配置、数据线电路以及存储阵列中的噪声产生机制密切相关。本节讨论基于 CMOS 工艺的 DRAM 中的高速感测电路设计，包括驱动数据线的感测电路设计、分布阵列式感测电路和直接感测方案。其他用于高速和低压环境中的电路已省略，包括恒定数据传输线电流方案、提高栅极电压的感测方法和感测电路的良好驱动电路设计。

11.5.1　基本的感测和放大电路

连接到数据传输线上的交叉耦合差分放大器能以另外一条数据传输线上的电压作为参考，将本条数据传输线上的小信号电压放大到电源电压 V_{DD}，因此，可以通过参考读电压 V_{REF} 的极性来区分读取的信息。如图 11.40 所示，任何耦合到两条数据传输线的共模电压都是可控的。其区分的能力与数据传输线的排列以及参考电压的产生方式有关。

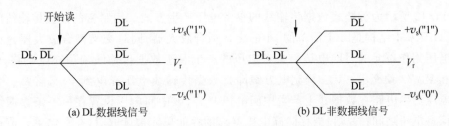

(a) DL数据线信号　　　　　　　(b) DL非数据线信号

图 11.40　在一对数据线上的电压信号

图 11.41 所示为两种类型的数据传输线结构（开放式数据线结构和折叠式数据传输线结构）及对应的存储单元结构。折叠式数据传输线的主要优点是其低噪声和低功率的传输特性。

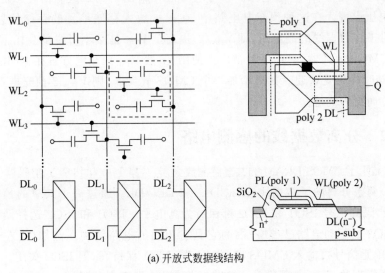

(a) 开放式数据线结构

图 11.41　数据线排列及其结构（以平面电容为例）

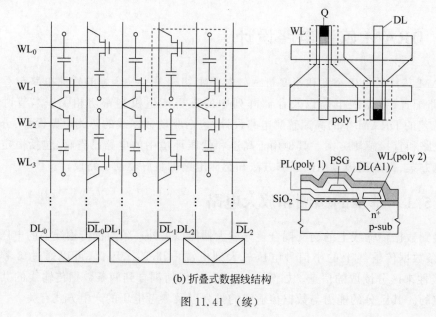

(b) 折叠式数据线结构

图 11.41 （续）

图 11.42 所示为折叠式数据传输线的参考电压产生方式。因紧密的数据传输线的间距要求,所以其基本结构是一个简单的、小的交叉耦合放大器,同时交叉耦合放大器允许放大的信号电压用作单元的写回电压。参考电压的产生源于数据传输线的预充电电路,即 V_{DD} 预充电和 $V_{DD}/2$ 预充电。V_{DD} 预充电方案即将数据传输线电压充电到 V_{DD},需要一个额外的参考电压产生电路在数据线上产生中间电压 V_{REF},该中间电压设置在另一条数据线上的二进制信息电压之间;否则,当存储高电压 V_{DD} 的存储单元被读取时,在存储单元节点与数据之间没有电压差异,所以在数据传输线上没有信号电压分量。因此,在这对数据线之间没有产生差分电压,导致单元信息无法被区分。数据线上被放大的信号电压 V_{DD} 或者 $0V$,将被用于后续的重写操作中。$V_{DD}/2$ 预充电方案,数据线上的电压在预充电结束后为 $V_{DD}/2$ 电压大小,则不需要产生 V_{REF} 参考电压。参考电压为 $V_{DD}/2$,因为二进制信息总是以大于或者小于 $V_{DD}/2$ 电压出现。在这种预充电电路中,在 V_{DD} 放大存储单元的存储信息之后,灵活的写回电路对于将数据线的高电压(即 $V_{DD}/2$)提高至 V_{DD} 是必不可少的。$V_{DD}/2$ 预充电方案更适用于 CMOS 放大器,目前已经被广泛使用,虽然 V_{DD} 预充电方案在 NMOS 工艺为主的 256Kb 存储时代更受欢迎。如果增加一个 CMOS 放大器,则 $V_{DD}/2$ 预充电在噪声、功耗和电压裕度方面更为优越。

11.5.2　分离数据线的感测电路

图 11.43 显示了 CMOS DRAM 的共享感测放大器、共享 I/O 和共享 Y 解码器(见图 11.44)的详细电路。两条分离的子数据线($DL_1/\overline{DL_1}$ 和 $DL_2/\overline{DL_2}$)通过一个共享的预充电电路预充电到 $V_{DD}/2$,隔离信号 ISO1 和 ISO2 都保持为高电平。ISO1 和 ISO2 选择两者中的任何一个,这里 ISO2 的驱动电路已省略,因为它具有相同的电路结构。例如,当左边的存储单元被激活时,单元信号被输入 CMOS 感测放大器,ISO1 保持高,但 ISO2 关闭。为了将一个完整的 V_{DD} 恢复到单元中,必须在放大完成时将 ISO1 提高到高于 $V_{DD}+V_{th}$ 的 V_{DH}。

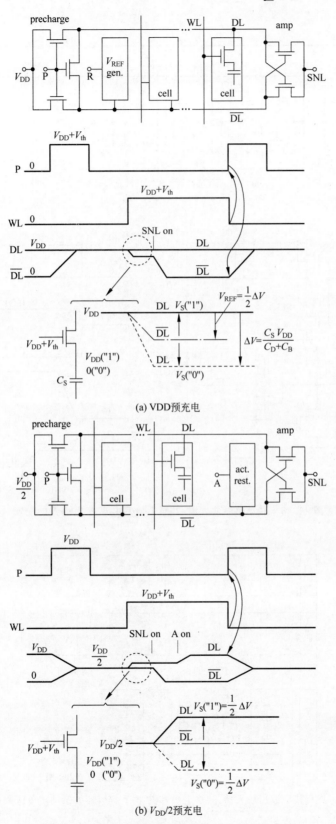

(a) VDD预充电

(b) $V_{DD}/2$预充电

图 11.42 折叠式数据线结构的参考电压产生方式

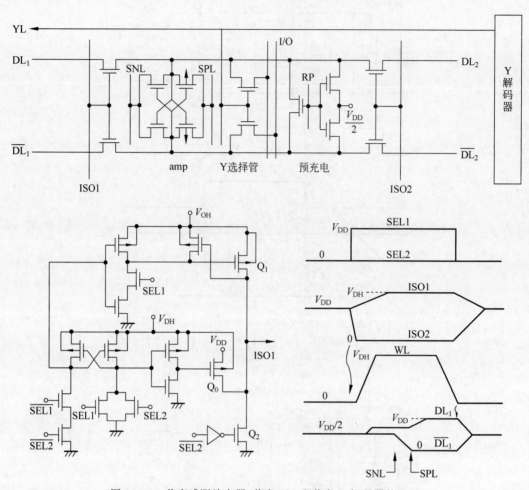

图 11.43　共享感测放大器、共享 I/O 和共享 Y 解码器的配置

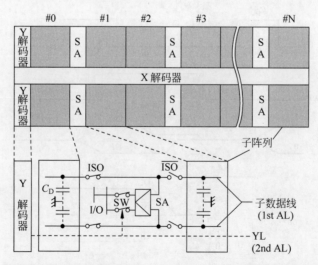

图 11.44　具有共享读出放大器、共享 I/O 和共享 Y 解码器方案的多分区数据线架构

11.5.3　感测电流分布式阵列

由于感测放大器的驱动线是常见的,所以感测速度可以降低。这将通过使用第 j 个子阵列(见图 11.45)来解释,这是将图 11.46 所示的阵列中的每条数据线划分的结果。一旦 NMOS 感应放大器通过打开 Q_{SD} 使公共驱动(或源)线 SNL 由 $V_{DD}/2$ 驱动到 0V,一些数据线的放电电流就流入金属铝 SNL 线的寄生分布电阻。由此产生的放大器晶体管源电压 ΔV 降低了放大器驱动能力,阻止高速放电,特别在 SNL 的末端,ΔV 是最大的。随着更大的内存容量和更高的密度引起电阻变大,ΔV 也变大。一种解决方式是减少电阻本身或减少连接到 SNL 的数据线数量。然而,在没有面积损失的情况下,通过加宽 SNL 来降低电阻是不可能的,因为 SNL 的数量是数据线组数量的一半。还附加额外的数据线电容。因此,通过对 SNL 的多分组来缩减数据线的数量是一个现实的解决方案。事实上,对于 16Mb 和 64Mb 的芯片,这种缩减方案使访问时间缩短了 5~30ns。

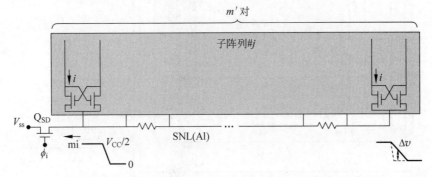

图 11.45　传感放大器驱动线路上的电流积累和变形电压波形

图 11.47(a)通过 Q_{SD} 驱动器的分布、较短的 SNL 和 VSS 线与 SNL 的正交布局,实现了快速感测,并具有网格状的 VSS 线,每条字线都用第一层金属铝线(Al_1)进行分流。每个 SN 也通利用字线分流区域进行划分,得到的子 SNL 的两端由两个 Q_{SD}(例如 Q_{SD0} 和 Q_{SD1})驱动。此外,为了使由两个驱动器驱动的电流源的数量减半,感测放大器交替排列。VSS 线由 SNL 驱动由排布在子阵列每 8 对数据线上的第二层金属铝线(Al_2)进行分流。得到的子阵列包括一个由 256 条字线和 128 对数据线组成的 32Kb 阵列。流入 SNL 的放电电流通过 VSS 线(Al_1)和正交的 VSS 线(Al_2)的路径分布,从而实现了快速感测技术。图 11.47(b)显示了一条与 SNL(Al_1)正交的 VSS 线(Al_2)。图 11.47(c)显示了排布在一个子阵列上每四对数据线的 VSS 线(Al_2)。

11.5.4　直接感测

DRAM 在电容性的数据线上将微弱的单元信号电压放大到满幅 V_{DD},并在比数据线寄生电容大 10 倍的 I/O 线上传输放大后的信号,由于这两个连续的慢操作,DRAM 单元感测本质上较慢。直接感测解决了这个问题,尽管有面积损失。该电路具有分离的 I/O 线,即读出一对线(RO,$\overline{RO}$),写入一对线(WI,$\overline{WI}$),如图 11.48 所示。它可以让小单元信号通过一个缓冲器直接输出到 RO 线上,无须等待放大。在传统的感测中,字线脉冲、CMOS 放大器激活脉冲和连接数据线到 I/O 线的 Y 方向控制脉冲所需的时序裕度是感测慢的根源。

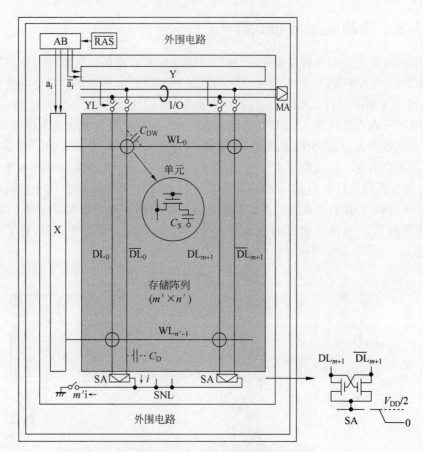

图 11.46 DRAM 芯片的结构

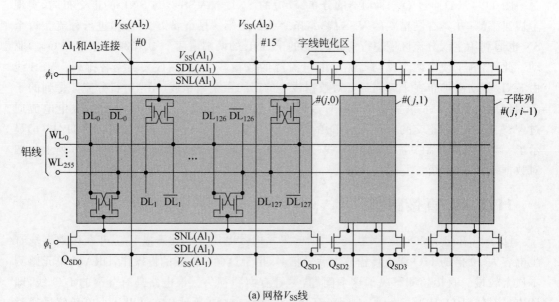

(a) 网格 V_{SS} 线

图 11.47 用多电平金属线感知放大器电流分布

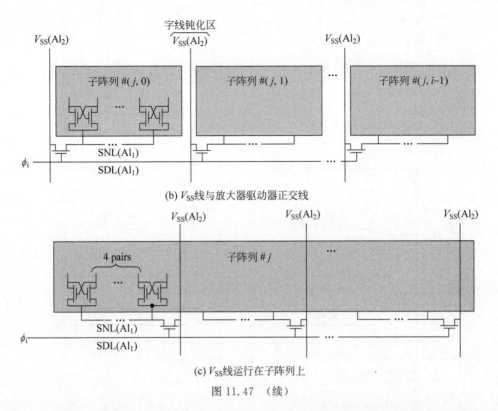

(b) V_{SS}线与放大器驱动器正交线

(c) V_{SS}线运行在子阵列上

图 11.47 （续）

感测放大器必须在单元信号完全生成后才能被使能,这需要字线脉冲和感测放大器使能脉冲之间的时序裕度 t_{WS},此外,YL 必须在单元信号放大后才被使能,这需要另一个时序裕度 t_{SY}。所需的 t_{SY} 与数据线上的放大速度、一对数据线及 I/O 线的电容和不平衡性密切相关。当 YL 被使能时,数据线和大电容 I/O 线之间的电荷共享,放大过程中的低电压信号波形瞬间升高,而大电容 I/O 线一直保持在高预充电电压。因此,一对数据线的差分电压(V_{smin})减弱。显然,较早的 YL 使能会导致较小的 V_{smin}。如果 V_{smin} 大于感测放大器的灵敏度,通过后续的使能感测放大器,V_{smin} 会再次放大。如果 V_{smin} 较小,则后续操作将失败。因此,有一个最小值 t_{SY} 满足成功感测的条件。

在直接感测中,由读取选择信号 YR 控制的读取电路将大约 200mV 的差分单元信号电压转化为大约 $50\mu A$ 的差分信号电流,并叠加在 1mA 的共模电流上。RO 线上生成的信号电流直接通过电流或电压感测来区分。由于读取电路将数据线和 RO 线隔离,因此 YR 甚至可以在字线使能之前被使能。从而基本上消除了 t_{WS} 和 t_{SY}。对于实际的 1Mb 设计,需要超过 5ns 的 t_{WS},且对于两种传感方案都是相同的。所需的 t_{SY} 超过 4.5ns,ΔC_D 假设有正负 10% 的波动,跨导波动有正负 10%,感测放大器中交叉耦合晶体管的阈值有正负 30mV 的波动。因此,在传统的感测中,t_{WS} 和 t_{SY} 之和至少为 9.5ns。另外,在直接感测中,字线使能到 RO 线上的电流感测只需要 1.5ns。因此,访问时间缩短了 8ns。约为访问时间的 30%。此外,由于需要单独的读写电路,64Mb 的芯片面积增加了 3%。

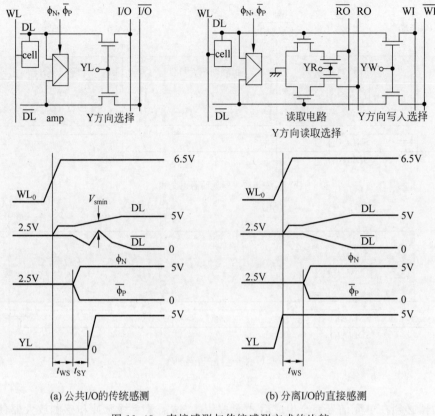

(a) 公共I/O的传统感测   (b) 分离I/O的直接感测

图 11.48   直接感测与传统感测方式的比较

本章小结

本章首先讲述了 DRAM 基本原理,包括读写过程中的电荷共享以及刷新原理,然后从 DRAM 选择管、电容器以及接口技术三方面介绍了 DRAM 的技术发展及趋势,接下来介绍了 DRAM 器件可靠性及工艺集成,最后阐述了 DRAM 相关的感测电路设计。

习题

(1) 总结 DRAM 的工艺流程及对应的剖面图。

(2) 简述未来更小工艺节点下 DRAM 的优化方向。

(3) 参考逻辑发展方向,DRAM 可否实现 3D 堆叠结构?

(4) 简述什么是 DRAM 的硬失效与软失效,并说出二者的区别是什么。

(5) 简述 1T1C 晶 DRAM 的 5 条主要漏电途径,并说出该如何抑制这些漏电流。

(6) 造成 1T1C DRAM $4F^2$ 结构中噪声的来源是什么?该如何减少这些噪声?

(7) DRAM 存储电容中存储介质的选择依据是什么?列举 3 种可以作为 DRAM 存储介质的材料选择,并说出未来有什么新型材料可以用作 DRAM 电容的存储介质。

（8）计算如图 11.49 所示的上、下表面积为 $1\mu m \times 1\mu m$、电介质（假设为 ZAZ、ZrO_2-Al_2O_3-ZrO_2，k 为 40）厚度为 10nm 的 DRAM 电容的电容值。如果 DRAM 电容上、下表面积不变，电介质厚度仍为 10nm，但沟槽深度为 $7\mu m$，其电容值为多少？

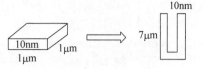

图 11.49　DRAM 电容

（9）一个 DRAM 的最低刷新时间为 4ms，其存储电容值为 50fF，并充电加压至 5V。在动态节点的最大承受范围内，漏电流最严重为多大（假设最严重的漏电情况为在刷新周期内 50% 的存储电荷已经流失）？

参考文献

[1]　Dennard R H. Field-effect transistor memory[P]. US：US3387286A，1968.

[2]　Intel Corporation. The Intel memory design handbook[M]. Santa Clara，CA：Intel，1973.

[3]　Hardee K C，Chapman D B，Pineda J. Dynamic random access memory[P]. US：5077693 A，1991.

[4]　Woo D. DRAM—Challenging history and future[C]//IEEE International Electron Device Meeting，2018.

[5]　Robertson J. High dielectric constant oxides[J]. The European Physical Journal-Applied Physics，2004，28(3)：265-291.

[6]　Park J，Hwang Y，Kim S-W，et al. 20nm DRAM：A new beginning of another revolution[C]//IEEE International Electron Devices Meeting，2015.

[7]　Kim S K，Popovici M. Future of dynamic random-access memory as main memory[J]. MRS Bulletin，2018，43(5)：334-339.

[8]　Kil D-S，Song H-S，Lee K-J，et al. Development of new TiN/ZrO2/Al2O3/ZrO2/TiN capacitors extendable to 45nm generation DRAMs replacing HfO2 based dielectrics[C]//IEEE Symposium on VLSI Technology，2006.

[9]　Shiratake S. Scaling and performance challenges of future DRAM[C]//IEEE International Memory Workshop，2020.

[10]　Spessot A，Oh H. 1T-1C Dynamic random access memory status，challenges，and prospects[J]. Ieee T Electron Dev，2020，67(4)：1382-1393.

[11]　Ahn S，Jung G，Cho C，et al. Novel DRAM cell transistor with asymmetric source and drain junction profiles improving data retention characteristics[C]//IEEE Symposium on VLSI Technology，2002.

[12]　Cho Y，Hwang Y，Kim H，et al. Novel deep trench Buried-Body-Contact (DBBC) of 4F2 cell for sub 30nm DRAM technology[C]//IEEE Proceedings of the European Solid-State Device Research Conference，2012.

[13]　Chung H，Kim H，Kim H，et al. Novel 4F2 DRAM cell with vertical pillar transistor (VPT)[C]//IEEE Proceedings of the European Solid-State Device Research Conference，2011.

[14]　Jang M，Seo M，Kim Y，et al. Enhancement of data retention time in DRAM using step gated asymmetric (STAR) cell transistors[C]//IEEE European Solid-State Device Research Conference，2005.

[15]　Kim J，Woo D，Oh H，et al. The excellent scalability of the RCAT (recess-channel-array-transistor) technology for sub-70nm DRAM feature size and beyond[C]//IEEE International Symposium on VLSI Technology，2005.

[16]　Kim J-Y，Lee C，Kim S，et al. The breakthrough in data retention time of DRAM using Recess-Channel-Array Transistor (RCAT) for 88nm feature size and beyond[C]//IEEE Symposium on VLSI Technology，2003.

[17]　Park T-s,Choi S,Lee D,et al. Fabrication of body-tied FinFETs (Omega MOSFETs) using bulk Si wafers[C]//IEEE Symposium on VLSI Technology,2003.

[18]　Schloesser T,Jakubowski F,Kluge J v,et al. 6F 2 buried wordline DRAM cell for 40nm and beyond [C]//IEEE International Electron Devices Meeting,2008.

[19]　Kim K,Chung U I,Park Y,et al. Extending the DRAM and Flash memory technologies to 10nm and beyond[J]. The International Society for Optical Engineering,2012,8326(7): 3.

[20]　Kim Y P,Park Y W,Moon J T,et al. Reliability degradation of high density DRAM cell transistor junction leakage current induced by band-to-defect tunneling under the off-state bias-temperature stress[C]//IEEE International Reliability Physics Symposium Proceedings,2001.

[21]　Park S-W,Hong S-J,Kim J-W,et al. Highly scalable saddle-Fin (S-Fin) transistor for sub-50nm DRAM technology[C]//IEEE Symposium on VLSI Technology,2006.

[22]　Lee H,Kim D-Y,Choi B-H,et al. Fully integrated and functioned 44nm DRAM technology for 1GB DRAM[C]//IEEE Symposium on VLSI Technology,2008.

[23]　Liu J,Jaiyen B,Kim Y,et al. An experimental study of data retention behavior in modern DRAM devices: Implications for retention time profiling mechanisms[J]. ACM SIGARCH Computer Architecture News,2013,41(3): 60-71.

[24]　Cho Y,Kim H,Jung K,et al. Suppression of the floating-body effect of vertical-cell DRAM with the buried body engineering method[J]. IEEE Transactions on Electron Devices,2018,65(8): 3237-3242.

[25]　Byun J S,Kim J K,Park J W,et al. W as a bit line interconnection in capacitor-over-bit-line (COB) structured dynamic random access memory (DRAM) and feasible diffusion barrier layer[J]. Japanese journal of applied physics,1996,35(2S): 1086.

[26]　Popovici M,Belmonte A,Oh H,et al. High-performance ($\text{EOT}<0.4\text{nm}$,Jg~10^{-7} A/cm^2) ALD-deposited Ru\SrTiO$_3$ stack for next generations DRAM pillar capacitor[C]//IEEE International Electron Devices Meeting,2018.

[27]　Lee S-H. Technology scaling challenges and opportunities of memory devices[C]//IEEE International Electron Devices Meeting,2016.

[28]　Cha S Y. DRAM technology-history & challenges: proceedings of the Proc IEDM,F,2011[C].

[29]　Kim S K,Kim W-D,Kim K-M,et al. High dielectric constant TiO$_2$ thin films on a Ru electrode grown at 250 C by atomic-layer deposition[J]. Applied Physics Letters,2004,85(18): 4112-4114.

[30]　Menou N,Popovici M,Clima S,et al. Composition influence on the physical and electrical properties of Sr x Ti 1−x O y-based metal-insulator-metal capacitors prepared by atomic layer deposition using TiN bottom electrodes[J]. Journal of Applied Physics,2009,106(9): 094101.

[31]　Lee J C,Kim J,Kim K W,et al. High bandwidth memory (HBM) with TSV technique[C]//IEEE International SoC Design Conference,2016.

[32]　Cho M H,Jeon N,Jeong M,et al. A novel method to characterize DRAM process variation by the analyzing stochastic properties of retention time distribution[C]//IEEE Electron Devices Technology and Manufacturing Conference,2017.

[33]　Kim H,Oh B,Son Y,et al. Study of trap models related to the variable retention time phenomenon in DRAM[J]. IEEE transactions on electron devices,2011,58(6): 1643-1648. 7

[34]　Yanagawa Y,Sekiguchi T,Kotabe A,et al. In-substrate-bitline sense amplifier with array-noise-gating scheme for low-noise 4F^2 DRAM array operable at 10-fF cell capacitance[C]//IEEE Symposium on VLSI Circuits,2011.

[35] Park D, Ban H, Jung S, et al. Stress-induced leakage current comparison of giga-bit scale DRAM capacitors with OCS (one-cylinder-storage) node[C]//IEEE International Integrated Reliability Workshop Final Report,2000.

[36] Kim K, Jeong G T, Chun C W, et al. DRAM Reliability[J]. Microelectronics Reliability,2002, 42(4-5): 543-553.

[37] Al-Ars Z. DRAM fault analysis and test generation[M]. Berlin: Springer,2005.

[38] Jacob B, Wang D, Ng S. Memory systems: cache, DRAM, disk[M]. San Mateo, CA: Morgan Kaufmann,2010.

[39] Xiao H. 3DIC devices,Technologies,and Manufacturing[M]. New York: SPIE Press,2016.

第12章

新型存储器技术

12.1 新型存储器简介

在存储器市场中，DRAM 与 Flash 是目前两大主流存储器，二者特点不同，缺一不可[1-4]。目前 DRAM 存储技术发展相对成熟且国外大厂也有条不紊地进行技术迭代，NAND Flash 技术也从 2D 转向 3D 并持续发展。但是随着技术不断更新，其面临的技术难度和成本也都不断增加。

处理器和内存之间的速度差距也是一个关键的系统性能瓶颈，称为"内存墙"[5]。分级存储系统由不同速度、密度和成本的设备制成，以优化性能和权衡成本。从图 12.1 可以看出，在 DRAM 和 Flash 之间仍存在着很大的速度差距，因此需要继续研发新型的存储介质——存储级内存（Storage Class Memory，SCM），其速度应介于 DRAM 和 Flash 之间。此外半导体市场在追求高性能的同时，也提出了对以移动、普及连接和数据等方面为中心的应用程序的需求，带来了硬件需求的多样性，如低功耗、高密度、低延迟等。近几年兴起的新型动态存储器、相变存储器、阻变存储器、铁电存储器、磁存储器等新型存储器，具有高速度、低功耗及非易失的特点，成为 DRAM 和 Flash 存储器的潜在替代技术，同时也不断延展开启出新的存储应用[6-8]，并对未来信息技术的发展起着显著的影响。

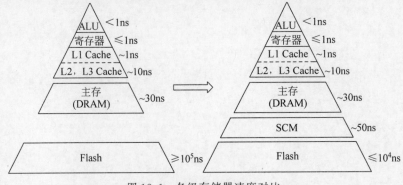

图 12.1　各级存储器速度对比

PCM 的材料基于硫族化合物,其存储机理是通过电流诱导存储材料结晶状态发生变化,进行非晶态与多晶态之间的可逆转变[9]。材料上的相变造成其电阻发生变化,从而得到两个态。相变存储器具有低操作电压、高速、非易失的特点,适用于 FPGA 等要求高速可配置的嵌入式系统,同时在人工神经元和类脑计算等新兴领域有良好应用前景。PCM 技术已有小规模量产应用、技术相对成熟,但受限于热串扰和相变的物理尺度效应,其微缩能力方面临较大挑战[10]。

RRAM 基于金属-氧化物材料,通过电流引起存储材料导电状态的变化实现数据存储。阻变存储器与相变存储器类似,具有低操作电压、高速、非易失的特点,同时兼容 3D 交叉阵列(crossbar)结构实现高密度应用[11]。但在材料遴选、器件可靠性、一致性、复位电流等方面还存在诸多技术挑战[12-13]。

铁电存储器基于铁电材料,通过铁电材料的自发极化进行数据存储。目前铁电存储器主要有三种类型,分别是 FeRAM、铁电场效应晶体管(Ferroelectric FET,FeFET)和铁电隧穿结(Ferroelectric Tunneling Junctions,FTJ)。铁电存储器具有非易失存储、低操作电压、低功耗、高可靠、抗辐照等优点,已有小规模量产应用,技术相对成熟。但铁电电容的边缘极化效应及去极化场的存在限制了其单元和工艺尺寸的微缩能力[14],适合在超低功耗嵌入式系统和特种高可靠系统中发展应用。2011 年发现掺杂 HfO_2 具有铁电性重新点燃了业界对铁电存储器的兴趣[15]。

MRAM 利用磁阻器件的稳定磁态来存储数据,并通过测量器件的电阻阻值以确定其磁态来读取数据。目前商业化生产的 MRAM 产品采用的主要是磁隧道结(Magnetic Tunnel Junctions,MTJ)器件。磁存储器具有低操作电压、高速、耐擦写次数高等优点。MRAM 技术对材料要求高,目前在关键材料技术、提高阻变比和降低写电流等方面还面临较大技术挑战。

综合对比各类新型半导体存储器技术特点,都具有操作电压低、高速度、低功耗及的特点,但在单元尺寸及工艺可微缩性、耐久性及保持特性、技术成熟度等方面也存在较大差异,未来各类技术将以各自的特点在不同应用领域得以发展。表 12.1 总结了几种主要新型存储器的技术特点。FeFET 是其中唯一一种新兴的单晶体管结构的非易失性存储器,可以作为低功耗 NVM 的解决方案。PCM 是新兴 NVM 中最成熟的一种,具有良好的性能。自旋转移转矩(Spin Transfer Torque,STT) MRAM 实现了高性能,其关键问题在于集成和工艺优化。RRAM 结构简单且成本低,但可靠性需要进一步提高。

表 12.1　各类半导体存储器技术特点对比表

比较项	DRAM	Flash	PCM	RRAM	FeRAM	FeFET	MRAM
存储单元	电容	浮栅	硫化物	金属/氧化物/金属	铁电电容	铁电栅介质	磁隧穿结
数据类型	电荷型	电荷型	电阻型	电阻型	电荷型	电荷型	电阻型
速度	较好	差	差	差	较好	较好/差	较好
读写功耗	较好	差	差	差	较好	较好	较好/差
成本	较好	极好	好	好	较好	较好	较好
非易失性	差	较好	较好	较好	较好	较好	较好
耐久性	较好	差	差	差	较好/差	较好	较好
技术成熟度	成熟	差	中	中	成熟	成熟	中
应用领域	内存	嵌入式 3D 高密度	内存存储	嵌入式应用	数据	嵌入式应用	抗辐照低功耗

12.2 新型动态存储器

12.2.1 新型动态存储器简介

1966 年,DRAM 由美国 IBM 公司 Robert Dennard 博士提出,由一个简单的晶体管和电容器组成[16]。由于结构简单、读写速度快及可靠性高等优点,DRAM 很快在电子产品中得到广泛应用。DRAM 的存储单元尺寸按照摩尔定律不断减小,特征尺寸从几百纳米减小到 20nm 以下。目前 DRAM 已发展到 1x(11~13nm)技术节点,业内已逐渐应用极紫外(Extreme Ultra-Violet,EUV)光刻技术,以实现更小的线宽和更高的性能。虽然在发展过程中 DRAM 一直维持经典的 1T1C 结构,但其中晶体管和电容也在不断地经历变革。一方面,晶体管由传统的对称结平面管发展为 RCAT,目前已经发展为 BCAT[17],保证沟道等效长度的同时单元面积由 $8F^2$ 缩小到 $6F^2$,因此对晶体管漏电性能的要求也在不断提高;另一方面,电容也由传统的圆筒形结构转变为圆柱形结构,电容值也从 20fF 减小到 10fF 以下[18]。因此,未来芯片尺寸的继续缩小将对架构创新提出更高的要求。对于 DRAM 的未来发展方向,IRDS 预测 DRAM 的存储单元面积将由 $6F^2$ 转向 $4F^2$,并采用垂直沟道晶体管和圆柱电容结构,进一步缩小存储单元面积,提高存储密度[19]。此外,不仅是平面 XY 维度的尺寸减小,寻求 Z 方向垂直堆叠方案也是值得关注的发展方向。

目前新型 DRAM 的研究主要分为两方面:一方面沿用传统的 1T1C 结构,分别继续优化晶体管和电容,具有代表性的是三星提出的垂直沟道晶体管结构[20-22]和英特尔提出的 3D 堆叠铁电电容(Ferroelectric Capacitor,FeCAP)结构[23];另一方面采用无电容的 1T 结构,使用晶体管的体内作为存储空间,主要聚焦在垂直浮体 DRAM(vertical floating body DRAM)结构。

12.2.2 新型动态存储器进展

1. 1T1C 垂直管 DRAM 研究

传统 1T1C 结构 DRAM 的晶体管采用平面结构,源端和漏端需要在同一个平面引出,因此限制存储单元面积缩小,而在 2006 年三星提出垂直沟道环栅晶体管结构[20],如图 12.2 所示。环栅结构有助于增强栅控能力,提高晶体管的开关比,改善静态保持特性。同时将晶体管的源端和漏端分别在上下两个平面引出,实现存储单元面积减小为 $4F^2$,即相同特征尺寸下存储密度提高了 33%,为 DRAM 进一步发展提供新的可能。

但该结构也存在目前无法解决的关键问题,由于沟道垂直位于漏端的正上方,因此需要在底部形成掩埋位线,工艺流程如图 12.3 所示[20]。刻蚀完硅柱后便需要对底部漏端进行掺杂,随后刻蚀形成位线并进行隔离层填充,最

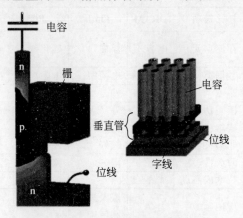

图 12.2 垂直沟道环栅晶体管结构[20]

后形成栅极和顶部源端掺杂。由于采用正面工艺,因此需要先对底端进行掺杂处理,形成掩埋位线,后续热工艺就不可避免地会出现杂质扩散,无法控制晶体管底部漏端的N型掺杂区宽度,使晶体管成为电性浮体,在操作过程中便会产生浮体效应。当DRAM存储单元完成写"1"操作,栅极施加负压关断晶体管,此时连接电容的晶体管源端的电势高,沟道电势低,源端到沟道的电势差很容易产生GIDL电流。一方面,造成存储节点电势降低,存储信息丢失;另一方面,产生大量空穴并留在晶体管体内。当体内积累的空穴增多,沟道电势会不断升高。一旦连接漏端的位线的操作电压从高变低,晶体管的源端到漏端就会产生较大的类似双极结型晶体管(Bipolar Junction Transistor,BJT)的放大电流,进一步拉低存储节点电势,导致存储信息丢失,DRAM动态保持特性变差[24],具体如图12.4所示。

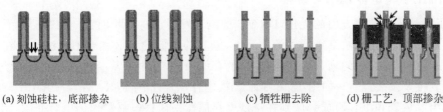

(a) 刻蚀硅柱,底部掺杂　　(b) 位线刻蚀　　(c) 牺牲栅去除　　(d) 栅工艺,顶部掺杂

图 12.3　垂直沟道环栅晶体管工艺流程[22]

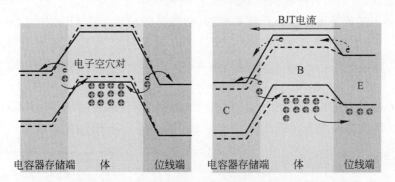

图 12.4　垂直沟道环栅晶体管动态保持特性变差机制[24]

为解决该问题,三星在2018年提出了改进的垂直管结构[25],如图12.5所示。该结构通过偏移位线同时控制漏端掺杂结的宽度,实现沟道与衬底相连,形成掩埋体结构,避免晶体管成为浮体,在操作过程中及时将产生的空穴导出,从根本上解决了浮体效应问题。但该结构对浅结掺杂及热扩散工艺都提出了更高的要求,并且偏移位线在物理上需要扩大存储单元的面积,降低了垂直环栅晶体管的优势。为了实现存储单元面积真正达到$4F^2$同时从根本上解决浮体效应问题,降低金属硅化物电极厚度以及掺杂扩散工艺也面临极大的挑战,因此实现掩埋体结构的垂直管DRAM的真正应用仍需进一步的研究。

除了掩埋体结构的优化方法外,业内在器件和电路方面也提出了多种解决方法[26]:①优化源端结掺杂,减小GIDL电流;②使用SiGe降低体到位线的空穴势垒;③利用尺寸控制降低寄生双极性增益;④优化操作电压;⑤使用特定命令在指定的时间间隔内清除体内的空穴等。目前仍未从根本上解决垂直管浮体效应问题,并且在未来尺寸缩小时浮体效应将越来越严重,因此,DRAM的动态保持特性亟须改善。

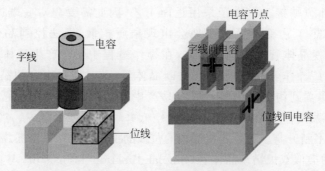

图 12.5　改进垂直沟道环栅晶体管结构[25]

2. 1T1C 铁电电容 DRAM 研究

除了在晶体管结构方面的优化,DRAM 的电容发展也在不断创新。在存储单元尺寸不断缩小且刻蚀深宽比无法继续增大的情况下,电容的存储容量必然会不断减小。在相同面积下实现电荷存储容量的增加,需要利用新的存储原理,其中最具有代表性的就是铁电电容存储器,其主要发展[23,27-30]如图 12.6 所示。铁电存储器中的 FeRAM 与 DRAM 架构基本相同,都由晶体管和电容组成。区别在于铁电存储器采用铁电材料作为电容介质,利用铁电的极化存储数据,可以实现非易失性存储,已在嵌入式中得到应用。但是,目前已实现量产的铁电存储器大多数采用传统的钙钛矿材料,例如锆钛酸铅 PZT($PbZr_x Ti_{1-x} O_3$),该材料体积较大且与 CMOS 工艺不兼容。三星曾在 2005 年尝试使用 PZT 铁电材料制作沟槽电容[27],但由于无法采用 ALD 工艺,沟槽内铁电薄膜沉积不均匀,侧壁无法形成铁电相,因此使用 PZT 铁电材料的 FeRAM 不能替代 DRAM。在 2011 年,新铁电材料掺杂 HfO_2 的发现推动了铁电存储器的再次发展[28],该材料可以采用 ALD 工艺,并且与 CMOS 工艺兼容,可以在 10nm 厚度的尺度下保持电性,并与后段工艺兼容。LETI 在 2019 年的 IEDM 上发表了 16Kb 的 1T1C 结构 FeRAM[29];索尼在 2020 年的 VLSI 上发表了 64Kb 的 1T1C 结构 FeRAM[30],先后都验证了铁电材料掺杂 HfO_2 在平面电容中应用的可行性;同年,英特尔在 IEDM 上发表了 3D 嵌入式铁电 DRAM[23],利用反铁电特性实现堆叠电容,发挥反铁电材料较高耐久性的优势,结合堆叠架构,极大地提高了 DRAM 的存储密度,为铁电存储器代替 DRAM 创造了新的可能。

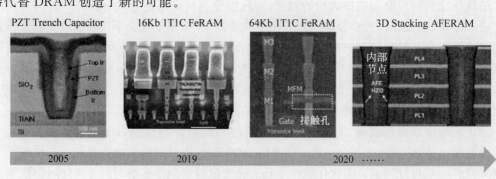

图 12.6　铁电电容存储器发展过程[23,27-30]

铁电存储器的基本原理是利用铁电材料的极化电荷增大电容的电荷面密度,铁电材料与普通介质材料的区别在于是否存在自发极化,利用自发极化方向存储数据,因此铁电电容存储的电荷是极化电荷量与感应电荷量的总和,利用这一特性可以极大地降低电容结构的深宽比,为堆叠电容提供可能。铁电氧化铪材料的极化曲线[31]如图12.7所示。定义正向的极化状态为二进制信息"0"、负向的极化状态为二进制信息"1",施加正向脉冲读取铁电存储器所存储的信息。若读取的电流很小则说明此过程没有发生极化翻转,存储的信息即为"0";若读取的电流较大,则说明铁电存储器在正向脉冲作用下发生了极化翻转,存储的信息即为"1"。值得注意的是,该读取方式是破坏性的,在读取"1"的过程中读脉冲将铁电存储器极化到了"0"状态,破坏了原来的存储信息,因此在读完信息后需要施加负向的脉冲来实现回写操作。

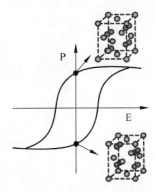

图 12.7 铁电氧化铪材料极化曲线

此外,DRAM作为动态随机存储器需要实现几乎无限次的循环使用,目前DRAM产品的耐久性可以达到10^{15}次循环使用[32],而掺杂HfO_2铁电电容存储器的耐久性只能达到10^{12}次循环使用[33],因为铁电材料在极化方向翻转过程中,电场与温度的因素都会在体内和界面层产生缺陷,形成氧空位,氧空位扩散后导致疲劳和击穿效应,从而降低存储器的耐久性,因此掺杂HfO_2铁电材料的界面特性需要进一步优化,提高耐久性,才能真正满足系统端的应用需求。

3. 1T 无电容 DRAM 研究

在传统1T1C结构DRAM中,电容工艺十分复杂且尺寸较大,已逐渐成为DRAM成本下降和尺寸缩小的限制因素,因此研究无电容的1T DRAM也是一个重要的方向。2002年东芝发表了512Kb的1T DRAM[34],存储单元尺寸为$7F^2$,利用浮体效应在体内存储空穴的数量,实现存储数据"1"和"0"。但由于采用平面晶体管结构且需要足够大的存储空间,因此存储单元尺寸难以继续缩小。2007年韩国首尔大学与三星合作提出垂直结构的浮体效应晶体管[35],存储单元面积缩小为$4F^2$,同时读写速度快、操作电压低。但由于该结构需要同时完成选通和存储的功能,当晶体管选通时,栅极加压会耦合体内电势,体电势抬高后导致体与源漏两端的PN结发生正偏,增大漏电,存储数据丢失,保持特性变差。为了将选通和存储功能分开,2021年Unisantis提出了双栅垂直结构的1T DRAM[36],基本结构如图12.8所示。与传统1T DRAM存储原理相同,二者都利用浮体效应存储空穴,进而改变阈值电压来影响读出电流[37]。该结构利用双栅特点,在编程时通过选择栅传输位线电势,通过板栅恒压稳定沟道电势,在两栅间隔区产生碰撞电离,电子流向位线端,空穴留在体内;擦除时直接在源端加负压,将体内空穴吸出。虽然该结构可以实现快速非破坏性的编擦读写,但由于沟道表面反型电子与体内存储的空穴接触面积大,产生复合率较高,因此保持特性较差。器件尺寸继续缩小,量子效应影响加剧,浮体将会消失[38],阵列操作下的干扰也将难以控制。因此,未来1T DRAM的发展方向还需要继续探索。

12.2.3 新型动态存储器的挑战与前景

目前可能替代传统DRAM的三种结构主要为1T1C垂直管DRAM、1T1C铁电电容DRAM和1T无电容DRAM。对于1T1C垂直管DRAM,主要优势是将水平结构转变为垂

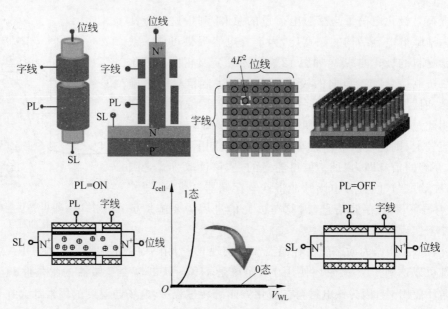

图 12.8　双栅垂直结构 1T DRAM 示意图[36]

直结构,实现存储单元面积减小为 $4F^2$,但由于掩埋位线等工艺不可避免地产生浮体效应,造成 DRAM 的动态保持特性变差。1T1C 铁电电容 DRAM,主要优势是利用铁电材料实现非易失性存储,可以大大降低对晶体管的漏电要求,但铁电材料本身的耐久性目前无法满足 DRAM 的要求。对于 1T 无电容 DRAM,主要优势在于没有电容的复杂工艺,但尺寸缩小后体内存储的可靠性问题会更加严重。综上所述,未来新型 DRAM 应取长补短,兼具垂直结构、非易失性存储、非破坏性读取以及尺寸可持续缩小等特点。

12.3　相变存储器

12.3.1　相变存储器简介

　　PCM 是下一代 NVM[39-41]中最具前景和竞争力的存储器之一。其本质上是薄膜硫系化物材料(通常是 Ge-Sb-Te 合金)电阻器,依赖电阻的变化实现数据的存储,阻值的变化取决于相变材料的结晶态和非晶态之间的阻值。PCM 拥有较好的缩小潜力,操作层面需要脉冲型电流来实现操作,按照 IRDS 的预测,相变存储单元可以缩小到 9nm[19]。相比于 DRAM,相变存储器拥有较大的电阻范围,因此有机会实现多值存储。此外,相变存储器数据具有非易失性,在 85℃ 条件下,可实现 10 年以上数据保持特性,不需要数据刷新操作。NAND Flash 相比,相变存储器的每个存储单元都可以单独寻址,并且使用寿命预期是 NAND 的数百倍;与 NOR Flash 相比,相变存储器具有更快的随机访问速度和更大的读取吞吐量。

　　在 PCM 中,相变材料是硫系化合物(即非金属合金,包含硫系元素如 Se 或 Te)。其中最广泛使用的硫系化合物材料是 $Ge_2Sb_2Te_5$,即 GST[42]。GST 在结晶相中是导电的,在非晶相中是绝缘的。通过对存储单元施加电流,由于焦耳热和热电效应(Peltier)[43],相变材料的温度得到升高,利用焦耳热来改变相变材料的结晶状态,存储单元便可以在这两种状态之间转换。

PCM 存储单元是一个两端器件,相变材料夹在两个电极之间。典型的 PCM 存储单元(称为蘑菇形单元)如图 12.9 所示[44]。在该存储单元中,底部电极作为加热器,高温区主要集中在靠近底部的区域电极界面。根据写入状态不同,PCM 单元操作分为 RESET 操作和 SET 操作。

RESET 操作会产生更大的电流,进而产生更高的温度,对应区域熔化,结合施加脉冲电压的迅速降低,该区域变为非晶态,PCM 存储单元阻值增大。但是在实际产品中,RESET 操作电流 I_{RESET} 不能过大。为了实现更小的 I_{RESET},必须减少存储单元中的活性材料体积,一般通过减小存储单元的接触面积来实现[44-45]。在最先进的集成技术节点($F=20nm$)中,PCM 仍然使用 $100\mu A$ 量级的 I_{RESET}[46]。

相比于 RESET 操作,SET 操作则需要中度的操作电流,加热器产生的温度需要达到结晶温度,但是,SET 和 RESET 操作的时长是不相同的,SET 比 RESET 时间要长一些(大于100ns)。PCM 编程条件由达到结晶或熔化温度所需的热量决定。对于 SET 操作,相变材料拥有阈值切换现象[47],即在高于某个阈值电压(约 1V)时,电导率会急剧增加。当在达到结晶温度之前切断电流时,电导率的增加是可逆的,这一现象使一些高结晶温度的相变材料可以用作阈值开关选择器元件[48-49]。典型的 SET 和 RESET 操作是低电压操作(小于 3V)。

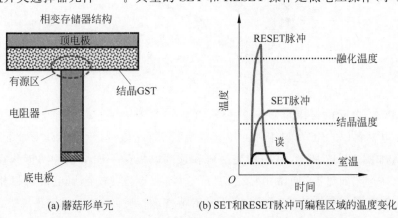

(a) 蘑菇形单元   (b) SET和RESET脉冲可编程区域的温度变化

图 12.9 典型的 PCM 存储单元及其 SET 和 RESET 操作

PCM 的读取速度取决于存储窗口以及低阻态的电阻值。通常,低阻态电阻值为几千欧,读取电压约为 100mV,电流可达到几十微安,实现快速读取。据报道,PCM 在单元级别的耐久性可达到 10^{12} 次循环,因此即使在阵列级别,也可获得比 Flash 更好的性能。

PCM 通过非晶相和晶相间的电阻差异实现数据存储。图 12.10 展示了 $Ge_2Sb_2Te_5$ 和GeTe 两种典型材料的电阻率随温度变化关系,分别在 150℃ 和 180℃ 观察到电阻率急剧下降,电阻率的急剧下降代表着材料结晶的过程。在这两种情况下,非晶相和晶相之间的电阻率差异都达到了几个数量级。向存储元件施加编程脉冲,编程脉冲产生的焦耳热效应可以引起材料在结晶相和非晶相之间转变。

PCM 的单元结构主要有桥形、蘑菇形和 Pore 形[51]。2007 年在 IEDM 中引入桥形结构PCM,其结构如图 12.11 所示[50],桥形结构拥有更好的可扩展性,可以摆脱单元设计带来的限制。此外桥形结构通过转向平面、水平几何形状优化,具备了在开关过程中对器件性能进行原位微观研究的可能性,产生了非常重要的成果[52]。

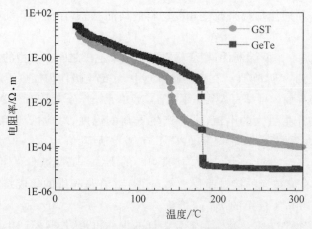

图 12.10　$Ge_2Sb_2Te_5$ 和 GeTe 的初始非晶相薄膜的电阻率随温度变化关系[50]

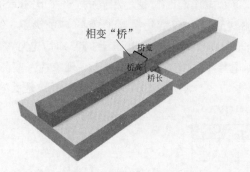

图 12.11　PCM 桥形单元的基本结构示意图[51]

　　传统的 PCM 单元由夹在两个金属电极(例如 TiN 和钨)之间的相变材料(如 GST)组成,并使用介电材料(如 SiO_2)与相邻的单元隔离。对应的结构便是蘑菇形单元,其示意图和 TEM 图像如图 12.12 所示,其中相变材料和顶部电极是平面沉积并图形化在底部柱状"加热器"上。底部"加热器"通常由掺杂的 TiN 制成,与通常的金属电极材料相比,"加热器"具有更高的电阻和更低的热导率。在正常的器件操作中,直接位于加热器触点顶部的一部分相变层通过施加 RESET 或 SET 脉冲,在非晶相和晶相之间切换,使得相内的有源区-相变层和加热柱的形状类似于蘑菇,因此得名,参见图 12.12(a)以及图 12.12(b)中的 TEM 图像中的加热器上方形成的圆形无定形圆顶。在蘑菇形单元中使用柱状触点有助于限制需要非晶化和再结晶的相变材料的体积,从而也限制了 RESET 电流和功率,提高再结晶速度。

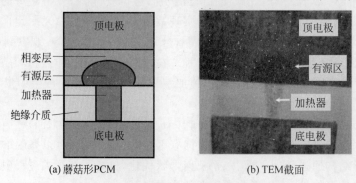

图 12.12　蘑菇形 PCM 及其 TEM 截面[53]

为了进一步限制需要转变的相变材料体积,引入了 Pore 形单元,其结构如图 12.13 所示[54]。该结构通过将底部加热器电极接触的相变材料限制在"孔隙"区域,相变层内热点的大小由孔隙大小决定,如图 12.13(b)所示,从而减少有源区域体积以及操作电流和能量,如图 12.13(c)所示。

 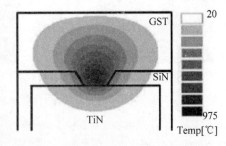

(a) GST Pore单元的TEM横截面　　(b) RESET 过程中GST层中温度分布的模拟

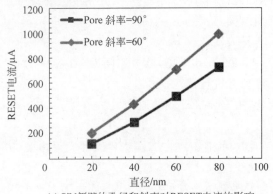

(c) SiN侧壁的孔径和斜率对RESET电流的影响

图 12.13　GST Pore 单元结构及其特性[54]

器件缩小对操作电流有显著的影响,特别是 RESET 电流,而 RESET 电流决定了器件的能量/功耗以及器件的电流驱动要求。此外开关速度等其他开关特性也会受到单元尺寸缩小的影响。开关速度包括再结晶过程和非晶化过程的速度。非晶化过程速度很快,一旦将有源区加热到熔化温度,它必须以非常快的速度冷却,以便变成非晶态,所以再结晶过程决定了 PCM 器件的整体速度。结晶速率由晶体成核速率和晶体生长速率决定,二者都是温度的函数。在一个单元中需要重结晶的非晶材料的体积越小,结晶速度越快。

12.3.2　相变存储器 3D 技术的进展

2009 年,英特尔在 IEDM 上首次公开 3D 相变存储技术,其结构如图 12.14 所示。该结构中存储单元通过分层存储元件和选择器组合实现。存储元件是 PCM 单元[55],选通管是双向阈值开关(Ovonic Threshold Switch,OTS)[47]。将 1 个 OTS 和 1 个 PCM 单元组成的集成存储单元(1S1R)嵌入一个真正的交叉点阵列中。该阵列堆叠在 CMOS 电路之上,实现解码、传感和逻辑功能,单层相变存储器阵列与 CMOS 技术完全集成如图 12.14(b)所示,存储单元堆栈(包括行和列)显示为夹在 M2 和 M3 之间区域,其中 M3 未显示。

(a) 相变存储单元和选择管扫描电镜截面　　(b) 单层层相变存储器阵列与CMOS技术完全集成

图 12.14　3D 相变存储技术的结构[48]

2015 年,英特尔和美光共同研发基于 2 层 1S1R 的 crossbar 架构的 3D 存储器,将 3D 相变存储器实现商业化,命名为 3D XPoint,产品名称为傲腾(Optane)。

3D XPoint 结构特点工艺和操作相对简单、堆叠密度大的特点。该架构拥有以下特点。

(1) 采用交叉点阵列结构。

(2) 存储单元具有非易失性。

(3) 耐久性为 3D NAND 的 1000 倍,读写速度为 3D NAND 的 1000 倍。

(4) 每个存储单元可独立进行读写操作。

(5) 已经集成选通管,不需要额外的选通开关。

(6) 存储密度为现有 DRAM 的 8~10 倍。

但是,3D XPoint 芯片尺寸比 3D NAND 芯片尺寸大得多,20nm 工艺的 16GB 芯片面积达到 206.5mm^2,芯片面积越大,成本越高。

在 3D XPoint 中,为了实现单个存储单元寻址,通常采用半电压偏置的方式选中目标单元,即将读电压施加在目标单元上。与选择单元所在的同一行或同一列的单元会变成半电压偏置,产生漏电流,影响存储单元高阻态和低阻态间的差别。为了抑制该现象,需要在交叉阵列中引入非线性开关器件即 OTS。施加 $1/2V_{read}$ 时,很小的关态电流通过选通管;而施加 V_{read}(V_{read} 大于 OTS 的阈值电压)时,选通管会维持一个足以驱动相变存储单元的大电流。

在使用 OTS 作为选通管之前,二极管和 MOSFET 也被尝试用于 3D 交叉阵列,但由于器件的微缩问题,二者并不适用。目前选通管已经成为限制 3D 交叉阵列的关键因素,OTS 需要满足以下需求。

(1) 工艺方面:与当前相变存储器工艺兼容,能够承受后段金属线和绝缘层沉积高温。

(2) 性能方面:开关速度达到 10ns,循环次数需大于 10^6 次,电流比须大于 10^3,能够提供大于 10mA/cm^2 的电流密度来熔化相变存储器中的硫系化合物。

OTS 实际上已经存在了一段时间,形式多种多样,但在 1968 年 R. Ovshinsky 发表了对非晶半导体开关行为的研究后获得了广泛的关注[47],尤其当相变存储器使用非晶硫系化合物时,表现出以下行为[47,56],如图 12.15 所示。

(1) 非晶硫族化物保持非常高的电阻,直到达到足够高的电压,即达到阈值电压 V_{th}。

(2) 达到阈值电压后,材料进入导电(ON)状态,材料两端的电压降低。

(3) 材料保持导电状态,直到其两端的电压降至保持电压(V_h)以下,该电压是维持最小保持电流(I_h)所需的电压。此时,它返回到初始的高电阻(OFF)状态。

相比于相变存储单元,OTS 选通管则必须保持非晶相,不能在操作过程中发生相变,但是仍需在低阻和高阻状态快速转换。OTS 通常是基于 GeSe 和 GeTe$_6$,或进行 N、As 等元素掺杂的硫系化合物材料。当施加电压大于其阈值电压时,OST 选通管在一定电压范围内仍能回到最初的高阻态。

为了进一步提高存储密度,2020 年英特尔发布第二代 3D XPoint 产品,其 SEM 图如图 12.16 所示。相比于第一代技术,该结存储单元层数由 2 层增加到 4 层,仍然采用 20nm 工艺制程[57],存储容量增加了一倍,芯片尺寸缩小至 195.59mm^2。子阵列容量从 4Mb 缩小到 1Mb,操作速度是第一代的 3 倍。与此同时,英特尔将 3D XPoint 与 3D NAND 进行组合,发挥 3D XPoint 的高速性能和 3D NAND 的存储性能。此外,凭借 3D XPoint 的速度优势,将会在 CXL(Compute Express Link)应用中得到进一步发展。

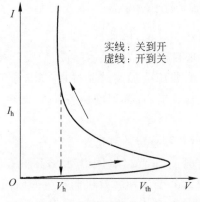

图 12.15　双向阈值开关的 I-V 曲线　　　图 12.16　4 层阵列的 3D XPoint SEM 图[57]

12.3.3　相变存储器的挑战和前景

1. 相变存储器面临的挑战

结合 PCM 的产品需求以及相变存储器技术的不断发展,本节将关注 3D PCM 面临的挑战,首先是来自于可靠性方面的挑战,PCM 可靠性主要受到两种机制的影响:一是材料在热力学上更倾向于结晶态,非晶相具有固有的不稳定性;二是活性材料组分随时间发生变化,如在过度施加电应力或暴露于高剂量高能离子等特殊情况下,存储单元出现非晶化而失效。

图 12.17 为 PCM 可靠性挑战的示意图,将加热器与硫系化合物接触形成图中存储单元。在硫系化合物区域(相变材料),结晶相呈浅色,非晶相为深色。由于结晶相为稳定相,因此,存储单元中硫系化合物主体保持结晶相。在 RESET 操作时,只有加热电极上方少量体积的硫系化合物转变为非晶态。PCM 的可靠性挑战分为 4 种,前 3 种的失效机制是相同的,主要影响 RESET 态,包含如 12.17(a)所示的 RESET 状态数据失去、图 12.17(b)所示的 RESET 态读干扰和图 12.17(c)所示 RESET 态近距离干扰,此外还有如图 12.17(d)所示的耐久性失效。

非晶相的不稳定导致部分区域结晶,由此出现了电阻漂移问题,该问题限制了存储单元多级存储的可能性,同时也增加了很多设计约束。单元不工作期间非晶区域发生结晶时,会

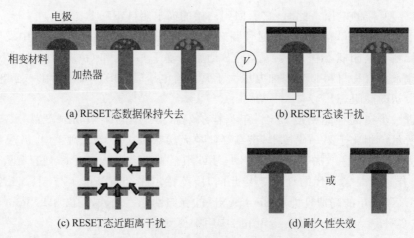

(a) RESET态数据保持失去　　　　　　　(b) RESET态读干扰

(c) RESET态近距离干扰　　　　　　　(d) 耐久性失效

图 12.17　相变存储器面临的可靠性挑战[50]

导致 RESET 数据保持丢失。由于结晶过程是热驱动的,因此这种失效机制与器件的环境温度紧密相关。RESET 读干扰失效机制同样来自于非晶态区域结晶,但是读操作时施加偏压与数据保持状态不同,在这种情况下施加的偏压会加速结晶过程。RESET 态近距离干扰的可靠性挑战来自在相邻单元上执行写入操作时,局部温度显著升高,导致 RESET 态单元非晶区域发生结晶。

耐久性失效机制则与存储单元结构、电极材料和特定的制造流程有关。图 12.17(d)展示了两种典型的耐久性失效机制。在第一种情况下,非晶区域体积较小,其阻值难以达到可与 SET 状态区分开所需的水平,因此发生失效。关于该种失效机制产生的原因,主要分为两类,第一类是加热电极的退化引起的,施加的电流难以在 RESET 操作期间熔化所需的体积;第二类可能是由于硫系化合物本身的变化导致熔点温度升高,RESET 操作无法达到所需的电阻。耐久性失效的第二种情况是存储单元一直维持在高阻状态,其产生原因是电极界面处形成的分层或空隙。

尺寸微缩会是 3D XPoint 未来技术发展面临的关键挑战。就微缩而言,可以分为 XY 平面方向的微缩和 Z 方向的微缩。XY 平面方向微缩确实拥有一些优势,因为写入电流会降低,但电压不会降低,因此字线/位线驱动器尺寸将保持大致恒定。当特征尺寸缩小时,由于采用 PUC 架构,需要将所有驱动器放在存储单元阵列下方。如果只是增加存储单元数量,则由于单位面积的存储单元增多,总的漏电流增加,因此写入功耗增加。对于工艺而言,当特征尺寸小于 20nm 节点时,需要使用双重图案曝光技术,因此成本会显著增加。此外,XY 方向微缩,存储单元间距缩小,相邻单元间的热干扰增强。因此,需要综合权衡尺寸微缩带来收益和干扰的影响。Z 方向的微缩也是有限的,添加更多的套刻会增加工艺成本,而且是线性增加的。而且它还需要更多的驱动器来驱动这些单元,由于采用 PUC 架构,这些驱动器必须制备在存储阵列下方,因此,综合评估成本,Z 方向叠层最佳层数为 4～6 层。

2. 相变存储器的前景

3D PCM 未来发展可能的两个方向:第一个方向集中于解决电阻漂移问题、实现多值存储,其解决方案可能为相变异质结构(Phase Change Heterostructure,PCH);第二个方向可能为 3D 集成架构的转变,由交叉点阵列架构转向 3D NAND Flash 使用的垂直架构,来

解决 Z 方向难以继续微缩的挑战。

由于相变存储单元和 OTS 都面临电阻漂移问题,为了解决该问题,PCH 相关技术的研究近几年的出版物数量增多。图 12.18 展示了 2019 年发表在 *Science* 杂志上的关于 PCH 技术的研究,其中相变存储介质由单层结构转化为碲化钛和碲化锑交替堆叠形成多层结构,研究结果显示,非晶相的电阻漂移问题得到了比较好的抑制,在一段时间内趋于稳定[58]。PCH 技术可以实现多值存储,如图 12.19 所示。该技术可能是一个未来的突破性技术,同时也表现出良好的耐久性和较低的编程能力。

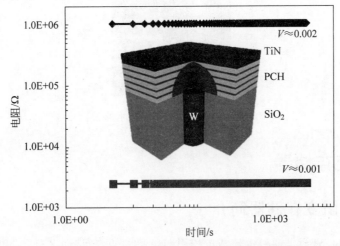

图 12.18 PCH 单元的 RESET 和 SET 状态,存储单元电阻与时间的关系[58]

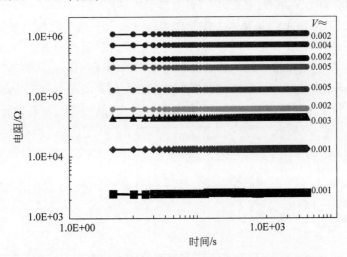

图 12.19 通过控制脉冲幅值控制电阻值,实现多值存储[58]

第二个发展方向可能是 3D 集成架构的转变,3D XPoint 由交叉点阵列架构转向 3D NAND 使用的垂直架构。因此,在 2020 年,在 IMW 会议上 M. Laudato 等展示了如图 12.20 所示的四元化合物 ALD 技术制备的 OTS,该四元化合物 OTS 与通用 PVD 制备的 OTS 相比具有相似的性能[59],其中①是高深宽比(20∶1)硅沟槽结构的 TEM 图,可用于 ALD GeAsSeTe 薄膜覆盖的保形性测试。②～④分别为沟槽的顶部、中间和底部的高分辨率 TEM 图,显示出良好的保形性且没有厚度变化。利用该项技术,可以整合改变当前的

3D 集成架构,结合 3D NAND 的垂直架构,实现更高的密度并降低技术成本。因此,未来随着 PCM 和 OTS ALD 材料的发展,新的 3D 集成架构将会继续释放 PCM 的潜能。

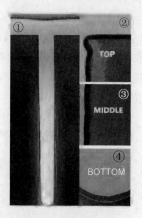

图 12.20　四元化合物 ALD 技术的 OTS[59]

12.4　阻变存储器

12.4.1　阻变存储器简介

RRAM 的核心思想是通过电流或电压引起电阻的转变,从而区分"0"和"1"态。其基本结构为 MIM 结构,即金属电极-阻变材料层-金属电极(Metal-Insulator-Metal,MIM)的三明治结构,如图 12.21(a)所示。其基本工作原理是通过在上下金属电极施加不同的外加电场(可以是不同大小的电场或者是不同方向的电场),阻变材料层的导电能力会随之改变,表现为电阻大小的不同,利用阻值不同的特点实现对数据的存储。但是与 PCM 不同的是,在电阻发生高低阻态转换的过程中,阻变材料层本身不会发生类似晶态与多晶态的改变,而是阻变材料内的电子和空穴等带电粒子发生位移或者充放电,从而改变材料的导电能力。

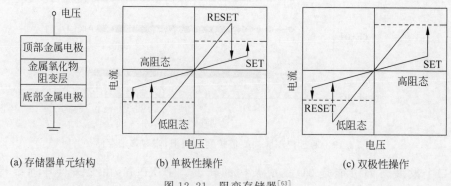

(a) 存储器单元结构　　　　(b) 单极性操作　　　　　　(c) 双极性操作

图 12.21　阻变存储器[63]

在 RRAM 阻值转换过程中,根据 RRAM 的 SET 和 RESET 施加电压的方向是否相同可以分为单极性(unipolar)和双极性(bipolar)两大类,如图 12.21(b)和图 12.21(c)所示。单极性[60]阻值转变过程中,高阻态向低阻态转换的过程称为"编程"操作(也称为 SET),低阻态向高阻态转换的过程称为"擦除"操作(也称为 RESET)。单极性阻变存储器电阻的高/

低阻态转变仅取决于外加电压的大小,与外加电压的方向无关。这类阻变存储器多使用二元金属氧化物阻变材料。在双极性阻值转变过程则表现出电压方向的依赖性,电阻的转变不仅要求一定的电压值,还要求特定的电压施加方向。

RRAM 器件的电阻转变行为由于其不同的材料体系各有特点,具体表现为不同体系的电阻高低阻态的转换物理机制存在着差异。目前学术界提出了多种电阻转换物理模型,例如从发生电阻转换现象的区域不同进行区分,可以将目前所提出的阻变机理大致分为局域效应和界面效应两类。局域效应是指阻变材料体内的部分区域发生电阻状态转换现象,产生的原因是在阻变材料体内形成了可以使导电能力变强的导电通道或导电细丝(Conducting Filament,CF),这类阻变器件的低阻态电阻与器件的尺寸的依赖性不大,因此具有较好的尺寸微缩空间。界面效应是指发生电阻转换的区域在位于两种材料的界面处,其分布是均匀的,产生电阻转换的原因可能是电极与阻变材料界面之间势垒的变化,或者是由材料体内的缺陷对界面电荷的捕获和释放过程引起的,这类阻变器件的高低阻态都与器件的尺寸密切相关。

几乎对于所有存储器单元来说,都包括选通器件和存储器件,对于 RRAM 来说,针对不同的选通器件,阻变存储器单元结构可分为三种[61-63]。

(1) 一个阻变存储器(One Resistor,1R)结构,该结构由于没有使用单元隔离器件,串扰现象比较严重。

(2) 一个晶体管和一个阻变存储器(One Transistor One Resistor,1T1R)结构。相对于传统 Flash 制造工艺的 8 层掩膜版,该结构只需 3 层掩膜版,减少了成本,同时也具有更低功耗,但是阻变器件一般是在后段工艺完成的,所以必须考虑温度对阻变性的影响,因此要求工艺温度不能过高。

(3) 一个二极管和一个阻变存储器(One Diode One Resistor,1D1R)结构。由于采用整流型器件二极管,所以电流只能单向通过,要求阻变单元必须是单极性器件。1D1R 结构能很好地抑制信号串扰,同时单元面积极小,也利于 3D 集成。挑战主要集中在找到合适的整流二极管,要求二极管的性能需要具备以下特征:高正向电流密度、高整流比和低温工艺。目前 RRAM 的研究热度很高,主要是因为其结构简单容易应用于 3D 阵列结构中,同时读写操作速度快、功耗低,很可能成为未来 SCM 的竞争者之一。

12.4.2　阻变存储器技术进展

1. 耐久性

RRAM 工作过程中会经常在高阻态(High Resistance State,HRS)和低阻态(Low Resistance State,LRS)之间转换,在转换的过程中,可能会对 RRAM 器件造成永久性的损坏,导致器件的性能下降。RRAM 的耐久性是表示 RRAM 器件在 HRS 和 LRS 之间转换次数的性能指标,它确保 RRAM 器件在使用的过程中可以准确地分辨出不同的存储状态。RRAM 通过耐久性测试确定其在 HRS 和 LRS 之间可以有效切换的最大次数。耐久性测试方法通常是在 RRAM 两端施加编程电压后进行读操作获得 I-V 特性曲线来提取 HRS 和 LRS[61]。这种方法的结果是可靠的,因为每个转换过程都可以获得相应的输出。但是,因为获得 I-V 特性曲线所需要的时间会非常长,所以特别是在涉及较低电流的情况下,需要更高效的方法测量 RRAM 的耐久性。例如基于氧化铪（HfO_x）材料的 RRAM 的耐久性与存储单元尺寸强相关，具有更大单元尺寸的 RRAM 器件具有更好的耐久性[64]，减小阻变层的厚度会导致耐久性下降。这种由于阻变层尺寸缩小而导致的耐久性下降，是由于阻变层变薄后其中的离子数量减少所带来的后果。而对于基于氧化钽（TaO_x）的 RRAM 来说，耐久性与 RESET 电压的脉冲宽度和幅度有关，在 $Ta/Ta_2O_5/TiN$ 结构的 RRAM 器件中，随着 RESET 电压的脉冲和幅度的增加，耐久性产生了下降的趋势[65]。通过采用不同的底部电极进行比较，对于 TiN 和 Ru 两种材料的对比发现，对于 $Ta/Ta_2O_5/TiN$ 结构的 RRAM 来说，耐久性的下降是由于氧离子与 TiN 电极发生反应引起的。此外，有实验观察到将 Ta_2O_5 的厚度减小到 3nm，并且采用脉冲宽度小于 5ns 的三角波作为操作电压，可以使 $Ta/Ta_2O_5/TiN$ RRAM 的耐久性提高至 10^9 次循环[66]。在基于 TaO_x 的 RRAM 存储器中，已经有研究提到了耐久性高于 10^{12} 次的器件[63]。整体来看，基于 TaO_x 的 RRAM 在耐久性要比氧化铪更有优势。

2. 保持性

RRAM 器件的保持特性是指 RRAM 在经历 SET 或 RESET 后，其 LRS 或 HRS 在一段时间内的稳定性。换句话说，SET/RESET 操作后，RRAM 单元保持在特定状态的时间决定了存储单元的保持性的能力[67]。保持特性的测量通常采用低读取电压（0.1V）测量 LRS 和 HRS 在恒定电压（Constant Voltage Stress，CVS）下的电流随时间变化的曲线（I-t）。由于 SET 电压导致 RRAM 中原子重排的随机性，在 LRS 中很难获得较长的保留时间。而在 HRS 中，保持特性表现良好，因为 HRS 通常是 RRAM 的自然状态，如果 RRAM 没有施加其他电压，它将始终保持在 HRS 状态。而对于 LRS 状态来说，保持特性取决于在 SET 转换后的导通电流，例如对基于导电细丝机制的 RRAM 来说，与较小的导通电流 RRAM 相比，有较大电流的 RRAM 形成的导电细丝更强壮，且随着时间推移导电细丝也相对更稳定，这类 RRAM 具有更好的保持特性。已有文献报道基于 $Ti/HfO_x/TiN$[62] 的 RRAM 在 85℃ 条件下可以实现长达 10 年的保持特性。一个常用的测试 RRAM 保持性的方法是在一定时间间隔后，获取高温下施加读取脉冲的信号（例如每秒读取一次），并将其电阻的衰减趋势推算到 10 年。虽然这种方法很容易实现，但是它有一定的局限性，主要是由于施加在存储单元上的读取电压带来的。另一种方法是通过改变温度并记录器件失效前的时间进行推算。通过绘制 Arrhenius 图来提取活化能（E_a），然后推算其保持时间。但是，这种方法的局限性在于需要等待 RRAM 出现故障，所以与上一种测试方法相比，这种方法更加耗时并且成本更高。

有研究机构对基于 HfO_x 的 RRAM 展开了诸多研究[68-69]。其单元结构的 TEM 照片如图 12.22(a) 所示。存储单元的开关特性的 I-V 曲线图如图 12.22(b) 所示。图 12.22(c) 显示该存储单元的可以保持开关比大于 100 在 $500\mu s$ 脉冲宽度、电压条件为 $+1.5V/-1.4V$ 的条件下，其耐久性为 10^6 次循环。

12.4.3　阻变存储器的挑战和前景

早在 1962 年，Hickmott 就发现了 Al_2O_3 等一系列氧化物在电场作用下表现出负微分电阻效应，I-V 曲线表现出迟滞特征，这就是最早关于电阻转变的报道[70]。早期的工作在

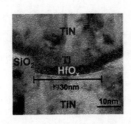

(a) TiN/Ti/HfO$_x$/TiN RRAM器件的TEM照片

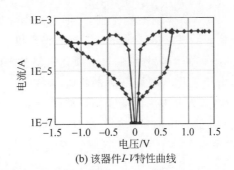

(b) 该器件I-V特性曲线

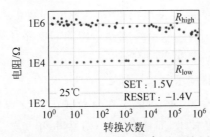

(c) 500μs脉冲宽度条件下可以达到10^{6}个电阻转变周期

图 12.22　PRAM 器件照片及特性[58-59]

解释电阻转变效应的物理机制方面做了重要贡献,但是由于材料制备工艺和器件加工水平的局限,关于电阻转变效应的研究只能停留在物理机制的探索。2000 年以来,RRAM 的研究掀起了一股热潮,从材料、器件单元到芯片系统,从物理机制分析到数值模型模拟,从存储性能的优化到各种新兴领域的应用,研究成果层出不穷,国内外也涌现出许多具有代表性的公司和研究课题组。

虽然 RRAM 的基本单元只是一个简单的三明治结构,但针对电极材料和阻变介质层材料的组合以及器件结构的优化一直能为研究者们带来新的成果。早在 2007 年,三星就展示了一个 1D1R 结构的 8×8 大小的 RRAM 阵列,随后美光(2014 年)、闪迪(2015 年)等存储器公司均公布了自主技术的 RRAM 芯片样片[71-73]。但是受限于工艺可靠性及成本等问题,RRAM 目前尚无法和主流的 3D 堆叠 NAND Flash 进行竞争,因此各家研究进度均有所放缓。自 2015 年 Crossbar 公司发布商用 TB 存储量级的 3D RRAM 产品之后,各大存储器公司均无新产品推出。从 RRAM 产品的容量来看,主流仍是小容量产品且大部分用于嵌入式应用。除了主要的存储器公司之外,索尼、松下、Rambus 等公司通过技术授权或者合作研发等方式宣布进入 RRAM 领域。在工业界,惠普和三星在 RRAM 方面的研究处于领先梯队。惠普在 RRAM 器件结构、工作机理研究等方面有较大优势;而三星主要对阻变材料的进行研究。两家公司相继发布了综合性能较高的 RRAM 原型器件,其中基于 TiO$_x$和 TaO$_x$ 两种材料的 RRAM 是它们的主要研究方向。三星发表了基于 Pt/Ta$_2$O$_5$/TaO$_x$/Pt 结构的 RRAM 器件,其操作速度达到 10ns,耐久性可以高达 10^{12} 次[74]。惠普发表了基于 TaO$_x$ 的 RRAM 器件速度达到 100ps[75]。学术界则主要一直致力于对 HfO$_x$ 基的 RRAM 器件研究并在器件的性能退化、多值存储方面得到了很多成果。

随着近年石墨烯等具有优异特性的 2D 材料研究兴起,也有不少团队将 2D 材料应用到 RRAM 中,如清华大学发布将石墨烯插入 HfO$_2$ 基的 RRAM 器件中,不仅大大降低了器件的功耗,提高了操作时的稳定性,更通过石墨烯层的拉曼测试分析实现了对器件内氧离子的监测,并验证了氧空位形成导电细丝的物理机制[76]。中科院宁波材料研究所和韩国科学技术院(KAIST)的团队分别通过对氧化石墨烯的研究[77-78],得到了具有电阻切换性能的一系列器件,由于氧化石墨烯薄膜的特性,可以制备出塑料或玻璃等衬底的透明或柔软的特殊RRAM 器件,为未来的便携存储器应用提供了新思路。

RRAM 的应用前景非常广阔,除了嵌入式和存储级存储应用外,还可用于基于存储器件的新型逻辑电路中。但是当前的 RRAM 需要进一步提高器件可靠性,降低器件间的差异;器件的物理机制需要进一步研究并建立可靠的物理模型;2D 集成工艺需要继续投入研发,提高工艺良率,并开发相关的配套生产设备;3D 集成方案仍需继续研究,设计适合 3D集成架构的存储单元的选通方式,克服交叉阵列结构的漏电路径问题;相应的操作方式寻址电路等需要进一步优化以提高性能和可靠性。

1. 基于 RRAM 的多值存储技术

提升存储器密度的方式之一是提高单个存储单元的数据存储量,例如像 3D NANDFlash 中 SLC、MLC、TLC、QLC 技术,同样在 RRAM 中也可以实现此类多值存储。RRAM主要通过高低阻态区分存储数据,通过对阻变材料以及操作电压的调整,使 RRAM 可以在最低阻态与最高阻态之间多个阻值状态保持稳定,即可以实现 RRAM 的多值存储。对于 RRAM多值存储的研究的主要挑战有以下方面:①具有多值存储性能的材料体系研究[68];②多值存储的物理机制以及数学模型的研究[79];③多值存储的电学操作方法和优化研究[68]。

目前,在 RRAM 领域的大部分研究集中于缩小尺寸并提高存储阵列的结构密度。之前,RRAM 的存储密度是通过减小器件尺寸来提高,但是尺寸的不断减小带来了很高的工艺难度。除了缩减尺寸还可以通过多值存储和 3D 结构来提高存储密度。目前主流的 3D结构有垂直型和交叉型两种架构[80-81],但是这两种架构都需要先进的制造工艺做支撑且不够成熟。相对来说,RRAM 的多值存储是一个更为简单的提高存储密度的方法,例如 MLC技术可以在不缩减物理尺寸的情况下使每个存储单元的存储数据量翻倍。MLC 技术是可以显著提高存储器密度的最佳方法[82]。但是,实现可靠 MLC RRAM 的主要挑战在于,要确保对 RRAM 不同电阻态进行精确的控制,否则电阻转变过程中导电细丝形成的随机性会使得 RRAM 器件的可靠性降低[83]。除了这一点外,增大存储窗口也是实现 MLC 技术的重要挑战之一。

2. RRAM 架构

RRAM 的优势主要有电学性能优秀、尺寸微缩性能潜力大、工艺与 CMOS 相兼容。这些优势让其成为新型存储器中的佼佼者,但是在应用中还需要提高 RRAM 的存储密度。近些年来,科研人员把如何对 RRAM 进行 3D 集成作为主要研究对象之一。3D RRAM 结构主要有两种,RRAM 单元可以通过交叉阵列结构进行 3D 堆叠,此种方式可以通过一层一层堆叠工艺达到 3D 集成的目的,其中每个 RRAM 单元的上下电极分别与字线和位线相连,通过对位线和字线施加不同的操作电压实现对 RRAM 单元的编程和读取操作。通过对 RRAM 单元尺寸进行微缩,最小可以使单个存储单元的面积达到 $4F^2$ 水平。此外,RRAM 还可以进行垂直方向的堆叠,从而实现 3D 结构,这样每个存储单元的尺寸会更小,其面积与堆叠数量有关,平摊到每个存储单元的尺寸大约为 $4F^2/N$(N 为堆叠层数),所以通过将 RRAM 3D 化可以大大提高其存储密度。为了探索最适用于 3D 集成的 RRAM 结构,下面将介绍目前最常见的几种存储单元结构。

图 12.23(a)所示的 1R 结构是指只有一个 RRAM 存储单元没有选通管连接,这种结构的优势是其单元面积可以做到最小,但是也存在着很严重的热串扰(cross talk)问题。即当一个 RRAM 单元进行操作时,其周围的 RRAM 单元可能会因为低阻态原因形成通路,从而产生漏电。解决热串扰的方法就是选择一个具有开关特性的选通管与 RRAM 串联,使其他没有选中的 RRAM 单元处于断路状态,达到解决热串扰的目的。但是,选通管工艺实现以及其操作方式中存在着很多挑战需要科研人员探索,例如选通管的结构、材料、工艺步骤,与 CMOS 的工艺兼容性,电学特性,尺寸可微缩性等,目前对选通管的研究也是学术界和工业界所关注的热点之一。

图 12.23(b)所示的 1T1R 结构是指一个晶体管作为选通管与一个 RRAM 存储单元串联构成的三端器件。晶体管的作用是充当开关器件,当对目标 RRAM 进行编程或读取操作时,所对应的晶体管打开,存储单元两端形成电学通路,允许对该 RRAM 单元进行操作。当不需要对 RRAM 单元进行操作时,所对应的晶体管关断,切断位线与 RRAM 存储单元之间的电流通路,避免了对周围其他 RRAM 单元的热串扰问题。因为 1T1R 结构中需要一个晶体管作为 RRAM 的选通器件,所以其最小单元尺寸为 $6F^2$。

1T1R 结构具有良好的抗串扰能力和可靠性,但是由于晶体管的尺寸较大,且 1T1R 结构的 RRAM 最小单元引入有源端成为三端器件,为 3D 集成带来了困难,所以在 3D RRAM 结构中通常不采用 1T1R RRAM 结构。

图 12.23(c)所示的 1D1R 结构的 RRAM 存储单元由一个二极管和一个 RRAM 单元串联构成一个双端器件。这种单元结构的优势可以通过不断重复单元结构的上下堆叠形成一个 3D 阵列结构,其中每个结构的上下电极分别与字线和位线相连,单元与单元之间可以通过绝缘层隔开,实现随机选取的目的。

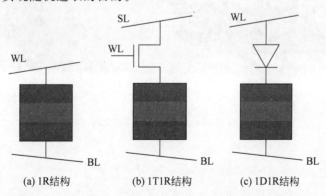

(a) 1R结构　　　(b) 1T1R结构　　　(c) 1D1R结构

图 12.23　1R、1T1R、1D1R RRAM 存储结构示意图

1D1R 结构中二极管的性能好坏直接决定了其漏电和热串扰问题的严重程度,一个优秀的二极管器件可以使这两个困扰 RRAM 阵列的问题迎刃而解。而二极管的选择标准需要具备以下特征:制备工艺简单且温度低,有较高的正向电流密度和较高的整流比。传统的单晶硅材料的二极管具有很好的电学特性,但是其制备难度高并且需要较高的工艺温度,在金属材料(RRAM 电极)上很难形成高质量的单晶硅薄膜,所以目前单晶硅的二极管应用

仅限于平面阵列。而多晶硅材料的二极管与单晶硅不同,多晶硅的制备工艺相比之下更为简单,且所需要的工艺温度也较低,可以通过外延的方式形成薄膜,也可以使工艺制造温度降低。但是,多晶硅材料的电学性质方面相比于单晶硅有不足之处,例如其载流子迁移率低,且具有大量的晶界会造成漏电现象,所以如何优化多晶硅的电学性质是目前的研究重点。除了硅材料,还有一种新型的金属氧化物材料也越来越受到科研人员的重视。这种新型的金属氧化物薄膜材料与 RRAM 材料相类似,都可以通过溅射工艺等低温工艺进行薄膜沉积,且与 CMOS 工艺相兼容。根据氧化物二极管的工作原理的不同可以将其分为两类:一类是肖特基型二极管,操作电压通常小于 1V,具有较高的整流比;另一类是 PN 结型二极管,具有较高正向电流密度,在 2V 读电压下,可以超过 10^4A/cm^2。

这种基于新型氧化物材料的二极管使工艺制造难度降低,但是也存在需要进一步优化的问题,例如,电流密度不够高、耐擦写及应力等。在保证二极管基本性能优势的前提下,如何提高其正向电流密度和整流特性及多次操作后的电学性质和可靠性,是科研人员发力研究的方向。除了优化目前的器件性能外,还可以采用不同工作原理的器件作为选择管,这些问题都在等待着科研人员在未来进行研究和发掘。

RRAM 擦写通过触发电阻转变进行,具有速度高(小于 100ns)、操作电压低(小于 1.0V)的优点。在工艺制造方面,RRAM 工艺可与 CMOS 工艺兼容,且具备较高的单元尺寸微缩空间,使其成为了最具有 3D 集成潜力的非易失性存储器之一,3D RRAM 架构的研究为其未来高密度存储设备的发展起到至关重要的作用,目前的垂直型和交叉型 3D 架构的最小单元面积可达 $4F^2$,如图 12.24[84-85] 所示为两种 RRAM 结构的阵列示意图。RRAM 采用可逆无损害模式,可以提高使用寿命。根据 RRAM 的特点,其应用已经延伸到逻辑电路、安全支付、计算存储等方面。RRAM 在材料遴选、器件可靠性、一致性、RESET 电流、3D 集成等方面还存在诸多亟待解决的技术挑战。

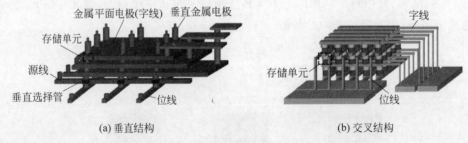

(a) 垂直结构　　　　　　　　　(b) 交叉结构

图 12.24　RRAM 的 3D 结构

3. 神经计算

为了突破冯·诺依曼瓶颈,一种有效的解决方法是类脑计算,它在自动驾驶、人工智能和大数据等一系列复杂的智能认知任务领域中有着巨大的潜力。与基于 CMOS 的神经网络芯片相比,RRAM 存算一体的优势是计算可以在存储器上进行,并且通过在线训练和扩展到更大的阵列尺寸可以获得更高效的处理速度[72]。除此之外,RRAM 的处理速度是 CMOS 的 3 倍,并且功耗只有 CMOS 的 1/4[86]。

基于存储器硬件器件实现神经形态计算主要有两种方法:一种方法是模拟真实生物的神经网络结构和其工作机理;另一种方法则是加速现有的人工神经网络(Artificial Neural Networks,ANN)算法。在神经网络中,RRAM 除了存储相关权值信息外,还充当着突触的作用,即用于在不同的神经元之间传递信息脉冲,类似于计算数据后再存储的过程。关于权值信息可以一通过特定的学习规则来获得,例如,基于尖峰时间依赖性可塑性(Spike Timing Dependent Plasticity,STDP)和基于峰值速率的可塑性[87-88]。虽然目前基于 RRAM 实现类脑计算是一个十分热门的话题,但由于理论算法的缺乏,以及将这种受生物启发的学习规则扩展到硬件设备上的工艺及操作十分复杂,因此其一直无法在产品应用中实现。

另一种可行性方法是将人工神经网络直接映射到一个基于 RRAM 的神经网络中。此种方法是利用存内计算消除数据传输所占用的时间,在数据存储本地完成计算来提高工作效率,目前它可以实现类似图形识别和语音识别等任务[88-90]。虽然基于 RRAM 的神经网络应用很有前景,但是目前 RRAM 存储单元的性能还远未达到商用水准,还存在着各种各样的可靠性问题,例如,材料优化、外围电路设计、耐久性及保持性提升、体系架构和模拟计算算法设计优化。

12.5　铁电存储器

12.5.1　铁电存储器简介

铁电材料需要具备两个关键要素:一是需要具有两个或多个取向的自发极化;二是可以在电场作用下发生极化反转,即矫顽电场要小于击穿电场。铁电材料在电场作用下,晶体中的原子会发生位移,并在某处达到稳定,当电场撤销后,原子依旧稳定在该状态,这种现象被称为铁电效应。产生这种效应的本质原因是铁电晶体的中间存在一个高能阶,在没有外部能量辅助时,中心原子自身并不能越过高能阶到达另一个稳定位置。

铁电材料的电滞回线如图 12.25 所示,铁电体的极化强度随电场的变化而变化。在电场很弱时极化线性地依赖于电场,可逆的畴壁运动占主导。随着电场增强,新畴成核,进行不可逆的畴壁运动,极化随电场的增加快速增大。增大外加电场,使极化强度变为 0,此时的电场强度被称为矫顽电场(coercive field)E_c。电场继续增加晶体达到饱和极化(saturation polarization)P_s。在此之后,由于感应极化的存在,总极化强度仍会随电场增加,但是不再表现出滞回特性。若在晶体达到饱和极化之后撤掉电场,为保持稳定,会有部分畴发生极

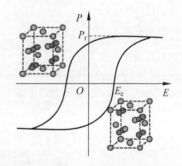

图 12.25　铁电晶体极化强度-电场
(P-E)曲线

化翻转,但是大部分畴仍保持原有极化状态,此时的极化强度为剩余极化(remanent polarization)P_r。

对于铁电材料的研究而言,比较具有代表性的是钛酸钡(BaTiO$_3$,BTO)、锆钛酸铅(PbZr$_x$Ti$_{1-x}$O$_3$,PZT)和钽酸锶铋(Sr$_{1-y}$Bi$_{2+x}$Ta$_2$O$_9$,SBT),PZT 与氧化铪基铁电材料晶胞结构对比如图 12.26 所示。传统钙钛矿铁电材料存在尺寸效应、结构复杂、能带间隙较小、容易在氢气化境中被还原等问题,因此钙钛矿基铁电存储器不能持续微缩,其发展受到限制。

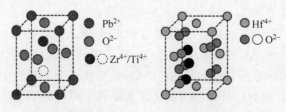

(a) 锆钛酸铅铁电材料   (b) 氧化铪基铁电材料

图 12.26　锆钛酸铅与氧化铪基铁电材料晶胞结构对比

2011 年,掺杂氧化铪在带覆盖电极退火后发现具有铁电性[28],掺杂元素包括 Si[28]、Y[92]、Al[93]、Zr[93] 等。氧化铪基薄膜铁电性的发现具有很高的研究价值,一是因为氧化铪基铁电材料与 CMOS 兼容,且其较高的矫顽电场可以将薄膜厚度控制到很薄;二是铪基掺杂薄膜被证明在 2nm 左右仍具有铁电性,而传统铁电薄膜如 PZT、SBT 等,薄膜厚度至少要大于 200nm 才能保证其铁电性,与传统铁电材料相比,铪基铁电材料具有更高的可微缩性,对铁电存储器的研究又迎来新的热潮,表 12.2 为各类铁电材料性质的对比。铪基铁电材料中的铁电相为亚稳态相,需要对掺杂、退火、应力、界面、晶粒大小等多方面进行调控才可以得到铁电相,如图 12.27 所示。

表 12.2　铁电材料性质的对比

性　　质	PZT	SBT	HfO$_2$-based
相对介电常数	1300	150～300	20～35
矫顽电场/(V/cm)	5×10^4	$1 \times 10^4 \sim 1 \times 10^5$	$1 \sim 2 \times 10^6$
剩余极化/(μC/cm^2)	30～50	8～10	10～45
厚度/nm	＞70	＞25	2.5～30
退火温度/℃	＞600	＞750	450～1000
击穿电压/(V/cm)	$0.5 \times 10^6 \sim 2 \times 10^6$	2×10^6	$4 \times 10^6 \sim 8 \times 10^6$
界面陷阱密度/(cm^{-2})	$2.5 \times 10^{13} \sim 4.6 \times 10^{13}$	$0.4 \times 10^{13} \sim 1 \times 10^{13}$	＜3×10^{11}
前段和后段工艺兼容性	Pb 和 O$_2$ 的扩散不耐 H$_2$ 退火	Bi 和 O$_2$ 的扩散不耐 H$_2$ 退火	稳定

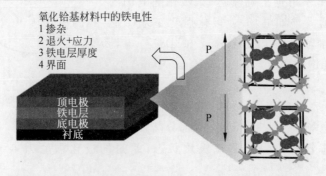

图 12.27　氧化铪基铁电材料两种极化状态下的原子结构[94]

铁电存储器利用铁电材料的极化实现数据存储,其应用研究开始于 20 世纪 50 年代,是一种受关注和研究应用比较早的新型非易失存储器。目前铁电存储器主要有三种类型,分别是 FeRAM、FeFET 和 FTJ[95]。三种铁电存储器单元的电路结构与器件模型如图 12.28 所示。它们分别通过测量铁电极化翻转时的电流、作为栅极堆叠的铁电材料的极化引起的阈值电压变化和取决于铁电材料极化方向的隧穿电流大小进行读取。

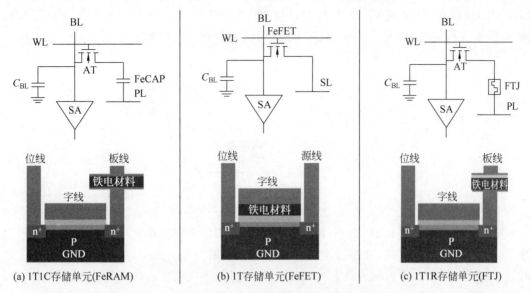

图 12.28　铁电存储器单元的电路结构与器件模型[95]

20 世纪 50 年代就有研究学者以 BTO 为材料对铁电存储器进行过研究。最初的铁电存储器为电容阵列结构,但是由于材料方面 BTO 块体材料需要的翻转电压较高,而且材料本身的电滞回线矩形度不高,抗干扰能力不强。由于当时的制造技术限制,薄膜材料的耐久性不够,导致 FeRAM 在当时并没有实现广泛应用。20 世纪 80 年代,通过增加选择管的方式可以降低单元间干扰,并且薄膜制造技术和铁电材料也有了大的改进,铁电存储器的研究迎来了新浪潮,并且在 1988 年实现了商业化[96]。1993 年美国 Ramtron 公司(现已被 Cypress 半导体收购)发布了第一款 4Kb FeRAM 产品,标志着 FeRAM 进入了产业化阶段[97]。自此之后,世界上对 FeRAM 的研究开始进入高潮。当时主流的铁电存储器材料有 PZT 和 SBT 两种。以 PZT 材料研发与生产 FeRAM 为目标的公司有 Ramtron、Texas Instruments、富士通等[98]。而基于 SBT 材料研发无铁电疲劳的高可靠性 FeRAM 的公司有 Symetrix 与松下[99],两家公司合作大量生产嵌入式 FeRAM,供应于智能 IC 卡市场。此外还有公司提出了新的架构进入高密度存储器市场,例如东芝发明了一种可以提高 FeRAM 集成密度的链式结构。随着半导体工艺不断发展,在进入 65nm 工艺制程后,FeRAM 的集成开始面临严峻的挑战。如前文所述,传统钙钛矿铁电材料存在诸多缺点。随着尺寸微缩,平面电容器件尺寸减小,可测量的极化电荷相应减小。当时所有已知的铁电材料的结构都十分复杂,例如 PZT 被证明很难在高深宽比结构的侧壁形成铁电相[27],限制了集成工艺的发展,使得其应用仅限于小众市场。直到 2011 年氧化铪中铁电性的发现,才使上述三种变体的研究获得了新的动力。

12.5.2　铁电存储器技术进展

随着氧化铪基铁电基薄膜的出现,铁电存储器正在经历一次复兴。这些新型铁电材料有望克服 FeRAM、FeFET 和 FTJ 基本类型铁电存储器的微缩和集成障碍。

FeRAM 是唯一的商用铁电存储器,它的架构与 DRAM 非常相似,一个基本的 FeRAM

单元是 1T1C 结构,电荷存储在铁电电容中,如图 12.29 所示。在 DRAM 中板线(Plate Line,PL)电位置于 0V 或 $V_{pp}/2$,位线在感知前预充电到 $V_{pp}/2$;在 FeRAM 中,板线需要脉冲,位线需要预充电到 0V。这是 DRAM 和 FeRAM 操作最主要的区别。

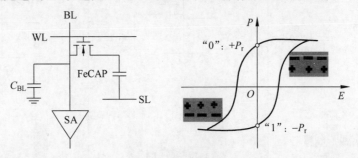

图 12.29　基本的 FeRAM 存储单元[95]

　　与 DRAM 相比,FeRAM 的板线电压不恒定,在 1T1C 存储单元的运行中发挥着重要作用。在进行单元操作时,在字线上施加脉冲使晶体管打开以允许访问存储电容。写"1"时,位线为高电平,此时板线为低电平。板线脉冲过后,字线电平由高变低,写过程完毕;写"0"时,板线脉冲高电平时对铁电电容进行负向极化;同样可以完成数据"0"的写入。

　　读操作相对写入操作而言要复杂一些,读操作期间,字线施加脉冲使晶体管打开,电压脉冲作用在板线,驱动铁电存储层达到饱和极化。读出时经过板线上升脉冲后,铁电电容由于不同的存储状态,表现出不同的读电流大小,如图 12.30 所示。与位线寄生电容分压后,在位线上产生不同的电压值,经灵敏放大器与参考电压进行比较放大,读出存储数据。对于大阵列,位线电容变大,在读取过程中,一个给定的开关电荷会

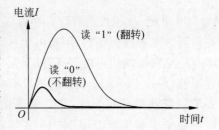

图 12.30　FeRAM 读电流变化曲线

感应较低的电压差。FeRAM 中的读操作是破坏性的,在读取数据之后,铁电电容都会到达同一极化状态。因此读操作需要附加的重写步骤,目的是将存储单元设置为读取前的初始状态。FeRAM 在进行数据读取时,发生极化翻转和不发生极化翻转这两种状态之间的差近似等于剩余极化 P_r 乘以电容面积 A 的两倍。因此,剩余极化或电容面积必须足够大,才能使读数可靠。在尺寸微缩中,存储电容集成通常会限制存储单元的最小单位面积。

　　FeRAM 存储单元的主要优点是写入信息时所需功耗低,支持低功耗的 NVM 应用。铪基铁电材料的发现,使 FeRAM 高深宽比电容结构集成具有了可行性。

　　FeFET 是 1957 年提出的一个概念[100],其基本结构如图 12.31 所示。铁电体被整合在晶体管沟道的顶部,铁电层中的束缚电荷会引起沟道载流子耗尽或积累,影响晶体管的阈值电压。通过在栅极和沟道之间施加电压可以实现铁电极化的翻转。

　　最初的 FeFET 使用 PZT 作为铁电介质,之后 SBT 逐步取代 PZT 被用于 FeFET。与 PZT 相比,SBT 明显具有较低的极化强度和矫顽电场。要想保持存储窗口不变,SBT 材料需要更厚的厚度,例如在 50kV/cm 矫顽电场的情况下,薄膜厚度约为 100nm 才能实现 1V 的存储窗口。因此,常用的钙钛矿基 FeFET 无法微缩到 180nm 节点,因为尺寸效应限制了钙钛矿铁电体厚度微缩,同时也受到了钙钛矿基铁电材料低矫顽电场的限制,为了维持一个合理的

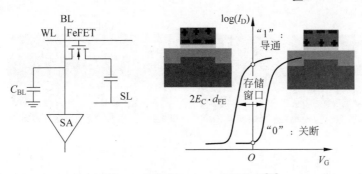

图 12.31　基本的 FeFET 存储单元[95]

存储窗口,需要足够的厚度以补偿矫顽电场。2011—2017 年,陆续有人演示了 65nm[91]、28nm[101]、22nm[102]、14nm[103] 的 FeFET 阵列。

　　FeFET 结构不需要额外的选择晶体管,读取电压应用于 FeFET 的栅极选择存储单元。与 FeRAM 相比,在保证速度、耐久性、保持性等指标的同时,FeFET 的单元布局和有效单元大小具有高度可微缩性。随着铪基铁电的出现,FeFET 在可微缩性和 CMOS 兼容性方面得到了复兴,在开发和器件实现阶段,FeFET 面临耐久性和保持性,以及可微缩性和存储窗口之间的权衡。一方面,高 E_c 是器件微缩和改善保持特性的关键因素;另一方面,也给新型 FeFET 器件的耐久性带来挑战。目前 FeFET 面临的最主要问题是晶体管沟道和铁电材料之间的 SiO_2 界面层的退化,这限制了存储单元的耐久性,仅为 10^5 次[102]。

　　FTJ 的概念提出于 1971 年[104],其结构如图 12.32 所示,将铁电体用作两个金属或半导体电极之间的隧道势垒,通过铁电性影响隧穿结的阻态。在铁电层中施加电场,会发生极化翻转,从而导致势垒高度的调制,其能带结构如图 12.33 所示。势垒高度的变化可以显著改变通过的隧穿电流。因此,隧穿电流可以检测极化方向。换句话说,数据可以作为极化方向存储在 FTJ 中,并作为穿过堆栈的隧穿电流读出,从而实现非易失性存储。由于 FTJ 利用隧穿电流调制,而不是铁电极化翻转时的电流进行读取,因此可以无损地感知极化方向。

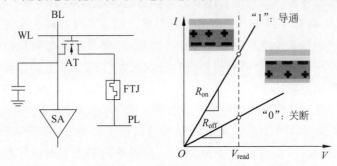

图 12.32　基本的 FTJ 存储单元

　　FTJ 需要足够薄的铁电层,以保证可以感测到隧穿电流。但是铁电材料和电极之间的界面通常存在一层不能被极化翻转的薄层,并且传统铁电材料存在尺寸效应,材料过薄会导致铁电性消失。在铪基铁电材料被发现之前,只有通过高质量、无缺陷、外延生长的钙钛矿薄膜才能在超薄区域诱发铁电性[105]。受限于超薄铁电材料的实验室制备,FTJ 的实验研究直到最近几年才开始。2009 年有人利用超薄 BTO 铁电层[106] 成功地实现了 FTJ 的操作。与传统的钙钛矿铁电材料相比,铪基铁电材料有一个独特的特点:更薄的氧化铪更容易形成铁电性[107]。因此铪基铁电材料更适用于 FTJ。

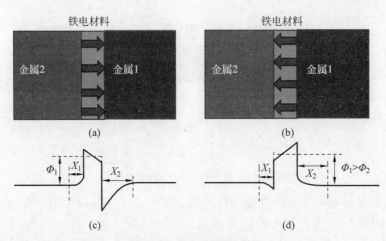

图 12.33 FTJ 能带结构图

对于 FTJ 器件的可靠性,可能存在以下问题。

(1)铁电层中的退极化场 E_{dep} 会限制剩余极化,引起读取干扰。

(2)由于铪基铁电体具有大的矫顽电场,和击穿电场之间的差距较小,这意味着极化翻转时施加的电压可能会导致击穿,因此器件的耐久性可能是限制实际使用的问题,可以使用结晶铪基铁电层和非晶介质层[108]堆叠来改善。

(3)FTJ 需要大的隧穿电流,这可能会降低数据的保持特性。同时,大的隧穿电流可以在数据保持过程中产生较高的电子捕获率。堆栈中的电子捕获会减轻由剩余极化引起的势垒调制,导致 LRS/HRS 比值逐渐缩小[109]。因此,长期数据保存可能是另一个问题。

12.5.3 铁电存储器的挑战和前景

铁电材料的独特性质可以用来实现非易失存储器,但是传统铁电材料结构复杂,并且与 CMOS 技术不兼容,阻碍了铁电存储器的快速发展。铪基铁电材料的发现在很大程度上解决了这一问题。然而铪基铁电材料也有其自身的挑战,尤其是铁电氧化铪相较于传统铁电材料具有更大的矫顽电场,这既有积极影响也有消极影响。FeFET 的存储窗口大小与铁电材料的厚度以及矫顽电场成正比,并且 HfO_2 在发现铁电性之前已作为 Hi-k 介质应用于现代 CMOS 技术中,是一种成熟的栅极电介质材料。对于 FeFET 来说,铁电氧化铪似乎是一个理想的选择。在 FeRAM 中高矫顽电场要求更高的工作电压,限制了存储单元耐久性。解决方案之一是利用反铁电材料作为存储介质,利用不同的上下电极材料之间的功函数差建立内建偏置,使反铁电材料的电滞回线产生位移,从而实现非易失存储。近年来,FTJ 成为基于外延层的基础研究工具,使用掺杂氧化铪的两层 FTJ 可以用作神经形态计算系统中的突触。

铁电材料最近被尝试应用在神经形态计算领域。铁电材料特有的极化翻转机制使突触学习规则可以在 FTJ 中得到证明[110],例如构成尖峰神经网络的基本学习规则之一的 STDP。此外 FeFET 也被用于演示人工突触[111]。FeFET 为三端器件,因此也被称为三端铁电记忆电阻器。铪基铁电体的发现以及其薄膜中逐渐极化翻转的特性,使铁电存储器在神经形态方面的应用也很有吸引力[112-113]。目前脉冲神经元主要基于传统 CMOS 电路搭建,对神经元功能的模拟往往依赖由电容以及数个 MOSFET 器件构成的电路模块,存在硬件开销大、电路能耗高等问题,不利于高密度、大规模集成,难以支撑构建可比拟人脑功能与集成规模的新型神经形态计算芯片。黄如院士和黄芊芊研究员团队提出并利用铁电材料的极化翻转动态特性与本征随机特性设计且实验实现了超低硬件代价的兼备兴奋和抑制连接的随机神经元[114],仅需两个晶体管加一个电阻(传统 CMOS 实现方案至少需要两个电容加 16 个晶体管)即可实现神经元兴奋和抑制信号的接收、响应以及神经元动态平衡行为,并保证了神经元的随机性,为大规模、高集成的低功耗神经形态计算芯片奠定了重要基础。

12.6 磁存储器

12.6.1 磁存储器简介

MRAM 利用磁阻器件的稳定磁态存储数据,并通过测量器件的电阻阻值确定其磁态来读取数据。针对 MRAM 的写入方法目前已经有比较深入的研究,例如斯通纳-沃尔法(Stoner-Wolfarth)型场开关、Savtchenko 开关(也是场开关方法)、自旋转矩开关和热辅助开关。到目前为止,有两种方法已经商业化:使用 Savtchenko 开关的 Toggle MRAM 自 2006 年开始量产[115],而自旋转矩开关 MRAM 尚处于商业化生产的早期阶段。MRAM 技术的进步与磁超薄膜和磁电输运性质的研究进展密切相关,其中包括隧穿磁电阻(Tunnel Magneto Resistance,TMR)、用于巨隧穿磁电阻的 MgO 基 MTJ 材料、合成反铁磁体(Synthetic Antiferromagnets,SAF)结构、界面垂直磁各向异性(Perpendicular Magnetic Anisotropy,PMA)和自旋转移转矩(Spin Transfer Torque,STT)。

图 12.34 显示了最基本的磁性隧穿结结构。该结构中两个铁磁层被一个介电间隔层(隧穿势垒)分隔,两个磁性层为自由层(Free Layer,FL)和参考层(Reference Layer,RL),介质间隔层被称为隧穿势垒(Tunneling Barrier,TB)。当隧穿势垒非常薄(小于 2nm)时,电子通过势垒的量子隧穿效应使 MTJ 表现为电阻,电阻与势垒厚度成指数关系,并与面内势垒面积成反比。由于铁磁电极的能带结构不对称,因此隧穿电流是自旋极化的,从而产生隧穿磁电阻。自由层和参考层中磁化的相对方向决定了 MTJ 器件的电阻。对于大多数材料来说,当两层的磁化强度平行时,电阻很低,因为多数带电子可以通过隧穿进入势垒另一侧。当取向为反平行时,电阻很高,因为电子必须隧穿进入相反极性的少数带,多数电子在此过程中会被散射。

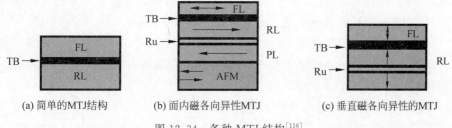

(a) 简单的MTJ结构　　(b) 面内磁各向异性MTJ　　(c) 垂直磁各向异性的MTJ

图 12.34 各种 MTJ 结构[116]

在两个磁性层中,自由层有时也称为记录层或存储层,是保留存储信息的铁磁层。该层通常由不同成分的 CoFeB 材料制成[115]。而参考层的作用是为自由层读取和切换提供稳定的参考磁化方向。因此参考层要求材料具有比自由层高得多的磁各向异性,以保证在内存操作期间参考层不会被自旋极化电流切换。隧穿势垒是一个约 1nm 厚的绝缘非磁性层,隧穿势垒的存在为通过自旋极化隧穿电流读取自由层状态提供了方法。在过去十几年中,由于巨磁阻效应,MgO 隧穿势垒得到了深入的研究[118-119]。其他如 AlO_x 和 TiO[120] 等材料也曾被应用于 MRAM,并且 AlO_x 被用于 Toggle MRAM 的生产。

在实际 MRAM 电路中实现的 MTJ 器件仅具有两个稳定的磁状态——将一位数据存储为具有如上所述的低/高电阻的平行/反平行磁状态。为了实现这一点,这种磁性器件具有单轴磁各向异性的自由层,使得磁化倾向于沿一个或另一个相反方向的易磁化轴。由于普通铁磁薄膜的磁化被薄膜形状各向异性限制在薄膜平面内,因此平面内易磁化轴主要通过将自由层图案化为长方向(易磁化轴)和短方向(难磁化轴)来创建,如图 12.34(b)所示。材料的固有各向异性也可能导致界面磁各向异性,如图 12.34(c)所示。具有与界面垂直的易磁化轴的器件可以具有许多优点。具有垂直易磁化轴的自由层相对于水平薄膜平面具有向上或向下磁化的稳定状态,并且平面内各方向是难磁化的。强垂直各向异性的材料不受薄膜形状影响,具有更稳定的磁性。以上两种 MTJ 的存储数据随时间和温度的稳定性都是由两个稳定磁态之间的能量势垒决定,这反过来又与磁各向异性的强度和翻转过程中涉及的磁性材料的体积有关。

12.6.2 磁存储器技术进展

MARM 使用 MTJ 器件构建存储器阵列,每个器件通常与选择管连接。在操作期间,该选择管可被接通以向被选中的 MTJ 器件传递电流。由于每个存储单元通常有一个选择管和一个 MTJ,这种结构被称为 1T-1MTJ MRAM 结构,如图 12.35 所示。

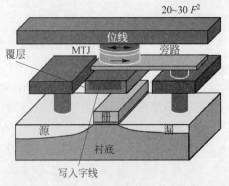

图 12.35　1T-1MTJ MRAM 单元的结构[116]

1. Toggle MRAM

MRAM 技术可根据写入数据的切换方法进行分类。一般认为,第一代 MRAM 包括使用磁场对阵列进行编程的方法。Toggle MRAM 是唯一的被投入量产的第一代 MRAM[121-122]。磁场切换的优势是无限的写入耐久性,因为用磁场翻转自由层磁化不会对器件产生任何损耗;缺点是难以缩减到更小的单元尺寸,这是由于几个因素造成的,包括所需开关电流的大小和单元间串扰等。

在 Toggle 写入方法出现之前,基于 MTJ 的 MRAM 使用在薄膜平面内磁化的磁性层,并通过借助外加磁场的 Stoner-Wohlfarth 翻转方法进行写入。对于这种使用面内磁化磁性层的磁隧道结(in-plane MTJ,iMTJ),自由层通常由单个铁磁层组成。iMTJ 可以被图形化制作为椭圆形。由于磁形状各向异性,自由层磁矩的两个稳定方向固定在其长轴上。iMTJ 位于位线和字线正交排列的交点处,且单元的长轴平行于一条线,与另一条线正交。为编程一个单元,沿位线和字线施加电流,以产生两个磁场。这两个磁场在通电位线和字线的交叉处组合起来使 iMTJ 中的自由层磁化翻转。如图 12.36(a)所示,X 轴和 Y 轴表现了编程

iMTJ 单元处位线和字线电流的感生磁场。曲线是 Stoner-Wohlfarth 星形线,它是翻转区域和非翻转区域的边界。当同时应用位线磁场和字线磁场时,组合磁场如图所示将自由层编程为"0"或"1"。这种磁化翻转方式的可靠性问题出现在半选择单元上,这些单元一半被通电字线或位线选定,而非同时被二者选定[115]。这些单元受字线或位线感生磁场的影响,如图 12.36(b)所示,靠近翻转与非翻转区域的边界。在实际 iMTJ 阵列中,磁化翻转存在单元间的不统一性,存在翻转概率问题。这些半选择单元存在磁化翻转的可能性并导致写入错误。

2003 年,Leonid Savtchenko 提出了 Toggle MRAM 开关[123],其简单结构如图 12.37(b)所示。Toggle MRAM 中的 iMTJ 叠层使用 SAF,它由两个具有耦合的反平行磁化方向的自由层构成,以薄间隔层隔开。两自由层的磁矩几乎相等,导致净磁化接近于零。单元的长轴与两条金属线成 45° 夹角,而不是像 Stoner-Wohlfarth 开关中那样平行于一条线并与另一条线正交。编程时如图 12.37 所示,在字线和位线上分别施加一个有时序差的电流,通过两个感生磁场时序上的组合作用,使具有耦合反平行磁化方向的两个自由层都翻转到反向状态。由于 Toggle MRAM 的磁化翻转需要字线和位线感生磁场的共同作用,半选择单元不会受单一感生磁场影响而发生错误翻转。与 Stoner-Wohlfarth 切换相比,Toggle MRAM 的写入错误率大大降低。

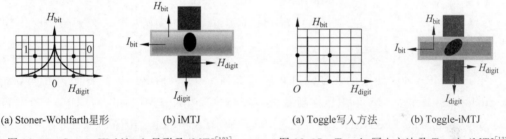

(a) Stoner-Wohlfarth星形　　(b) iMTJ

图 12.36　Stoner-Wohlfarth 星形及 iMTJ[123]

(a) Toggle写入方法　　(b) Toggle-iMTJ

图 12.37　Toggle 写入方法及 Toggle-iMTJ[123]

Toggle MRAM 的发明使第一款商用 MRAM 随之诞生。2006 年 Freescale 公司的 4MB Toggle MRAM 产品投入量产[121,124]。Toggle MRAM 具有高耐久性,超过 20 年的极长的数据保持特性,同时具有很好的抗辐射性。由于其写入原理,每比特的写入电流随尺寸缩小而增大,导致写入功耗过高,尺寸微缩出现困难。

2. STT-MRAM

第二代 MRAM 使用 STT 写入方式。利用具有平面内磁化或垂直于平面磁化的 MTJ 器件,可以以合理的效率实现 STT 开关,其单元结构如图 12.38 所示。STT 翻转方式为 MRAM 尺寸微缩提供了一个可行的解决方案。研究表明,STT 写入电流会随着单元大小的缩小而减小,STT-MRAM 因此成为第二代 MRAM 的主流。

初期的 STT-MRAM 仍使用 iMTJ。2008 年,T. Kishi 提出具有垂直磁各向异性的磁隧道结(perpendicular MTJ,pMTJ),这使编程电流降低,存储密度进一步升高[125]。如图 12.39(b)所示,在

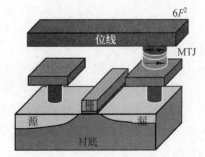

图 12.38　STT-MRAM 基本单元的结构[116]

iMTJ 的磁化翻转过程中,自由层磁矩的 STT 翻转中间态会垂直于薄膜平面。由于自由层退磁化场的静磁能,自由层磁矩处于高能态。而热扰动翻转磁矩的中间态是平行于自由层平面的较低能态。这个差距导致 i-STT MRAM 的写入效率较低。而在 p-STT MRAM 中,如图 12.39(b)所示,STT 翻转中间态和热扰动翻转中间态都是平行于自由层平面的,这一变化使得 MRAM 磁矩翻转效率提高,功耗降低。利用面内磁各向异性的 STT-MRAM 于 2015 年开始商业化量产 64Mb 的产品[125],2016 年开始量产 256Mb 的产品。具有垂直磁各向异性 MTJ 器件的 STT-MRAM 也正在世界各地的多家公司进行开发。目前,已经有 11nm 尺寸 p-STT-MRAM 的相关研究。应用于量产产品中的 pMTJ 尺寸一般为 60~80nm。STT-MRAM 研究的主要挑战在于如何在 pMTJ 尺寸微缩的同时保持良好的数据保持特性和高耐久性。

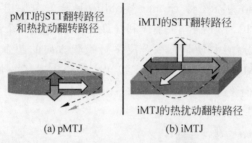

图 12.39 pMTJ 和 iMTJ 的磁矩翻转路径对比[125]

3. 第三代 MRAM 技术

第三代 MRAM 中使用的许多物理现象正在研究中,包括电压控制各向异性(Voltage-Controlled Anistropy,VCA)和电压控制磁性(Voltage-Controlled Magnetism,VCM)[127-130]、自旋霍尔效应(Spin Hall Effect,SHE)和自旋轨道转矩效应(Spin-Orbit Torque,SOT)[131-135]。改进 MRAM 可微缩能力和提升性能的主要思路,是可以在几乎不在 MTJ 中通过电流的情况下实现翻转。在实际的 MRAM 中,每种效应都有需要克服的问题。例如,电压控制磁各向异性(Voltage-Controlled Magnetic Anistropy,VCMA)无法直接产生两种稳定状态之间的确定性翻转,其比较可能与其他效应结合应用于 MRAM。自旋霍尔效应不适用于具有垂直磁各向异性的器件的开关,因此 SOT 需要在材料上进行创新,以提高开关效率。在大部分情况下,这些新器件需要集成在与高密度存储阵列不兼容的三端配置中。

12.6.3 磁存储器的挑战和前景

目前已有许多关于未来可能被应用于生产的新型磁翻转机制的相关研究。其中的主流有自旋轨道转矩磁存储器(Spin-Orbit Torque MRAM,SOT-MRAM)和电压控制磁各向异性磁存储器(VCMA-MRAM)。在图 12.40(a)所示的 STT 的翻转方法中,写入电流会流过 MTJ。而 SOT 翻转方法使用重金属薄膜中的自旋轨道相互作用来改变相邻铁磁层的极化方向[131,136]。典型的 SOT 开关单元如图 12.40(b)所示。其基底电极由重金属制成,如铂、钨或钽。磁隧道结中的自由层直接接触重金属电极。写入电流流过重金属电极,但不流过磁隧道结中的 MgO 隧穿势垒层。因此 MgO 上的电压远低于 STT 翻转方法。这使 SOT-MRAM 有更好的耐久性。然而 SOT-MRAM 是具有分离写入和读取电流路径的三端器件,其结构限制了其尺寸微缩的能力。

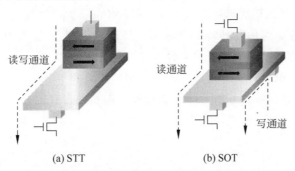

(a) STT　　　　　　　　(b) SOT

图 12.40　STT 和 SOT MRAM 的基本单元结构与读写路径对比[137]

VCMA 是磁化翻转的另一种方式。研究发现,在使用 pMTJ 的 STT-MRAM 中可以通过在 MTJ 上施加电压来控制 MgO/CoFeB 界面处的 iPMA。在电压控制下,每次磁性翻转需要的能量变得非常小,这引起了广泛的注意。2019 年,T. Nozaki 提出了 VCMA 进动开关方法[138]。在这种方法下,需要精确控制开关脉冲宽度以控制自由层磁矩的进动。在高密度存储器应用中,需要严格控制单元与单元间的开关特性差异,脉冲电流宽度必须在超高速下被精确控制并施加到存储阵列中的每一位,这对于电路设计提出了极大的挑战。

本章小结

本章对新型动态存储器、相变存储器、阻变存储器、铁电存储器、磁存储器这几种新型存储器进行了简要介绍,包括各类新型存储器的存储机理、技术发展以及前景与挑战。新型 DRAM 的研究主要分为优化晶体管与电容和采用无电容结构两个方向;相变存储器和阻变存储器都依赖电阻的变化实现数据的存储;铁电存储器利用铁电材料的极化实现数据存储,主要有 FeRAM、FeFET、FTJ 三种;磁存储器大多基于 MTJ 器件,通过测量器件的电阻阻值确定其磁态来读取数据。综合对比各类新型半导体存储器技术特点,都具有操作电压低、高速度、低功耗及非易失性的特点,但在单元尺寸及工艺可微缩性、耐久性及保持特性、技术成熟度等方面也存在较大差异,未来各类技术将以各自的特点在不同应用领域得以发展应用。

习题

(1) 简述几种新型存储器的优劣。

(2) DFM 单元尺寸无法进一步微缩的根本原因是什么?

(3) 简述相变存储器的工作机理。

(4) PCM 可靠性挑战有哪些?可靠性失效机制产生原因有哪些?

(5) 简述 RRAM 器件的几种常见结构,并说明各自的优缺点。

(6) 简述三种典型铁电存储器的结构以及工作机理。

(7) 简述三代 MRAM 的基本单元结构及工作原理,并说明各自存在哪些问题。

（8）未来新型动态存储器提高密度的途径有哪些？

（9）PCM 的 3D 架构还有哪些发展方向？3D XPoint 如何继续进行尺寸微缩？

（10）简述阻变存储器的几种转变机制。

（11）简述交叉阵列结构中漏电的来源以及抑制方法。

（12）简述铪基铁电材料在存储器工艺集成中的优势和劣势。

（13）MRAM 未来发展存在哪几个主要发展方向？各自有哪些突破性技术进展？

参考文献

[1] Kim K. Technology for sub-50nm DRAM and NAND Flash manufacturing[C]//IEEE International Electron Devices Meeting,2005.

[2] Deepak N,Kumar R B. Certain investigations in achieving low power dissipation for SRAM cell[J]. Microprocessors and Microsystems,2020,77：103166.

[3] Cheng C-H,Chin A. Low-Leakage-Current DRAM-Like memory using a one-transistor ferroelectric MOSFET with a half-based gate dielectric[J]. IEEE Electron Device Letters,2014,35(1)：138-140.

[4] Oh Y-T,Kim K-B,Shin S-H,et al. Impact of etch angles on cell characteristics in 3D NAND Flash memory[J]. Microelectronics Journal,2018,79：1-6.

[5] Wulf W A,McKee S A. Hitting the memory wall：implications of the obvious[J]. ACM SIGARCH computer architecture news,1995,23(1)：20-24.

[6] Soliman T,Muller F,Kirchner T,et al. Ultra-low power flexible precision FeFET based analog in-memory computing[C]//IEEE International Electron Devices Meeting,2020.

[7] Chung W,Si M,Ye P D. First Demonstration of Ge ferroelectric nanowire FET as synaptic device for online learning in neural network with high number of conductance state and Gmax/Gmin[C]//IEEE International Electron Devices Meeting,2018.

[8] Zhou C,Chai Y. Ferroelectric-gated two-dimensional-material-based electron devices[J]. Advanced Electronic Materials,2017,3(4)：1600400.

[9] Burr G W,Breitwisch M J,Franceschini M,et al. Phase change memory technology[J]. Journal of Vacuum Science & Technology B,Nanotechnology and Microelectronics：Materials,Processing, Measurement,and Phenomena,2010,28(2)：223-262.

[10] Lam C H. Phase change memory and its intended applications[C]//IEEE International Electron Devices Meeting,2014.

[11] Baek I,Lee M,Seo S,et al. Highly scalable nonvolatile resistive memory using simple binary oxide driven by asymmetric unipolar voltage pulses[C]//IEEE International Electron Devices Meeting, 2004.

[12] Fantini A,Gorine G,Degraeve R,et al. Intrinsic program instability in HfO_2 RRAM and consequences on program algorithms[C]//IEEE International Electron Devices Meeting,2015.

[13] Fantini A,Goux L,Degraeve R,et al. Intrinsic switching variability in HfO_2 RRAM[C]//IEEE International Memory Workshop,2013.

[14] Ma T,Han J-P. Why is nonvolatile ferroelectric memory field-effect transistor still elusive？[J]. IEEE Electron Device Letters,2002,23(7)：386-388.

[15] Müller J,Böscke T,Müller S,et al. Ferroelectric hafnium oxide：A CMOS-compatible and highly scalable approach to future ferroelectric memories[C]//IEEE International Electron Devices Meeting, 2013.

[16] Spessot A, Oh H. 1T-1C dynamic random access memory status, challenges, and prospects[J].
      IEEE Transactions on Electron Devices, 2020, 67(4): 1382-1393.

[17] Kim J-Y, Lee C, Kim S, et al. The breakthrough in data retention time of DRAM using Recess-
      Channel-Array Transistor (RCAT) for 88nm feature size and beyond[C]//IEEE Symposium on
      VLSI Technology, 2003.

[18] Kim S K, Popovici M. Future of dynamic random-access memory as main memory[J]. MRS
      Bulletin, 2018, 43(5): 334-339.

[19] Hoefflinger B. IRDS—international roadmap for devices and systems, rebooting computing, S3S
      [M]. Berlin: Springer. 2020.

[20] Chung H, Kim H, Kim H, et al. Novel $4F^2$ DRAM cell with vertical pillar transistor (VPT)[C]//
      IEEE Proceedings of the European Solid-State Device Research Conference, 2011.

[21] Song K-W, Kim J-Y, Yoon J-M, et al. A 31ns Random cycle VCAT-based 4F ^{2} DRAM with
      manufacturability and enhanced cell efficiency[J]. IEEE Journal of Solid-State Circuits, 2010, 45(4):
      880-888.

[22] Yoon J-M, Lee K, Park S-b, et al. A novel low leakage current VPT (vertical pillar transistor)
      integration for $4F^2$ DRAM cell array with sub 40nm technology[C]//64th Device Research Conference,
      2006.

[23] Chang S-C, Haratipour N, Shivaraman S, et al. Anti-ferroelectric $HfxZr_1$-xO_2 capacitors for high-
      density 3-D embedded-DRAM[C]//IEEE International Electron Devices Meeting, 2020.

[24] Hong S. Memory technology trend and future challenges[C]//IEEE International Electron Devices
      Meeting, 2010.

[25] Cho Y, Kim H, Jung K, et al. Suppression of the floating-body effect of vertical-cell DRAM with the
      buried body engineering method[J]. IEEE Transactions on Electron Devices, 2018, 65 (8):
      3237-3242.

[26] Date C K, Plummer J D. Suppression of the floating-body effect using SiGe layers in vertical
      surrounding-gate MOSFETs[J]. IEEE Transactions on Electron Devices, 2001, 48(12): 2684-2689.

[27] Koo J-M, Seo B-S, Kim S, et al. Fabrication of 3D trench PZT capacitors for 256Mbit FRAM device
      application[C]//IEEE International Electron Devices Meeting, 2005.

[28] Böscke T, Müller J, Bräuhaus D, et al. Ferroelectricity in hafnium oxide thin films[J]. Applied
      Physics Letters, 2011, 99(10): 102903.

[29] Francois T, Grenouillet L, Coignus J, et al. Demonstration of BEOL-compatible ferroelectric
      $Hf_{0.5}Zr_{0.5}O_2$ scaled FeRAM co-integrated with 130nm CMOS for embedded NVM applications[C]//
      IEEE International Electron Devices Meeting, 2019.

[30] Okuno J, Kunihiro T, Konishi K, et al. SoC compatible 1T1C FeRAM memory array based on
      ferroelectric $Hf_{0.5}Zr_{0.5}O_2$[C]//IEEE Symposium on VLSI Technology, 2020.

[31] Zhang K. Embedded memories for nano-scale VLSIs[M]. Berlin: Springer, 2009.

[32] Slesazeck S, Schroeder U, Mikolajick T. Embedding hafnium oxide based FeFETs in the memory
      landscape[C]//IEEE International Conference on IC Design & Technology, 2018.

[33] Gong T, Tao L, Li J, et al. 10 5× Endurance improvement of FE-HZO by an innovative rejuvenation
      method for 1z node NV-DRAM applications[C]//IEEE Symposium on VLSI Technology, 2021.

[34] Ohsawa T, Fujita K, Higashi T, et al. Memory design using a one-transistor gain cell on SOI[J].
      IEEE Journal of Solid-State Circuits, 2002, 37(11): 1510-1522.

[35] Jeong H, Song K-W, Park I H, et al. A new capacitorless 1T DRAM cell: surrounding gate
      MOSFET with vertical channel (SGVC cell)[J]. IEEE transactions on nanotechnology, 2007, 6(3):
      352-357.

[36] Sakui K,Harada N. Dynamic Flash memory with dual gate surrounding gate transistor (SGT)[C]// IEEE International Memory Workshop,2021.

[37] Yoshida E,Tanaka T. A capacitorless 1T-DRAM technology using gate-induced drain-leakage (GIDL) current for low-power and high-speed embedded memory[J]. IEEE Transactions on Electron Devices,2006,53(4): 692-697.

[38] Butt N Z,Alam M A. Scaling limits of double-gate and surround-gate Z-RAM cells[J]. IEEE Transactions on Electron Devices,2007,54(9): 2255-2262.

[39] Hwang Y,Hong J,Lee S,et al. Full integration and reliability evaluation of phase-change ram based on 0. 24/spl mu/m-cmos technologies[C]//IEEE Symposium on VLSI Technology,2003.

[40] Hwang Y,Lee S,Ahn S,et al. Writing current reduction for high-density phase-change RAM[C]// IEEE International Electron Devices Meeting,2003.

[41] Lai S. Current status of the phase change memory and its future[C]//IEEE International Electron Devices Meeting,2003.

[42] Wuttig M,Yamada N. Phase-change materials for rewriteable data storage[J]. Nature materials, 2007,6(11): 824-832.

[43] Grosse K L,Xiong F,Hong S,et al. Direct observation of nanometer-scale Joule and Peltier effects in phase change memory devices[J]. Applied Physics Letters,2013,102(19): 193503.

[44] Wong H-S P,Raoux S,Kim S,et al. Phase change memory[J]. Proceedings of the IEEE,2010, 98(12): 2201-2227.

[45] Pirovano A,Lacaita A L,Benvenuti A,et al. Scaling analysis of phase-change memory technology [C]//IEEE International Electron Devices Meeting,2003.

[46] Choi Y,Song I,Park M-H,et al. A 20nm 1. 8 V 8Gb PRAM with 40MB/s program bandwidth[C]// IEEE International Solid-State Circuits Conference,2012.

[47] Ovshinsky S R. Reversible electrical switching phenomena in disordered structures[J]. Physical Review Letters,1968,21(20): 1450.

[48] Kau D,Tang S,Karpov I V,et al. A stackable cross point phase change memory[C]//IEEE International Electron Devices Meeting,2009.

[49] Anbarasu M,Wimmer M,Bruns G,et al. Nanosecond threshold switching of GeTe6 cells and their potential as selector devices[J]. Applied Physics Letters,2012,100(14): 143505.

[50] Noé P,Hippert F. Phase Change Memory: Device Physics,Reliability and Applications[M]. Springer. 2018.

[51] Chen Y,Rettner C,Raoux S,et al. Ultra-thin phase-change bridge memory device using GeSb[C]// IEEE International Electron Devices Meeting,2006.

[52] Meister S,Kim S,Cha J J,et al. In situ transmission electron microscopy observation of nanostructural changes in phase-change memory[J]. ACS Nano,2011,5(4): 2742-2748.

[53] Sebastian A,Papandreou N,Pantazi A,et al. Non-resistance-based cell-state metric for phase-change memory[J]. Journal of Applied Physics,2011,110(8): 084505.

[54] Breitwisch M,Nirschl T,Chen C,et al. Novel lithography-independent pore phase change memory [C]//IEEE Symposium on VLSI Technology,2007.

[55] Lai S,Lowrey T. OUM-A 180nm nonvolatile memory cell element technology for stand alone and embedded applications[C]//IEEE International Electron Devices Meeting Technical Digest,2001.

[56] Zhang L,Cosemans S,Wouters D J,et al. One-selector one-resistor cross-point array with threshold switching selector[J]. IEEE Transactions on Electron Devices,2015,62(10): 3250-3257.

[57] Fazio A. Advanced technology and systems of cross point memory[C]//IEEE International Electron Devices Meeting,2020.

[58] Ding K, Wang J, Zhou Y, et al. Phase-change heterostructure enables ultralow noise and drift for memory operation[J]. Science, 2019, 366(6462): 210-215.

[59] Laudato M, Adinolfi V, Clarke R, et al. ALD GeAsSeTe ovonic threshold switch for 3D stackable crosspoint memory[C]//IEEE International Memory Workshop, 2020.

[60] Yu S. Resistive random access memory (RRAM)[J]. Synthesis Lectures on Emerging Engineering Technologies, 2016, 2(5): 1-79.

[61] Huang Y, Shen Z, Wu Y, et al. Amorphous ZnO based resistive random access memory[J]. RSC advances, 2016, 6(22): 17867-17872.

[62] Su Y-T, Liu H-W, Chen P-H, et al. A method to reduce forming voltage without degrading device performance in hafnium oxide-based 1T1R resistive random access memory[J]. IEEE Journal of the Electron Devices Society, 2018, 6: 341-345.

[63] Wong H-S P, Lee H-Y, Yu S, et al. Metal-oxide RRAM[J]. Proceedings of the IEEE, 2012, 100(6): 1951-1970.

[64] Fantini A, Goux L, Redolfi A, et al. Lateral and vertical scaling impact on statistical performances and reliability of 10nm TiN/Hf (Al) O/Hf/TiN RRAM devices[C]//IEEE Symposium on VLSI Technology, 2014.

[65] Chen C, Goux L, Fantini A, et al. Understanding the impact of programming pulses and electrode materials on the endurance properties of scaled Ta_2O_5 RRAM cells[C]//IEEE International Electron Devices Meeting, 2014.

[66] Goux L, Fantini A, Redolfi A, et al. Role of the Ta scavenger electrode in the excellent switching control and reliability of a scalable low-current operated TiN\Ta_2O_5\Ta RRAM device[C]//IEEE Symposium on VLSI Technology, 2014.

[67] Gupta V, Kapur S, Saurabh S, et al. Resistive random access memory: A review of device challenges [J]. IETE Technical Review, 2020, 37(4): 377-390.

[68] Lee H, Chen P, Wu T, et al. Low power and high speed bipolar switching with a thin reactive Ti buffer layer in robust HfO_2 based RRAM[C]//IEEE International Electron Devices Meeting, 2008.

[69] Chen Y, Lee H, Chen P, et al. Highly scalable hafnium oxide memory with improvements of resistive distribution and read disturb immunity[C]//IEEE International Electron Devices Meeting, 2009.

[70] Bashara N, Nielsen P. Memory effects in thin film negative resistance structures[C]//IEEE Annual Report Conference on Electrical Insulation, 1963.

[71] Chang M-F, Kuo C-C, Sheu S-S, et al. Area-efficient embedded RRAM macros with sub-5ns random-read-access-time using logic-process parasitic-BJT-switch (0T1R) cell and read-disturb-free temperature-aware current-mode read scheme[C]//IEEE Symposium on VLSI Circuits, 2013.

[72] Chen Z, Gao B, Zhou Z, et al. Optimized learning scheme for grayscale image recognition in a RRAM based analog neuromorphic system[C]//IEEE International Electron Devices Meeting, 2015.

[73] Lee M-J, Park Y, Kang B-S, et al. 2-stack 1D-1R cross-point structure with oxide diodes as switch elements for high density resistance RAM applications[C]//IEEE International Electron Devices Meeting, 2007.

[74] Feng J, Chen X, Bae D. Resistive switches in Ta_2O_5-α/TaO_2-x Bilayer and Ta_2O_5-α/TaO_2-x/TaO_2-y tri-layer structures[C]//IEEE 14th Annual Non-Volatile Memory Technology Symposium, 2014.

[75] Strachan J P, Torrezan A C, Miao F, et al. State dynamics and modeling of tantalum oxide memristors[J]. IEEE Transactions on Electron Devices, 2013, 60(7): 2194-2202.

[76] Chao H, Yuan F-Y, Wu H, et al. Graphene oxide and TiO_2 nano-particle composite based nonvolatile memory[C]//IEEE 15th Non-Volatile Memory Technology Symposium, 2015.

[77] Hong S K, Cho B J. Non-volatile memory device using graphene oxide[C]//4th IEEE International

NanoElectronics Conference,2011.

[78] Li S,Chen W,Luo Y,et al. Fully coupled multiphysics simulation of crosstalk effect in bipolar resistive random access memory[J]. IEEE Transactions on Electron Devices, 2017, 64 (9): 3647-3653.

[79] Kim S,Choi S,Lu W. Comprehensive physical model of dynamic resistive switching in an oxide memristor[J]. ACS Nano,2014,8(3): 2369-2376.

[80] Kim S,Zhou J,Lu W D. Crossbar RRAM arrays: Selector device requirements during write operation[J]. IEEE Transactions on Electron Devices,2014,61(8): 2820-2826.

[81] Park S-G,Yang M K,Ju H,et al. A non-linear ReRAM cell with sub-1μA ultralow operating current for high density vertical resistive memory (VRRAM)[C]//IEEE International Electron Devices Meeting,2012.

[82] Chen Z,Huang W,Zhao W,et al. Ultrafast Multilevel Switching in Au/YIG/n-Si RRAM[J]. Advanced Electronic Materials,2019,5(2): 1800418.

[83] Balatti S,Ambrogio S,Gilmer D C,et al. Set variability and failure induced by complementary switching in bipolar RRAM[J]. IEEE Electron Device Letters,2013,34(7): 861-863.

[84] Baek I,Kim D,Lee M,et al. Multi-layer cross-point binary oxide resistive memory (OxRRAM) for post-NAND storage application[C]//IEEE International Electron Devices Meeting,2005.

[85] Chen H-Y,Yu S,Gao B,et al. HfOx based vertical resistive random access memory for cost-effective 3D cross-point architecture without cell selector[C]//IEEE International Electron Devices Meeting, 2012.

[86] Wu H,Wang X H,Gao B,et al. Resistive random access memory for future information processing system[J]. Proceedings of the IEEE,2017,105(9): 1770-1789.

[87] Du C,Ma W,Chang T,et al. Biorealistic implementation of synaptic functions with oxide memristors through internal ionic dynamics[J]. Advanced Functional Materials,2015,25(27): 4290-4299.

[88] Prezioso M,Bayat F M,Hoskins B,et al. Self-adaptive spike-time-dependent plasticity of metal-oxide memristors[J]. Scientific Reports,2016,6(1): 1-6.

[89] Zhang F,Fan D,Duan Y,et al. A 130nm 1Mb HfOx embedded RRAM macro using self-adaptive peripheral circuit system techniques for 1.6 X work temperature range[C]//IEEE Asian Solid-State Circuits Conference,2017.

[90] He W,Huang K,Ning N,et al. Enabling an integrated rate-temporal learning scheme on memristor[J]. Scientific reports,2014,4(1): 1-6.

[91] Lee K,Lee T Y,Yang S M,et al. Ferroelectricity in epitaxial Y-doped HfO_2 thin film integrated on Si substrate[J]. Applied Physics Letters,2018,112(20): 202901.

[92] Mueller S,Mueller J,Singh A,et al. Incipient ferroelectricity in Al-doped HfO2 thin films[J]. Advanced Functional Materials,2012,22(11): 2412-2417.

[93] Karbasian G,Tan A,Yadav A,et al. Ferroelectricity in HfO_2 thin films as a function of Zr doping[C] // International Symposium on VLSI Technology,Systems and Application,2017.

[94] Kim S J,Mohan J,Summerfelt S R,et al. Ferroelectric Hf0.5Zr0.5O2 thin films: a review of recent advances[J]. Jom,2019,71(1): 246-255.

[95] Schenk T,Mueller S. A new generation of memory devices enabled by ferroelectric hafnia and zirconia [C]//IEEE International Symposium on Applications of Ferroelectrics,2021.

[96] Bondurant D. Ferroelectronic ram memory family for critical data storage[J]. Ferroelectrics,1990, 112(1): 273-282.

[97] Schenk T,Pesic M,Slesazeck S,et al. Memory technology-a primer for material scientists[J]. Rep Prog Phys,2020,83(8): 086501.

［98］ Rodriguez J A,Remack K,Boku K,et al. Reliability properties of low-voltage ferroelectric capacitors and memory arrays[J]. IEEE Transactions on Device and Materials Reliability,2004,4(3):436-449.

［99］ Mikolajick T, Dehm C, Hartner W, et al. An overview of FeRAM technology for high density applications[J]. Mrs Online Proceedings Library Archive,2000,655(7):947-950.

［100］ Moll J L,Tarui Y. A new solid state memory resistor[J]. IEEE Transcations on Electron Devices,1963,ED-10:338.

［101］ Müller J,Yurchuk E,Schlsser T,et al. Ferroelectricity in HfO_2 enables nonvolatile data storage in 28nm HKMG[C]//IEEE Symposium on VLSI Technology,2012.

［102］ Dünkel S,Trentzsch M,Richter R,et al. A FeFET based super-low-power ultra-fast embedded NVM technology for 22nm FDSOI and beyond[C]//IEEE International Electron Devices Meeting, 2018.

［103］ Krivokapic Z,Rana U,Galatage R,et al. 14nm Ferroelectric FinFET technology with steep subthreshold slope for ultra low power applications[C]//IEEE International Electron Devices Meeting,2018.

［104］ Laibowitz R B,Esaki L,Stiles P J. Electron transport in Nb-Nb oxide-Bi tunnel junctions[J]. Physics Letters A,1971,36(5):429-430.

［105］ Tsymbal E Y,Gruverman A,Garcia V,et al. Ferroelectric and multiferroic tunnel junctions[J]. MRS Bulletin,2012,37(2):138-143.

［106］ Garcia V,Fusil S,Bouzehouane K,et al. Giant tunnel electroresistance for non-destructive readout of ferroelectric states[J]. Nature,2009,460(7251):81-84.

［107］ Chernikova A,Kozodaev M,Markeev A,et al. Ultrathin Hf0. 5Zr0. 5O2 ferroelectric films on Si [J]. ACS Applied Materials & Interfaces,2016,8(11):7232-7237.

［108］ Max B,Hoffmann M,Slesazeck S,et al. Ferroelectric tunnel junctions based on ferroelectric-dielectric Hf 0. 5 Zr0. 5. O2/A1 2O3 capacitor stacks[C]//48th IEEE European Solid-State Device Research Conference ,2018,142-145.

［109］ Gong N,Ma T-P. Why is FE-HfO_2 more suitable than PZT or SBT for scaled nonvolatile 1-T memory cell? A retention perspective[J]. IEEE Electron Device Letters,2016,37(9):1123-1126.

［110］ Boyn S,Grollier J,Lecerf G,et al. Learning through ferroelectric domain dynamics in solid-state synapses[J]. Nature Communications,2017,8(1):1-7.

［111］ Nishitani Y,Kaneko Y,Ueda M,et al. Dynamic observation of brain-like learning in a ferroelectric synapse device[J]. Japanese Journal of Applied Physics,2013,52(4S):04CE06.

［112］ Oh S,Kim T,Kwak M,et al. HfZrO x-based ferroelectric synapse device with 32 levels of conductance states for neuromorphic applications[J]. IEEE Electron Device Letters,2017,38(6):732-735.

［113］ Mulaosmanovic H,Ocker J,Müller S,et al. Novel ferroelectric FET based synapse for neuromorphic systems[C]//IEEE Symposium on VLSI Technology,2017.

［114］ Luo J,Yu L,Liu T,et al. Capacitor-less stochastic leaky-FeFET neuron of both excitatory and inhibitory connections for SNN with reduced hardware cost[C]//IEEE International Electron Devices Meeting,2019.

［115］ Savtchenko L,Engel B N,Rizzo N D,et al. Method of writing to scalable magnetoresistance random access memory element[P]. US,US6545906 B1,2003.

［116］ Apalkov D,Dieny B,Slaughter J M. Magnetoresistive random access memory[J]. Proceedings of the IEEE,2016,104(10):1796-1830.

［117］ Parkin S S,Kaiser C,Panchula A,et al. Giant tunnelling magnetoresistance at room temperature with MgO (100) tunnel barriers[J]. Nature materials,2004,3(12):862-867.

[118] Yuasa S, Nagahama T, Fukushima A, et al. Giant room-temperature magnetoresistance in single-crystal Fe/MgO/Fe magnetic tunnel junctions[J]. Nature materials, 2004, 3(12): 868-871.

[119] Lee Y, Hayakawa J, Ikeda S, et al. Effect of electrode composition on the tunnel magnetoresistance of pseudo-spin-valve magnetic tunnel junction with a MgO tunnel barrier[J]. Applied Physics Letters, 2007, 90(21): 212507.

[120] Huai Y, Albert F, Nguyen P, et al. Observation of spin-transfer switching in deep submicron-sized and low-resistance magnetic tunnel junctions[J]. Applied Physics Letters, 2004, 84(16): 3118-3120.

[121] Andre T W, Nahas J J, Subramanian C K, et al. A 4-Mb 0. 18-/spl mu/m 1T1MTJ toggle MRAM with balanced three input sensing scheme and locally mirrored unidirectional write drivers[J]. IEEE journal of solid-state circuits, 2005, 40(1): 301-309.

[122] Engel B, Akerman J, Butcher B, et al. A 4-Mb toggle MRAM based on a novel bit and switching method[J]. IEEE Transactions on Magnetics, 2005, 41(1): 132-136.

[123] Ikegawa S, Mancoff F B, Janesky J, et al. Magnetoresistive random access memory: Present and future[J]. IEEE Transactions on Electron Devices, 2020, 67(4): 1407-1419.

[124] Durlam M, Addie D, Akerman J, et al. A 0. 18/spl mu/m 4Mb toggling MRAM; proceedings of the IEEE International Electron Devices Meeting 2003, F[C]. IEEE, 2003, 34. 36. 31-34. 36. 33.

[125] Yoda H, Kishi T, Nagase T, et al. High efficient spin transfer torque writing on perpendicular magnetic tunnel junctions for high density MRAMs[J]. Current Applied Physics, 2010, 10(1): e87-e89.

[126] Rizzo N, Houssameddine D, Janesky J, et al. A fully functional 64Mb DDR3 ST-MRAM built on 90nm CMOS technology[J]. IEEE Transactions on Magnetics, 2013, 49(7): 4441-4446.

[127] Weisheit M, Fähler S, Marty A, et al. Electric field-induced modification of magnetism in thin-film ferromagnets[J]. Science, 2007, 315(5810): 349-351.

[128] Shiota Y, Nozaki T, Bonell F, et al. Induction of coherent magnetization switching in a few atomic layers of FeCo using voltage pulses[J]. Nature Materials, 2012, 11(1): 39-43.

[129] Maruyama T, Shiota Y, Nozaki T, et al. Large voltage-induced magnetic anisotropy change in a few atomic layers of iron[J]. Nature Nanotechnology, 2009, 4(3): 158-161.

[130] Kita K, Abraham D W, Gajek M J, et al. Electric-field-control of magnetic anisotropy of Co0. 6Fe0. 2B0. 2/oxide stacks using reduced voltage[J]. Journal of Applied Physics, 2012, 112(3): 033919.

[131] Miron I M, Garello K, Gaudin G, et al. Perpendicular switching of a single ferromagnetic layer induced by in-plane current injection[J]. Nature, 2011, 476(7359): 189-193.

[132] Liu L, Lee O, Gudmundsen T, et al. Current-induced switching of perpendicularly magnetized magnetic layers using spin torque from the spin Hall effect[J]. Physical Review Letters, 2012, 109(9): 096602.

[133] Brataas A, Hals K M. Spin-orbit torques in action[J]. Nature Nanotechnology, 2014, 9(2): 86-88.

[134] Cubukcu M, Boulle O, Drouard M, et al. Spin-orbit torque magnetization switching of a three-terminal perpendicular magnetic tunnel junction[J]. Applied Physics Letters, 2014, 104(4): 042406.

[135] Miron I M, Gaudin G, Auffret S, et al. Current-driven spin torque induced by the Rashba effect in a ferromagnetic metal layer[J]. Nature Materials, 2010, 9(3): 230-234.

[136] Liu L, Pai C-F, Li Y, et al. Spin-torque switching with the giant spin hall effect of tantalum[J]. Science, 2012, 336(6081): 555-558.

[137] Antaios: the SOT-MRAM Pioneer[EB/OL]. https://www.antaios.fr/What-is-SOT-MRAM.

[138] Nozaki T, Yamamoto T, Miwa S, et al. Recent progress in the voltage-controlled magnetic anisotropy effect and the challenges faced in developing voltage-torque MRAM [J]. Micromachines, 2019, 10(5): 327.